Ingo Wolff

Felder und Wellen in gyrotropen Mikrowellenstrukturen

W0255934

Sammlung Vieweg

Band 135

Herausgeber: Prof. Dr. Hermann Ebert

Lieferbare Titel dieser Reihe

Volland
Die Ausbreitung langer Wellen

Geiger
Elektronen und Festkörper

Weiß
Physik und Anwendung galvanomagnetischer Bauelemente

Wutz
Molekularkinetische Deutung der Wirkungsweise von Diffusionspumpen

Myszkowski
Nichtlineare Probleme der Plattentheorie

Seifert
Strukturgelenkte Grenzflächenvorgänge in der unbelebten und belebten Natur

Gumlich
Der Energietransport in der Elektrolumineszenz und Elektrophotolumineszenz von
II-VI-Verbindungen

Rossmanith
Elektronische Spannungsschalter mit zwei Transistoren

Ingo Wolff

Felder und Wellen in gyrotropen Mikrowellenstrukturen

mit 91 Bildern

Springer Fachmedien Wiesbaden GmbH

1973

Alle Rechte vorbehalten
Copyright © 1973 by Springer Fachmedien Wiesbaden
Ursprünglich erschienen bei Friedr. Vieweg & Sohn Braunschweig 1973
Softcover reprint of the hardcover 1st edition 1973

No part of this publication may be reproduced, stored in a retrieval system
or transmitted mechanical, photocopying, recording or otherwise, without
prior permission of the copyright holder.

Umschlagentwurf: Peter Kohlhaase, Lübeck

ISBN 978-3-528-07512-5   ISBN 978-3-663-06833-4 (eBook)
DOI 10.1007/978-3-663-06833-4

VORWORT

Dieses Buch ist die gekürzte Fassung einer Habilitationsschrift, die von der Fakultät für Elektrotechnik der Rheinisch Westfälischen Technischen Hochschule Aachen zur Erlangung der Venia legendi für das Fach Hochfrequenztechnik genehmigt wurde. Die Arbeit entstand während einer mehrjährigen Tätigkeit am Institut für Hochfrequenztechnik der Technischen Hochschule Aachen. Prof.Dr.-Ing. H.Döring, der Leiter dieses Instituts, hat die Arbeit stets tatkräftig gefördert, dafür sei ihm hier herzlich gedankt. Die Deutsche Forschungsgemeinschaft stellte die finanziellen Mittel für die durchgeführten Untersuchungen zur Verfügung, hierfür möchte ich ihr meinen Dank aussprechen.

Es ist selbstverständlich, daß eine so umfangreiche Arbeit wie diese nie ganz allein das Ergebnis der Arbeit eines einzelnen ist. So möchte ich nicht verschweigen, daß viele Probleme des in diesem Buch behandelten, teilweise doch recht komplexen Stoffes erst nach eingehender Diskussion mit meinen ehemaligen und jetzigen Kollegen geklärt werden konnten. Ich möchte an dieser Stelle vor allen die Herren Prof.Dr.-Ing.H.Brand, Dr.-Ing.H.Ermert und Dr.-Ing.G.Fünfzig erwähnen, die immer bereit waren, mit mir meine Probleme durchzudiskutieren. Daneben sei aber auch die Hilfe vieler Diplomkandidaten der Fakultät für Elektrotechnik erwähnt, die mir in Form von Studien- und Diplomarbeiten vor allen Dingen bei der numerischen Auswertung der teilweise recht umfangreichen Rechnungen sehr geholfen haben. Fräulein Lauscher und Herr Meinel waren mir bei der Anfertigung der Zeichnungen eine große Hilfe.

Mein Dank gilt ebenfalls und nicht zuletzt Herrn Prof.Dr. Ebert, dem Herausgeber der Sammlung Vieweg, der sich große Mühe bei der Durchsicht des Manuskriptes gemacht hat und durch sehr detaillierte Kürzungsvorschläge mit zu der jetzt vorliegenden, gestrafften Form der Arbeit beigetragen hat.

Aachen im Januar 1972   I.Wolff

INHALTSVERZEICHNIS

VERZEICHNIS DER WICHTIGSTEN VERWENDETEN FORMELZEICHEN

A = Fläche

$A, B, C, D, \ldots$ = Elemente der Matrizen

$\overleftrightarrow{A}, \overleftrightarrow{B}, \overleftrightarrow{C}, \overleftrightarrow{D}, \ldots$ = Matrizen

$\overleftrightarrow{A}^*$ = konjugiert komplexe Matrix

$\overleftrightarrow{A}^i$ = transponierte Matrix

A_ν, B_ν = Entwicklungskoeffizienten

a, b, c = Hohlraumabmessungen, Wellenleiterabmessungen

$a_{\nu\mu}, b_{\nu\mu}, c_{\nu\mu}, d_{\nu\mu}$ = Entwicklungskoeffizienten

$\vec{a}_\nu$ = Vierervektor

$\vec{b}_\nu$ = Vierervektor

$b_{1,2}$ = Abkürzung

c = Lichtgeschwindigkeit

c_0 = Lichtgeschwindigkeit im Vakuum

da = Flächenelement

ds = Linienelement

dv = Volumenelement

$\overleftrightarrow{E}$ = Einheitstensor

$e = 2,71\ldots$ = natürliche Zahl

e^x = Exponentialfunktion von x

e = Elementarladung = $1,6 \cdot 10^{-19}$ As

$F(H_\varphi)$ = Funktion von H_φ

f = Frequenz

$f(r)$ = Funktion von r

f_I = isotrope Grenzfrequenz

f_m = Bezugsfrequenz

G = Feldelliptizitätsfaktor

$G(H_\varphi)$ = Funktion von H_φ

$\overleftrightarrow{G}$ = Operator

$\overleftrightarrow{G}^{+}$ = zu $\overleftrightarrow{G}$ adjungierter Operator

$g(r)$ = Funktion von r

g_1, g_2 = Maßstabsfaktoren

H_o^i = innere magnetische Gleichfeldstärke

$H_n^{(1)}$ = Hankelfunktion erster Art und n-ter Ordnung

$H_n^{(2)}$ = Hankelfunktion zweiter Art und n-ter Ordnung

$h_n^{(1)}$ = Kugel-Hankelfunktion erster Art und n-ter Ordnung

$h_n^{(2)}$ = Kugel-Hankelfunktion zweiter Art und n-ter Ordnung

H_s = Sättigungsfeldstärke

h_ν^2 = Eigenwert der rotationsfreien, magnetischen Eigenvektoren

h, h_1, h_2 = Wellenzahlen

h_o^i = normierte, innere magnetische Gleichfeldstärke

$h_{\nu\mu}$ = Kopplungsfaktoren

I_n = modifizierte Zylinderfunktion erster Art der Ordnung n

I_ν = "Strom" des ν-ten Wellentyps

J_n = Zylinderfunktion erster Art der Ordnung n (Besselfunktion)

j = imaginäre Einheit

j_n = Kugelbesselfunktion der Ordnung n

K = Wellenzahl

K_n = modifizierte Zylinderfunktion zweiter Art der Ordnung n

$K_{1,2}$ = Proportionalitätsfaktor

$K_{3,4}$ = Proportionalitätsfaktor

k, k_x = Wellenzahlen

k_ν^2 = Eigenwert der divergenzfreien Eigenfunktionen

$\overline{k_\nu^2}$ = Eigenwert des vollständigen Systems

k_o = Wellenzahl des leeren Raums

k_1 = Wellenzahl

k_2 = Wellenzahl

$\overleftrightarrow{L}$ = linearer Operator

$\overleftrightarrow{L}^{+}$ = zu $\overleftrightarrow{L}$ adjungierter Operator

L_{mn} = Elemente des Operators $\overleftrightarrow{L}$

L_1, L_2, L_3, L_4 = linerare Operatoren

I = Länge des Resonators

I_ν^2 = Eigenwert der rotationsfreien elektrischen Eigenvektoren

M = Normierungskonstante

M_s = Sättigungsmagnetisierung

m = Ordnungszahl

m_o = Ruhemasse des Elektrons

m, n, l, p, q = Zählindizes

N = Normierungskonstante

NN = Nenner eines Bruches

N_n = Zylinderfunktion zweiter Art der Ordnung n (Neumannfunktion)

$O(x)$ = Ordnung von x, $f(x) = O(x)$, falls $\lim\limits_{x \to \infty} x \cdot f(x) = C$

$o(x)$ = Ordnung von x, $f(x) = o(x)$, falls $\lim\limits_{x \to \infty} x \cdot f(x) = 0$

P = Leistung

$\overline{P}$ = zeitlicher Mittelwert der Leistung

P_n^o = Legendre Polynom n-ter Ordnung

P_n^1 = zugeordnetes Legendre Polynom n-ter Ordnung

P_v = Joulesche Verlustleistung

p^2 = Eigenwert

$p_1, p_2, p_3, \ldots, p_n$ = Parameter

r = Reflexionsfaktor

r, φ, z = Zylinderkoordinaten

r, φ, ϑ = Kugelkoordinaten

r_i, r_a = Innen-, Außenradius

r_o = Radius eines Zylinders, Radius einer Kugel

$\overleftrightarrow{S}$ = Matrix

$\vec{s}_D$ = Eigendrehimpuls

$\vec{s}_M$ = magnetisches Moment

T = Periodendauer

$\overleftrightarrow{T}$ = Transformationsmatrix

t = Zeitkoordinate

$\overleftrightarrow{U}$ = Matrix

U_ν = "Spannung" des ν-ten Wellentyps

u, w = ebene, krummlinige Koordinaten

u, v = transversale, zylindrische Koordinaten

V = Volumen

$\overleftrightarrow{V}$ = Matrix

v_{nm} = m-te Nullstelle der Funktion n-ter Ordnung

v_{ph} = Phasengeschwindigkeit

$\overleftrightarrow{W}$ = Matrix

W_e = Energieinhalt des elektrischen Feldes

W_m = Energieinhalt des magnetischen Feldes

w = normierte Frequenz

x = normierte Frequenz

x, y, z = kartesische Koordinaten

x_m = normierte Sättigungsmagnetisierung

x_q = normierte Quellfrequenz

$x_{1,2}^2$ = Eigenwerte

Y_n = Zylinderfunktion zweiter Art der Ordnung n

y = normierte Vormagnetisierungsfeldstärke

y_{nm} = m-te Nullstelle der Besselfunktion n-ter Ordnung

y'_{nm} = m-te Nullstelle der einmal differenzierten Besselfunktion n-ter Ordnung

Z = Feldwellenwiderstand

$Z_{1,2}$ = Feldwellenwiderstände

Z_F = Feldwellenwiderstand

$Z_F^{(1)}$ = Feldwellenwiderstand des Ferritmaterials

$Z_F^{(2)}$ = Feldwellenwiderstand des Ferritmaterials

$\overleftrightarrow{Z_F}$ = Feldwellenwiderstands-Tensor

Z_n = Zylinderfunktion erster Art der Ordnung n

Z'_n = Ableitung der Funktion Z_n nach ihrem Argument

Z_o = Feldwellenwiderstand des leeren Raumes

$\mathfrak{A}$ = Vektorfeld, Vektorpotential

$\mathfrak{a}$ = Vektor

$\mathfrak{a}^*$ = konjugiert komplexer Vektor

$\mathfrak{a}'$ = transponierter Vektor

$\mathfrak{a}_t$ = transversaler Vektor

$\mathfrak{a}_\nu$ = Vierervektor, Eigenvektor

$\mathfrak{B}$ = bezogene magnetische Induktion, Vektorfeld

$\mathfrak{B}'$ = magnetische Induktion

$\mathfrak{B}'_{+,-}$ = magnetische Induktion in Richtung der Hauptachsen

$\mathfrak{b}_\nu$ = Vierervektor

$\mathcal{L}$ = Integrationsweg

$\mathfrak{D}$ = bezogene Verschiebungsdichte

$\mathfrak{D}'$ = Verschiebungsdichte

$\mathfrak{E}$ = bezogene elektrische Feldstärke

$\mathfrak{E}'$ = elektrische Feldstärke

$\mathfrak{E}_e$ = eingeprägte elektrische Feldstärke

$\mathfrak{E}_p$ = elektrisches Probefeld

$\mathfrak{E}_t$ = transversale elektrische Feldstärke

$\mathfrak{E}_{tg}$ = tangentiale elektrische Feldstärke

$\overline{\mathfrak{E}}_\nu$ = elektrische Eigenvektoren des vollständigen Systems

$\mathfrak{E}_o$ = tangentiale, anregende elektrische Feldstärke

$\mathfrak{n}_{x,y,z}$ = Einheitsvektoren in Richtung der kartesischen Koordinatenachsen

$\mathfrak{n}_r, \mathfrak{n}_\varphi, \mathfrak{n}_z$ = Einheitsvektoren in Richtung der zylindrischen Koordinaten r, φ, z

$\mathfrak{n}_r, \mathfrak{n}_\varphi, \mathfrak{n}_\vartheta$ = Einheitsvektoren in Richtung der Kugelkoordinaten r, φ, ϑ

$\mathfrak{n}_\nu$ = rotationsfreier elektrischer Eigenvektor

$\mathfrak{F}$ = Anteil der elektrischen Feldstärke

$\overline{\mathfrak{F}}$ = Anteil der elektrischen Feldstärke im kartesischen Koordinatensystem

$\underline{\mathfrak{F}}$ = elektrische Feldstärke des adjungierten Wellenleiters

$\mathfrak{E}_t$ = transversale Strukturfunktion des elektrischen Feldes

$\mathfrak{H}_J$ = Anteil der magnetischen Feldstärke

$\overline{\mathfrak{H}}_J$ = Anteil der magnetischen Feldstärke im kartesischen Koordinatensystem

$\overline{\mathfrak{H}}_J$ = magnetische Feldstärke des adjungierten Wellenleiters

$\mathfrak{H}_{Jt}$ = Strukturfunktion des magnetischen Feldes

$\mathfrak{H}_J$ = bezogene magnetische Feldstärke

$\mathfrak{H}_J'$ = magnetische Feldstärke

$\mathfrak{H}_{J_{aust}}$ = Austauschfeldstärke

$\mathfrak{H}_J^i$ = innere magnetische Feldstärke

$\mathfrak{H}_{J_o}^i$ = innere magnetische Gleichfeldstärke

$\mathfrak{H}_{J_P}$ = transversale magnetische Feldstärke

$\mathfrak{H}_{J_w}$ = Weiß'sches Molekularfeld

$\mathfrak{H}_{J_v}$ = magnetische Feldstärke zur Beschreibung der Ausbreitungseffekte

$\overline{\mathfrak{H}}_{J_v}$ = magnetischer Eigenvektor des vollständigen Systems

$\mathfrak{H}_{J_o}$ = magnetische Gleichfeldstärke

$\mathfrak{H}_{J_{+,-}}'$ = magnetische Feldstärke in Richtung der Hauptachsen

$\mathfrak{H}_v$ = rotationsfreier magnetischer Eigenvektor

$\mathfrak{Im}$ = Imaginärteil einer komplexen Zahl

$\mathfrak{M}$ = bezogene Magnetisierung

$\mathfrak{M}'$ = Magnetisierung

$\mathfrak{M}_{+,-}'$ = Magnetisierung in Richtung der Hauptachsen

$\mathfrak{N}$ = Normaleneinheitsvektor

$\mathfrak{P}$ = bezogene Polarisation

$\mathfrak{P}'$ = Polarisation

$\mathfrak{P}_e$ = anregende Polarisation

$\mathfrak{Re}$ = Realteil der komplexen Zahl

$\mathfrak{J}'$ = Stromdichte

$\mathfrak{J}$ = bezogene Stromdichte

γ_F = bezogene Flächenstromdichte

γ_F' = Flächenstromdichte

γ_e = anregende Stromdichte

$\vec{\gamma}$ = tangentialer Einheitsvektor

α = Dämpfungskonstante

α = Dämpfungsmaß

$\alpha, \beta, \tau, \delta$ = Matrixelemente

β = Phasenmaß

ϑ = Winkel im Kugelkoordinatensystem

γ = Ausbreitungsmaß

τ = gyromagnetisches Verhältnis

τ_0 = gyromagnetisches Verhältnis des freien Elektrons

δ = Differenzenzeichen

δ = Korrekturfaktor

$\delta_{\mu\nu}$ = Kroneckersymbol

ε_a = Dielektrizitätskonstante des Außenraums

ε_r = relative Dielektrizitätskonstante

ε_0 = Dielektrizitätskonstante des leeren Raumes, elektrische Feldkonstante

η, ξ = Faktoren, Separationskonstanten

$\varkappa$ = Leitfähigkeit

λ = Wellenlänge

$\lambda_{1,2}$ = Eigenwerte

μ = Zählindizes

$\overleftrightarrow{\mu}$ = Permeabilitätstensor

μ_a = Permeabilität des Außenraums

μ_{eff1} = effektive Permeabilität erster Art

μ_{eff2} = effektive Permeabilität zweiter Art

μ_{nm} = Elemente des Permeabilitätstensors

$\overleftrightarrow{\mu}_{tt}$ = transversaler Permeabilitätstensor

$\overrightarrow{\mu}_{tz}$ = transversaler Spaltenvektor des Permeabilitätstensors

$\overrightarrow{\mu}_{zt}$ = transversaler Zeilenvektor des Permeabilitätstensors

μ_{zz} = skalares Element des Permeabilitätstensors

μ_0 = Permeabilität des leeren Raumes

μ_r = relative Permeabilität

μ_1, μ_2 = Elemente des Permeabilitätstensors

μ_1', μ_2' = Realteil der Elemente des Permeablitätstensors

μ_1'', μ_2'' = Imaginärteil der Elemente des Permeabilitätstensors

$\overleftrightarrow{\mu}^+$ = Permeabilitätstensor des adjungierten Mediums

ν = Zählindizes

$\overline{\Pi}_e$ = elektrischer Hertzscher Vektor

$\overline{\Pi}_m$ = magnetischer Hertzscher Vektor

ρ = Raumladungsdichte

ρ = spezifischer Widerstand

σ = Flächenladungsdichte

τ = Transmissionsfaktor

φ = Potentialfunktion

φ = Koordinate im zylindrischen und kugelförmigen Koordinatensystem

φ_ν = skalare elektrische Eigenfunktion

φ_1, φ_2 = Phasenwinkel

$\overleftrightarrow{\chi}$ = Suszeptibilitätstensor

χ_{nm} = Elemente des Suszeptibilitätstensors

$\overleftrightarrow{\chi}_{tt}$ = transversaler Suszeptibilitätstensor

$\overrightarrow{\chi}_{tz}$ = transversaler Spaltenvektor des Suszeptibilitätstensors

$\overrightarrow{\chi}_{zt}$ = transversaler Zeilenvektor des Suszeptibilitätstensors

χ_1, χ_2 = Elemente des Suszeptibilitätstensors

χ'_1, χ'_2 = Realteile der Elemente des Suszeptibilitätstensors

χ''_1, χ''_2 = Imaginärteile der Elemente des Suszeptibilitätstensors

χ_+ = Suszeptibilität für rechtshändig zirkular polarisierte Felder

χ_- = Suszeptibilität für linkshändig zirkular polarisierte Felder

Ψ = Potentialfunktion des magnetischen Feldes

Ψ_ν = skalare magnetische Eigenfunktionen

Ψ_0 = magnetische Potentialfunktion im Vakuum

ω = Kreisfrequenz

ω_m = Bezugs-Kreisfrequenz

ω_r = Resonanz-Kreisfrequenz der gleichförmigen Präzession

∇ = Nabla-Operator

∇_t = transversaler Nabla-Operator

$\nabla_{+,-}$ = Differentialoperator

Δ = Delta-Operator

Δ_t = transversaler Delta-Operator

EINLEITUNG

Diese Arbeit soll von elektromagnetischen Feldern und Wellen in vormagnetisierten Mikrowellenferriten handeln. Es wird bewußt auf eine eingehende Untersuchung der physikalischen Ursachen für das gyrotrope Verhalten der Ferritmedien verzichtet, vielmehr soll Ausgangspunkt der Untersuchungen der das makroskopische Verhalten der Materialien beschreibende Permeabilitätstensor sein. Die Elemente des Tensors werden in einem kurzen Abriß abgeleitet, um ihre Abhängigkeit von der Frequenz, der Vormagnetisierungsfeldstärke und den Materialparametern der verwendeten Werkstoffe zu kennen.

Zum besseren Verständnis der späteren Ausführungen und der darin verwendeten Begriffe sollen kurz die bekannten Tatsachen über die elektrischen und magnetischen Eigenschaften der Ferritmaterialien zusammengestellt werden. Dabei werden nur die Eigenschaften betrachtet, die für eine höchstfrequenztechnische Anwendung der Ferrite im vormagnetisierten Zustand von Bedeutung sind.

Definitionsgemäß werden unter Ferriten nur Metalloxydverbindungen der chemischen Formel $MeO \cdot Fe_2O_3$ verstanden, wobei Me für ein zweiwertiges Metall-Ion, wie z.B. Fe, Mn, Mg, Ni, Zn, Cd, Co oder auch für eine Kombination dieser Ionen steht. Im ersten Fall werden die Ferrite als Monoferrite, im zweiten als Mischferrite bezeichnet. Diese Metalloxydverbindungen werden auch als Ferrospinelle bezeichnet, da sie in der gleichen kubischen Struktur wie das Mineral Spinell $(MgO \cdot Al_2O_3)$ kristallisieren. Daneben existieren aber noch andere Kristallstrukturen, die ebenfalls ferrimagnetisches Verhalten zeigen. Ein Beispiel hierfür sind die hexagonal kristallisierenden Bariumferrite und die Granate. Es ist heute üblich, unter dem Begriff "Ferrit" unabhängig von der Kristallstruktur alle Ferrimagnetika einzuordnen.

Hier werden nur polykristalline Materialien behandelt. Sie werden in einem Sinterverfahren aus einer Mischung verschiedener Metalloxyde hergestellt. Da sie mechanisch hart und spröde sind, werden sie zur Gruppe der keramischen Werkstoffe gezählt. Durch den Herstellungsprozeß bedingt bilden sich innerhalb des Ferritmaterials Bereiche unterschiedlicher magnetischer, elektrischer und mechanischer Eigenschaften aus. Das heißt, das Material ist in seiner Feinstruktur ein äußerst inhomogener Körper.

22

Die weitverbreitete Anwendung der Ferrite in der Mikrowellentechnik beruht auf ihrer Eigenschaft, einen sehr großen spezifischen Widerstand zu besitzen (10^7 bis $10^{12}\,\Omega\,$cm), der um 12 bis 17 Zehnerpotenzen über dem der ferromagnetischen Metalle liegt. Das heißt, daß ein Ferritmaterial bis in den Millimeterwellenbereich voll von den elektromagnetischen Feldern durchsetzt werden kann, es tritt kein meßbarer Wirbelstromeffekt auf.

Innerhalb des Ferrits besteht jeder Kristallit aus kleinen Bereichen, in denen die unkompensierten magnetischen Momente der Spins durch die Austauschkräfte parallel ausgerichtet sind (Weißsche Bezirke). Die sich innerhalb eines Weißschen Bezirks einstellende Magnetisierung wird spontane Magnetisierung genannt, zu der praktisch nur die magnetischen Momente der Elektronen einen Beitrag liefern. Bei Fehlen eines äußeren Magnetfeldes sind die Magnetisierungsrichtungen der einzelnen Bezirke statistisch verteilt, so daß sich keine resultierende makroskopische Magnetisierung ergibt. Die einzelnen Weißschen Bezirke sind durch Zonen getrennt, in denen die Spinorientierung des einen Bezirks stetig in die des Nachbarbezirks übergeht (Bloch-Wände). Wird in einem Ferritmaterial ein stetig zunehmendes, homogenes Magnetfeld erzeugt, so wachsen die Bezirke mit günstiger Orientierung zum angelegten Feld auf Kosten der ungünstig orientierten (Wandverschiebungen). Bei genügend großen Feldern drehen die einzelnen Bezirke ihre Magnetisierung noch in die Richtung des angelegten Feldes (Drehprozesse). Ist die Magnetisierung aller Bereiche parallel zum angelegten Feld ausgerichtet, so ist das Material magnetisch gesättigt. Auf Grund der Porosität polykristalliner Ferrite ist die Sättigungsmagnetisierung dieser Materialien kleiner als die spontane Magnetisierung.

I. DER PERMEABILITÄTSTENSOR

I.1 MAKROSKOPISCHE VEKTORGRÖSSEN ALS MITTELWERTE

Die Maxwellsche Theorie der elektromagnetischen Felder ist eine makroskopische
Theorie, die die Materie als Kontinuum behandelt und nicht nach ihrer atomaren oder
kristallinen Struktur fragt. Nun können aber die hier zu behandelnden Materialien in
keinem Fall als bis in kleinste Bereiche homogen angesehen werden. Die zu untersuchenden Werkstoffe setzen sich vielmehr aus einer Vielzahl von Kristallen zu größeren Ge-
bieten zusammen. Die Anordnung und Lage der einzelnen , voneinander getrennten Ge-
biete ist eventuell noch von der Größe des von außen angelegten, magnetischen Gleichfeldes abhängig. Die Porosität des Materials bedingt ferner eine in kleinen Bereichen
existierende, starke Inhomogenität.

Sollen Aussagen über die Größe der auftretenden elektromagnetischen Felder gemacht
werden, so muß zuvor eine Vereinbarung über die Bedeutung der zu bestimmenden Feldgrößen getroffen werden. Es können zwei Problemstellungen unterschieden werden, auf
die die zu treffenden Vereinbarungen zugeschnitten werden können. Sollen innerhalb
des Materials die Felder bestimmt werden, die an den einzelnen magnetischen Momen-
ten angreifen, so werden die Feldgrößen als räumliche Mittelwerte angegeben, wobei das
Volumen, auf das bezogen wurde, die folgenden Bedingungen erfüllen muß: Die linearen Abmessungen des Volumens müssen groß sein gegenüber den atomaren Abmessungen
der Bausteine des Materials, andererseits muß das Volumen aber klein sein gegen die
Ausdehnungen der vorhandenen Inhomogenitäten, wie etwa der Domänen oder Kristalli-
te. Eine solche Definition der Feldgrößen hat zur Folge, daß die das Ferritmaterial beschreibenden Werkstoffparameter wie Dielektrizitätskonstante, Permeabilität etc. von
Ort zu Ort variieren und nicht als Größen angesehen werden können, die makroskopisch das Verhalten des Materials unter dem Einfluß elektromagnetischer Felder bestimmen. Derart definierte Mittelwerte der Feldgrößen sind immer dann sinnvoll, wenn
physikalische Zusammenhänge innerhalb des Materials untersucht werden sollen.

Sollen aber Ausbreitungserscheinungen elektromagnetischer Wellen in Ferritmaterialien untersucht werden, so müssen die Mittelwerte der Feldgrößen, mit denen gerechnet

werden soll, anders definiert werden. Auch in dieser zweiten Gruppe von Vektorgrößen
sollen alle Vektoren räumliche Mittelwerte sein. Das Volumen, über das die Mittelwertbildung ausgeführt wird, soll wie im ersten Fall in seinen linearen Abmessungen
groß gegenüber den interatomaren Abmessungen sein. Andererseits soll dieses Volumen
aber auch groß gegenüber den Inhomogenitäten, wie sie schon oben erwähnt wurden, sein.
Da im allgemeinen Fall der Einfluß des Ferritmaterials auf zeitlich veränderliche Felder und Wellen bestimmt werden soll, darf das Volumen, über das gemittelt wird, aber
in seinen Linearabmessungen nicht in der Größenordnung der Wellenlänge λ sein, wenn
λ die der zeitlichen Änderungsfrequenz zugeordnete Wellenlänge ist. Es wird die
Forderung gestellt, daß die Abmessungen des Volumens sehr viel kleiner als ein Vier-
tel der Wellenlänge sind.

Unter diesen Voraussetzungen können die das Ferritmaterial beschreibenden Materialparameter ebenfalls als Mittelwerte angesehen werden. Unter der Voraussetzung gleicher chemischer Zusammensetzung des Gesamtvolumens erscheint damit das Material
als homogen. Auf Grund der Linearität der Maxwellschen Gleichungen (zur Bedingung
der Linearität siehe auch Kapitel I.2) gehorchen auch die gebildeten Mittelwerte der
Felder dem System der Maxwellschen Gleichungen. Es soll hier nur mit der zweiten
Gruppe der definierten Feldgrößen gerechnet werden, da es Ziel dieser Arbeit ist, das
Verhalten von elektromagnetischen Feldern unter dem Einfluß makroskopischer Ferritproben zu untersuchen.

Bevor mit den so definierten Vektorfeldern gerechnet wird, sollen noch einige Forderungen an das Verhalten des Ferritmaterials gestellt werden, die nicht immer voll
erfüllt werden können, die aber die Berechnung der auftretenden Probleme erheblich
vereinfachen. Das zu untersuchende Material sei immer bis in die Sättigung vormagnetisiert, so daß alle magnetischen Momente in Richtung des außen angelegten Feldes
ausgerichtet sind. Es soll angenommen werden, daß der Zusammenhang zwischen der
magnetischen Induktion $\mathfrak{B}$ und der magnetischen Feldstärke $\mathfrak{H}$ durch eine lineare Vektorfunktion beschrieben werden kann. Die Bedingung der Linearität kann unter der An-
nahme einer Kleinsignaltheorie (siehe Kapitel I.2) mit hinreichender Genauigkeit erfüllt werden. Das Ferritmaterial verhalte sich unter dem Einfluß eines statischen Magnetfeldes isotrop, so daß die statische Induktion und magnetische Feldstärke immer
gleichgerichtet sind. Der Einfluß von Kristall- und Spannungsanisotropien sei vernachlässigbar klein. Unter dem Einfluß eines zeitlich veränderlichen Feldes verhalte sich
das Ferritmaterial einachsig anisotrop oder in möglichen Grenzfällen isotrop.

I.2 ABLEITUNG DES PERMEABILITÄTSTENSORS

Im Mikrowellenbereich werden die Ferritmaterialien im allgemeinen unter dem gleichzeitigen Einfluß eines homogenen, statischen Vormagnetisierungsfeldes und eines hochfrequenten Wechselfeldes untersucht. Wenn das magnetische Wechselfeld und die hieraus resultierende zeitabhängige Magnetisierung in ihrer Amplitude klein gegenüber dem vormagnetisierenden Gleichfeld sind, kann der Zusammenhang zwischen der Wechselmagnetisierung und der zeitabhängigen, magnetischen Feldstärke durch eine lineare Vektorfunktion

$$\vec{\mathcal{M}}' = \vec{\vec{\chi}} \cdot \vec{\mathcal{H}}' = \begin{pmatrix} \chi_{11} & \chi_{12} & \chi_{13} \\ \chi_{21} & \chi_{22} & \chi_{23} \\ \chi_{31} & \chi_{32} & \chi_{33} \end{pmatrix} \cdot \vec{\mathcal{H}}' \qquad ^{1)} \tag{1.2.1}$$

beschrieben werden. $\vec{\vec{\chi}}$ wird als der Suszeptibilitätstensor für die zeitabhängigen Felder bezeichnet. Die Abhängigkeit der Elemente des Suszeptibilitätstensors $\vec{\vec{\chi}}$, bzw. des zugeordneten, relativen Permeabilitätstensors

$$\vec{\vec{\mu}} = \begin{pmatrix} \mu_{11} & \mu_{12} & \mu_{13} \\ \mu_{21} & \mu_{22} & \mu_{23} \\ \mu_{31} & \mu_{32} & \mu_{33} \end{pmatrix} = \begin{pmatrix} 1 & 0 & 0 \\ 0 & 1 & 0 \\ 0 & 0 & 1 \end{pmatrix} + \vec{\vec{\chi}}, \tag{1.2.2a}$$

der den Zusammenhang zwischen der magnetischen Induktion $\vec{\mathcal{B}}'$ und der magnetischen Feldstärke $\vec{\mathcal{H}}'$

$$\vec{\mathcal{B}}' = \mu_0 \vec{\vec{\mu}} \cdot \vec{\mathcal{H}}' = \mu_0 (\vec{\vec{E}} + \vec{\vec{\chi}}) \cdot \vec{\mathcal{H}}' = \mu_0 (\vec{\mathcal{H}}' + \vec{\mathcal{M}}') \tag{1.2.2b}$$

beschreibt, vom magnetischen Gleichfeld $\vec{\mathcal{H}}_0$, der Frequenz ω und den Materialparametern des Ferritmaterials soll hier bestimmt werden. $\vec{\vec{E}}$ ist die Einheitsmatrix.

Durch das Aufbringen eines statischen, homogenen Vormagnetisierungsfeldes (die Homogenität wird im folgenden, ohne daß speziell darauf hingewiesen wird, immer vorausgesetzt) wird das Ferritmaterial uniaxial anisotrop. Aus diesem Grund lassen sich die Zusammenhänge (I.2.1) und (I.2.2) bei der Wahl eines Koordinatensystems, dessen z-Achse in Richtung des Vormagnetisierungsfeldes weist, vereinfachen. Auf Grund der uniaxialen Anisotropie muß der Suszeptibilitätstensor bzw. Permeabilitätstensor invariant in bezug auf eine Drehung des Koordinatensystems um die Vormagnetisierungsrichtung sein.

$^{1)}$ Da in Kapitel II bezogene Feldgrößen eingeführt werden, sollen hier die zeitabhängigen, elektromagnetischen Felder mit einem Strich gekennzeichnet werden.

Diese Eigenschaft hat zur Folge, daß die betrachteten Tensoren normal [1] sind.

Zur Bestimmung der einzelnen Elemente des Permeabilitätstensors soll von der quasi-klassischen Methode Gebrauch gemacht werden, die auf Arbeiten von Landau und Lifshitz /45/ im Jahre 1935 beruht und die von Kittel /44/ und Polder /47/ weiter entwickelt wurde. Die quasiklassische Methode zur Bestimmung des Permeabilitätstensors geht von folgenden Voraussetzungen aus: Jedes magnetisch wirksame Elektron wird als ein Teilchen mit einem Eigendrehimpuls (Spin) $\vec{S}_D$ und einem magnetischen Moment $\vec{S}_M$ betrachtet. Eigendrehimpuls und magnetisches Moment sind fest miteinander verkoppelt und haben entgegengesetzte Richtung. Wird zunächst nur ein Elektron als freies Teilchen im Vakuum betrachtet, so lautet der Zusammenhang zwischen Eigendrehimpuls und magnetischem Moment für dieses Teilchen:

$$\vec{S}_M = \gamma_0 \cdot \vec{S}_D . \tag{I.2.3}$$

Hierin wird γ_0 als das gyromagnetische Verhältnis des freien Elektrons bezeichnet. γ_0 hat einen negativen Wert

$$\gamma_0 = \frac{e \cdot \mu_0}{m_0} = -2{,}21 \cdot 10^7 \frac{cm}{A \cdot s} . \tag{I.2.4}$$

e ist die Elementarladung des Elektrons, $e = -1{,}6 \cdot 10^{-19}$ As, m_0 ist die Ruhemasse des Elektrons, $m_0 = 9{,}1072 \cdot 10^{-28}$ g und $c_0 = 2{,}9979 \cdot 10^{10}$ cm/s ist die Lichtgeschwindigkeit im leeren Raum.

In einem magnetischen Feld $\vec{\mathfrak{H}}'$ wird ein Drehmoment der Größe $\vec{S}_M \times \vec{\mathfrak{H}}'$ auf das Elektron ausgeübt. Werden eventuell auftretende Translationsbewegungen und Verluste nicht berücksichtigt, so lautet die Bewegungsgleichung für das Elektron und die mit ihm verkoppelten Momente:

$$\frac{d\vec{S}_D}{dt} = \vec{S}_M \times \vec{\mathfrak{H}}'^i . \tag{I.2.5}$$

Die zeitliche Änderung des Drehimpulses ist gleich dem Drehmoment, das auf das Elektron wirkt. $\vec{\mathfrak{H}}'^i$ ist das am Ort des Elektrons auftretende magnetische Feld. Wird berücksichtigt, daß magnetisches Moment und Eigendrehimpuls starr miteinander gekoppelt sind, so läßt sich für ein freies Elektron die Bewegungsgleichung des magnetischen Moments

---

[1] Eine normale Matrix $\vec{\vec{A}}$ gehorcht der Gaußschen Transformation $\vec{\vec{A}}^{*\prime} \cdot \vec{\vec{A}} = \vec{\vec{A}} \cdot \vec{\vec{A}}^{*\prime}$. Die Normalität ist ein Oberbegriff, der die Hermitezität, die Schiefhermitezität und die Unitarität einschließt /29/. Der gestrichene Tensor ist der transponierte, der mit einem Stern versehene Tensor der konjugiert komplexe Wert des ursprünglichen Tensors.

$$\frac{d\vec{S_M}}{dt} = \gamma_0 \left(\vec{S_M} \times \vec{\mathcal{H}}^{ii} \right) \tag{I.2.6}$$

angeben. Die Bewegungsgleichung beschreibt eine Kreiselbewegung der magnetischen Momente; die Momente präzedieren um die Vormagnetisierungsfeldstärke. Gl.(I.2.6) gilt für ein Teilchen (Elektron) im freien Raum unter dem Einfluß des magnetischen Feldes $\mathcal{H}^{ii}$. Um von Gl.(I.2.6) zu einer die makroskopischen Feldgrößen beschreibenden Gleichung zu gelangen, wird eine Mittelwertbildung über ein Volumen vorgenommen, das den Bedingungen des Kapitels I.1 genügt. Der Mittelwert über die magnetischen Momente

$$\mathcal{M}' = \frac{1}{\mu_0 V} \sum_{\nu=1}^{N} \vec{S}_{M\nu} \tag{I.2.7}$$

wird als Magnetisierung bezeichnet. Unter Berücksichtigung der Mittelwertbildung ergibt sich aus Gl.(I.2.6) die Bewegungsgleichung für die Magnetisierung $\mathcal{M}'$:

$$\frac{d\mathcal{M}'}{dt} = \gamma \cdot \left(\mathcal{M}' \times \vec{\mathcal{H}}^{ii} \right). \tag{I.2.8}$$

Alle hierin auftretenden Feldgrößen sind Mittelwerte nach Kapitel I.1. Die Konstante

$$\gamma = \frac{g}{2} \cdot \gamma_0 \tag{I.2.9}$$

wird als gyromagnetisches Verhältnis des betrachteten Materials bezeichnet. g ist der Landé-Faktor, der den Einfluß des Kristallfeldes im Festkörper Ferrit sowie den Beitrag des Bahnmoments zum Gesamtmoment des Elektrons (bisher wurde nur das Spinmoment berücksichtigt) beschreibt. Der Landé-Faktor hat bei üblichen Mikrowellenferriten einen Wert von 1,5 - 2,5.

Da in einem polykristallinen Ferritmaterial der effektiv wirksame Landé-Faktor der Berechnung kaum zugänglich ist, wird er im allgemeinen meßtechnisch bestimmt (z.B. /36/, /54/).

Das Magnetfeld $\mathcal{H}^{i}$ setzt sich aus dem von außen aufgebrachten magnetischen Feld $\mathcal{H}^{i}_a$ im Innern des Materials und aus einem Feldanteil $\mathcal{H}_{aust.}$ zusammen, der die Austauschwechselwirkung innerhalb des Festkörpers beschreibt. $\mathcal{H}_{aust.}$ selbst ist zusammengesetzt aus dem "Weißschen Molekularfeld" $\mathcal{H}_w$ und einem Anteil $\mathcal{H}_v$, der den Einfluß von Ausbreitungseffekten innerhalb der Magnetisierung beschreibt. Tritt eine

28

ortsabhängige Änderung der Magnetisierung auf, so bedeutet dies, daß benachbarte
Momentenvektoren nicht mehr parallel zueinander liegen. Die Rückwirkung der einzelnen, nichtparallelen Momente aufeinander beschreibt der Feldanteil $\mathfrak{H}_v$.

Da das Weißsche Molekularfeld immer parallel zu den Spinvektoren gerichtet ist,
gibt es trotz seiner beträchtlichen Größe (ca. 10^7 A/cm) keinen Beitrag zur zeitlichen
Änderung der Magnetisierung, da nach Gl.(I.2.6) nur das Vektorprodukt von Momenten-
vektor und auftretendem Feld einen Beitrag zur zeitlichen Änderung des magnetischen
Moments liefert. Der Feldanteil $\mathfrak{H}_v$ ist sehr klein und braucht nur berücksichtigt zu werden, wenn die Magnetisierung sich in Bereichen, die kleiner als 10^{-3} cm sind, ändert
(Spinwellen). Da hier aber Wellenausbreitung im Mikrowellenbereich untersucht werden
soll, liegen die Wellenlängen der zeitlich abhängigen Felder in der Größenordnung von
Zentimetern und Millimetern. Aus diesem Grund kann mit guter Berechtigung angenommen werden, daß das wirksame Magnetfeld $\mathfrak{H}^{ii}$ nur auf der Wirkung eines von außen
aufgebrachten magnetischen Feldes (unter Berücksichtigung eventuell auftretender Ent-
magnetisierungseffekte) beruht.

Um den Einfluß des magnetischen Feldes $\mathfrak{H}^{ii}$, das als von außen erzwungen angesehen
werden soll, auf das magnetische Verhalten des Ferritmaterials zu bestimmen, d.h. um
die gesuchte Abhängigkeit der Magnetisierung von der magnetischen Feldstärke nach
Gl.(I.2.1) zu berechnen, sollen die folgenden Voraussetzungen gemacht werden: Ein
magnetisches Gleichfeld der Größe $\mathfrak{H}^i_0$ im Innern des Materials sei so groß, daß das
Material als magnetisch vollständig gesättigt angesehen werden kann. Ein Koordinatensystem wird so gewählt, daß seine z-Achse mit der Richtung des Vormagnetisierungsfeldes übereinstimmt. Als Folge der Vormagnetisierungsfeldstärke wird sich eine Magnetisierung in z-Richtung von der Größe der Sättigungsmagnetisierung M_s ausbilden. Dem
magnetischen Gleichfeld soll ein Wechselfeld überlagert werden und die hierdurch
erzeugte Wechselmagnetisierung berechnet werden. Um trotz der nichtlinearen Bewegungsgleichung (I.2.8) einen linearen Zusammenhang zwischen der Wechselmagnetisierung und der Wechselfeldstärke zu erhalten, wird vorausgesetzt, daß die Amplituden
aller auftretenden Wechselfeldgrößen klein gegenüber den entsprechenden Gleichfeld-
größen sind. Die Berechnungen beschränken sich also im Rahmen einer Kleinsignaltheorie auf die durch lineare Zusammenhänge beschreibbaren physikalischen Vorgänge.

Es wird angenommen, daß die Zeitabhängigkeit aller auftretenden Wechselfeldgrößen
durch eine harmonische Funktion der Zeit beschrieben werden kann. Zur Beschreibung

der zeitabhängigen Feldgrößen werden komplexe Vektorzeiger eingeführt, ohne daß diese besonders gekennzeichnet werden. Es wird für das zeitabhängige Magnetfeld mit überlagertem Gleichfeld der Ansatz

$$\mathcal{H}^{i}(t) = \mathcal{H}_{o}^{i} + \mathcal{R}e\left\{\mathcal{H}'\cdot e^{j\omega t}\right\} \,,\quad |\mathcal{H}_{o}^{i}| \gg |\mathcal{H}'| \qquad (1.2.10)$$

mit dem komplexen Vektorzeiger

$$\mathcal{H}' = H_x'\,\mathit{n}_x + H_y'\,\mathit{n}_y + H_z'\,\mathit{n}_z \qquad (1.2.11)$$

eingeführt. Entsprechend wird für die Magnetisierung ein Ansatz als Überlagerung einer Wechsel- und einer Gleichmagnetisierung (Sättigungsmagnetisierung M_s) gemacht. Die Ansätze werden in die Bewegungsgleichung (1.2.8) eingesetzt und diese unter Berücksichtigung der gemachten Voraussetzungen, also unter Vernachlässigung der kleinen Glieder zweiter Ordnung, ausgewertet. Es zeigt sich, daß im kartesischen Koordinatensystem sowie im zylindrischen Koordinatensystem, deren z-Achsen in Richtung des magnetischen Gleichfeldes liegen, die Elemente des Suszeptibilitätstensors für den Zusammenhang zwischen den Wechselfeldern nach Gl.(1.2.1) den Bedingungen

$$X_{11} = X_{22} = X_1 = \gamma\cdot M_s\,\frac{\gamma\cdot H_o^{i}}{\gamma^2 H_o^{i\,2} - \omega^2}\,,$$

$$X_{21} = -X_{12} = j X_2 = j\,\gamma\cdot M_s\,\frac{\omega}{\gamma^2 H_o^{i\,2} - \omega^2}\,, \qquad (1.2.12)$$

$$X_{13} = X_{23} = X_{31} = X_{32} = X_{33} = 0$$

gehorchen. Der Suszeptibilitätstensor hat demnach die Form

$$\overleftrightarrow{X} = \begin{pmatrix} X_1 & -j X_2 & 0 \\ j X_2 & X_1 & 0 \\ 0 & 0 & 0 \end{pmatrix} \qquad (1.2.13)$$

mit den oben angegebenen Elementen X_1 und X_2.

Wird die magnetische Induktion aus der magnetischen Feldstärke und der Magnetisierung mit Hilfe der Beziehung (1.2.2) bestimmt, so folgen für die interessierenden Wechselanteile die Elemente des Permeabilitätstensors $\overleftrightarrow{\mu}$ nach Gl.(1.2.2):

$$\mu_{11} = \mu_{22} = \mu_1 = 1 + X_1 = 1 + \gamma\cdot M_s\,\frac{\gamma\cdot H_o^{i}}{\gamma^2 H_o^{i\,2} - \omega^2}\,,$$

$$\mu_{21} = -\mu_{12} = j\mu_2 = j X_2 = j\,\gamma\cdot M_s\,\frac{\omega}{\gamma^2 H_o^{i\,2} - \omega^2}\,, \qquad (1.2.14)$$

$$\mu_{33} = 1\,,\ \mu_{13} = \mu_{31} = \mu_{23} = \mu_{32} = 0\,,$$

so daß der Permeabilitätstensor $\overleftrightarrow{\mu}$ die Form

$$\overleftrightarrow{\mu} = \begin{pmatrix} \mu_1 & -j\mu_2 & 0 \\ j\mu_2 & \mu_1 & 0 \\ 0 & 0 & 1 \end{pmatrix} \qquad (1.2.15)$$

annimmt.

Die angegebene Schreibweise für den Suszeptibilitätstensor und den Permeabilitätstensor gilt, wie schon erwähnt, nur im kartesischen oder zylindrischen, rechtshändigen
Koordinatensystem, nicht aber im Kugelkoordinatensystem. Im Kugelkoordinatensystem
ist es nicht möglich, einen Suszeptibilitätstensor bzw. Permeabilitätstensor anzugeben,
der von den Ortskoordinaten unabhängig ist, da keine der Koordinatenrichtungen mit
der Richtung des vormagnetisierenden Gleichfeldes übereinstimmt. Im Kugelkoordinatensystem sind alle Elemente der Tensoren ungleich Null, so daß der Zusammenhang
zwischen der Magnetisierung bzw. der magnetischen Induktion einerseits und der magnetischen Feldstärke andererseits recht kompliziert wird. Der Permeabilitätstensor
nimmt im Kugelkoordinatensystem (r, ϑ, φ) die Form

$$\overleftrightarrow{\mu} = \begin{pmatrix} \mu_1 \sin^2\vartheta + \cos^2\vartheta & -j\mu_2 \sin\vartheta & (\mu_1 - 1)\sin\vartheta\cos\vartheta \\ j\mu_2 \sin\vartheta & \mu_1 & j\mu_2 \cos\vartheta \\ (\mu_1 - 1)\sin\vartheta\cos\vartheta & -j\mu_2 \cos\vartheta & \mu_1 \cos^2\vartheta + \sin^2\vartheta \end{pmatrix} \quad (1.2.16)$$

an. Dabei werden die Komponenten der Induktion $\vec{\mathcal{B}}' = (B_r', B_\varphi', B_\vartheta')$ mit denen der
magnetischen Feldstärke $\vec{\mathcal{H}}' = (H_r', H_\varphi', H_\vartheta')$ in der angegebenen Reihenfolge verknüpft. Die Vormagnetisierungsfeldstärke hat dabei wieder z-Richtung.

Da die Elemente der bisher besprochenen Tensoren entweder rein reell oder rein imaginär sind und da ferner der transponierte Tensor gleich dem ursprünglichen, konjugiert
komplexen Tensor ist, ist der Suszeptibilitätstensor bzw. Permeabilitätstensor hermitesch. Diese Eigenschaft des Tensors gilt aber nur, weil das betrachtete Material bisher
als verlustlos angesehen wurde.

In einem realen Ferritmaterial treten immer Verluste infolge der Wechselwirkung
der Spins mit dem umgebenden Material auf. Das bedeutet, daß die durch Gl.(1.2.5)
beschriebene Kreiselbewegung (Präzession) der Momentenvektoren nach einer e-Funktion abklingt, falls diese Bewegung nicht laufend wieder angeregt wird. Die Zeitkon-

stante dieses Abklingvorgangs liegt in der Größenordnung von 10^{-10} s bis 10^{-8} s. Um
das Verhalten der Momentenvektoren oder der Magnetisierung unter Berücksichtigung
der Verluste richtig zu beschreiben, sind verschiedene Ansätze bekannt, die durch Einführung eines phänomenologischen Dämpfungsterms die Verhältnisse zu erfassen suchen.
Landau und Lifshitz /45/ führten bereits 1935 einen zusätzlichen Term in die Bewegungsgleichung (I.2.8) ein, der einen weiteren Anteil zur zeitlichen Änderung der
Magnetisierung liefert. Dieser Feldanteil stellt einen Vektor dar, der senkrecht auf
dem "antreibenden" Vektor $\gamma\,(\mathfrak{m}' \times \mathfrak{H}')$ und $\mathfrak{m}'$ selbst steht und der senkrecht zur Achse
des Präzessionskegels weist,

$$\frac{d\mathfrak{m}'}{dt} = \gamma\left(\mathfrak{m}' \times \mathfrak{H}'\right) + \alpha\,\frac{\mathfrak{m}'}{|\mathfrak{m}'|} \times \gamma\left(\mathfrak{m}' \times \mathfrak{H}'\right). \tag{I.2.17}$$

a , die phänomenologisch eingeführte Dämpfungskonstante, liegt für übliche Mikrowellenferrite in der Größenordnung von 10^{-3} bis 10^{-1}.

Eine etwas modifizierte Form des Dämpfungsterms wurde von Gilbert /40/ dadurch
erreicht, daß er im Dämpfungsterm wiederum die zeitliche Änderung der Magnetisierung nach Gl. (I.2.8) einführte,

$$\frac{d\mathfrak{m}'}{dt} = \gamma \cdot \left(\mathfrak{m}' \times \mathfrak{H}'\right) + \alpha\,\frac{\mathfrak{m}'}{|\mathfrak{m}'|} \times \frac{d\mathfrak{m}'}{dt}. \tag{I.2.18}$$

Gl. (I.2.18) beschreibt im Gegensatz zu Gl. (I.2.17) die experimentellen Erfahrungen
auch dann noch richtig, wenn die Dämpfungskonstante a groß wird.

Die Landau-Lifshitz Gleichung (I.2.17) und die Gleichung nach Gilbert (I.2.18)
beschreiben, wie sich leicht durch skalare Multiplikation mit dem Vektor der Magne-
tisierung $\mathfrak{m}'$ zeigen läßt, die Bewegung des Magnetisierungsvektors so, daß $|\mathfrak{m}'|$ konstant
bleibt. Hier soll von der Bewegungsgleichung (I.2.18) nach Gilbert Gebrauch gemacht
werden, um den Suszeptibilitäts- und Permeabilitätstensor unter Berücksichtigung der
die Verluste beschreibenden Größe a zu berechnen. Es muß erwähnt werden, daß die
phänomenologische Dämpfungskonstante a sich nach der Beziehung $a = (2T \cdot \gamma \cdot M_s)^{-1}$
aus einer von Landau-Lifshitz /45/ eingeführten Relaxationszeit T berechnet. Damit
ändert die Dämpfungskonstante ihr Vorzeichen, falls die Sättigungsmagnetisierung ihr
Vorzeichen umkehrt, d.h. falls die vormagnetisierende Gleichfeldstärke umgepolt
wird. Die Richtungsumkehr der Gleichfeldstärke, die einer Koordinatentransformation entspricht, kann formal durch Vorzeichenumkehrung beschrieben werden.

Neben den genannten Möglichkeiten, die Verluste zu beschreiben, existieren noch Versuche, die experimentellen Ergebnisse durch die Wahl von zwei Dämpfungsparametern besser zu beschreiben. So führte Bloch /31/ ein Gleichungspaar bei der Behandlung der Kernspin-Resonanz ein, das von Bloembergen /32/ auf die ferromagnetische Resonanz übertragen wurde.

Theoretische Berechnungen der Verluste von polykristallinen Ferriten sind von einigen Autoren /23/, /38/, /39/, /50/, /51/, /52/, /41/ in Abhängigkeit von der Porosität und der Dichte des Materials versucht worden, doch ist die Genauigkeit der Berechnungsgrundlagen auf Grund der verschiedenen Einflüsse, die die Verluste bestimmen, noch nicht sehr groß. Die Dämpfungskonstante a wird deshalb für die einzelnen Materialien durch Messungen bestimmt, /36/, /54/.

Der Ansatz (I.2.10) für die magnetische Feldstärke und der entsprechende Ansatz für die Magnetisierung werden in die Bewegungsgleichung unter Berücksichtigung des Dämpfungsterms (I.2.18) eingesetzt. Hieraus wird wieder der Zusammenhang zwischen der Wechselmagnetisierung und der magnetischen Wechselfeldstärke unter Voraussetzung der Kleinsignaltheorie bestimmt. Es ergeben sich für die Elemente des Suszeptibilitätstensors $\overleftrightarrow{\chi}$ komplexe Funktionen:

$$\chi_1 = \gamma \cdot M_s \; \frac{\gamma \cdot H_o^i - j\,\omega\alpha}{\gamma^2 H_o^{i\,2} - \omega^2(1+\alpha^2) - j\,2\omega\gamma H_o^i\alpha} \; ,$$

$$\chi_2 = \gamma \cdot M_s \; \frac{\omega}{\gamma^2 H_o^{i\,2} - \omega^2(1+\alpha^2) - j\,2\omega\gamma H_o^i\alpha} \; . \qquad (I.2.19)$$

Entsprechend ergeben sich nach Gl. (I.2.2) die Elemente des Permeabilitätstensors.

Die komplexen Elemente des Suszeptibilitätstensors lassen sich nach Real- und Imaginärteil

$$\chi_1 = \chi_1' - j\,\chi_1'' \; , \; \chi_2 = \chi_2' - j\,\chi_2'' \qquad (I.2.20)$$

trennen. Die Real- und Imaginärteile zeigen dabei eine Abhängigkeit von der Frequenz ω, dem magnetischen Gleichfeld H_o^i, der Dämpfungskonstanten a und der Sättigungsmagnetisierung M_s von folgender Form:

$$\chi_1' = \gamma \cdot M_s \; \frac{\gamma \cdot H_o^i \,[\gamma^2 H_o^{i\,2} - \omega^2] + \omega^2\alpha^2\gamma H_o^i}{[\gamma^2 H_o^{i\,2} - \omega^2(1+\alpha^2)]^2 + 4(\omega\alpha\gamma H_o^i)^2} \; ,$$

$$\chi_1'' = -\gamma \cdot M_s \; \frac{\alpha\,\omega^3(1+\alpha^2) + \omega\alpha\,\gamma^2 H_0^{i\,2}}{[\gamma^2 H_0^{i\,2} - \omega^2(1+\alpha^2)]^2 + 4(\omega\alpha\,\gamma H_0^i)^2} \; ,$$

$$\chi_2' = \gamma \cdot M_s \; \frac{\omega[\gamma^2 H_0^{i\,2} - \omega^2(1+\alpha^2)]}{[\gamma^2 H_0^{i\,2} - \omega^2(1+\alpha^2)]^2 + 4(\omega\alpha\,\gamma H_0^i)^2} \;) \qquad (\text{I}.2.21)$$

$$\chi_2'' = -\gamma M_s \; \frac{2\,\omega^2\alpha\,\gamma H_0^i}{[\gamma^2 H_0^{i\,2} - \omega^2(1+\alpha^2)]^2 + 4(\omega\alpha\,\gamma H_0^i)^2} \; .$$

Die Elemente des Permeabilitätstensors ergeben sich hieraus durch die Beziehung:

$$\mu_1' = 1 + \chi_1' \, , \; \mu_2' = \chi_2' \, , \; \mu_1'' = \chi_1'' \, , \; \mu_2'' = \chi_2'' \; . \qquad (\text{I}.2.22)$$

Für spätere Untersuchungen werden die Elemente des inversen Permeabilitätstensors $\overleftrightarrow{\mu}^{-1}$, der den Zusammenhang von magnetischer Feldstärke und magnetischer Induktion gemäß der Beziehung

$$\mathcal{H}' = \frac{1}{\mu_0} \, \overleftrightarrow{\mu}^{-1} \cdot \mathcal{B}' \qquad (\text{I}.2.23)$$

angibt, benötigt. Die Inversion des $\overleftrightarrow{\mu}$-Tensors ist eindeutig durchführbar, wenn der Tensor regulär ist. Der inverse Tensor wird in der Form

$$\mathcal{H}' = \frac{1}{\mu_0} \begin{pmatrix} \mu_{eff1}^{-1} & j\mu_{eff2}^{-1} & 0 \\ -j\mu_{eff2}^{-1} & \mu_{eff1}^{-1} & 0 \\ 0 & 0 & 1 \end{pmatrix} \cdot \mathcal{B}' \qquad (\text{I}.2.24)$$

geschrieben. Die Elemente μ_{eff1} und μ_{eff2} werden als effektive Permeabilität erster und zweiter Art bezeichnet. Sie ergeben sich nach den Regeln der Matrizeninversion zu:

$$\mu_{eff1} = \frac{\mu_1^2 - \mu_2^2}{\mu_1} \; , \qquad (\text{I}.2.25)$$

$$\mu_{eff2} = \frac{\mu_1^2 - \mu_2^2}{\mu_2} \; . \qquad (\text{I}.2.26)$$

Die Inversion (I.2.24) ist nur sinnvoll, wenn $\det \overleftrightarrow{\mu} = \mu_1^2 - \mu_2^2$ ungleich Null ist, d.h. aber falls $\mu_1 \neq \pm\, \mu_2$ ist.

Wie schon erwähnt (Anmerkung [1], Seite 26) besitzen der Suszeptibilitätstensor und der Permeabilitätstensor die Eigenschaft der Normalität. Für den Sonderfall, daß die Elemente des Tensors μ_1, μ_2 rein reell sind (verlustfreier Fall), sind $\overleftrightarrow{\chi}$ und $\overleftrightarrow{\mu}$ hermitesch. Eine normale (hermitesche) Matrix läßt sich aber unitär auf die Diagonalmatrix ihrer im allgemeinen komplexen (reellen) Eigenwerte transformieren. Die ursprünglichen Vektoren $\vec{\mathfrak{H}}'$ und $\vec{\mathfrak{M}}'$ nach Gl.(I.2.1) unter Berücksichtigung von Gl.(I.2.13) gehen bei dieser Hauptachsentransformation in Vektoren zerlegt in Komponenten nach Eigen- oder Hauptachsen $(+,-)$ über. Wird die transformierende Matrix mit $\overleftrightarrow{T}$ bezeichnet, so folgt für den Zusammenhang zwischen den Komponenten der ursprünglichen Felder und den Komponenten in Richtung der Hauptachsen:

$$\begin{bmatrix} M'_x \\ M'_y \end{bmatrix} = \overleftrightarrow{T} \begin{bmatrix} M'_+ \\ M'_- \end{bmatrix} \quad \text{und} \quad \begin{bmatrix} H'_x \\ H'_y \end{bmatrix} = \overleftrightarrow{T} \begin{bmatrix} H'_+ \\ H'_- \end{bmatrix} . \tag{I.2.27}$$

Die Transformationsmatrix $\overleftrightarrow{T}$ ist die Matrix der unitär normierten Eigenvektoren des Suszeptibilitätstensors und damit selbst unitär. Die Eigenwerte $\chi_\pm$ des Tensors $\overleftrightarrow{\chi}$ sind die Nullstellen des charakteristischen Polynoms

$$det[\overleftrightarrow{\chi} - \chi_\pm \overleftrightarrow{E}] = 0 \tag{I.2.28}$$

mit der (hier zweireihigen) Einheitsmatrix $\overleftrightarrow{E}$. Die Eigenwerte ergeben sich zu:

$$\begin{aligned} \chi_+ &= \chi_1 - \chi_2, \\ \chi_- &= \chi_1 + \chi_2. \end{aligned} \tag{I.2.29}$$

Die nach den Eigenachsen $(+,-)$ zerlegten Vektoren lassen sich durch die Inversion von Gl.(I.2.27) mit Hilfe der nichtsingulären Matrix $\overleftrightarrow{T}$ und unter Verwendung der Unitarität der Matrix $\overleftrightarrow{T}$ aus den nach den Raumachsen $(+,-)$ zerlegten Vektoren mittels der Gleichungen

$$\begin{bmatrix} M'_+ \\ M'_- \end{bmatrix} = \frac{1}{\sqrt{2}} \begin{pmatrix} 1 & j \\ 1 & -j \end{pmatrix} \begin{bmatrix} M'_x \\ M'_y \end{bmatrix}, \begin{bmatrix} H'_+ \\ H'_- \end{bmatrix} = \frac{1}{\sqrt{2}} \begin{pmatrix} 1 & j \\ 1 & -j \end{pmatrix} \begin{bmatrix} H'_x \\ H'_y \end{bmatrix} \tag{I.2.30}$$

berechnen.

Es soll angenommen werden, daß das magnetische Wechselfeld ein reines Transversalfeld (in Bezug auf die Vormagnetisierungsrichtung) ist. Ferner sei das Wechselfeld rechtshändig zirkular polarisiert [1], das heißt, für die Feldkomponenten des Feldes werden

[1] Ein Vektor wird als rechtshändig zirkular polarisiert bezeichnet, wenn die Drehrichtung des Vektors in der x-y-Ebene eines kartesischen Koordinatensystems mit der Drehrichtung einer Rechtsschraube in z-Richtung übereinstimmt. Ist die Drehrichtung entgegengesetzt, so soll der Vektor als linkshändig polarisiert bezeichnet werden. Ein rechtshändig (linkshändig) polarisierter Vektor wird auch als positiv (negativ) polarisiert bezeichnet.

die Beziehungen

$$H_x' = H', \quad H_y' = -iH', \quad H_z' = 0 \tag{1.2.31}$$

angenommen. Werden für diesen Zusammenhang nach Gl.(1.2.27) bzw. Gl.(1.2.30) die Feldkomponenten in Richtung der Hauptachsen des Suszeptibilitätstensors bestimmt, so folgt:

$$H_+' = 2H', \quad H_-' = 0 . \tag{1.2.32}$$

Die Magnetisierung in Richtung der Hauptachsen kann dann aus :

$$\begin{pmatrix} M_+' \\ M_-' \end{pmatrix} = \begin{pmatrix} x_1 - x_2 & 0 \\ 0 & x_1 + x_2 \end{pmatrix} \begin{pmatrix} H_+' \\ H_-' \end{pmatrix}, \quad \begin{matrix} M_+' = 2(x_1 - x_2)H', \\ M_-' = 0 . \end{matrix} \tag{1.2.33}$$

berechnet werden. Das bedeutet, auch die Magnetisierung ist zirkular polarisiert. Die wirksame Suszeptibilität ist eine skalare Größe mit dem Wert x_+ (Gl.1.2.29) für rechtshändig zirkular polarisierte Felder und dem Wert x_- (Gl.1.2.29) entsprechend für linkshändig zirkular polarisierte Felder.

Materialien, die die Eigenschaft besitzen, daß sie unter dem Einfluß eines zirkular polarisierten Feldes durch eine skalare Suszeptibilität beschrieben werden können, obgleich sie magnetisch anisotrop sind, sollen als magnetisch gyrotrop bezeichnet werden. Zu den magnetisch gyrotropen Materialien zählen also die Ferritmaterialien.

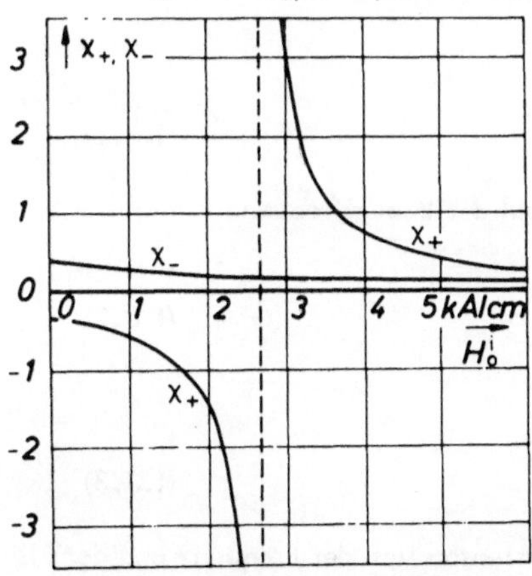

Bild 1.2.1: Skalare Suszeptibilitäten x_+, x_- als Funktion des magnetischen Gleichfeldes H_o^i.

In Bild 1.2.1 ist der Verlauf der Suszeptibilitäten für rechts- und linkshändige zirkulare Polarisation der Wechselfelder bei angenommener Verlustfreiheit der Materialien aufgezeichnet. Dabei sind die folgenden Werte für die Materialparameter gewählt worden: M_s = 1030 A/cm, g = 1,97. Die Darstellung erfolgt bei konstanter Frequenz f = $\omega/2\pi$ = 10 GHz in Abhängigkeit vom magnetischen Gleichfeld H_o^i.

I.3 DIE ELEMENTE DES PERMEABILITÄTSTENSORS

Es soll die Abhängigkeit der Elemente des Permeabilitätstensors μ_1 und μ_2 und der reziproken Elemente des inversen Permeabilitätstensors μ_{eff1} und μ_{eff2} von der Frequenz ω , der Sättigungsmagnetisierung M_s, der Vormagnetisierungsfeldstärke H_o^i , sowie für das verlustbehaftete Material von dem Dämpfungsparameter a ausführlicher betrachtet werden. Zu diesem Zweck sollen die einzelnen Elemente in günstiger Form geschrieben werden, d.h. es sollen zweckmäßige Normierungen für die einzelnen Größen eingeführt werden.

Ziel dieser Arbeit ist es, das Verhalten der Ferritmaterialien unter dem Einfluß von elektromagnetischen Feldern und Wellen zu bestimmen. Da bei den hier interessierenden Problemen vor allem die Abhängigkeit der untersuchten Strukturen von der Frequenz und von der magnetischen Gleichfeldstärke interessieren, ist es unzweckmäßig, auf eine dieser Größen zu normieren. Als Normierungsgröße bietet sich die Sättigungsmagnetisierung an, da die zu untersuchenden Probleme jeweils für ein Material, d.h. für eine konstante Sättigungsmagnetisierung (bei konstanter Temperatur) behandelt werden sollen. Die hier eingeführten Normierungen wurden (nach Wissen des Autors)erstmals von Brand /34/ verwendet.

Es wird die neue Variable

$$h_o^i = \frac{H_o^i}{M_s} \tag{I.3.1}$$

als normierte Vormagnetisierungsfeldstärke und die auf die Bezugsfrequenz

$$\omega_m = -\gamma \cdot M_s \tag{I.3.2}$$

bezogene, normierte Frequenz

$$W = \frac{\omega}{\omega_m} \tag{I.3.3}$$

zur Beschreibung der Abhängigkeit des Permeabilitätstensors von der Frequenz und der Gleichfeldstärke eingeführt.

Werden die angegebenen Normierungen in die Funktionen (I.2.14) eingeführt, so gilt für die Abhängigkeit der Elemente μ_1 und μ_2 im verlustfreien Material von der normierten Frequenz und der normierten Gleichfeldstärke der Zusammenhang:

$$\mu_1 = 1 + \frac{h_0^i}{h_0^{i\,2} - W^2} , \tag{1.3.4}$$

$$\mu_2 = -\frac{W}{h_0^{i\,2} - W^2} , \tag{1.3.5}$$

bzw. für den verlustbehafteten Fall nach Gl.(1.2.19) und Gl.(1.2.22):

$$\mu_1 = 1 + \frac{h_0^i + j\alpha W}{(h_0^i + j\alpha W)^2 - W^2} ,$$

$$\mu_2 = -\frac{W}{(h_0^i + j\alpha W)^2 - W^2} . \tag{1.3.6}$$

Werden die komplexen Elemente nach Gl.(1.3.6) wieder nach Real- und Imaginärteil getrennt, so lauten die einzelnen Anteile:

$$\mu_1' = 1 + \frac{h_0^i \left[h_0^{i\,2} - W^2 (1 - \alpha^2) \right]}{\left[h_0^{i\,2} - W^2 (1 + \alpha^2) \right]^2 + 4 (\alpha W h_0^i)^2} ,$$

$$\mu_1'' = \frac{\alpha W h_0^{i\,2} + \alpha W^3 (1 + \alpha^2)}{\left[h_0^{i\,2} - W^2 (1 + \alpha^2) \right]^2 + 4 (\alpha W h_0^i)^2} ,$$

$$\mu_2' = -\frac{W \left[h_0^{i\,2} - W^2 (1 + \alpha^2) \right]}{\left[h_0^{i\,2} - W^2 (1 + \alpha^2) \right]^2 + 4 (\alpha W h_0^i)^2} ,$$

$$\mu_2'' = -\frac{2\alpha W^2 h_0^i}{\left[h_0^{i\,2} - W^2 (1 + \alpha^2) \right]^2 + 4 (\alpha W h_0^i)^2} . \tag{1.3.7}$$

Die reziproken Elemente des inversen Permeabilitätstensors berechnen sich für das verlustfreie Material (a = 0) mit den eingeführten, normierten Variablen aus den Gleichungen:

$$\mu_{\text{eff1}} = \frac{(h_0^i + 1)^2 - W^2}{(h_0^i + 1)^2 - W^2 (h_0^i + 1)} , \qquad \mu_{\text{eff2}} = -\frac{(h_0^i + 1)^2 - W^2}{W} . \tag{1.3.8}$$

Die Elemente des Permeabilitätstensors sind unter der Voraussetzung abgeleitet worden, daß das magnetische Gleichfeld die Richtung der positiven z-Achse hat. Da das Vormagnetisierungsfeld das Ferritmaterial magnetisch sättigt, liegt die Sättigungsmagnetisierung jeweils in Richtung des angelegten magnetischen Gleichfeldes. Das bedeutet, magnetisches Gleichfeld und Sättigungsmagnetisierung haben immer das gleiche Vorzeichen. Bei Richtungsumkehr des Vormagnetisierungsfeldes kehrt auch die Sättigungsmagnetisierung ihr Vorzeichen um, es gilt also:

$$\text{sign } M_s = \text{sign } H_o^i \ . \tag{I.3.9}$$

Damit ist aber die normierte Gleichfeldstärke h_o^i immer eine positive Größe,

$$\text{sign } h_o^i \ = +1 \ . \tag{I.3.10}$$

Da auch die technische Frequenz ω nur positive Werte annehmen kann, ändert die bezogene Frequenz w ihr Vorzeichen mit dem Vormagnetisierungsfeld bzw. der Sättigungsmagnetisierung:

$$\text{sign } w = \text{sign } M_s = \text{sign } H_o^i \ . \tag{I.3.11}$$

Betrachtet werden zunächst die Elemente des Permeabilitätstensors für das verlustlose Material nach Gl.(I.3.4) und Gl.(I.3.5) in Abhängigkeit von der normierten Frequenz und der normierten Gleichfeldstärke. Die Elemente μ_1 und μ_2 zeigen Resonanzverhalten. Die Resonanz tritt auf, falls die normierte Frequenz w gerade gleich der normierten Feldstärke h_o^i wird. Das bedeutet für die entnormierten Größen: Die Resonanzfrequenz

$$\omega_r = - \gamma \cdot H_o^i \tag{I.3.12}$$

berechnet sich wie die Frequenz der gleichförmigen Präzession des kreiselnden Elektronenspins /44/, außer daß γ_o durch γ ersetzt wird.

In Bild I.3.1 ist die Abhängigkeit der beiden Elemente μ_1 und μ_2 für eine feste Frequenz f bzw. w in Abhängigkeit von der normierten Vormagnetisierungsfeldstärke aufgezeichnet. Die Sättigungsmagnetisierung des Materials wurde zu $M_s = 1030$ A/cm und der Landé-Faktor zu 1,97 angenommen (Material R5, /36/). Für die gewählte Frequenz von f = 10 GHz ergibt sich damit die zugeordnete , normierte Frequenz w = 2,8. An der Stel-

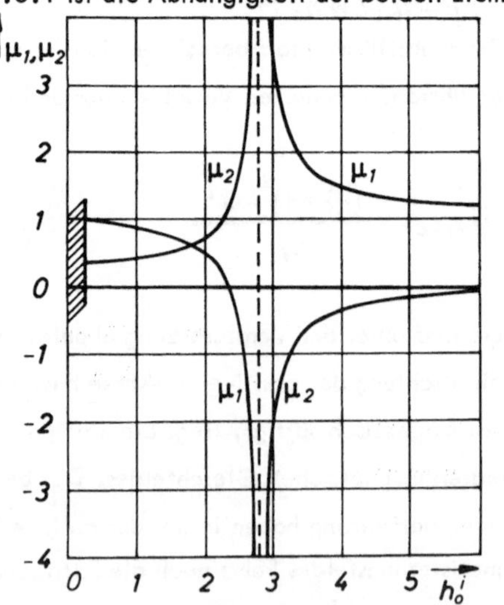

Bild I.3.1: Abhängigkeit von μ_1 und μ_2 für ein verlustfreies Material vom normierten Magnetfeld bei konstanter Frequenz, w = 2,8.

le $w = h_o^i = 2,8$ werden die Elemente μ_1 und μ_2 wegen der angenommenen Verlustfreiheit des Materials unendlich groß. Die Auswertung der Gln.(I.3.4) und (I.3.5) für kleine Vormagnetisierungsfelder ist nicht aufgetragen, da hier die Elemente der Tensoren nur für magnetisch gesättigte Materialien abgeleitet wurden. Wird die Vormagnetisierungsfeldstärke sehr klein, so ist die magnetische Sättigung nicht mehr gewährleistet und der Zusammenhang zwischen magnetischer Induktion und magnetischer Feldstärke kann nicht mehr so einfach bestimmt werden, wie hier beschrieben wurde /48/, /49/, /526/.

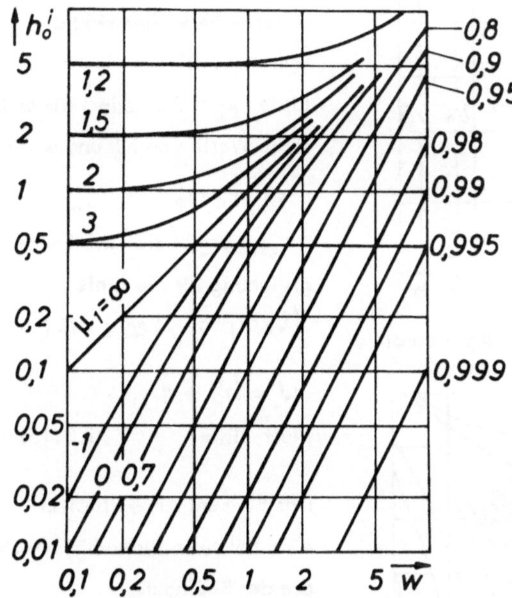

Bild I.3.2: Höhenlinien des Elements μ_1 = const. Das Material wurde als verlustlos angesehen. Nach /34/.

Die Abhängigkeit der einzelnen Elemente des Permeabilitätstensors von den Variablen h_o^i und w kann in sehr übersichtlicher Form dargestellt werden, wenn die Höhenlinien

$\mu_1(w, h_o^i)$ = const.,

$\mu_2(w, h_o^i)$ = const. usw.

auf die w-h_o^i -Ebene projiziert werden /34/. In den Bildern I.3.2 bis I.3.5 sind diese Höhenlinien für die Elemente μ_1, μ_2, μ_{eff1}, μ_{eff2} aufgetragen.

Werden nur positive Werte $h_o^i \geq 0$, $w \geq 0$ betrachtet, so lauten die Spurgleichungen für die folgenden charakteristischen Werte der Elemente μ_1 und μ_2:

$$\mu_1 = \mu_2 = \infty : \quad w = h_o^i , \qquad \text{Pol-Linie,} \qquad (I.3.13)$$

$$\mu_1 = 0 \qquad\quad : \quad w = +\sqrt{h_o^i(h_o^i + 1)} , \qquad \text{Null-Linie.} \qquad (I.3.14)$$

Auf der Pol-Linie $w = h_o^i$ wird die Bedingung (I.3.12) für die gleichförmige Präzession der Elektronenspins erfüllt. Die Darstellung in Bild I.3.1 entspricht einem Schnitt durch die $\mu_1(h_o^i, w)$-, $\mu_2(h_o^i, w)$-Gebirge für einen konstanten Wert $w = 2,8$. Die Polstelle in Bild I.3.1 an der Stelle $h_o^i = w = 2,8$ entspricht dem Schnitt durch die Höhenlinie $w = h_o^i$, auf der die Elemente μ_1 und μ_2 unendlich groß werden.

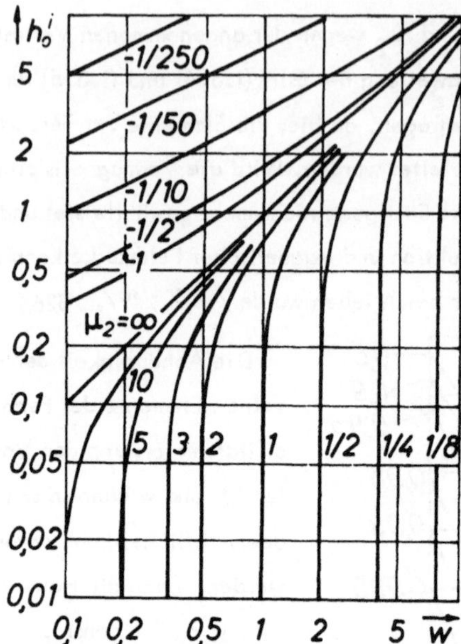

Bild I.3.3: Höhenlinien des Elements μ_2 = const.
für verlustloses Material, nach /34/.

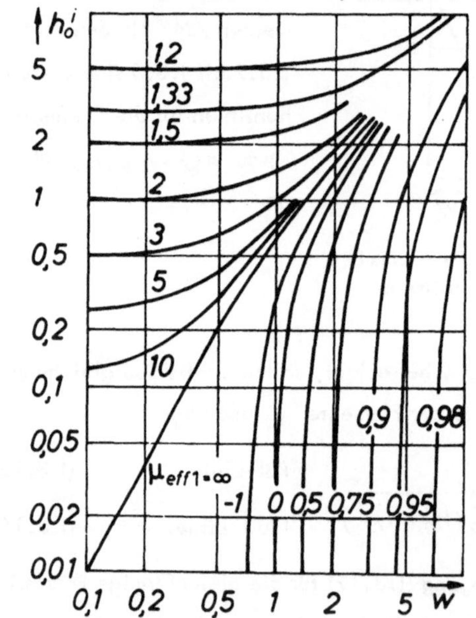

Bild I.3.4: Höhenlinien des Elements μ_{eff1} = const.,
für verlustloses Material nach /34/.

Wie aus Bild I.3.2 und Bild I.3.3 sofort zu entnehmen ist, ist μ_1 im Bereich $h_o^i < w < +(h_o^i \cdot (h_o^i + 1))^{1/2}$ negativ, μ_2 ist oberhalb der Geraden $w = h_o^i$, also für die Werte $w < h_o^i$ negativ. In den anderen Bereichen sind die Werte jeweils positiv. Eine Linie $\mu_2 = 0$ existiert für endliche Werte von h_o^i und w nicht.

Für die Elemente μ_{eff1} und μ_{eff2} ergibt sich die Spurgleichung für die Linie

$$\mu_{eff1} = \mu_{eff2} = 0:$$

$$w = h_o^i + 1,$$

Null-Linie. $\qquad$ (I.3.15)

Das Element μ_{eff1} besitzt eine Polstelle für w-h_o^i-Werte, die der Bedingung

$$\mu_{eff1} = \infty:$$

$$w = +\sqrt{h_o^i(h_o^i+1)} \qquad (I.3.16)$$

gehorchen. Das Element μ_{eff2} bleibt für endliche Werte von h_o^i und w endlich, da auch für μ_2 keine Null-Linie existiert.

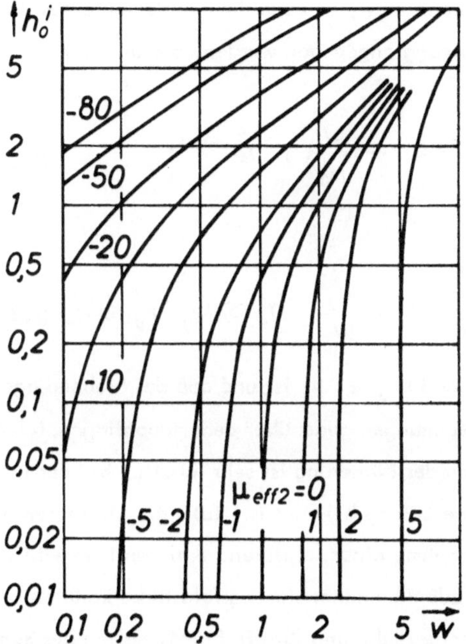

Bild I.3.5: Höhenlinien des Elements μ_{eff2} = const. für verlustloses Material, nach /34/.

Es soll das Verhalten der Elemente des Permeabilitätstensors unter bestimmten Grenzbedingungen untersucht werden. Es werden drei verschiedene Grenzfälle, die bei der Behandlung von Wellenproblemen in Ferritmaterialien interessant sind, behandelt. Wird das magnetische Gleichfeld, das die Ausrichtung der Weißschen Bezirke erzwingt, unendlich groß gemacht, so existiert keine Präzessionsbewegung mehr. Das Material verliert seine magnetisch anisotropen Eigenschaften und wird magnetisch isotrop. Aus diesem Grund wird der Grenzfall $H_o^i \longrightarrow \infty$ $(h_o^i \longrightarrow \infty)$ als der "isotrope Grenzfall" bezeichnet. Wächst die Vormagnetisierungsfeldstärke über alle Grenzen, so verschwindet das Nebendiagonalelement des Permeabilitätstensors $\pm$ i μ_2 und das Hauptdiagonalelement μ_1 nimmt den Wert eins an. Damit befindet sich der Tensor auf Hauptdiagonalform, alle Elemente der Hauptdiagonale des Tensors haben den Wert eins, so daß das magnetische Verhalten des Materials durch die skalare Permeabilität μ_o beschrieben wird,

$$\lim_{h_o^i \to \infty} \mu_1 = 1, \quad \lim_{h_o^i \to \infty} \mu_2 = 0, \tag{I.3.17}$$

$$\lim_{h_o^i \to \infty} (\mu_o \overleftrightarrow{\mu}) = \mu_o \begin{pmatrix} 1 & 0 & 0 \\ 0 & 1 & 0 \\ 0 & 0 & 1 \end{pmatrix}. \tag{I.3.18}$$

Für die effektiven Permeabilitäten gilt:

$$\lim_{h_o^i \to \infty} \mu_{eff1} = 1, \quad \lim_{h_o^i \to \infty} \mu_{eff2} = -\infty. \tag{I.3.19}$$

Wird angenommen, daß das normierte magnetische Gleichfeld h_o^i zwar endlich, doch sehr viel größer als die normierte Frequenz w ist, so kann für die Elemente des Permeabilitätstensors eine quasiisotrope Näherung angegeben werden, die die Form

$$\mu_1 \approx 1 + \frac{1}{h_0^i} \; , \; \mu_2 \approx -\frac{w}{h_0^{i\,2}} \; , \; h_0^i \gg w \tag{I.3.20}$$

besitzt. Entsprechend gilt:

$$\mu_{eff1} \approx 1 + \frac{1}{h_0^i} \; , \; \mu_{eff2} \approx -\frac{h_0^{i\,2}}{w} \; , \; h_0^i \gg w, \; h_0^i \gg 1. \tag{I.3.21}$$

Aus dieser Näherung folgt dann auch, daß $|\mu_2| \ll \mu_1$ ist und daß das Nebendiagonalelement aus diesem Grund in vielen Rechnungen gegenüber dem Hauptdiagonalelement vernachlässigt werden kann. Diese Form der Näherung ist sehr nützlich bei der Lösung von Randwertproblemen, von denen eine Lösung bekannt ist, falls die Strukturen nur isotrope Medien enthalten. Mit der Annahme einer relativen, skalaren Permeabilität $\mu_r = \mu_1$ für die Ebene transversal zur Vormagnetisierungsfeldstärke kann für sehr große magnetische Gleichfelder eine erste Näherung für die Eigenschaften des Randwertproblems angegeben werden (siehe auch Kapitel IV.2).

Für sehr kleine magnetische Gleichfelder ist die Angabe eines Grenzwertes für die Elemente des Permeabilitätstensors zunächst nicht sinnvoll, da bei der Ableitung des Tensors vorausgesetzt wurde, daß die magnetische Gleichfeldstärke das Material sättigen soll. Da aber die Feldstärke H_s, die zur Sättigungs der üblichen Mikrowellenferrite aufgebracht werden muß, in der Größenordnung $H_s = 50 \, A/cm$ bis $H_s = 100 \, A/cm$ [1] liegt, kann eine Näherung angegeben werden, falls $h_0^i \ll w$ ist, das Material aber immer gesättigt bleibt. Unter diesen Voraussetzungen lauten die Elemente μ_1 und μ_2 näherungsweise:

$$\mu_1 \approx 1 - \frac{h_0^i}{w^2} \; , \; \mu_2 \approx \frac{1}{w} \; , \; h_0^i \ll w, \; H_0^i > H_s. \tag{I.3.22}$$

Ebenso gilt:

$$\mu_{eff1} \approx 1 - \frac{1}{w^2} \; , \; \mu_{eff2} \approx w - \frac{1}{w} \; , \; h_0^i \ll w, \; h_0^i \ll 1, \; H_0^i > H_s. \tag{I.3.23}$$

Zum Abschluß soll das Verhalten der Elemente des Tensors bei verschwindend kleiner Frequenz untersucht werden. Wird die Frequenz der Wechselfelder sehr klein, so ergibt

---

[1] Nach Firmenangaben der einzelnen Herstellerfirmen

sich, falls die Grenzwerte der Funktionen $\mu_1(h_o^i, w)$ und $\mu_2(h_o^i, w)$ für w gegen Null berechnet werden:

$$\lim_{w \to 0} \mu_1 = 1 + \frac{1}{h_o^i} \, , \quad \lim_{w \to 0} \mu_2 = 0 \qquad (1.3.24)$$

und

$$\lim_{w \to 0} \mu_{eff1} = 1 + \frac{1}{h_o^i} \, , \quad \lim_{w \to 0} \mu_{eff2} = -\infty \, . \qquad (1.3.25)$$

Der Permeabilitätstensor wird also durch die Grenzwertbildung (1.3.24) auf Hauptdiagonalform gebracht. Allerdings sind die Elemente der Hauptdiagonale noch von der normierten magnetischen Gleichfeldstärke abhängig, doch gilt für jede Richtung im Koordinatensystem nur noch eine skalare Permeabilität. Die tensorielle Verknüpfung der Komponenten der Magnetisierung von verschiedener Richtung wird aufgehoben.

Die Verluste der Ferritmaterialien hängen stark von der Größe der Vormagnetisierungsfeldstärke und der Frequenz ab. Innerhalb eines schmalen Bereichs der w-h_o^i -Ebene sind die Verluste groß, im übrigen Bereich lassen sie sich praktisch vernachlässigen. Für Frequenzen, die innerhalb des Bereiches $h_o^i \leq w \leq (h_o^i \, (h_o^i + 1))^{1/2}$ liegen, sind die elektromagnetischen Felder im Material mit langwelligen Spinwellen /20/ entartet. Die zur Anregung der Spinwellen notwendige Energie erhöht die makroskopisch meßbaren, magnetischen Verluste. Innerhalb des Spinwellenbereichs (in Bild I.3.6 punktiert dargestellt) können die Verluste mit Hilfe der phänomenologischen Theorie (vgl. Kapitel I.2) beschrieben werden. Außerhalb dieses Bereiches sind die magnetischen Verluste des Materials vernachlässigbar klein. Es wird angenommen, daß für Frequenzen und Gleichfeldstärken, die einen Arbeitspunkt außerhalb des Spinwellenspektrums ergeben, das Material als verlustlos angesehen werden kann. In dieser Arbeit sollen vorwiegend Wellenfelder und Schwingungstypen untersucht werden, die Arbeitsfrequenzen außerhalb des Spinwellenspektrums (bei vorgegebener magnetischer Gleichfeldstärke) besitzen. Es wird also, falls nichts anderes angemerkt wird, vorausgesetzt, daß der die Materialeigenschaften beschreibende Permeabilitätstensor hermitesch ist.

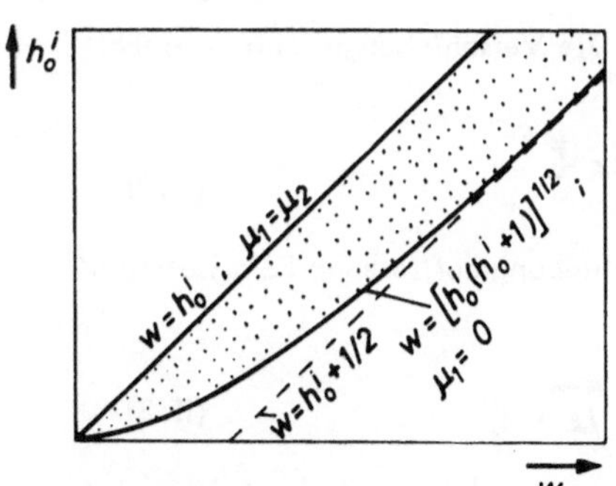

Bild I.3.6: Spinwellenbereich

II. DIE MAXWELLSCHEN GLEICHUNGEN

Der Zusammenhang zwischen den makroskopischen Feldgrößen, der elektrischen Feldstärke $\mathcal{E}'$, der elektrischen Verschiebungsdichte (elektrischen Erregung) $\mathcal{D}'$, der Stromdichte $\mathcal{T}'$, der magnetischen Feldstärke (magnetischen Erregung) $\mathcal{H}'$, der magnetischen Induktion $\mathcal{B}'$, der Magnetisierung $\mathcal{M}'$, der Polarisation $\mathcal{R}'$, sowie der Raumladungsdichte ρ als skalarer Ortsfunktion wird durch das von Maxwell endgültig aufgestellte System der Differentialgleichungen

$$\text{rot } \mathcal{H}' = \mathcal{T}' + \frac{\partial}{\partial t}\mathcal{D}' + \frac{\partial}{\partial t}\mathcal{R}'_e \, , \; \text{div } \mathcal{B}' = 0,$$
$$\text{rot } \mathcal{E}' = - \frac{\partial}{\partial t}\mathcal{B}' - \frac{\partial}{\partial t}\mu_0 \mathcal{M}'_e , \; \text{div } \mathcal{D}' = \rho \tag{II.1}$$

gegeben. Die Maxwellschen Gleichungen werden als durch vielfache Anwendung hinreichend bewiesen angenommen.

In den ersten zwei Gleichungen ist eine zusätzliche Polarisation $\mathcal{R}'_e$ und eine zusätzliche Magnetisierung $\mathcal{M}'_e$ eingeführt, die die eventuell auftretenden Anregungsgrößen in einem vorgegebenen System beschreiben sollen. Die Verschiebungsdichte $\mathcal{D}'$ enthält nach

$$\mathcal{D}' = \varepsilon_0 \mathcal{E}' + \mathcal{R}' = \varepsilon_0 \varepsilon_r \mathcal{E}' \tag{II.2}$$

die im Material auf Grund der dielektrischen Verschiebung auftretende Polarisation $\mathcal{R}'$. Ebenso soll die magnetische Induktion nach

$$\mathcal{B}' = \mu_0 (\mathcal{H}' + \mathcal{M}') = \mu_0 \overleftrightarrow{\mu} \cdot \mathcal{H}' \tag{II.3}$$

die Magnetisierung $\mathcal{M}'$ auf Grund der Kreiselbewegung des Elektronenspins (wie im Kapitel I.2 beschrieben) innerhalb des Ferritmaterials enthalten. $\mathcal{R}'_e$ und $\mathcal{M}'_e$ werden als eingeprägte oder gesteuerte zusätzliche Anregungsgrößen betrachtet, die nicht durch die Materialeigenschaften des betrachteten Materials hervorgerufen werden. Da das zu untersuchende Ferritmaterial eine sehr geringe Leitfähigkeit besitzt, tritt keine (meßbare) Stromdichte $\mathcal{T}'$ in ihm auf, doch kann eine Stromdichte auf der Begrenzungs-

fläche des Materials auftreten. Eine entsprechende Überlegung gilt für die Raumladungsdichte ρ . An der Grenzfläche zwischen zwei elektrisch verschiedenen Medien I und II

gelten die folgenden Grenzbedingungen, die sofort aus den Maxwellschen Gleichungen folgen:

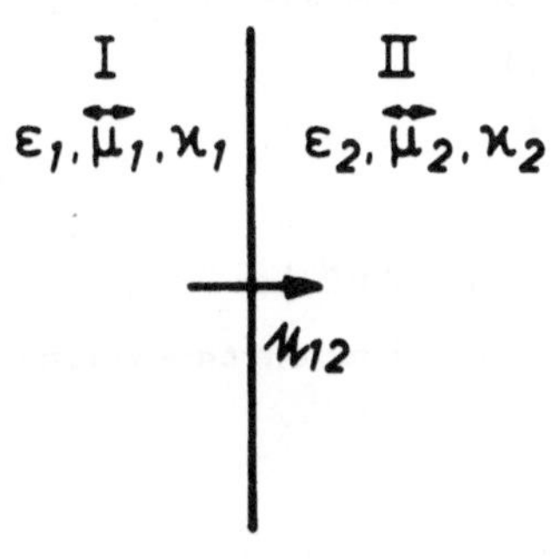

Bild II.1: Grenzfläche

$$\mathcal{E}_1' \times \mathcal{N}_{12} = \mathcal{E}_2' \times \mathcal{N}_{12} \, ,$$
$$\mathcal{D}_2' \cdot \mathcal{N}_{12} - \mathcal{D}_1' \cdot \mathcal{N}_{12} = \sigma \, ,$$
$$\mathcal{H}_2' \times \mathcal{N}_{12} - \mathcal{H}_1' \times \mathcal{N}_{12} = \gamma_F' \, ,$$
$$\mathcal{B}_1' \cdot \mathcal{N}_{12} = \mathcal{B}_2' \cdot \mathcal{N}_{12} \, .$$

$$(II.4)$$

Darin ist σ eine Flächenladungsdichte, die sich in der Grenzschicht be-
findet, γ_F' eine in der Grenzfläche fließende Flächenstromdichte, $\mathcal{N}_{12}$ ist die Flächennormale, die vom Gebiet I ins Gebiet II weist (Bild II.1). Ist in der Grenzfläche keine
Flächenladung vorhanden und fließt keine Flächenstromdichte, dann wird die Flächendivergenz der Verschiebungsdichte und die Flächenrotation der magnetischen Feldstärke in
der Grenzschicht ebenfalls Null und es gelten die Beziehungen:

$$\mathcal{D}_1' \cdot \mathcal{N}_{12} = \mathcal{D}_2' \cdot \mathcal{N}_{12} \, , \quad \mathcal{H}_1' \times \mathcal{N}_{12} = \mathcal{H}_2' \times \mathcal{N}_{12} \, . \qquad (II.5)$$

Ist eines der betrachteten Medien ein unendlich guter Leiter ($\varkappa = \infty$), so werden in
ihm die elektromagnetischen Felder Null, und an der Grenzfläche gelten im benach-
barten Material die Grenzbedingungen

$$\mathcal{B}' \cdot \mathcal{N} = 0 \, , \quad \mathcal{E}' \times \mathcal{N} = 0 \, . \qquad (II.6)$$

Das bedeutet, die elektrische Feldstärke steht senkrecht auf der Grenzfläche und die
magnetische Induktion verläuft parallel zur Grenzfläche. Da im Ferritmaterial die magnetische Induktion und die magnetische Feldstärke über den Permeabilitätstensor miteinander verknüpft sind, bedeutet diese Aussage nicht, wie im isotropen Material, daß die
magnetische Feldstärke ebenfalls keine Komponente senkrecht zur Leiteroberfläche besitzt. Vielmehr muß für den allgemeinen Fall angenommen werden, daß die magnetische Feldstärke sowohl eine tangentiale als auch eine normale Feldkomponente in Bezug

auf die Grenzfläche besitzt.

Es soll angenommen werden, daß alle weiterhin betrachteten Felder zeitabhängig sind und ihre Zeitabhängigkeit durch eine harmonische Funktion beschrieben werden kann. Zur Beschreibung solcher zeitabhängiger Felder können komplexe Vektorzeiger nach der Beziehung (z.B. für die elektrische Feldstärke)

$$\mathcal{E}'(t) = \mathcal{R}e\left\{ \mathcal{E}' \cdot e^{j\omega t} \right\} \tag{II.7}$$

definiert werden. $\mathcal{E}'$, der komplexe Vektorzeiger des elektrischen Feldes, ist eine reine Ortsfunktion und hängt nicht mehr von der Zeit ab. Unter diesen Voraussetzungen lautet das System der Maxwellschen Gleichungen:

$$\operatorname{rot} \mathcal{H}' = \mathcal{J}' + j\omega \mathcal{D}' + j\omega \mathcal{P}'_e \ , \quad \operatorname{div} \mathcal{B}' = 0,$$
$$\operatorname{rot} \mathcal{E}' = -j\omega \mathcal{B}' - j\omega \mu_0 \mathcal{M}'_e \ , \quad \operatorname{div} \mathcal{D}' = \rho. \tag{II.8}$$

Zu diesen Gleichungen kommen noch die Materialgleichungen als verknüpfende Beziehungen zwischen den einzelnen Feldgrößen hinzu. Im homogenen, isotropen Medium sind die elektrische Verschiebungsdichte und die elektrische Feldstärke über die skalare Dielektrizitätskonstante $\varepsilon = \varepsilon_0 \cdot \varepsilon_r$

$$\mathcal{D}' = \varepsilon_0 \varepsilon_r \mathcal{E}' \tag{II.9}$$

direkt proportional zueinander und gleichgerichtet. Gl.(II.9) gilt auch im Ferritmaterial, das (makroskopisch) als elektrisch isotrop angesehen wird (zur Bedingung der Homogenität siehe Kapitel I.1). $\varepsilon_0 = 8,854 \cdot 10^{-12}$ As/Vm ist die Dielektrizitätskonstante des leeren Raumes, ε_r wird als relative Dielektrizitätskonstante bezeichnet und besitzt für Mikrowellenferrite einen Wert von ca. $\varepsilon_r \approx 10$ bis 16 /36/, /54/.

Der Zusammenhang zwischen magnetischer Induktion und magnetischer Feldstärke im homogenen, isotropen Medium wird durch

$$\mathcal{B}' = \mu_0 \mu_r \mathcal{H}' \tag{II.10}$$

mit $\mu_0 = 1,256 \cdot 10^{-6}$ Vs/Am der Permeabilitätskonstanten des leeren Raumes und μ_r der relativen Permeabilitätskonstanten, gegeben. Im Ferritmaterial ist die Permeabilität ein Tensor:

$$\mathcal{B}' = \mu_0 \overleftrightarrow{\mu} \cdot \mathcal{H}', \tag{II.11}$$

wie bereits im Kapitel I.2 und I.3 ausführlich behandelt wurde. Der Zusammenhang zwischen Stromdichte und elektrischer Feldstärke wird im homogenen, isotropen Medium durch

$$\gamma' = \varkappa(\mathcal{E}' + \mathcal{E}'_e) = \varkappa\mathcal{E}' + \gamma'_e \tag{II.12}$$

beschrieben. $\mathcal{E}'_e$ ist die eingeprägte elektrische Feldstärke, γ'_e wird als eine steuernde Stromdichte angesehen. $\varkappa$ ist die Leitfähigkeit des Materials.

Zur einfacheren Berechnung der später auftretenden Probleme sollen für die Vektorzeiger der Feldgrößen dimensionsgleiche, reduzierte Größen eingeführt werden:

$$\mathcal{E} = \sqrt{\varepsilon_0\varepsilon_r}\cdot\mathcal{E}', \quad \mathcal{H} = -j\sqrt{\mu_0}\cdot\mathcal{H}', \quad \gamma = \sqrt{\varepsilon_0\varepsilon_r}\cdot\gamma',$$

$$\mathcal{P}_e = \frac{1}{\sqrt{\varepsilon_0\varepsilon_r}}\cdot\mathcal{P}'_e, \quad \mathcal{M}_e = -j\sqrt{\mu_0}\,\mathcal{M}'_e, \quad \gamma_e = \sqrt{\varepsilon_0\varepsilon_r}\cdot\gamma'_e. \tag{II.13}$$

Die Feldgrößen $\mathcal{E}$, $\mathcal{H}$, $\mathcal{P}_e$, $\mathcal{M}_e$ sind dimensionsgleich und besitzen die Dimension $[VAs/cm^3]^{1/2}$. Mit diesen bezogenen Feldern lauten die Materialgleichungen in einem Material mit der Dielektrizitätskonstanten ε_r:

$$\mathcal{B} = \frac{1}{j\sqrt{\mu_0}}\,\mathcal{B}' = \overleftrightarrow{\mu}\cdot\mathcal{H} \quad, \quad \mathcal{M} = \overleftrightarrow{x}\cdot\mathcal{H},$$

$$\mathcal{D} = \frac{1}{\sqrt{\varepsilon_0\varepsilon_r}}\,\mathcal{D}' = \mathcal{E} \quad, \quad \gamma = \varkappa\mathcal{E}. \tag{II.14}$$

Unter Berücksichtigung der Beziehungen (II.13) läßt sich für das System der Maxwellschen Gleichungen

$$\operatorname{rot}\mathcal{H} = -jZ(\varkappa\mathcal{E} + \gamma_e) + k\mathcal{E} + k\mathcal{P}_e, \quad div(\overleftrightarrow{\mu}\cdot\mathcal{H}) = 0,$$

$$\operatorname{rot}\mathcal{E} = k\overleftrightarrow{\mu}\cdot\mathcal{H} + k\mathcal{M}_e, \quad div\,\mathcal{E} = \frac{\rho}{\sqrt{\varepsilon_0\varepsilon_r}} \tag{II.15}$$

angeben. Hierin ist $Z = (\mu_0/\varepsilon_0\varepsilon_r)^{1/2}$ ein Widerstand, der im isotropen Grenzfall als Feldwellenwiderstand des Materials bezeichnet wird. $k = \omega(\mu_0\varepsilon_r\varepsilon_0)^{1/2}$ ist die im isotropen Grenzfall auftretende Wellenzahl.

Damit wird unter den Symbolen für die Feldgrößen eine vektorielle Größe mit den folgenden Eigenschaften verstanden: Das Symbol $\mathcal{E}$ (als Beispiel) bezeichnet den Vektorzeiger (und zwar den Scheitelwertzeiger) des sinusförmig von der Zeit abhängigen Vektorfeldes der elektrischen Feldstärke. $\mathcal{E}$ ist eine reduzierte Feldgröße nach Gl. (II.13).

III. FELDGLEICHUNGEN

III.1 FELDGLEICHUNGEN FÜR WELLENAUSBREITUNG IM FERRITMATERIAL IN VORMAGNETISIERUNGSRICHTUNG

Betrachtet wird ein Ferritzylinder beliebigen Querschnitts, wie er in Bild III.1.1 dargestellt ist. In dieses zylindersymmetrische System wird ein rechtshändiges, orthogonales Koordinatensystem u,v,z eingeführt, dessen z-Achse mit der Zylinderachse des Ferritstabes übereinstimmen soll. Ein das Ferritmaterial vormagnetisierendes, homogenes magnetisches Gleichfeld möge ebenfalls die Richtung der z-Achse haben. Der Ferritstab sei von einem Dielektrikum beliebiger Materialkonstanten oder von einem leitenden Material mit unendlich großer Leitfähigkeit umgeben. Zur Beschreibung der Felder wird von dem Maxwellschen Gleichungssystem Gl.(II.15) ohne Anregungsgrößen ausgegangen:

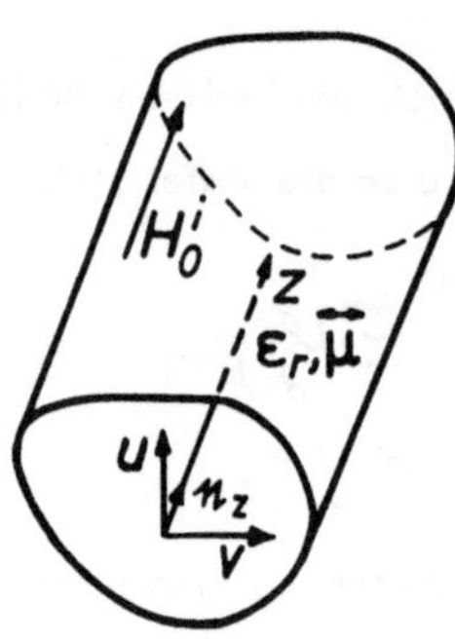

Bild III.1.1: Koordinatensystem

$$\operatorname{rot} \mathcal{H} = k\, \mathcal{E} \quad,\quad \operatorname{div}(\vec{\bar{\mu}} \cdot \mathcal{H}) = 0,$$
$$\operatorname{rot} \mathcal{E} = k\, \vec{\bar{\mu}} \cdot \mathcal{H}, \quad \operatorname{div} \mathcal{E} = 0.$$

$$(III.1.1)$$

Alle auftretenden Feldgrößen werden in einen transversalen Anteil und in einen longitudinalen Anteil in Bezug auf die Vormagnetisierungsrichtung zerlegt,

$$\mathcal{E} = \mathcal{E}_t + E_z \, \boldsymbol{n}_z,$$
$$\mathcal{H} = \mathcal{H}_t + H_z \, \boldsymbol{n}_z,$$

$$(III.1.2)$$

wobei $\boldsymbol{n}_z$ ein Einheitsvektor in Richtung der z-Achse ist (Bild III.1.1). In dieser

Schreibweise kann für die magnetische Induktion $\vec{\mathcal{B}} = \overleftrightarrow{\mu} \cdot \vec{\mathcal{H}}$ eine Zerlegung nach

$$\vec{\mathcal{B}} = \vec{\mathcal{B}}_t + B_z \vec{n}_z = (\mu_1 + j\mu_2 \vec{n}_z \times) \vec{\mathcal{H}}_t + H_z \vec{n}_z \qquad \text{(III.1.3)}$$

angegeben werden. μ_1 und μ_2 sind Hauptdiagonal- und Nebendiagonalelement des Permeabilitätstensors nach Kapitel I.2. Die so nach Longitudinal- und Transversalanteil getrennten Vektorfelder werden in das System der Maxwellschen Gleichungen eingeführt. Damit läßt sich ein getrenntes System für jeweils die einzelnen Feldanteile angeben. Nach einem Verfahren, das bereits von Kales /230/, /231/ im Jahre 1952 angegeben wurde, lassen sich die Gleichungssysteme der einzelnen Feldanteile trennen. Es ist möglich, ein Gleichungssystem nur für die longitudinalen Komponenten anzugeben und anschließend aus diesen Komponenten die transversalen Anteile zu berechnen. Umgekehrt ist es möglich, von den Transversalkomponenten auszugehen und hieraus schließlich die Longitudinalanteile zu bestimmen.

III.1a DARSTELLUNG DER FELDER AUS DEN FELDKOMPONENTEN IN RICHTUNG DER VORMAGNETISIERUNGSFELDSTÄRKE

Die in Longitudinal- und Transversalkomponenten zerlegten Vektoren werden in die Maxwellschen Gleichungen (III.1.1) eingeführt und die hierin zu bildende Vektordifferentiation mit Hilfe des Nabla-Operators beschrieben. Wird der vektorielle Differentialoperator ∇ (Nabla) ebenfalls in Komponenten senkrecht und parallel zur Vormagnetisierungsrichtung zerlegt,

$$\nabla = \nabla_t + \frac{\partial}{\partial z} \vec{n}_z , \qquad \text{(III.1.4)}$$

so läßt sich für das System der Maxwellschen Gleichungen (III.1.1) angeben:

$$\nabla_t \times \vec{\mathcal{E}}_t + \vec{n}_z \times \left(\frac{\partial}{\partial z} \vec{\mathcal{E}}_t - \nabla_t E_z \right) = k (\mu_1 + j\mu_2 \vec{n}_z \times) \vec{\mathcal{H}}_t + k H_z \vec{n}_z , \qquad \text{(III.1.5)}$$

$$\nabla_t \times \vec{\mathcal{H}}_t + \vec{n}_z \times \left(\frac{\partial}{\partial z} \vec{\mathcal{H}}_t - \nabla_t H_z \right) = k \vec{\mathcal{E}}_t + k E_z \vec{n}_z , \qquad \text{(III.1.6)}$$

$$\nabla_t \left[(\mu_1 + j\mu_2 \vec{n}_z \times) \vec{\mathcal{H}}_t \right] + \frac{\partial}{\partial z} H_z = 0 , \qquad \text{(III.1.7)}$$

50

$$\nabla_t \mathcal{E}_t + \frac{\partial}{\partial z} E_z = 0 \; . \tag{III.1.8}$$

Die Gln.(III.1.5) und (III.1.6) werden auf beiden Seiten des Gleichheitszeichens nach Transversal- und Longitudinalanteilen getrennt. Es ergeben sich zwei Gleichungssysteme, in denen die Transversal- und Longitudinalkomponenten der Felder miteinander verknüpft sind. Die Anteile der Gln.(III.1.5) und (III.1.6) in Richtung der z-Achse lauten:

$$\mathrm{rot}_t \mathcal{E}_t = k\, H_z\, \mathcal{n}_z , \tag{III.1.9}$$

$$\mathrm{rot}_t \mathcal{H}_t = k\, E_z\, \mathcal{n}_z . \tag{III.1.10}$$

Die transversalen Anteile des Gleichungssystems ergeben den Zusammenhang:

$$\mathcal{n}_z \times \frac{\partial}{\partial z} \mathcal{E}_t - k\mu_1 \mathcal{H}_t - jk\mu_2 \mathcal{n}_z \times \mathcal{H}_t = \mathcal{n}_z \times \mathrm{grad}_t E_z , \tag{III.1.11}$$

$$\mathcal{n}_z \times \frac{\partial}{\partial z} \mathcal{H}_t - k \mathcal{E}_t = \mathcal{n}_z \times \mathrm{grad}_t H_z . \tag{III.1.12}$$

Aus Gl.(III.1.12) wird der transversale Anteil der elektrischen Feldstärke in Abhängigkeit von der magnetischen Feldstärke berechnet und in Gl.(III.1.11) eingesetzt. Umgekehrt kann Gl.(III.1.12) nach z differenziert werden und die Größe $\partial \mathcal{E}_t/\partial z$ aus Gl.(III.1.11) hierein eingesetzt werden. Damit werden zwei Zusammenhänge zwischen $\mathcal{H}_t$ und den longitudinalen Feldkomponenten erhalten. Entsprechend ergeben sich durch Elimination von $\mathcal{H}_t$ zwei Beziehungen für den Zusammenhang zwischen $\mathcal{E}_t$ und und den Feldanteilen E_z und H_z. Aus diesen Gleichungen kann durch Mulitplikation mit den Operatoren $(k^2\mu_1 + \partial^2/\partial z^2)$ bzw. $jk^2\mu_2$ und mit den Abkürzungen

$$K^2 = \left(k^2\mu_1 + \frac{\partial^2}{\partial z^2} \right) , \quad k_2^2 = k^2\mu_2 \tag{III.1.13}$$

das Differentialgleichungssystem

$$(K^4 - k_2^4)\mathcal{H}_t =$$
$$= \mathrm{grad}_t \left\{ K^2 \frac{\partial}{\partial z} H_z - jk_2^2 k E_z \right\} + \mathrm{rot}_t \left\{ \left[K^2 k E_z + jk_2^2 \frac{\partial}{\partial z} H_z \right] \mathcal{n}_z \right\} \tag{III.1.14}$$

und

$$(K^4 - k_2^4)\,\mathcal{E}_t =$$
$$= \mathrm{grad}_t\Big\{K^2 \tfrac{\partial}{\partial z} E_z + j k \mu_2 \tfrac{\partial^2}{\partial z^2} H_z\Big\} - \mathrm{rot}_t\Big\{[k(k_2^2\mu_2 - K^2\mu_1)H_z - j k_2^2 \tfrac{\partial}{\partial z} E_z]\,\eta_z\Big\}$$

$$(\mathrm{III}.1.15)$$

abgeleitet werden. Nach Gl.(III.1.7) und Gl.(III.1.8) gelten zusätzlich zu den bisher betrachteten Gleichungen die Divergenzbeziehungen

$$\mathrm{div}\,\mathcal{E} = \mathrm{div}_t\,\mathcal{E}_t + \tfrac{\partial}{\partial z} E_z = 0, \qquad (\mathrm{III}.1.16)$$

$$\mathrm{div}(\vec{\mu}\cdot\mathcal{H}) = \mathrm{div}_t[(\mu_1 + j\mu_2\,\eta_z\times)\mathcal{H}_t] + \tfrac{\partial}{\partial z} H_z = 0, \qquad (\mathrm{III}.1.17)$$

aus denen sich die Divergenzen der transversalen Feldanteile in der Transversalebene

$$\mathrm{div}_t\,\mathcal{E}_t = -\tfrac{\partial}{\partial z} E_z \qquad (\mathrm{III}.1.18)$$

und

$$\mathrm{div}_t\,\mathcal{H}_t = -\tfrac{1}{\mu_1}\tfrac{\partial}{\partial z} H_z + j\,\tfrac{\mu_2}{\mu_1}\,k E_z \qquad (\mathrm{III}.1.19)$$

unter Benutzung der Gl.(III.1.10) bestimmen lassen. Die Gln.(III.1.14) und (III.1.15)
werden skalar mit dem transversalen Nabla-Operator multipliziert und die auftretenden
Größen $\nabla_t\cdot\mathcal{E}_t$ und $\nabla_t\cdot\mathcal{H}_t$ durch die Gln.(III.1.18) und (III.1.19) ersetzt. Damit
ist es möglich, die transversalen Feldkomponenten zu eliminieren und zwei Gleichun-
gen für die longitudinalen Komponenten E_z und H_z zu erhalten. Diese beiden Feldanteile sind in dem entstehenden Differentialgleichungssystem

$$\nabla_t^2 H_z + \frac{K^2}{\mu_1} H_z - j k\,\frac{\mu_2}{\mu_1}\,\frac{\partial}{\partial z} E_z = 0, \qquad (\mathrm{III}.1.20)$$

$$\nabla_t^2 E_z + \Big(K^2 - \frac{k_2^2\,\mu_2}{\mu_1}\Big) E_z - j\,\frac{k\mu_2}{\mu_1}\,\frac{\partial}{\partial z} H_z = 0 \qquad (\mathrm{III}.1.21)$$

miteinander verkoppelt. Werden die Abkürzungen

$$a = \frac{K^2}{\mu_1}\,,\quad b = K^2 - \frac{k_2^2\,\mu_2}{\mu_1}\,,\quad c = -j\,\frac{k\mu_2}{\mu_1}\,\frac{\partial}{\partial z} \qquad (\mathrm{III}.1.22)$$

eingeführt, so lautet das Sytem für die longitudinalen Feldkomponenten:

$$\nabla_t^2 H_z + a H_z + c E_z = 0\,, \qquad (\mathrm{III}.1.23)$$

$$\nabla_t^2 E_z + b E_z + c H_z = 0. \qquad (\mathrm{III}.1.24)$$

Die physikalische Bedeutung der Verkopplung, wie sie in den beiden letzten Gleichungen für die longitudinalen Feldkomponenten beschrieben wird, soll in Kapitel III.1d diskutiert werden.

III.1b DARSTELLUNG AUS DEN FELDKOMPONENTEN TRANSVERSAL ZUR VORMAGNETISIERUNGSFELDSTÄRKE

Es soll gezeigt werden, daß die Felder nicht nur aus den Longitudinalkomponenten der elektrischen und magnetischen Feldstärke berechnet werden können, sondern daß ebenso eine Darstellung gefunden werden kann, die von der Verteilung der transversalen Feldanteile ausgeht und alle Feldkomponenten durch die transversalen Felder ausdrückt /383/.

Ausgangspunkt der Berechnungen ist wiederum das System der Maxwellschen Gleichungen für die in transversale und longitudinale Anteile zerlegten Vektorfelder, wie es in den Gln.(III.1.9) bis (III.1.12) unter Berücksichtigung der Gln.(III.1.16) und (III.1.17) angegeben ist. Von Gl.(III.1.9) wird nochmals die Rotation gebildet und mit Hilfe der Divergenzbeziehung für die elektrische Feldstärke, Gl.(III.1.18), der hierin auftretende Ausdruck $\mathrm{grad}_t \mathrm{div}_t\, \mathcal{E}_t$ durch die longitudinale Feldkomponente E_z ausgedrückt. Aus Gl.(III.1.11) läßt sich der benötigte Ausdruck $\mathrm{grad}_t\, E_z$ berechnen, so daß sich endgültig der Zusammenhang

$$\nabla_t^2 \mathcal{E}_t + \left(k^2 + \frac{\partial^2}{\partial z^2}\right)\mathcal{E}_t + k(\mu_1 - 1)\,n_z \times \frac{\partial}{\partial z}\mathcal{H}_t - jk\mu_2 \frac{\partial}{\partial z}\mathcal{H}_t = 0,$$

$$(\text{III.1.25})$$

in dem nur noch die transversalen Komponenten der elektrischen und magnetischen Feldstärke auftreten, ergibt. Wird andererseits von Gl.(III.1.10) ausgegangen, so ergibt sich nach nochmaliger Rotationsbildung:

$$\mathrm{grad}_t \mathrm{div}_t\, \mathcal{H}_t - \nabla_t^2 \mathcal{H}_t = k\, \mathrm{grad}_t E_z \times n_z\,. \qquad (\text{III.1.26})$$

Aus der Divergenzbeziehung der magnetischen Induktion (III.1.17) sowie aus der

vierten Gleichung des Maxwellschen Gleichungssystems Gl.(III.1.12) und mit Hilfe
der Divergenzbeziehung für die elektrische Transversalfeldstärke läßt sich diese
Gleichung auf den Zusammenhang

$$\text{grad}_t\, \text{div}_t\, \mathbf{H}_t = -\frac{1}{\mu_1}\frac{\partial^2}{\partial z^2}\mathbf{H}_t +$$

$$+ j\frac{\mu_2}{\mu_1}k\left[\frac{\partial}{\partial z}\mathbf{E}_t + k(\mu_1 + j\mu_2\mathbf{n}_z\times)(\mathbf{n}_z\times\mathbf{H}_t)\right] - \frac{k}{\mu_1}\mathbf{n}_z\times\frac{\partial}{\partial z}\mathbf{E}_t \qquad \text{(III.1.27)}$$

zurückführen. Gl.(III.1.27) wird in Gl.(III.1.26) eingesetzt, und es ergibt sich ein
zweiter Zusammenhang zwischen den transversalen Komponenten der elektrischen und
der magnetischen Feldstärke von der Form:

$$\nabla_t^2 \mathbf{H}_t + \left[k^2\mu_{\text{eff}1} + \frac{1}{\mu_1}\frac{\partial^2}{\partial z^2}\right]\mathbf{H}_t - jk\frac{\mu_2}{\mu_1}\frac{\partial}{\partial z}\mathbf{E}_t -$$

$$- \frac{k}{\mu_1}(\mu_1 - 1)\mathbf{n}_z\times\frac{\partial}{\partial z}\mathbf{E}_t = 0 \ . \qquad \text{(III.1.28)}$$

Damit steht auch für die Berechnung der transversalen Komponenten ein verkoppeltes
Differentialgleichungssystem zur Verfügung. Für beliebige z-Abhängigkeit der Felder
läßt sich dieses System, wie auch das System (III.1.23) und (III.1.24), nur dadurch
entkoppeln, daß es auf zwei Differentialgleichungen vierten Grades zurückgeführt
wird. Es soll daher im nächsten Abschnitt versucht werden, eine spezielle Abhängigkeit
der Felder von der z-Koordinate anzunehmen, um unter diesen Umständen zu einfacheren, entkoppelten Differentialgleichungen zu gelangen.

Die Longitudinalkomponenten der elektrischen und der magnetischen Feldstärke berechnen sich bei bekannten Transversalkomponenten aus den Maxwellschen Gleichungen (III.1.9) und (III.1.10):

$$E_z\,\mathbf{n}_z = \frac{1}{k}\,\text{rot}_t\,\mathbf{H}_t\ , \qquad \text{(III.1.29)}$$

$$H_z\,\mathbf{n}_z = \frac{1}{k}\,\text{rot}_t\,\mathbf{E}_t\ . \qquad \text{(III.1.30)}$$

III.1c FELDGLEICHUNGEN FÜR HARMONISCHE Z-ABHÄNGIGKEIT

Wie in den Kapiteln III.1a und III.1b gezeigt wurde, kann für die longitudinalen
und die transversalen Feldkomponenten der elektrischen und der magnetischen Feldstärke im Ferritmedium jeweils ein System zweier verkoppelter Differentialgleichungen
angegeben werden. Die Lösung dieser Differentialgleichungen in der Form der Gln.
(III.1.23) und (III.1.24) oder der Gln.(III.1.25) und (III.1.28) stößt auf Schwierigkeiten. Die Differentialgleichungen lassen sich in der vorgegebenen Form für eine beliebige z-Abhängigkeit der elektromagnetischen Felder entkoppeln, doch ergibt sich
eine Differentialgleichung vierten Grades für E_z und H_z oder $\mathcal{E}_t$ und $\mathcal{H}_t$ /10/.
Aus diesem Grund soll der Spezialfall untersucht werden, daß die Abhängigkeit der
Felder von der z-Koordinate durch eine harmonische Funktion von z beschrieben werden kann. Das bedeutet, es wird angenommen, daß in Richtung der Vormagnetisierungsfeldstärke eine Wellenausbreitung stattfindet. Hierbei soll der Spezialfall der
stehenden Welle (Schwingung) zunächst nicht gesondert behandelt werden. Es wird
angenommen, daß eine Schwingung durch die Überlagerung zweier Wellen in positiver und negativer z-Richtung beschrieben werden kann. Es sei vorausgesetzt, daß
die Elemente des Permeabilitätstensors von der z-Koordinate unabhängig sind und
daß die Welle in einem Mikrowellensystem auftritt, das in seinen geometrischen Abmessungen von der z-Koordinate unabhängig ist (zylindrisches System).

Es wird also angenommen, daß die elektrische und die magnetische Feldstärke
durch Funktionen der Form

$$\mathcal{E} = \mathcal{F}(u,v) \cdot e^{\gamma z} \, , \quad \mathcal{H} = \mathcal{G}(u,v) \cdot e^{\gamma z} \tag{III.1.31}$$

beschrieben werden können. γ, das Ausbreitungsmaß, kann beliebig komplex sein.
Für rein imaginäre Werte von $\gamma = \pm\, j\beta$ ergibt sich eine rein fortschreitende Welle im
Medium. Das heißt, das Material muß verlustlos sein, bzw. was dasselbe ist, zur
Beschreibung der Materialeigenschaften wird der Permeabilitätstensor mit den Ele-
menten nach Gl.(I.2.14) sowie eine reelle Dielektrizitätskonstante ε_r herangezogen.
Für reelle Werte des Ausbreitungsmaßes $\gamma = \alpha$ ergibt sich eine nach einer e-Funktion in
z-Richtung an- oder abklingende Schwingung, für komplexe Werte von γ eine sich

in z-Richtung ausbreitende Welle, deren Amplitude nach einer e-Funktion abklingt.

Werden die Werte der Frequenz und der magnetischen Gleichfeldstärke so gewählt, daß der Arbeitsbereich außerhalb des Spinwellenspektrums liegt (Bild I.3.6), so kann das Ferritmaterial näherungsweise als verlustlos angesehen werden. Hierbei werden die auch außerhalb des Spinwellenspektrums auftretenden magnetischen und dielektrischen Verluste vernachlässigt. Unter diesen Voraussetzungen kann von dem Permeabilitätstensor mit den Elementen nach Gl.(I.2.14) Gebrauch gemacht werden, und es kann (in erster Näherung) angenommen werden, daß das Ausbreitungsmaß γ rein imaginär ist,

$$\mathcal{E} = \mathcal{F}(u,v)\, e^{-j\beta z} \quad , \quad \mathcal{H} = \mathcal{G}(u,v)\, e^{-j\beta z} . \qquad \text{(III.1.32)}$$

Das negative Vorzeichen im Exponenten der e-Funktion deutet an, daß eine Wellenausbreitung in positiver z-Richtung untersucht werden soll. Ausbreitungsvorgänge in der entgegengesetzten Richtung (-z-Richtung) können aus den Ergebnissen der folgenden Berechnungen durch Vorzeichenumkehr von ß diskutiert werden.

Unter den gemachten Voraussetzungen soll zunächst das Differentialgleichungssystem (III.1.23) und (III.1.24) für die Feldkomponenten E_z und H_z separiert werden. Wird die spezielle Form der z-Abhängigkeit nach Gl.(III.1.32) in das Differentialgleichungssystem (III.1.23), (III.1.24) eingesetzt und werden die Differentiationen nach der z-Koordinate durchgeführt, so gilt:

$$\nabla_t^2 G_z + a G_z + c F_z = 0 ,$$
$$\nabla_t^2 F_z + b F_z + c G_z = 0 , \qquad \text{(III.1.33)}$$

mit den Elementen a, b, c in der veränderten Form

$$a = \frac{K^2}{\mu_1} \quad , \quad b = K^2 - \frac{k_2^2 \mu_2}{\mu_1} \quad , \quad c = -\beta\, \frac{k\,\mu_2}{\mu_1} . \qquad \text{(III.1.34)}$$

Das Element k_2^2 besitzt die Bedeutung wie in Gl.(III.1.13) eingeführt, K^2 aber wird durch den gegenüber Gl.(III.1.13) veränderten Ausdruck

$$K^2 = k^2 \mu_1 - \beta^2 \quad , \quad k_2^2 = k^2 \mu_2 \qquad \text{(III.1.35)}$$

beschrieben.

Lösungen des Problems, das Gleichungssystem zu separieren, wurden bereits von

Kales /230/, /231/ und Gurevich /10/ angegeben. So führte Kales für die Feldkomponenten F_z und G_z neue Veränderliche in Form einer Linearkombination zweier Variabler ein. Gurevich konnte durch erneute Anwendung der in Gl.(III.1.33) verwendeten Differentialoperatoren auf das Gleichungssystem das verkoppelte System auf
zwei getrennte Differentialgleichungen vierten Grades zurückführen. Im Spezialfall harmonischer z-Abhängigkeit zerfallen diese beiden Gleichungen in jeweils
zwei Differentialgleichungen zweiten Grades. Zur Lösung dieser Differentialgleichungen wird in /10/ eine skalare Potentialfunktion eingeführt. Die von Kales und
Gurevich eingeführten Lösungsmethoden zur Bestimmung der Felder haben aber den
Nachteil, daß sie zusätzliche mathematische Hilfsgrößen einführen, die keine physikalische Bedeutung haben und somit die Anschaulichkeit der Lösungen stark herab-
setzen. Weiterhin haben die Lösungen einen entscheidenden Nachteil, der bei der
Berechnung von ferritgefüllten Systemen störend wirkt, nämlich, daß die Lösungen
nicht den isotropen Grenzfall (siehe Kapitel I.3) als Grenzübergang aus den Feldgleichungen für das Ferritmedium bei unendlich großen, magnetischen Gleichfeldstärken enthalten. Während die Lösung von Kales für den isotropen Grenzfall unendlich große Felder liefert, führt die Lösung von Gurevich auf Felder, die im Grenzfall gegen Null konvergieren. Mit der hier beschriebenen Methode soll diese
Schwierigkeit umgangen werden. Es werden Lösungen abgeleitet, die im isotropen
Grenzfall in die Felder des isotropen Mediums konvergieren. Ferner wird nur mit den
physikalisch anschaulichen Größen der elektromagnetischen Felder gearbeitet /383/.

Die das System Gl.(III.1.33) beschreibende Systemmatrix

$$\overleftrightarrow{A} = \begin{pmatrix} a & c \\ c & b \end{pmatrix} \tag{III.1.36}$$

ist symmetrisch. Zu jeder reellen, quadratischen, symmetrischen Matrix $\overleftrightarrow{A}$ gibt es eine
orthogonale Matrix $\overleftrightarrow{T}$ mit der Eigenschaft, daß das Produkt $\overleftrightarrow{T'}\cdot\overleftrightarrow{A}\cdot\overleftrightarrow{T}$ Hauptdiagonalform
annimmt. Die Elemente der Hauptdiagonale x_1^2, x_2^2 heißen die Eigenwerte der Matrix
$\overleftrightarrow{A}$. Mit Hilfe der Eigenwerte und der zugehörigen Eigenvektoren v_1, v_2 als Lösungen der Bestimmungsgleichung

$$(\overleftrightarrow{A} - x_{1,2}^2 \overleftrightarrow{E})v_{1,2} = 0 \ , \ \overleftrightarrow{E} = \begin{pmatrix} 1 & 0 \\ 0 & 1 \end{pmatrix}, \tag{III.1.37}$$

läßt sich das Differentialgleichungssystem (III.1.33) entkoppeln. Die Eigenwerte x_1^2, x_2^2 sind die Quadrate der Wellenzahlen der Lösungsfunktionen und errechnen sich aus der Gleichung

$$\det\left(\overset{\leftrightarrow}{\vec{A}} - x_{1,2}^2\,\overset{\leftrightarrow}{\vec{E}}\right) = 0 \qquad\qquad\text{(III.1.38)}$$

zu:

$$x_{1,2}^2 = 0{,}5\left[K^2\left(1+\frac{1}{\mu_1}\right) - k_2^2\frac{\mu_2}{\mu_1}\right] \pm$$
$$\pm\, 0{,}5\sqrt{\left[K^2\left(1+\frac{1}{\mu_1}\right) - k_2^2\frac{\mu_2}{\mu_1}\right]^2 - \frac{4}{\mu_1}\left(K^4 - k_2^4\right)}\;. \qquad\text{(III.1.39)}$$

Diese Gleichung kann unter Berücksichtigung der in Gl.(III.1.35) angegebenen Form der Koeffizienten auf die Darstellung

$$x_{1,2}^2 = 0{,}5\left[k^2\left(1+\mu_{eff1}\right) - \left(1+\frac{1}{\mu_1}\right)\beta^2\right]\pm$$
$$\pm\, 0{,}5\sqrt{\left[k^2\left(\mu_{eff1} - 1\right) - \left(1-\frac{1}{\mu_1}\right)\beta^2\right]^2 + 4\beta^2 k^2\left(\frac{\mu_2}{\mu_1}\right)^2} \qquad\text{(III.1.40)}$$

zurückgeführt werden.

Bild III.1.2 und Bild III.1.3 zeigen die Projektionen der Höhenlinien dieser Eigenwerte auf die h_o^i – w – Ebene für einen angenommenen festen Wert von ß = 24,3 cm^{-1}. Für kleinere Werte von ß verschieben sich die Linien konstanter x^2-Werte zu kleineren Werten von w (h_o^i = const.). Es ist zu erkennen, daß die Eigenwerte $x_{1,2}^2$ immer rein reell sind. Damit ergibt sich für die Wurzel $\pm x_{1,2}$ immer ein reeller oder rein imaginärer Wert.

Werden die Bedingungen für die Komponenten der Eigenvektoren, wie sie sich aus Gl.(III.1.37) ergeben, in das Differentialgleichungssystem (III.1.33) eingeführt, so ergeben sich die Differentialgleichungen:

$$\left(\nabla_t^2 + x_1^2\right)\left(\nabla_t^2 + x_2^2\right)G_z = \left(\nabla_t^2 + x_{1,2}^2\right)G_z = 0,$$
$$\left(\nabla_t^2 + x_1^2\right)\left(\nabla_t^2 + x_2^2\right)F_z = \left(\nabla_t^2 + x_{1,2}^2\right)F_z = 0, \qquad\text{(III.1.41)}$$

in denen die Komponenten F_z und G_z entkoppelt auftreten. Werden die Feldkomponenten also aus den Gln.(III.1.41) berechnet, so sind F_z und G_z auf Grund von Gl.(III.1.37)

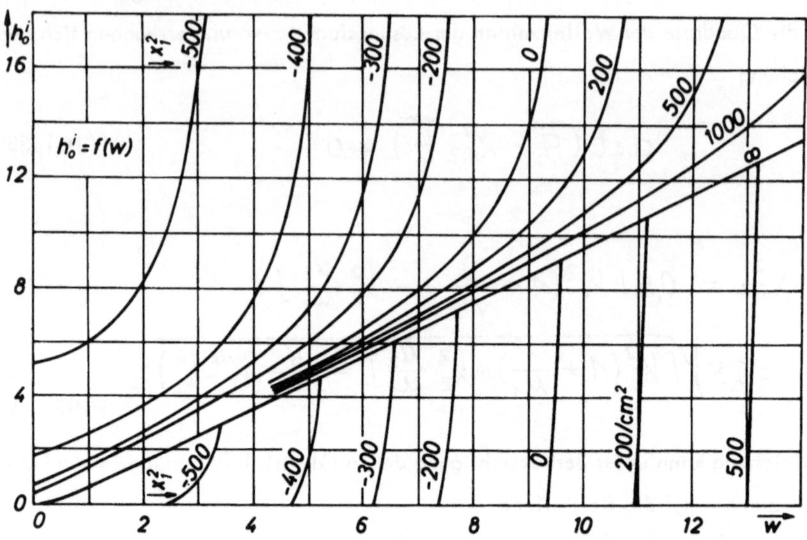

Bild III.1.2: Projektion der Eigenwerte x_1^2 = const. in die h_o^i-w-Ebene für einen festen Wert ß = 24,3 cm^{-1}.

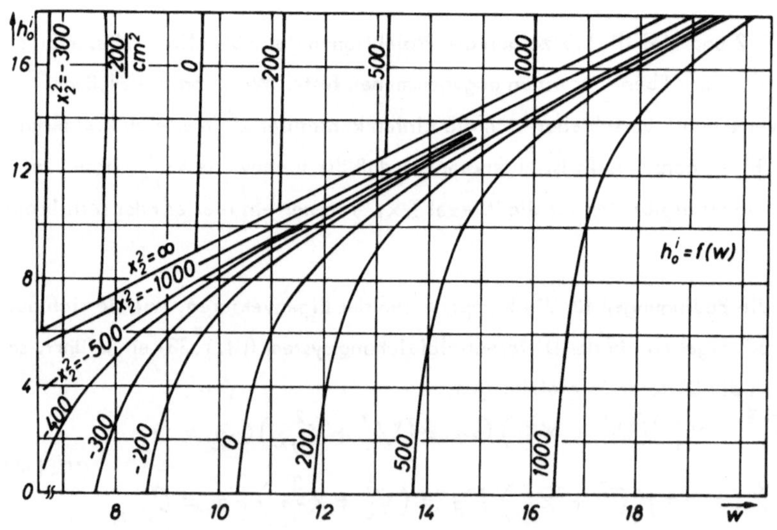

Bild III.1.3: Projektion der Eigenwerte x_2^2 = const. in die h_o^i-w-Ebene für einen festen Wert ß = 24,3 cm^{-1}.

direkt proportional zueinander. Die Proportionalitätskonstanten K_1 und K_2

$$G_z = K_1 F_z \; , \quad F_z = K_2 G_z \; , \tag{III.1.42}$$

ergeben sich dabei aus Gl. (III.1.37) zu:

$$K_1 = \frac{\mu_1}{\beta k \mu_2} \left(K^2 - \frac{k_2^2 \mu_2}{\mu_1} - x_{1,2}^2 \right),$$

$$K_2 = \frac{\mu_1}{\beta k \mu_2} \left(\frac{K^2}{\mu_1} - x_{1,2}^2 \right). \tag{III.1.43}$$

Es muß beachtet werden, daß für die Größen K_1 und K_2 jeweils zwei Werte zur Verfügung stehen, abhängig von dem Wert des Eigenwerts x_1^2 oder x_2^2.

Mit Hilfe von Gl. (III.1.41) ist es prinzipiell möglich, eine Lösung für die longitudinalen Feldkomponenten in einer vorgegebenen Mikrowellenstruktur anzugeben. Sind die longitudinalen Feldanteile F_z und G_z als Funktionen der Ortskoordinaten bekannt, so ergeben sich die transversalen Felder mit Hilfe von Gl. (III.1.14) und (III.1.15). Unter der Voraussetzung, daß $K^4 \neq k_2^4$ ist, läßt sich das System Gl. (III.1.14) und Gl. (III.1.15) nach den transversalen Feldkomponenten $\mathcal{F}_t$ und $\mathcal{U}_t$ auflösen. Wird von dem Zusammenhang (III.1.42) der Proportionalität der z-Komponente der elektrischen und der magnetischen Feldstärke Gebrauch gemacht, so läßt sich die Transversalkomponente der elektrischen und der magnetischen Feldstärke einmal durch die longitudinale Komponente der elektrischen Feldstärke, zum andern durch die longitudinale Komponente der magnetischen Feldstärke allein ausdrücken. Mit Gl. (III.1.42) können die Transversalkomponenten der elektrischen und der magnetischen Feldstärke durch die einfachen Gleichungen

$$\mathcal{F}_t = \overleftrightarrow{V} \cdot grad_t \, F_z \; , \quad \mathcal{U}_t = \overleftrightarrow{W} \cdot grad_t \, F_z \tag{III.1.44}$$

dargestellt werden, falls bei der Berechnung von der E_z- bzw. F_z-Komponente ausgegangen wird. Hierin sind $\overleftrightarrow{V}$ und $\overleftrightarrow{W}$ zwei Matrizen der Form

$$\overleftrightarrow{V} = \begin{pmatrix} jA & B \\ -B & jA \end{pmatrix}, \quad \overleftrightarrow{W} = \begin{pmatrix} jC & D \\ -D & jC \end{pmatrix}, \tag{III.1.45}$$

deren Elemente durch die Zusammenhänge

$$A = -\frac{K^2\beta + k\mu_2 K_1 \beta^2}{K^4 - k_2^4} = -\frac{\beta}{x_{1,2}^2} ,$$

$$B = \frac{\beta k_2^2 + K^2 k\mu_1 K_1 - k\mu_2 k_2^2 K_1}{K^4 - k_2^4} = -\frac{\mu_1}{\beta\mu_2}\left[1 - \frac{K^2 - k_2^2\frac{\mu_2}{\mu_1}}{x_{1,2}^2}\right], \quad (\text{III}.1.46)$$

$$C = -\frac{K^2\beta K_1 + k k_2^2}{K^4 - k_2^4} , \quad D = \frac{\beta k_2^2 K_1 + k K^2}{K^4 - k_2^4}$$

gegeben sind. Das gesamte Feld einschließlich der z-Komponenten läßt sich dann als

$$\mathcal{E} = [\overleftrightarrow{V}\cdot\text{grad}_t F_z + F_z\cdot\vec{n}_z]\,e^{-j\beta z} ,$$

$$\mathcal{H} = [\overleftrightarrow{W}\cdot\text{grad}_t F_z + K_1 F_z\cdot\vec{n}_z]\,e^{-j\beta z} \qquad (\text{III}.1.47)$$

angeben. Da andererseits der Zusammenhang (III.1.42) gilt, können alle auftretenden Feldkomponenten durch die longitudinale Komponente der magnetischen Feldstärke ausgedrückt werden:

$$\mathcal{E} = [\overleftrightarrow{U}\cdot\text{grad}_t G_z + K_2 G_z\cdot\vec{n}_z]\,e^{-j\beta z} ,$$

$$\mathcal{H} = [\overleftrightarrow{S}\cdot\text{grad}_t G_z + G_z\cdot\vec{n}_z]\,e^{-j\beta z} . \qquad (\text{III}.1.48)$$

Hierin bedeuten $\overleftrightarrow{U}$ und $\overleftrightarrow{S}$ Matrizen der Form:

$$\overleftrightarrow{U} = \begin{pmatrix} jE & F \\ -F & jE \end{pmatrix} , \quad \overleftrightarrow{S} = \begin{pmatrix} jG & H \\ -H & jG \end{pmatrix}, \qquad (\text{III}.1.49)$$

deren Elemente durch die Gleichungen

$$E = -\frac{K^2 K_2 \beta + k\mu_2 \beta^2}{K^4 - k_2^4} , \quad F = \frac{\beta k_2^2 K_2 + K^2 k\mu_1 - k\mu_2 k_2^2}{K^4 - k_2^4} ,$$

$$G = -\frac{K^2\beta + k k_2^2 K_2}{K^4 - k_2^4} , \quad H = \frac{\beta k_2^2 + k K^2 K_2}{K^4 - k_2^4} \qquad (\text{III}.1.50)$$

ausgedrückt werden.

Eine entsprechende Überlegung, wie sie für die longitudinalen Feldkomponenten durchgeführt wurde, läßt sich ebenso für die transversalen Anteile der elektrischen und der magnetischen Feldstärke durchführen. Ausgehend von den Gln. (III.1.25) und (III.1.28) unter Berücksichtigung der speziellen z-Abhängigkeit nach Gl. (III.1.32)

läßt sich zeigen, daß die Eigenwerte der Systemmatrix dieses Differentialgleichungssystems mit den Eigenwerten nach Gl.(III.1.39) oder Gl.(III.1.40) übereinstimmen.
Mit Hilfe einer durchgeführten Hauptachsentransformation läßt sich das Gleichungssystem ebenfalls entkoppeln. Die Transversalkomponenten der elektrischen und der magnetischen Feldstärke gehorchen jeweils einer Differentialgleichung, die der Form der
Gl.(III.1.41) vollkommen entspricht:

$$(\nabla_t^2 + X_1^2)(\nabla_t^2 + X_2^2)\,\mathcal{F}_t = \nabla_t^2 \mathcal{F}_t + X_{1,2}^2\,\mathcal{F}_t = 0,$$

$$(\nabla_t^2 + X_1^2)(\nabla_t^2 + X_2^2)\,\mathcal{H}_t = \nabla_t^2 \mathcal{H}_t + X_{1,2}^2\,\mathcal{H}_t = 0. \tag{III.1.51}$$

Aus den Bedingungen für die Hauptvektoren der Systemmatrix ergibt sich wiederum ein
Zusammenhang zwischen der elektrischen und der magnetischen Feldstärke von der
Form:

$$\mathcal{F}_t = j\,\frac{k\beta(\mu_1 - 1)}{k^2 - \beta^2 - X_{1,2}^2}\,n_z \times \mathcal{H}_t + \frac{k\beta\mu_2}{k^2 - \beta^2 - X_{1,2}^2}\,\mathcal{H}_t, \tag{III.1.52}$$

$$\mathcal{H}_t = -j\,\frac{\beta k(\mu_1 - 1)}{\mu_1\left(k^2\mu_{eff1} - \frac{\beta^2}{\mu_1} - X_{1,2}^2\right)}\,n_z \times \mathcal{F}_t + \frac{\frac{\mu_2}{\mu_1}\beta k}{k^2\mu_{eff1} - \frac{\beta^2}{\mu_1} - X_{1,2}^2}\,\mathcal{F}_t. \tag{III.1.53}$$

Es gibt also die Möglichkeit, die Felder wahlweise aus den Longitudinal- oder aus den
Transversalkomponenten zu berechnen. Beide Feldanteile gehorchen denselben Differentialgleichungen. Da die Longitudinalanteile der Felder sich aus den Transversalanteilen
mit Hilfe der Gln.(III.1.29) und (III.1.30) berechnen und da zwischen den Longitudinalanteilen die Beziehungen nach Gl.(III.1.42) bestehen, lassen sich die Gesamtfelder
mit Hilfe der Transversalkomponenten in der Form

$$\mathcal{E} = \left[\begin{pmatrix} M & -jN \\ jN & M \end{pmatrix}\cdot\mathcal{H}_t + \frac{1}{k}\,rot_t\,\mathcal{H}_t\right]e^{-j\beta z}, \quad \mathcal{H} = \left[\mathcal{H}_t + \frac{K_1}{k}\,rot_t\,\mathcal{H}_t\right]e^{-j\beta z}$$

$$\tag{III.1.54}$$

und

$$\mathcal{E} = \left[\mathcal{F}_t + \frac{K_2}{k}\,rot_t\,\mathcal{F}_t\right]e^{-j\beta z}, \quad \mathcal{H} = \left[\begin{pmatrix} 0 & jL \\ -jL & 0 \end{pmatrix}\cdot\mathcal{F}_t + \frac{1}{k}\,rot_t\,\mathcal{F}_t\right]e^{-j\beta z}$$

$$\tag{III.1.55}$$

darstellen. Die Elemente der auftretenden Matrizen haben die Form:

$$L = \frac{\frac{\beta k}{\mu_1}(\mu_1 - 1)}{k^2 \mu_{eff1} - \frac{\beta^2}{\mu_1} - X_{1,2}^2} \quad , \quad M = \frac{k \cdot \beta \mu_2}{k^2 - \beta^2 - X_{1,2}^2} \quad ,$$

$$N = \frac{k\beta(\mu_1 - 1)}{k^2 - \beta^2 - X_{1,2}^2} \quad , \quad \theta = \frac{\frac{\mu_2}{\mu_1} \cdot \beta k}{k^2 \mu_{eff1} - \frac{\beta^2}{\mu_1} - X_{1,2}^2} \cdot \qquad \text{(III.1.56)}$$

III.1d PHYSIKALISCHE EIGENSCHAFTEN DER FELDER

Wie die bisherigen Berechnungen des Kapitels III.1 zeigen, besitzen die Felder innerhalb des in z-Richtung vormagnetisierten Ferritmaterials unter der Annahme einer Wellenausbreitung in z-Richtung immer gleichzeitig eine Longitudinalkomponente der elektrischen Feldstärke und der magnetischen Feldstärke. Auf Grund von Gl.(III.1.42) verschwindet für nicht verschindende Werte des Phasenmaßes ß die E_z-Komponente, falls die H_z-Komponente Null wird und umgekehrt. Die auftretenden Felder sollen als EH- oder HE-Typen bezeichnet werden. Dabei soll die Bezeichnung so gewählt sein, daß die EH-Typen im isotropen Grenzfall (siehe Kapitel I.3) in den E-Typ der entsprechenden Struktur mit isotropem Medium übergehen, falls ein solcher dort existiert. Umgekehrt soll der HE-Typ im isotropen Grenzfall in den H-Typ im isotropen Medium übergehen.

Im Grenzfall ß = 0, das heißt für den Fall, daß die Wellenlänge im Material unendlich groß wird, können E- oder H-Typen auftreten. Die Gln.(III.1.33) sind unter der Voraussetzung ß = 0 nicht mehr verkoppelt, sondern es ergeben sich zwei getrennte Differentialgleichungen für die F_z- und die G_z-Komponente

$$\nabla_t^2 G_z + k^2 G_z = 0 , \qquad \text{(III.1.57)}$$

$$\nabla_t^2 F_z + k^2 \mu_{eff1} F_z = 0, \qquad \text{(III.1.58)}$$

wie im Fall des isotropen Mediums. Allerdings ist die effektive Wellenzahl der Differentialgleichung für die E_z-Komponente noch von der Größe der Elemente des Permeabilitätstensors abhängig. Damit ergibt sich für die Wellenzahl der E-Typen auch eine Abhängigkeit von der Vormagnetisierungsfeldstärke. Die Wellenzahl der möglichen

H-Typen berechnet sich wie in einem homogenen, isotropen Medium mit den Material-
parametern $\varepsilon = \varepsilon_o \varepsilon_r$ und $\mu = \mu_o$. Bei verschwindendem Phasenmaß ß sind die auftretenden Felder von der z-Koordinate unabhängig. Dieser Spezialfall der z-unabhängigen
Felder ist besonders bei der Behandlung ferritgefüllter Mikrowellenresonatoren interessant.

Im unendlich ausgedehnten Ferritmedium können rein transversale, elektromagnetische
Felder in Form einer ebenen Welle auftreten, vgl. Kapitel V.5. Hingegen ist es nicht
möglich, daß in einer abgeschlossenen Ferritstruktur, wie etwa im ferritgefüllten Hohlleiter oder Koaxialleiter, TEM-Typen auftreten. Wird die Bedingung für die TEM-Typen,
daß sowohl die E_z als auch die H_z-Komponente verschwindet, in die Feldgleichungen
des Kapitels III.1c eingesetzt, so läßt sich für die transversale Komponente der elektrischen Feldstärke die Gleichung

$$\vec{\mathcal{E}}_t = \pm j \, \vec{n}_z \times \vec{\mathcal{E}}_t \tag{III.1.59}$$

ableiten, wie bereits von Kales /231/ gezeigt wurde. Das aber bedeutet, die Felder
eines möglichen TEM-Typs sind zirkular polarisiert. Die Grenzbedingungen an einer
als unendlich gut leitend angesehenen Berandung fordern aber, daß der tangentiale
Anteil der transversalen elektrischen Feldstärke verschwindet. Unter Berücksichtigung
der Gl.(III.1.59) ergibt sich dann aber, daß das elektrische Feld identisch verschwindet, selbst wenn der Querschnitt des betrachteten Wellenleiters mehrfach zusammenhängend ist. Damit verschwindet auch die magnetische Feldstärke. Das bedeutet: Ein
Feld vom TEM-Typ kann in einer abgeschlossenen Mikrowellenstruktur, die mit Ferritmaterial gefüllt ist, nicht existieren, vgl. auch Kapitel VIII.1.1.1b.

Es soll noch darauf hingewiesen werden, daß für den Fall $K^4 = k_2^4$ (siehe Gl.
(III.1.14)) in einem abgeschlossenen Mikrowellensystem keine nichttriviale Lösung
existiert. Das heißt, die von Chambers /166/ angegebenen Feldtypen ("isoforme Moden")
existieren nicht, wie bereits von Gerosa /202/ nachgewiesen wurde.

Es soll gezeigt werden, daß Gl.(III.1.47) und Gl.(III.1.48) die Felder auch dann
noch richtig beschreiben, wenn das vormagnetisierende Gleichfeld unendlich groß wird,
das heißt, wenn das Material isotropes Verhalten annimmt. Zu diesem Zweck werden
die durch Gl.(III.1.42) und Gl.(III.1.43) definierten Faktoren K_1 und K_2 untersucht
und ihr Verhalten im isotropen Grenzfall berechnet. Da Gl.(III.1.40) zwei Lösungen

hat, ergibt sich zu jedem dieser beiden Werte ein zugehöriger Faktor K_1 und K_2. Dem Wert x_1^2 wird das positive Vorzeichen in Gl.(III.1.40) zugeordnet und die zugehörigen Faktoren $K_{1,1}$ und $K_{2,1}$ werden im Grenzfall unendlich großer Vormagnetisierungsfelder bestimmt.

Wird die Wurzel in Gl.(III.1.40) in eine Reihe entwickelt und für große Vormagnetisierungsfelder nach dem ersten Glied abgebrochen, so lassen sich die Zusammenhänge

$$\lim_{H_o^i \to \infty} x_1^2 = \lim_{H_o^i \to \infty} \left(k^2 \, \frac{\mu_1^2 - \mu_2^2}{\mu_1} - \beta^2 \right) \tag{III.1.60}$$

und

$$\lim_{H_o^i \to \infty} x_2^2 = \lim_{H_o^i \to \infty} \left(k^2 - \frac{1}{\mu_1} \beta^2 \right) \tag{III.1.61}$$

angeben. Diese Ausdrücke werden in Gl.(III.1.43) zur Bestimmung von K_1 und K_2 eingesetzt, und es ergeben sich die Grenzwerte

$$\lim_{H_o^i \to \infty} K_{1,1} = 0 \, , \quad \lim_{H_o^i \to \infty} K_{2,1} = \infty \, , \tag{III.1.62}$$

$$\lim_{H_o^i \to \infty} K_{1,2} = \infty \, , \quad \lim_{H_o^i \to \infty} K_{2,2} = 0 \, . \tag{III.1.63}$$

Werden diese Grenzwerte in Gl.(III.1.47) und Gl.(III.1.48) zur Bestimmung der Felder eingesetzt, so ergibt sich folgender Zusammenhang: Für den Grenzwert (III.1.62), das heißt für den Eigenwert x_1^2, ergibt sich aus Gl.(III.1.47) eine sinnvolle Darstellung

$$\mathcal{E} = [\overset{\leftrightarrow}{V}_\infty \cdot \mathrm{grad}_t \, F_z + F_z \cdot \mathcal{H}_z] \, e^{-j\beta z} , \tag{III.1.64}$$

$$\mathcal{H} = [\overset{\leftrightarrow}{W}_\infty \cdot \mathrm{grad}_t \, F_z] \, e^{-j\beta z} ,$$

mit

$$\overset{\leftrightarrow}{V}_\infty = \begin{pmatrix} j\,A_\infty & 0 \\ 0 & j\,A_\infty \end{pmatrix} , \quad \overset{\leftrightarrow}{W}_\infty = \begin{pmatrix} 0 & D_\infty \\ -D_\infty & 0 \end{pmatrix} \tag{III.1.65}$$

und den Koeffizienten

$$A_\infty = -\frac{\beta}{k^2 - \beta^2} \, , \quad D_\infty = \frac{k}{k^2 - \beta^2} \, . \tag{III.1.66}$$

Gl.(III.1.48) liefert dagegen die physikalisch nicht zulässige Lösung unendlich großer Felder. Wird dagegen der Grenzwert (III.1.63) betrachtet, so ergibt Gl.(III.1.47) unendlich große Felder, aber Gl.(III.1.48) liefert den Grenzwert

$$\mathcal{E} = [\, \overset{\leftrightarrow}{U}_{\infty} \cdot \mathrm{grad}_t\, G_z\,]\, e^{-j\beta z},$$

$$\mathcal{H} = [\, \overset{\leftrightarrow}{S}_{\infty} \cdot \mathrm{grad}_t\, G_z + G_z \mathcal{H}_z\,]\, e^{-j\beta z} \tag{III.1.67}$$

mit

$$\overset{\leftrightarrow}{U}_{\infty} = \begin{pmatrix} 0 & F_{\infty} \\ -F_{\infty} & 0 \end{pmatrix}, \quad \overset{\leftrightarrow}{S}_{\infty} = \begin{pmatrix} j\,G_{\infty} & 0 \\ 0 & j\,G_{\infty} \end{pmatrix} \tag{III.1.68}$$

und den Koeffizienten

$$F_{\infty} = \frac{k}{k^2 - \beta^2}, \quad G_{\infty} = -\frac{\beta}{k^2 - \beta^2}. \tag{III.1.69}$$

Werden Gl.(III.1.47) und Gl.(III.1.48) zur Beschreibung der Felder herangezogen, so lassen sich immer physikalisch sinnvolle Lösungen angeben. Da die Feldkomponenten G_z und F_z den gleichen Ausgangsgleichungen (III.1.41) genügen, können sie beliebig zur Beschreibung der Felder herangezogen werden. Der Grenzwert (III.1.64) zeigt, daß für den Eigenwert x_1^2 im Grenzfall unendlich großer Vormagnetisierungsfeldstärke die H_z-Komponente verschindet, der Grenzwert also eine Lösung vom E-Typ ist. Dagegen beschreibt Gl.(III.1.67) für den Eigenwert x_2^2 eine Feldverteilung vom H-Typ, da die E_z-Komponente verschwindet. Im Fall endlicher magnetischer Gleichfeldstärke treten die Longitudinalkomponenten, wie bereits erwähnt, jeweils gemeinsam auf. Die Felder für den Eigenwert x_1^2, für die Gl.(III.1.47) eine sinnvolle Beschreibung darstellt, werden als Felder vom EH-Typ bezeichnet, da sie im isotropen Grenzfall in den E-Typ übergehen. Ebenso werden die Felder des Eigenwerts x_2^2, mit einer sinnvollen Beschreibung nach Gl.(III.1.48), als Felder vom HE-Typ bezeichnet, da sie im isotropen Grenzfall in den H-Typ übergehen. Im Ferritmaterial eines Mikrowellensystems treten die HE- und die EH-Typen im allgemeinen gemeinsam auf, da es in den meisten Fällen nicht möglich ist, die Grenzbedingungen an der Berandung des Ferritmediums mit einem Feldtyp zu erfüllen.

Werden die Darstellungen der elektromagnetischen Felder nach Gl.(III.1.54) und Gl.(III.1.55) betrachtet, so zeigt sich auch für diese Beschreibung der Felder, daß Gl.(III.1.54) für den Eigenwert x_1^2 eine physikalisch sinnvolle Darstellung der Felder vom EH-Typ, Gl.(III.1.55) für den Eigenwert x_2^2 eine sinnvolle Darstellung für den

HE-Typ ergibt. Nach Durchführen des Grenzübergangs ergeben sich zur Beschreibung
der Felder die Gleichungen

$$\mathcal{E} = \left[\begin{pmatrix} 0 & -j\,N_\infty \\ j\,N_\infty & 0 \end{pmatrix} \mathcal{J}_t + \frac{1}{k}\,\mathrm{rot}_t\,\mathcal{J}_t \right] e^{-j\beta z}, \quad \mathcal{H} = \mathcal{J}_t\, e^{-j\beta z} \tag{III.1.70}$$

und

$$\mathcal{E} = \mathcal{F}_t\, e^{-j\beta z}, \quad \mathcal{H} = \left[\begin{pmatrix} 0 & j\,L_\infty \\ -j\,L_\infty & 0 \end{pmatrix} \mathcal{F}_t + \frac{1}{k}\,\mathrm{rot}_t\,\mathcal{F}_t \right] e^{-j\beta z}, \tag{III.1.71}$$

mit den Matrixelementen

$$N_\infty = -\frac{\beta}{k}, \quad L_\infty = \frac{\beta}{k}. \tag{III.1.72}$$

III.2 WELLENAUSBREITUNG IN RICHTUNG SENKRECHT ZUR VORMAGNETI- SIERUNGSRICHTUNG

In diesem Kapitel wird angenommen, daß die Richtung des vormagnetisierenden Feldes senkrecht zur Ausbreitungsrichtung einer möglichen elektromagnetischen Welle
vorgegeben ist. Dabei sollen zwei Fälle unterschieden werden: Zum ersten wird angenommen, daß die magnetische Gleichfeldstärke in Richtung der x-Achse eines kartesischen Koordinatensystems gerichtet ist und daß die Wellenausbreitung in z-Richtung
dieses Koordinatensystems erfolgt. Dabei wird zunächst eine beliebige Abhängigkeit
von der z-Koordinate angenommen. Aus diesem Grund wird zur Beschreibung der Felder auch nicht wie in /366/ und anderen Literaturstellen über Felder in transversal
zur Ausbreitungsrichtung vormagnetisierten Ferriten von einer Darstellung mit Hilfe
der z-Komponenten der elektrischen und magnetischen Feldstärke ausgegangen. Vielmehr soll zunächst eine Darstellung angegeben werden, die die Felder in Abhängigkeit von den x-Komponenten der Feldstärken beschreibt. Im zweiten Fall wird angenommen, daß die magnetische Gleichfeldstärke in Richtung des Azimutwinkels eines

kreiszylindrischen Koordinatensystems gerichtet ist und daß gleichzeitig eine Wellenausbreitung in z-Richtung auftreten kann.

III.2.1 VORMAGNETISIERUNGSFELD IN X-RICHTUNG EINES KARTESISCHEN
KOORDINATENSYSTEMS

III.2.1a DARSTELLUNG DER FELDER AUS DEN LONGITUDINALKOMPONENTEN

Zunächst soll geklärt werden, was in diesem Kapitel unter longitudinalen und transversalen Feldanteilen verstanden werden soll. Da das zu behandelnde Problem: Wellenausbreitung in z-Richtung innerhalb eines in x-Richtung vormagnetisierten Ferritmaterials zwei Vorzugsrichtungen (x- und z-Richtung) besitzt, soll hier vereinbart werden,
daß falls von longitudinalen oder transversalen Feldanteilen gesprochen wird, damit
immer Bezug auf die Vormagnetisierungsrichtung genommen wird. Die longitudinale
Feldkomponente hat in der vorgegebenen Problemstellung also x-Richtung.

Es wird zunächst gezeigt, wie die im Ferritmaterial auftretenden Felder mit Hilfe
der x-Komponente sowohl der elektrischen als auch der magnetischen Feldstärke beschrieben werden können. Ausgangspunkt der Berechnungen sind wieder die Maxwellschen Gleichungen für reduzierte komplexe Vektorzeiger ohne Anregungsgrößen, wo-
bei der relative Permeabilitätstensor $\overleftrightarrow{\mu}$ nun auf Grund der geänderten Richtung des
Vormagnetisierungsfeldes (x-Richtung) durch die Matrix

$$\overleftrightarrow{\mu} = \begin{pmatrix} 1 & 0 & 0 \\ 0 & \mu_1 & -j\mu_2 \\ 0 & j\mu_2 & \mu_1 \end{pmatrix} \tag{III.2.1}$$

beschrieben wird. Alle auftretenden Felder werden wie im Kapitel III.1 in einen longitudinalen und einen transversalen Anteil in Bezug auf die Vormagnetisierungsrichtung
aufgeteilt und die Maxwellschen Gleichungen für diese longitudinalen und transversalen Feldanteile aufgeschrieben. Die Maxwellschen Gleichungen liefern dann vier
Differentialgleichungen in entsprechender Form wie in den Gln. (III.1.5) bis (III.1.8).

Ein Vergleich der zerlegten Maxwellschen Gleichungen mit den entsprechenden Gleichungen des Kapitels III.1a zeigt, daß beide Systeme durch eine einfache Koordinatentransformation ineinander überführt werden. Und zwar sind die Koordinaten x'→ z, y'→x, z'→y gegeneinander vertauscht worden. Aus diesem Grund ist es auch möglich, sofort die Rechnungen des Kapitels III.1a zu übernehmen, nachdem die Koordinatentransformation durchgeführt wurde. Insbesondere gelten die Gln. (III.1.14) und (III.1.15) über den Zusammenhang zwischen den transversalen Feldkomponenten $\mathscr{E}_t$, $\mathscr{H}_t$ und den longitudinalen Anteilen H_x, E_x:

$$\left[\left(k^2\mu_1 + \frac{\partial^2}{\partial x^2}\right)^2 - k^4\mu_2^2\right]\mathscr{H}_t = \mathrm{grad}_t\left\{\left(k^2\mu_1 + \frac{\partial^2}{\partial x^2}\right)\frac{\partial}{\partial x}H_x - j k^2\mu_2 k E_x\right\} + \mathrm{rot}_t\left[\left\{\left(k^2\mu_1 + \frac{\partial^2}{\partial x^2}\right)k E_x + j k_2^2 \frac{\partial}{\partial x}H_x\right\}\mathscr{M}_x\right],$$

(III.2.2)

$$\left[\left(k^2\mu_1 + \frac{\partial^2}{\partial x^2}\right)^2 - k^4\mu_2^2\right]\mathscr{E}_t = \mathrm{grad}_t\left\{\left(k^2\mu_1 + \frac{\partial^2}{\partial x^2}\right)\frac{\partial}{\partial x}E_x + j k\mu_2 \frac{\partial^2}{\partial x^2}H_x\right\} - \mathrm{rot}_t\left[\left\{k\left(k^2\mu_2^2 - k^2\mu_1^2 - \mu_1\frac{\partial^2}{\partial x^2}\right)H_x - j k_2^2\frac{\partial}{\partial x}E_x\right\}\mathscr{M}_x\right].$$

(III.2.3)

Auch für den Zusammenhang zwischen den Longitudinalkomponenten E_x und H_x gelten entsprechende Differentialgleichungen wie in Kapitel III.1a:

$$\left[\frac{1}{\mu_1}\frac{\partial^2}{\partial x^2} + \nabla_t^2 + k^2\right]H_x - j k \frac{\mu_2}{\mu_1}\frac{\partial}{\partial x}E_x = 0,$$

(III.2.4)

$$\left[\frac{\partial^2}{\partial x^2} + \nabla_t^2 + k^2\mu_{eff1}\right]E_x - j k \frac{\mu_2}{\mu_1}\frac{\partial}{\partial x}H_x = 0.$$

(III.2.5)

Es ist zu beachten, daß die Transversalebene die y-z-Ebene ist. Diese Differentialgleichungen lassen sich ebenso wie Gl.(III.1.20) und Gl.(III.1.21) entkoppeln, indem sie durch erneute Anwendung der auftretenden Differentialoperatoren auf jeweils eine Differentialgleichung vierten Grades zurückgeführt werden /10/. Entsprechend kann auch hier, wie in /10/ beschrieben, eine skalare Potentialfunktion zur Lösung eingeführt werden, aus der alle Feldkomponenten berechnet werden können. Die skalare Potentialfunktion gehorcht denselben Differentialgleichungen vierten Grades, wie die Feldkomponenten E_x und H_x.

Wird in Gl.(III.2.4) und Gl.(III.2.5) eine spezielle z-Abhängigkeit der Form

$$\mathscr{E} = \mathscr{F}(x,y)\, e^{-j\beta z}, \quad \mathscr{H} = \mathscr{U}(x,y)\, e^{-j\beta z}$$

(III.2.6)

eingeführt, werden also wieder Wellen mit Ausbreitung in z-Richtung betrachtet, so lassen sie sich auf die Form

$$\left[\ \frac{1}{\mu_1}\frac{\partial^2}{\partial x^2} + \frac{\partial^2}{\partial y^2} + (k^2 - \beta^2)\right]G_x - jk\ \frac{\mu_2}{\mu_1}\frac{\partial}{\partial x}F_x = 0, \qquad (\text{III}.2.7)$$

$$\left[\ \frac{\partial^2}{\partial x^2} + \frac{\partial^2}{\partial y^2} + (k^2\mu_{eff1} - \beta^2)\right]F_x - jk\ \frac{\mu_2}{\mu_1}\frac{\partial}{\partial x}G_x = 0 \qquad (\text{III}.2.8)$$

umformen. Im Gegensatz zu Kapitel III.1c, wo die Annahme einer harmonischen z-Abhängigkeit der Felder zu einer wesentlichen Vereinfachung der Gleichungen führte, lassen sich Gl.(III.2.7) und Gl.(III.2.8) nicht weiter vereinfachen. Das heißt, im Fall der transversal zur Ausbreitungsrichtung vormagnetisierten Ferritmaterialien ist eine Hauptachsentransformation des Differentialgleichungssystems nicht möglich. Die Differentialgleichungen vierten Grades, die aus Gl.(III.2.7) und Gl.(III.2.8) durch erneute Differentiation gewonnen werden können, lassen sich nicht in zwei Differentialgleichungen zweiten Grades zerlegen. Das bedeutet, daß bei Annahme einer beliebigen x-Abhängigkeit der Felder jeweils die Differentialgleichung vierten Grades

$$\left\{\left[\frac{\partial^2}{\partial x^2} + \frac{\partial^2}{\partial y^2} + (k^2\mu_{eff1} - \beta^2)\right]\left[\frac{\partial^2}{\partial x^2} + \mu_1\frac{\partial^2}{\partial y^2} + \mu_1(k^2 - \beta^2)\right] + \frac{k^2\mu_2^2}{\mu_1}\frac{\partial^2}{\partial x^2}\right\}\left\{\begin{matrix}G_x\\F_x\end{matrix}\right\} = 0$$

$$(\text{III}.2.9)$$

gelöst werden muß. Unter der Annahme einer beliebigen Abhängigkeit der Felder von der x-Koordinate ist es außerdem schwierig, die transversalen Feldanteile aus den longitudinalen Anteilen zu bestimmen. Es bleibt hier nur die Möglichkeit der Berechnung über die skalare Potentialfunktion nach /10/.

III.2.1b DARSTELLUNG DER FELDER AUS EINER TRANSVERSALKOMPONENTE

Die Felder lassen sich, ebenso wie im Fall der longitudinal vormagnetisierten Ferritmaterialien, auch durch die transversalen Feldkomponenten (bezogen auf die Vormagnetisierungsrichtung) beschreiben. Besonders günstig ist dabei die Beschreibung der einzelnen Feldanteile aus der z-Komponente der elektrischen und magnetischen Feldstärke, falls eine Wellenausbreitung in z-Richtung vorausgesetzt wird. Zu diesem Zweck werden die Maxwellschen Gleichungen im kartesischen Koordinatensystem in die Gleichungsanteile für die Projektionen der Felder auf die drei Koordinatenrichtungen aufgeteilt. Es zeigt sich, daß unter der Annahme einer Abhängigkeit der Felder von der z-Koordinate in Form einer harmonischen Funktion

$$\mathcal{E} = \mathcal{F}(x,y)\, e^{-j\beta z}, \quad \mathcal{H} = \mathcal{G}(x,y)\, e^{-j\beta z} \tag{III.2.10}$$

die Feldkomponenten in x- und y-Richtung durch die Feldkomponenten in z-Richtung (Wellenausbreitungsrichtung) dargestellt werden können /366/:

$$F_Y = -\frac{1}{k^2-\beta^2}\left(k\,\frac{\partial G_z}{\partial x} + j\beta\,\frac{\partial F_z}{\partial Y}\right), \tag{III.2.11}$$

$$F_x = \frac{1}{K^2}\left(k\mu_1\,\frac{\partial G_z}{\partial Y} - j\beta\,\frac{\partial F_z}{\partial x} - k\mu_2\beta G_z\right), \tag{III.2.12}$$

$$G_Y = -\frac{1}{K^2}\left(k\,\frac{\partial F_z}{\partial x} + j\beta\,\frac{\partial G_z}{\partial Y} - jk^2\mu_2 G_z\right), \tag{III.2.13}$$

$$G_x = \frac{1}{k^2-\beta^2}\left(k\,\frac{\partial F_z}{\partial Y} - j\beta\,\frac{\partial G_z}{\partial x}\right), \tag{III.2.14}$$

mit dem schon früher eingeführten Ausdruck

$$K^2 = k^2\mu_1 - \beta^2. \tag{III.1.15}$$

Die Gln. (III.2.11) bis (III.2.14) stimmen bis auf die zusätzlichen Komponenten in Gl. (III.2.12) und Gl. (III.2.13) mit den Gleichungen für das isotrope Medium überein. Für den isotropen Grenzfall konvergieren sie, da das Elemente $j\mu_2$ des Permeabilitätstensors verschwindet, in die Ausdrücke für die Felder im isotropen Medium. Werden die Abhängigkeiten der Feldkomponenten für die Projektionen der Felder in z-Richtung eingesetzt, so lassen sich zwei Differentialgleichungen für die F_z- und die G_z-Komponente angeben, in denen beide Feldanteile wieder verkoppelt auftreten:

$$k\left[\frac{j\beta(1-\mu_1)}{(k^2-\beta^2)K^2}\,\frac{\partial^2}{\partial x\partial y} + j\,\frac{\mu_2}{K^2}\,\frac{\partial}{\partial x}\right]F_z -$$

$$-\left[\frac{1}{k^2-\beta^2}\,\frac{\partial^2}{\partial x^2} + \frac{\mu_1}{K^2}\,\frac{\partial^2}{\partial y^2} + \mu_1 - \frac{k^2\mu_2^2}{K^2}\right]G_z = 0, \tag{III.2.16}$$

$$\left[\frac{1}{K^2}\,\frac{\partial^2}{\partial x^2} + \frac{1}{k^2-\beta^2}\,\frac{\partial^2}{\partial y^2} + 1\right]F_z +$$

$$+jk\left[\frac{\beta(1-\mu_1)}{(k^2-\beta^2)K^2}\,\frac{\partial^2}{\partial x\partial y} - \frac{\mu_2}{K^2}\,\frac{\partial}{\partial x}\right]G_z = 0. \tag{III.2.17}$$

Auch diese Gleichungen können durch nochmalige Differentiation entkoppelt werden, es ergeben sich dann wieder zwei Differentialgleichungen vierten Grades von der Form der Gl.(III.2.9). Die Feldkomponenten der elektrischen und der magnetischen Feldstärke gehorchen, wie im Fall des in Wellenausbreitungsrichtung vormagnetisierten Materials, jeweils derselben Differentialgleichung vierten Grades.

III.2.1c ANNAHME EINER HARMONISCHEN ABHÄNGIGKEIT VON DER X-KOORDINATE

Die Gleichungen, die das Verhalten der einzelnen Feldkomponenten im transversal vormagnetisierten Ferritmaterial beschreiben, sind relativ kompliziert und nicht ohne weiteres auswertbar. Aus diesem Grund soll versucht werden, mit Hilfe von Annahmen über die x-Abhängigkeit der Felder zu einfacheren Bestimmungsgleichungen zu gelangen. Da hier insbesondere die Felder in Mikrowellenstrukturen interessieren, ist die Annahme einer Abhängigkeit von der x-Koordinate in Form einer harmonischen Funktion (Sinus- oder Cosinusfunktion) zumindest dann gerechtfertigt, falls die Feldverteilung in einem Wellenleiter oder Resonator mit rechteckigem Querschnitt berechnet werden soll. Es wird angenommen, daß die Felder eine Abhängigkeit von der x-Koordinate gemäß den Gleichungen

$$E_x = \bar{F}_x(y) \cdot \cos(k_x x) e^{-j\beta z} \Rightarrow \begin{array}{l} E_y = \bar{F}_y(y)\sin(k_x x)e^{-j\beta z}, \\ E_z = \bar{F}_z(y)\sin(k_x x)e^{-j\beta z}, \end{array} \qquad (III.2.18)$$

$$H_x = \bar{G}_x(y) \cdot \sin(k_x x)e^{-j\beta z} \Rightarrow \begin{array}{l} H_y = \bar{G}_y(y)\cos(k_x x)e^{-j\beta z}, \\ H_z = \bar{G}_z(y)\cos(k_x x)e^{-j\beta z}. \end{array} \qquad (III.2.19)$$

besitzen. Mit diesem Ansatz lassen sich Gl.(III.2.7) und Gl.(III.2.8) in der Form

$$\left[\frac{\partial^2}{\partial y^2} + \left(k^2 - \frac{k_x^2}{\mu_1} - \beta^2\right)\right] \bar{G}_x + jkk_x \frac{\mu_2}{\mu_1} \bar{F}_x = 0, \qquad (III.2.20)$$

$$\left[\frac{\partial^2}{\partial y^2} + \left(k^2 \mu_{eff1} - k_x^2 - \beta^2\right)\right] \bar{F}_x - jkk_x \frac{\mu_2}{\mu_1} \bar{G}_x = 0 \qquad (III.2.21)$$

schreiben,

wobei die einzelnen Feldkomponenten $\overline{G}_x$, $\overline{F}_x$ nur noch Funktionen der y-Koordinate sind. Dieses Gleichungssystem läßt sich wieder entkoppeln und auf Hauptachsenform transformieren. Die Eigenwerte $\lambda^2_{1,2}$ der Systemmatrix lassen sich nach einigen Umformungen auf die Form

$$\lambda^2_{1,2} = 0,5 \left[k^2(1+\mu_{eff1}) - k_x^2 \left(1+\frac{1}{\mu_1}\right) - 2\beta^2 \right] \pm$$
$$\pm 0,5 \sqrt{\left[k^2(1-\mu_{eff1}) + k_x^2 \left(1 - \frac{1}{\mu_1}\right)\right]^2 + 4 k_x^2 k^2 \frac{\mu_2^2}{\mu_1^2}}$$

$$(III.2.22)$$

bringen. Die beiden Funktionen $\overline{F}_x$ und $\overline{G}_x$ gehorchen demnach den Differentialgleichungen:

$$\left(\frac{\partial^2}{\partial y^2} + \lambda_1^2 \right)\left(\frac{\partial^2}{\partial y^2} + \lambda_2^2 \right)\overline{F}_x = \left(\frac{\partial^2}{\partial y^2} + \lambda^2_{1,2} \right)\overline{F}_x = 0 , \quad (III.2.23)$$

$$\left(\frac{\partial^2}{\partial y^2} + \lambda_1^2 \right)\left(\frac{\partial^2}{\partial y^2} + \lambda_2^2 \right)\overline{G}_x = \left(\frac{\partial^2}{\partial y^2} + \lambda^2_{1,2} \right)\overline{G}_x = 0 . \quad (III.2.24)$$

In den Bildern III.2.1 und III.2.2 sind die Projektionen der Höhenlinien der beiden Eigenwerte auf die h_o^i -w-Ebene dargestellt. Dabei wurde für k_x und ß jeweils der Wert $\pi \cdot 1/cm$ gewählt.

Aus den so abgeleiteten Gleichungen kann mit Hilfe der Bestimmungsgleichungen für die Hauptvektoren der Systemmatrix, wie im Fall der in Wellenausbreitungsrichtung vormagnetisierten Materialien, eine Beziehung zwischen den Funktionen $\overline{F}_x$ und $\overline{G}_x$ berechnet werden:

$$\overline{F}_x = j \frac{\mu_1}{k\, k_x \mu_2}\left(k^2 - \frac{k_x^2}{\mu_1} - \beta^2 - \lambda^2_{1,2} \right)\overline{G}_x , \quad (III.2.25)$$

$$\overline{G}_x = -j \frac{\mu_1}{k\, k_x \mu_2}\left(k^2 \mu_{eff1} - k_x^2 - \beta^2 - \lambda^2_{1,2} \right)\overline{F}_x . \quad (III.2.26)$$

Aus Gl.(III.2.23) und Gl.(III.2.24) lassen sich für eine vorgegebene Mikrowellenstruktur, in der die x-Abhängigkeit der Felder in der beschriebenen Form einer harmonischen Funktion auftritt, die Longitudinalkomponenten bestimmen. Aus Gl.(III.2.2) und Gl.(III.2.3) können dann die Transversalanteile der Felder berechnet werden, falls der Ausdruck $(k^2 \mu_1 - k_x^2)^2 - k_2^4 \neq 0$ ist. Die Felder lassen sich auch hier wahlweise aus der E_x- oder der H_x-Komponente darstellen:

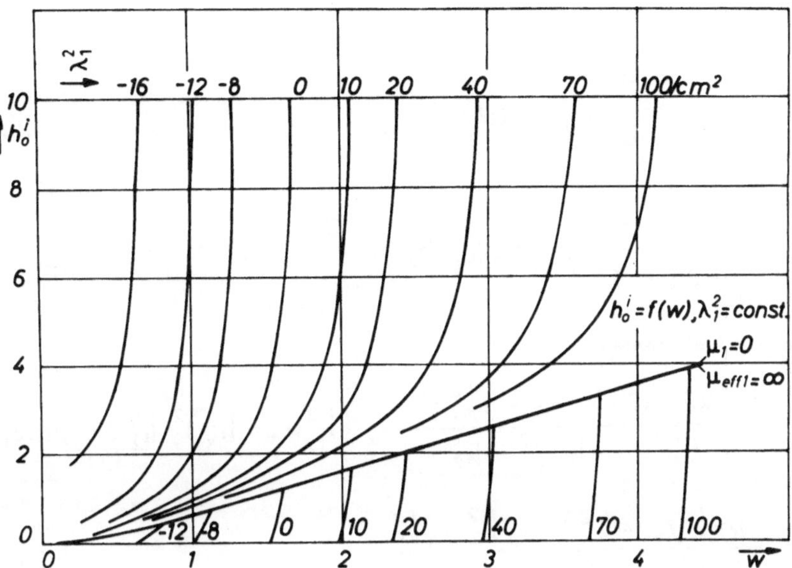

Bild III.2.1: Projektion der Eigenwerte λ_1^2 = const. in die h_o^i – w – Ebene für feste Werte $\beta = \pi \cdot 1/cm$ und $k_x = \pi \cdot 1/cm$.

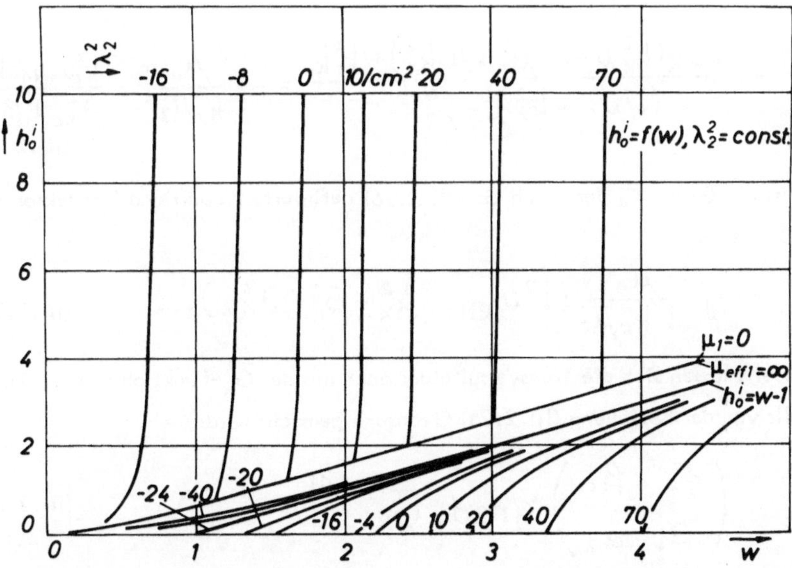

Bild III.2.2: Projektion der Eigenwerte λ_2^2 = const. in die h_o^i –w–Ebene für feste Werte $\beta = \pi \cdot 1/cm$ und $k_x = \pi \cdot 1/cm$.

74

$$\overline{\mathcal{J}}_t = \begin{pmatrix} \alpha_1 & \beta_1 \\ -\beta_1 & \alpha_1 \end{pmatrix} \operatorname{grad}_t \overline{F}_x , \qquad (\mathrm{III}.2.27)$$

$$\overline{\mathcal{F}}_t = \begin{pmatrix} \gamma_1 & \delta_1 \\ -\delta_1 & \gamma_1 \end{pmatrix} \operatorname{grad}_t \overline{F}_x , \quad [1] \qquad (\mathrm{III}.2.28)$$

mit den Matrixelementen:

$$\alpha_1 = \frac{(k^2\mu_1 - k_x^2)k_x K_4 - jk_2^2 k}{(k^2\mu_1 - k_x^2)^2 - k_2^4} , \quad (k^2\mu_1 - k_x^2)^2 - k_2^4 \neq 0, \qquad (\mathrm{III}.2.29)$$

$$\beta_1 = \frac{k(k^2\mu_1 - k_x^2) + jk_2^2 k_x K_4}{(k^2\mu_1 - k_x^2)^2 - k_2^4} , \qquad (\mathrm{III}.2.30)$$

$$\gamma_1 = -\frac{(k^2\mu_1 - k_x^2)k_x + jk\mu_2 k_x^2 K_4}{(k^2\mu_1 - k_x^2)^2 - k_2^4} = -\frac{k_x}{\lambda_{1,2}^2 + \beta^2} , \qquad (\mathrm{III}.2.31)$$

$$\delta_1 = -\frac{K_4 k(k_2^2\mu_2 - k^2\mu_1^2 + \mu_1 k_x^2) + jk_2^2 k_x}{(k^2\mu_1 - k_x^2)^2 - k_2^4} = -j\frac{\mu_1}{k_x\mu_2}\left[1 - \frac{k^2\mu_{eff1} - k_x^2}{\lambda_{1,2}^2 + \beta^2}\right]. \qquad (\mathrm{III}.2.32)$$

Hierin ist die Größe K_4 der durch Gl.(III.2.26) definierte Proportionalitätsfaktor zwischen $\overline{G}_x$ und $\overline{H}_x$:

$$K_4 = -j\,\frac{\mu_1}{k\, k_x\, \mu_2}\,(k^2\mu_{eff1} - k_x^2 - \beta^2 - \lambda_{1,2}^2). \qquad (\mathrm{III}.2.33)$$

Andererseits lassen sich die Transversalfelder auch aus der $\overline{G}_x$-Funktion alleine darstellen, falls von der Beziehung (III.2.25) Gebrauch gemacht wird:

$$\overline{\mathcal{J}}_t = \begin{pmatrix} \alpha_2 & \beta_2 \\ -\beta_2 & \alpha_2 \end{pmatrix} \operatorname{grad}_t \overline{G}_x \quad [1] \qquad (\mathrm{III}.2.34)$$

---

[1] Bei dieser Gradientenbildung muß $\partial/\partial z = -j\beta$ gesetzt werden, $\operatorname{grad}_t = \partial/\partial y\,\boldsymbol{\eta}_y - j\beta\,\boldsymbol{\eta}_z$.

$$\overline{\mathfrak{F}}_t = \begin{pmatrix} \gamma_2 & \delta_2 \\ -\delta_2 & \gamma_2 \end{pmatrix} \operatorname{grad}_t \overline{G}_x \ . \tag{III.2.35}$$

Die Matrixelemente ergeben sich aus den Gln. (III.2.29) bis (III.2.32) durch Multiplikation mit dem Faktor

$$K_3 = j \ \frac{\mu_1}{k\, k_x\, \mu_2} \left(k^2 - \frac{k_x^2}{\mu_1} - \beta^2 - \lambda_{1,2}^2 \right) \tag{III.2.36}$$

unter Berücksichtigung der Tatsache, daß $K_3 \cdot K_4 = 1$ ist.

Entsprechende Überlegungen, wie sie für die E_x-Komponente und H_x-Komponente aufgestellt wurden, können für die E_z- und die H_z-Komponente durchgeführt werden. So ergeben sich unter Benutzung der Eigenwerte nach Gl. (III.2.22) für die beiden Feldkomponenten die entkoppelten Differentialgleichungen:

$$\frac{\partial^2}{\partial y^2} \overline{F}_z + \lambda_{1,2}^2 \overline{F}_z = 0 \ , \tag{III.2.37}$$

$$\frac{\partial^2}{\partial y^2} \overline{G}_z + \lambda_{1,2}^2 \overline{G}_z = 0 , \tag{III.2.38}$$

Aus den Feldkomponenten $\overline{F}_z$ und $\overline{G}_z$ lassen sich dann die restlichen Feldanteile, wie in Gl. (III.2.11) bis (III.2.14) und Gl. (III.2.18) bzw. Gl. (III.2.19) beschrieben, berechnen.

III.2.1d PHYSIKALISCHE EIGENSCHAFTEN DER FELDER

Die auftretenden Felder sind im transversal zur Wellenausbreitungsrichtung vormagnetisierten Ferritmaterial ebenso wie im longitudinal zur Wellenausbreitungsrichtung vormagnetisierten Medium im allgemeinen (das heißt für nicht verschwindende Werte von k_x) Felder vom EH- oder HE-Typ. Auf Grund der verkoppelten Differentialgleichungen für die E_x- und H_x-Komponenten bzw. für die E_z-und H_z-Komponenten, kann sofort nachgewiesen werden, daß das Feld identisch verschwindet, falls nur eine Komponente des Feldes Null wird. Auch hier werden die Feldtypen, die im isotropen Grenzfall in die

E-Typen konvergieren, als EH-Typen bezeichnet, als HE-Typen diejenigen Felder, die für große Vormagnetisierungsfelder in die H-Typen konvergieren [1].

Im Grenzfall ß = 0 (unendlich große Wellenlänge in z-Richtung) vereinfachen sich die Gleichungen nicht wesentlich. Insbesondere werden die auftretenden Differentialgleichungssysteme nicht entkoppelt. Vereinfacht wird nur der Eigenwert $\lambda_{1,2}^2$, der nun nur noch von k_x, k und den Elementen des Permeabilitätstensors abhängt. Die auftretenden Felder sind aber auch für ß = 0 noch vom EH- oder HE-Typ.

Eine Entkopplung des Differentialgleichungssystems für die longitudinalen Komponenten E_x und H_x bzw. für die Feldkomponenten E_z und H_z kann aber erreicht werden, wenn angenommen wird, daß die auftretenden Felder von der x-Koordinate unabhängig sind. Unter dieser Voraussetzung sind reine E- oder H-Typen im Ferritmedium möglich /364/, /336/. Die Feldkomponenten gehorchen dann den Differentialgleichungen:

$$\left[\frac{\partial^2}{\partial y^2} + (k^2 - \beta^2) \right] \overline{G}_x = 0 , \tag{III.2.39}$$

$$\left[\frac{\partial^2}{\partial y^2} + (k^2 \mu_{eff1} - \beta^2) \right] \overline{F}_x = 0 , \tag{III.2.40}$$

bzw. falls die E_z- und H_z-Komponente betrachtet werden:

$$\left[\frac{\partial^2}{\partial y^2} + (k^2 \mu_{eff1} - \beta^2) \right] \overline{G}_z = 0, \tag{III.2.41}$$

$$\left[\frac{\partial^2}{\partial y^2} + (k^2 - \beta^2) \right] \overline{F}_z = 0 . \tag{III.2.42}$$

Im Gegensatz zum Verhalten der Felder im in Wellenausbreitungsrichtung vormagnetisierten Material zeigt hier die Differentialgleichung der H-Typen eine Abhängigkeit von der Größe des vormagnetisierenden Gleichfeldes. Die Differentialgleichung für den E-Typ besitzt dagegen die gleiche Form wie im isotropen Medium.

Auch im transversal zur Wellenausbreitungsrichtung magnetisierten Ferritmedium können keine rein transversalen, elektromagnetischen Wellen (TEM-Typ) in Bezug auf die Ausbreitungsrichtung (z-Richtung) auftreten. Werden die E_z- und die H_z-Komponente

---

[1] Die Definition der E- und H-Typen bezieht sich weiterhin auf die Richtung der Wellenausbreitung (z-Richtung).

Null, so verschwinden die restlichen Feldkomponenten identisch. Wohl läßt sich ein Feldtyp angeben, der rein transversal (bezogen auf die z-Richtung) für die elektrische Feldstärke $\mathfrak{E}$ und die magnetische Induktion $\mathfrak{B}$ ist. Wird von den auftretenden Feldern gefordert, daß sie unabhängig von der x- und der y-Richtung sind ($\partial/\partial x = 0$, $\partial/\partial y = 0$), so zerfallen die Differentialgleichungen (III.2.20) und (III.2.21) in zwei Einzeldifferentialgleichungen, die unabhängig voneinander sind. Es ergeben sich zwei Partialwellen, von denen die erste die Feldkomponenten E_x, H_y, H_z und das Phasenmaß $\beta = k \cdot \sqrt{\mu_{eff1}}$ besitzt. Dieses Feld ist vom H-Typ und ein Spezialfall des schon oben angegebenen H-Typs für x-unabhängige Felder. Wird die zur magnetischen Feldstärke gehörende magnetische Induktion bestimmt, so zeigt sich, daß sie nur eine B_x-Komponente besitzt. Die zweite Partialwelle besitzt eine H_x-, H_z- und eine E_y-Komponente. Das Feld ist ebenfalls vom H-Typ, besitzt aber das Phasenmaß $\beta = k$ (vgl. auch Kapitel V.5.2).

Abschließend werden die Feldgleichungen für den isotropen Grenzfall, das heißt, für unendlich große Vormagnetisierungsfeldstärken untersucht. Unter der Voraussetzung großer Vormagnetisierungsfelder läßt sich in Gl. (III.2.22) für die Eigenwerte $\lambda_{1,2}^2$ zunächst das quadratisch kleine Glied gegenüber den restlichen Größen vernachlässigen. Damit gilt als Näherungslösung für die beiden Eigenwerte:

$$\lim_{H_o^i \to \infty} \lambda_{1,2}^2 = \lim_{H_o^i \to \infty} \left\{ 0{,}5\left[k^2(1+\mu_{eff1}) - k_x^2(1+\tfrac{1}{\mu_1}) - 2\beta^2\right] \pm \right.$$
$$\left. \pm 0{,}5\left| k^2(1-\mu_{eff1}) + k_x^2(1-\tfrac{1}{\mu_1})\right| \right\}.$$

$$(III.2.43)$$

Wird als Eigenwerte λ_1^2 der Wert bezeichnet, der nach Gl. (III.2.44) konvergiert und als λ_2^2 der Wert, der nach Gl. (III.2.45) konvergiert,

$$\lim_{H_o^i \to \infty} \lambda_1^2 = \lim_{H_o^i \to \infty} \left[k^2 - k_x^2 \tfrac{1}{\mu_1} - \beta^2 \right] = \left[k^2 - k_x^2 - \beta^2 \right], \qquad (III.2.44)$$

$$\lim_{H_o^i \to \infty} \lambda_2^2 = \lim_{H_o^i \to \infty} \left[k^2 \mu_{eff1} - k_x^2 - \beta^2 \right] = \left[k^2 - k_x^2 - \beta^2 \right], \qquad (III.2.45)$$

so kann mit den so bestimmten Grenzwerten für die Eigenwerte in die Gln. (III.2.16) und (III.2.17) eingegangen werden. Es zeigt sich, daß im isotropen Grenzfall für die Felder, die durch den Eigenwert λ_1^2 beschrieben werden, die H_z-Komponente verschwindet. Diese Felder sollen demnach als EH-Typen bezeichnet werden. Umgekehrt werden die

Felder des Eigenwerts λ_2^2 als HE-Typen bezeichnet, da sie für große Vormagnetisierungsfelder in die H-Typen konvergieren.

Werden die Grenzwerte für die Eigenwerte λ_1^2 , λ_2^2 in die Gln. (III.2.33) und (III.2.36) für die Proportionalitätskonstanten K_3 und K_4 eingesetzt, so ergeben sich jeweils zwei Grenzwerte:

$$\lim_{H_o^i \to \infty} K_{3,1} = 0 \quad , \quad \lim_{H_o^i \to \infty} K_{3,2} = \infty , \tag{III.2.46}$$

$$\lim_{H_o^i \to \infty} K_{4,1} = \infty , \quad \lim_{H_o^i \to \infty} K_{4,2} = 0 . \tag{III.2.47}$$

Es zeigt sich damit: Wird der Eigenwert λ_1^2 zur Beschreibung der Felder herangezogen, so ergibt sich auf Grund der Grenzwerte (III.2.46) und (III.2.47) und der Feldgleichungen (III.2.27), (III.2.28) bzw. (III.2.34) und (III.2.35) immer eine physikalisch sinnvolle Lösung, falls die Beschreibung nach Gl. (III.2.34) und Gl. (III.2.35) erfolgt. Im isotropen Grenzfall ergibt sich dann für die Feldgleichungen:

$$\bar{\mathfrak{F}} = \begin{pmatrix} \gamma_{2\infty} & \delta_{2\infty} \\ -\delta_{2\infty} & \gamma_{2\infty} \end{pmatrix} \cdot \mathrm{grad}_t \, \bar{G}_x , \tag{III.2.48}$$

$$\bar{\mathfrak{J}} = \begin{pmatrix} \alpha_{2\infty} & \beta_{2\infty} \\ -\beta_{2\infty} & \alpha_{2\infty} \end{pmatrix} \cdot \mathrm{grad}_t \, \bar{G}_x + \bar{G}_x \, \mathfrak{n}_x , \tag{III.2.49}$$

mit den Matrixelementen:

$$\alpha_{2\infty} = \frac{k_x}{k^2 - k_x^2} , \; \beta_{2\infty} = 0 , \; \gamma_{2\infty} = 0 , \; \delta_{2\infty} = \frac{k}{k^2 - k_x^2} . \tag{III.2.50}$$

Für den Eigenwert λ_2^2 ergeben die Gln. (III.2.27) und (III.2.28) physikalisch sinnvolle Darstellungen, die im isotropen Grenzfall in die Gleichungen

$$\bar{\mathfrak{F}} = \begin{pmatrix} \gamma_{1\infty} & \delta_{1\infty} \\ -\delta_{1\infty} & \gamma_{1\infty} \end{pmatrix} \cdot \mathrm{grad}_t \, \bar{F}_x + \bar{F}_x \, \mathfrak{n}_x , \tag{III.2.51}$$

$$\overline{\mathfrak{J}} = \begin{pmatrix} \alpha_{100} & \beta_{100} \\ -\beta_{100} & \alpha_{100} \end{pmatrix} \cdot \operatorname{grad}_t \overline{F}_x \qquad (III.1.52)$$

konvergieren. Die Matrixelemente haben den Wert:

$$\alpha_{100} = 0, \quad \beta_{100} = \frac{k}{k^2 - k_x^2}, \quad \gamma_{100} = -\frac{k_x}{k^2 - k_x^2}, \quad \delta_{100} = 0. \qquad (III.2.53)$$

Die Lösungen (III.2.48), (III.2.49) bzw. (III.2.51), (III.2.52) beschreiben Felder vom H- bzw. E-Typ, falls eine Wellenausbreitung in x-Richtung betrachtet wird. Da für die x-Abhängigkeit der Felder eine harmonische Funktion gewählt wurde, müssen die Gleichungen auch Felder beschreiben, die einer (stehenden) Welle in einem in Wellenausbreitungsrichtung vormagnetisierten Material entsprechen. Die gebildeten Grenzwerte zeigen, daß diese Lösungen existieren.

Andererseits enthalten die Lösungen auch Wellenfelder, die sich in z-Richtung ausbreiten. Diese Wellenfelder besitzen im isotropen Grenzfall entweder die Komponente $E_x = 0$ oder $H_x = 0$ und sind als "Längsschnitttypen" in der Theorie der Hohlleiter mit isotropem Medium bekannt. Sie sind ebenso wie die E- oder H-Typen Lösungen der Maxwellschen Gleichungen und eignen sich ebenso wie die E- oder H-Typen zur Beschreibung der Felder. Das heißt, daß die hier abgeleiteten Gleichungen geeignet sind, die Wellenfelder im Ferritmaterial eindeutig zu beschreiben.

III.2.2 FELDGLEICHUNGEN IM ZYLINDRISCHEN KOORDINATENSYSTEM BEI AZIMUTALER RICHTUNG DER VORMAGNETISIERUNGSFELDSTÄRKE

In azimutaler Richtung vormagnetisierte Ferritmaterialien haben in letzter Zeit insbesondere zur Berechnung schaltbarer Ferritbauelemente an Bedeutung gewonnen. Arbeiten über das Problem der azimutal vormagnetisierten Ferritmaterialien sind für die Spezialfälle der z- und der φ-unabhängigen Feldtypen bereits bereits bekannt /336/, /368/. Es soll angenommen werden, daß die elektromagnetischen Felder durch die technischen Mittel zur Erzeugung des Vormagnetisierungsfeldes nicht beeinflußt werden. Zur Berechnung der Felder soll von dem Permeabilitätstensor in der Form

$$\overset{\leftrightarrow}{\mu} = \begin{pmatrix} \mu_1 & 0 & j\mu_2 \\ 0 & 1 & 0 \\ -j\mu_2 & 0 & \mu_1 \end{pmatrix} \qquad\qquad (III.2.54)$$

und den Maxwellschen Gleichungen (Gl.(II.15)) ohne Anregungsgrößen in Zylinderkoordinaten ausgegangen werden. Es soll wieder angenommen werden, daß eine Wellenausbreitung in Richtung der Zylinderachse (z-Achse) auftritt, so daß sich die z-Abhängigkeit der Felder für den Fall des verlustlosen Materials durch

$$\mathfrak{E} = \mathfrak{F}(r,\varphi)\, e^{-j\beta z}, \quad \mathfrak{H} = \mathfrak{G}(r,\varphi)\, e^{-j\beta z} \qquad\qquad (III.2.55)$$

beschreiben läßt. Unter diesen Voraussetzungen können die Feldkomponenten in der Ebene transversal zur Ausbreitungsrichtung durch die Komponenten in Ausbreitungsrichtung (z-Richtung) ausgedrückt werden. Es gelten die Beziehungen:

$$G_\varphi = -\frac{1}{k^2-\beta^2}\left[\frac{j\beta}{r}\frac{\partial G_z}{\partial\varphi} + k\frac{\partial F_z}{\partial r}\right], \qquad\qquad (III.2.56)$$

$$G_r = \frac{1}{k^2\mu_1-\beta^2}\left[\frac{k}{r}\frac{\partial F_z}{\partial\varphi} - j\beta\frac{\partial G_z}{\partial r} - j\mu_2 k^2 G_z\right], \qquad (III.2.57)$$

$$F_\varphi = -\frac{1}{k^2\mu_1-\beta^2}\left[\frac{j\beta}{r}\frac{\partial F_z}{\partial\varphi} + \mu_1 k\frac{\partial G_z}{\partial r} + \mu_2\beta k\, G_z\right], \quad (III.2.58)$$

$$F_r = \frac{1}{k^2-\beta^2}\left[\frac{k}{r}\frac{\partial G_z}{\partial\varphi} - j\beta\frac{\partial F_z}{\partial r}\right]. \qquad\qquad (III.2.59)$$

Diese Gleichungen entsprechen im Aufbau vollkommen den Gln.(III.2.11) bis (III.2.14) für die Felder im kartesischen Koordinatensystem, falls die Vormagnetisierungsfeldstärke x-Richtung hat. Werden die oben abgeleiteten Zusammenhänge in die verbleibenden zwei Gleichungen der Maxwellschen Gleichungen eingesetzt, so lassen sich zwei verkoppelte Differentialgleichungen für die longitudinalen Feldkomponenten (z-Komponenten) ableiten, die einen relativ komplizierten Aufbau besitzen:

$$\frac{1}{r}\frac{\partial}{\partial r}\left(r\,\frac{\partial F_z}{\partial r}\right) + \frac{k^2-\beta^2}{k^2\mu_1-\beta^2}\frac{1}{r^2}\frac{\partial^2 F_z}{\partial\varphi^2} + (k^2-\beta^2)F_z =$$

$$= \frac{j\beta k(1-\mu_1)}{k^2\mu_1-\beta^2}\frac{1}{r}\frac{\partial^2 G_z}{\partial r\partial\varphi} + jk\mu_2\frac{k^2-\beta^2}{k^2\mu_1-\beta^2}\frac{1}{r}\frac{\partial G_z}{\partial\varphi}\,. \tag{III.2.60}$$

Die zweite Gleichung lautet:

$$\frac{1}{r}\frac{\partial}{\partial r}\left(r\,\frac{\partial G_z}{\partial r}\right) + (k^2\mu_{eff1}-\beta^2)G_z + \frac{\mu_1 k^2-\beta^2}{\mu_1(k^2-\beta^2)}\frac{1}{r^2}\frac{\partial^2 G_z}{\partial\varphi^2} +$$

$$+\frac{\mu_2\beta}{\mu_1 r}G_z = j\beta k\frac{\mu_1-1}{\mu_1(k^2-\beta^2)}\frac{1}{r}\frac{\partial^2 F_z}{\partial\varphi\partial r} + j\,\frac{k\mu_2}{\mu_1 r}\frac{\partial F_z}{\partial\varphi}\,.$$

$$\tag{III.2.61}$$

Die Differentialgleichungen scheinen in der hier vorliegenden Form nur mit Schwierigkeiten lösbar zu sein. Es ist deshalb sinnvoll, zunächst die Spezialfälle der z- und φ-unabhängigen Felder zu betrachten. Wird angenommen, daß die auftretenden Felder nicht von der z-Koordinate abhängen ($\beta = 0$), dann vereinfachen sich die Gleichungen zu:

$$\frac{1}{r}\frac{\partial}{\partial r}\left(r\,\frac{\partial F_z}{\partial r}\right) + \frac{1}{\mu_1 r^2}\frac{\partial^2 F_z}{\partial\varphi^2} + k^2 F_z = +j\,\frac{k\mu_2}{\mu_1 r}\frac{\partial G_z}{\partial\varphi}\,, \tag{III.2.62}$$

$$\frac{1}{r}\frac{\partial}{\partial r}\left(r\,\frac{\partial G_z}{\partial r}\right) + \frac{1}{r^2}\frac{\partial^2 G_z}{\partial\varphi^2} + k^2\mu_{eff1}G_z = +j\,\frac{k\mu_2}{\mu_1 r}\frac{\partial F_z}{\partial\varphi}\,. \tag{III.2.63}$$

Die Gleichungen sind, wie im kartesischen Koordinatensystem, trotz angenommener z-Unabhängigkeit der Felder noch verkoppelt. Die Felder sind also vom EH- oder HE-Typ. Anders dagegen verhalten sich die Felder, falls angenommen wird, daß sie vom Azimutwinkel φ unabhängig sind. Dann gilt:

$$\frac{1}{r}\frac{\partial}{\partial r}\left(r\,\frac{\partial F_z}{\partial r}\right) + (k^2-\beta^2)F_z = 0\,, \tag{III.2.64}$$

$$\frac{1}{r}\frac{\partial}{\partial r}\left(r\,\frac{\partial G_z}{\partial r}\right) + (k^2\mu_{eff1}-\beta^2)G_z + \frac{\mu_2\beta}{\mu_1 r}G_z = 0\,. \tag{III.2.65}$$

Die auftretenden Felder sind in diesem Fall vom E- oder vom H-Typ. Während die Felder vom E-Typ derselben Differentialgleichung gehorchen wie im isotropen Grenzfall, ist die Differentialgleichung für den H-Typ von den Elementen des Permeabilitätstensors abhängig. Ferner tritt in der Differentialgleichung (III.2.65) ein zusätzlicher Term $\alpha \cdot G_z/r$ auf, der die Lösung der Differentialgleichung erheblich erschwert. Lösungen für die H-Typen lassen sich in der Form von Laguerre- oder Whittaker-Funktionen angeben /336/.

III.3 FELDGLEICHUNGEN IM KUGELKOORDINATENSYSTEM

Es wird ein Kugelkoordinatensystem mit den Koordinaten r, ϑ, φ nach Bild III.3.1 eingeführt. Es soll angenommen werden, daß das vormagnetisierende Gleichfeld in Richtung der z-Achse eines in Bild III.3.1 eingezeichneten kartesischen Koordinatensystems weist. Unter diesen Bedingungen ergibt sich, wie schon in Kapitel I.2 beschrieben, ein Permeabilitätstensor, dessen Elemente alle ungleich Null sind und von dem Koordinatenwinkel ϑ abhängig sind. Das bedeutet, der Permeabilitätstensor ist in diesem Koordinatensystem nicht mehr ortunabhängig. Für den Zusammenhang zwischen magnetischer Induktion und magnetischer Feldstärke

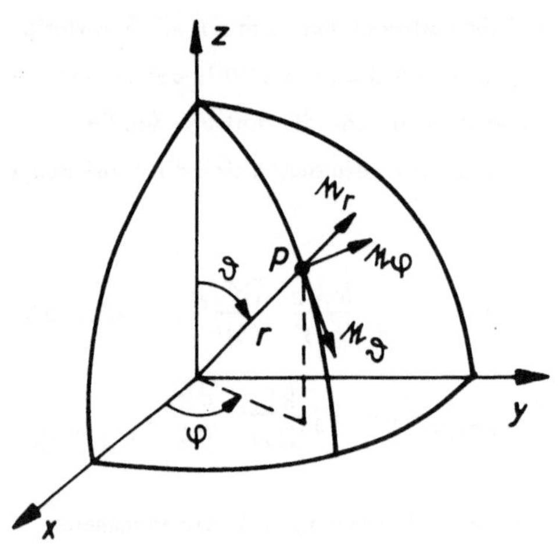

Bild III.3.1: Kugelkoordinaten

gilt:

$$\begin{pmatrix} B_r \\ B_\varphi \\ B_\vartheta \end{pmatrix} = \begin{pmatrix} \mu_1 \sin^2\vartheta + \cos^2\vartheta & -j\mu_2\sin\vartheta & (\mu_1-1)\sin\vartheta\cos\vartheta \\ j\mu_2\sin\vartheta & \mu_1 & j\mu_2\cos\vartheta \\ (\mu_1-1)\sin\vartheta\cos\vartheta & -j\mu_2\cos\vartheta & \mu_1\cos^2\vartheta + \sin^2\vartheta \end{pmatrix} \begin{pmatrix} H_r \\ H_\varphi \\ H_\vartheta \end{pmatrix}.$$

$$(III.3.1)$$

Werden die Maxwellschen Gleichungen in Kugelkoordinaten angeschrieben und wer-

den unter Berücksichtigung des Tensors der Form (III.3.1) die Projektionen der einzelnen Vektorfelder auf die Koordinatenrichtungen getrennt, so läßt sich das folgende
Gleichungssystem von sechs Gleichungen für den Zusammenhang zwischen elektrischer
und magnetischer Feldstärke angeben:

$$E_r = \frac{1}{kr\sin\vartheta}\,\frac{\partial}{\partial\vartheta}(\sin\vartheta\cdot H_\varphi) - \frac{1}{kr\sin\vartheta}\,\frac{\partial H_\vartheta}{\partial\varphi}, \tag{III.3.2}$$

$$E_\vartheta = \frac{1}{kr\sin\vartheta}\,\frac{\partial H_r}{\partial\varphi} - \frac{1}{kr}\,\frac{\partial}{\partial r}(r H_\varphi), \tag{III.3.3}$$

$$E_\varphi = \frac{1}{kr}\,\frac{\partial}{\partial r}(r H_\vartheta) - \frac{1}{kr}\,\frac{\partial H_r}{\partial\vartheta}, \tag{III.3.4}$$

$$\frac{\partial}{\partial\vartheta}(\sin\vartheta\,E_\varphi) - \frac{\partial E_\vartheta}{\partial\varphi} = kr\sin\vartheta\,[H_r(\mu_1\sin^2\vartheta + \cos^2\vartheta) +$$
$$+ H_\vartheta(\mu_1 - 1)\sin\vartheta\cos\vartheta - j H_\varphi\mu_2\sin\vartheta], \tag{III.3.5}$$

$$\frac{\partial E_r}{\partial\varphi} - \sin\vartheta\,\frac{\partial}{\partial r}(r E_\varphi) = kr\sin\vartheta\,[H_r(\mu_1 - 1)\sin\vartheta\cos\vartheta +$$
$$+ H_\vartheta(\mu_1\cos^2\vartheta + \sin^2\vartheta) - j H_\varphi\mu_2\cos\vartheta], \tag{III.3.6}$$

$$\frac{\partial}{\partial r}(r E_\vartheta) - \frac{\partial E_r}{\partial\vartheta} = kr\,(j\mu_2 H_r\sin\vartheta + j\mu_2 H_\vartheta\cos\vartheta + \mu_1 H_\varphi). \tag{III.3.7}$$

Wie ein Vergleich dieses Gleichungssystems mit den entsprechenden Gleichungen
für ein isotropes Medium zeigt, bleiben die Gln. (III.3.2) bis (III.3.4) durch die Einführung des Permeabilitätstensors unverändert. Die Gln. (III.3.5) bis (III.3.7) ergeben
jedoch eine zusätzliche Verkopplung zwischen den Feldkomponenten der elektrischen
und der magnetischen Feldstärke.

Aus den drei ersten Gleichungen (III.3.2) bis (III.3.4) lassen sich wie im isotropen
Fall die Feldkomponenten der elektrischen Feldstärke bestimmen, falls die Komponenten der magnetischen Feldstärke bekannt sind. Die Gln. (III.3.5) bis (III.3.7) werden
zunächst umgeformt. Durch geschickte Erweiterung lassen sie sich mit den Abkürzungen

$$j F_0 = H_r\sin\vartheta + H_\vartheta\cos\vartheta \tag{III.3.8}$$

84

sowie

$$j\,G_0 = j(\mu_1 - 1)F_0 - jH_\varphi\mu_2 = (\mu_1 - 1)(H_r\sin\vartheta + H_\vartheta\cos\vartheta) - j\mu_2 H_\varphi$$

$$\text{(III.3.9)}$$

veinfacht als

$$\frac{\partial}{\partial\vartheta}(\sin\vartheta\cdot E_\varphi) - \frac{\partial E_\vartheta}{\partial\varphi} = kr\left[H_r\sin\vartheta + j\sin^2\vartheta\cdot G_0\right], \quad \text{(III.3.10)}$$

$$\frac{\partial E_r}{\partial\varphi} - \sin\vartheta\,\frac{\partial}{\partial r}(rE_\varphi) = kr\sin\vartheta\left[H_\vartheta + j\cos\vartheta\,G_0\right], \quad \text{(III.3.11)}$$

$$\frac{\partial}{\partial r}(rE_\vartheta) - \frac{\partial E_r}{\partial\vartheta} = -kr\mu_2 F_0 + \mu_1 kr H_\varphi \quad \text{(III.3.12)}$$

schreiben. Mit Hilfe von Gl.(III.3.12) ist es möglich, die Funktion jF_0 in anderer Form anzugeben, falls Gl.(III.3.2) und Gl.(III.3.3) in Gl.(III.3.12) eingesetzt werden. Die Gln.(III.3.10) und (III.3.11) werden nach H_r und H_ϑ aufgelöst und diese Ausdrücke in die Gl.(III.3.4) eingesetzt. Damit läßt sich eine Differentialgleichung der Form

$$r\frac{\partial^2}{\partial r^2}(rE_\varphi) + \frac{\partial}{\partial\vartheta}\left[\frac{1}{\sin\vartheta}\frac{\partial}{\partial\vartheta}(\sin\vartheta E_\varphi) + k^2 r^2 E_\varphi - \right.$$
$$\left. - \frac{r}{\sin\vartheta}\frac{\partial^2}{\partial r\partial\varphi}E_r\right] - \frac{\partial}{\partial\vartheta}\left[\frac{1}{\sin\vartheta}\frac{\partial E_\vartheta}{\partial\varphi}\right] =$$
$$= -jkr\left[\frac{\partial}{\partial r}(rG_0)\cos\vartheta - \frac{\partial}{\partial\vartheta}(\sin\vartheta G_0)\right] \quad \text{(III.3.13)}$$

angeben. Werden andererseits die Gln.(III.3.10) und (III.3.11) addiert und die Funktion G_0 nach Gl.(III.3.9) sowie die Funktion F_0 eingesetzt, so ergibt sich eine zweite Differentialgleichung:

$$r\frac{\partial^2}{\partial r^2}(rH_\varphi) + \frac{\partial}{\partial\vartheta}\left[\frac{1}{\sin\vartheta}\frac{\partial}{\partial\vartheta}(\sin\vartheta H_\varphi)\right] + k^2 r^2\mu_{\text{eff}_1}H_\varphi - $$
$$- \frac{r}{\sin\vartheta}\frac{\partial^2}{\partial r\partial\varphi}H_r - \frac{\partial}{\partial\vartheta}\left[\frac{1}{\sin\vartheta}\frac{\partial}{\partial\varphi}H_\vartheta\right] =$$
$$= -j\frac{\mu_2 kr}{\mu_1}\left[\frac{\partial}{\partial\vartheta}(\sin\vartheta E_\varphi) - \cos\vartheta\frac{\partial}{\partial r}(rE_\varphi) - \frac{\partial}{\partial\varphi}E_\vartheta + \frac{\cos\vartheta}{\sin\vartheta}\frac{\partial E_r}{\partial\varphi}\right].$$

$$\text{(III.3.14)}$$

In diesen Differentialgleichungen sind alle Feldkomponenten miteinander verkoppelt, das bedeutet, die Gleichungen sind in dieser Form nicht lösbar. Um zu etwas übersichtlicheren Verhältnissen zu gelangen, soll hier ein Spezialfall näher untersucht werden. Werden nur die Feldtypen untersucht, die axialsymmetrisch zur Vormagnetisierungsrichtung sind, d.h. wird angenommen, daß alle Feldanteile vom Azimutwinkel φ unabhängig sind ($\partial / \partial \varphi = 0$), so lassen sich die Differentialgleichungen (III.3.13) und (III.3.14) erheblich vereinfachen. Unter Berücksichtigung der gemachten Annahmen lassen sich die beiden Differentialgleichungen auf ein System zweier verkoppelter Differentialgleichungssysteme für die Feldkomponenten E_φ und H_φ reduzieren. Alle anderen Feldanteile lassen sich dann aus diesen beiden Feldkomponenten berechnen. So lauten die Bestimmungsgleichungen für die Komponenten der elektrischen Feldstärke:

$$E_r = \frac{1}{k \cdot r \sin\vartheta} \frac{\partial}{\partial \vartheta} (\sin\vartheta \, H_\varphi), \tag{III.3.15}$$

$$E_\vartheta = -\frac{1}{kr} \frac{\partial}{\partial r} (r \cdot H_\varphi). \tag{III.3.16}$$

Die Feldkomponenten H_r und H_ϑ lassen sich nicht mehr nur aus der azimutalen Komponente der elektrischen Feldstärke berechnen, sondern sie hängen sowohl von E_φ als auch von H_φ ab:

$$H_r = \frac{1}{k r \sin\vartheta} \frac{\partial}{\partial \vartheta} (\sin\vartheta \, E_\varphi) - j \sin\vartheta \, G(H_\varphi), \tag{III.3.17}$$

$$H_\vartheta = -\frac{1}{kr} \frac{\partial}{\partial r} (r E_\varphi) - j \cos\vartheta \, G(H_\varphi). \tag{III.3.18}$$

Die Funktion $G(H_\varphi)$ ergibt sich unter der Annahme $\partial / \partial \varphi = 0$ aus den Gln. (III.3.8) und (III.3.9) unter Berücksichtigung der Ergebnisse für die Funktion F_0. Sie hängt nur noch von der Feldkomponenten H_φ ab:

$$G(H_\varphi) = \frac{\mu_1 - 1}{\mu_2 k^2 r^2} \left\{ r \frac{\partial^2}{\partial r^2} (r H_\varphi) + \frac{\partial}{\partial \vartheta} \left[\frac{1}{\sin\vartheta} \frac{\partial}{\partial \vartheta} (\sin\vartheta H_\varphi) \right] + k^2 r^2 \left(\mu_1 - \frac{\mu_2^2}{\mu_1 - 1} \right) H_\varphi \right\}. \tag{III.3.19}$$

Die Differentialgleichungen (III.3.13) und (III.3.14) reduzieren sich auf:

$$r \frac{\partial^2}{\partial r^2}(rE_\varphi) + \frac{\partial}{\partial \vartheta}\left[\frac{1}{\sin\vartheta}\frac{\partial}{\partial\vartheta}(\sin\vartheta\, E_\varphi)\right] + k^2 r^2 E_\varphi =$$

$$= -jkr\left\{\frac{\partial}{\partial r}[r\,G(H_\varphi)]\cos\vartheta - \frac{\partial}{\partial\vartheta}[\sin\vartheta\, G(H_\varphi)]\right\}$$

(III.3.20)

und

$$r \frac{\partial^2}{\partial r^2}(rH_\varphi) + \frac{\partial}{\partial\vartheta}\left[\frac{1}{\sin\vartheta}\frac{\partial}{\partial\vartheta}(\sin\vartheta\, H_\varphi)\right] + k^2 r^2 \mu_{eff_1} H_\varphi =$$

$$= -j\frac{\mu_2}{\mu_1} kr\left\{\frac{\partial}{\partial\vartheta}(\sin\vartheta\, E_\varphi) - \frac{\partial}{\partial r}(rE_\varphi)\cos\vartheta\right\}.$$

(III.3.21)

In den beiden Gleichungen sind die Feldkomponenten E_φ und H_φ derart verkoppelt, daß eine Entkopplung zunächst nicht möglich erscheint. Das bedeutet, daß eine Lösung des Systems nur über einen speziellen Lösungsansatz gefunden werden kann. Wie eine solche Lösung aus einer quasiisotropen Approximation gefunden werden kann, soll im Kapitel über kugelförmige Resonatoren gezeigt werden (vgl. Kapitel VIII.1.3).

IV. NÄHERUNGSVERFAHREN

IV.1 QUASISTATISCHE APPROXIMATION

Die vorangegangenen Kapitel haben gezeigt, wie aufwendig die Zusammenhänge zwischen den Komponenten der elektrischen und der magnetischen Feldstärke im vormagnetisierten Ferritmedium beschrieben werden müssen. Der mathematische Aufwand kann wesentlich verringert werden, wenn spezielle Annahmen getroffen werden, die unter bestimmten Voraussetzungen näherungsweise erfüllt werden können. Eine solche Annahme ist die Voraussetzung kleiner Phasengeschwindigkeiten der Wellen im Ferritmedium. Als klein soll dabei die Phasengeschwindigkeit der Wellen bezeichnet werden, falls alle im unendlich ausgedehnten Ferritmaterial möglichen Ausbreitungsgeschwindigkeiten wesentlich größer sind, als die betrachtete Phasengeschwindigkeit der Wellen. Das heißt, es sollen die Forderungen

$$\frac{c_0}{\sqrt{\varepsilon_r |\mu_1|}} \gg v_{ph} \ , \quad \frac{c_0}{\sqrt{\varepsilon_r |\mu_2|}} \gg v_{ph} \ , \quad \frac{c_0}{\sqrt{\varepsilon_r |\mu_{eff1}|}} \gg v_{ph} \qquad (IV.1.1)$$

gestellt werden. Wird die Phasengeschwindigkeit v_{ph} durch

$$v_{ph} = \frac{\omega}{\beta} \qquad (IV.1.2)$$

und die Lichtgeschwindigkeit c_0 im Vakuum durch

$$c_0 = \frac{1}{\sqrt{\varepsilon_0 \mu_0}} \qquad (IV.1.3)$$

dargestellt, so lassen sich die angegebenen Ungleichungen auch in der Form /285/

$$\beta^2 \gg k^2 |\mu_1| , \quad \beta^2 \gg k^2 |\mu_2| , \quad \beta^2 \gg k^2 |\mu_{eff1}| \qquad (IV.1.4)$$

schreiben. Werden diese Bedingungen für das Phasenmaß ß in die Feldgleichungen, die in den vorhergehenden Kapiteln abgeleitet wurden, eingesetzt, so lassen sich diese erheblich vereinfachen. Hier soll am Beispiel der in Wellenausbreitungsrichtung vormagnetisierten Materialien gezeigt werden, auf welche Zusammenhänge die oben stehenden Ungleichungen führen.

Mit Hilfe der Bedingungen (IV.1.4) lassen sich die Eigenwerte $x^2_{1,2}$ für die Felder im in Wellenausbreitungsrichtung vormagnetisierten Ferritmaterial nach Gl.(III.1.40) durch

$$x^2_{1,2} \approx -0{,}5\,\beta^2\left(1 + \frac{1}{\mu_1}\right) \pm 0{,}5\,\sqrt{\beta^4\left(1 - \frac{1}{\mu_1}\right)^2 + 4\beta^2 k^2\left(\frac{\mu_2}{\mu_1}\right)^2}\,, \tag{IV.1.5}$$

$$x^2_{1,2} \approx -0{,}5\,\beta^2\left(1 + \frac{1}{\mu_1}\right) \pm 0{,}5\,\beta^2\left|1 - \frac{1}{\mu_1}\right| \tag{IV.1.6}$$

beschreiben. Das heißt, die beiden Eigenwerte vereinfachen sich zu:

$$x^2_1 \approx -\beta^2\,, \tag{IV.1.7}$$

$$x^2_2 \approx -\frac{\beta^2}{\mu_1}\,. \tag{IV.1.8}$$

Damit die Zuordnung der Eigenwerte für den isotropen Grenzfall erhalten bleibt, wurde diese Bezeichnung der Eigenwerte gewählt (vgl. Gl.(III.1.60) und Gl.(III.1.61)). Gleichzeitig reduzieren sich die Gleichungen zur Berechnung der transversalen Feldkomponenten aus den Longitudinalkomponenten. Speziell folgt aus Gl.(III.1.44) und den folgenden Gleichungen:

$$\vec{\mathscr{H}}_t = \overleftrightarrow{V_{st}} \cdot \text{grad}_t\, F_z \,, \quad \vec{\mathscr{J}}_t = \overleftrightarrow{W_{st}} \cdot \text{grad}_t\, F_z \tag{IV.1.9}$$

mit den veränderten Matrizen $\overleftrightarrow{V}_{st}$ und $\overleftrightarrow{W}_{st}$

$$\overleftrightarrow{V}_{st} = \begin{pmatrix} j\,A_{st} & B_{st} \\ -B_{st} & j\,A_{st} \end{pmatrix}, \quad \overleftrightarrow{W}_{st} = \begin{pmatrix} j\,C_{st} & D_{st} \\ -D_{st} & j\,C_{st} \end{pmatrix}, \tag{IV.1.10}$$

deren Elemente durch die Form

$$A_{st} \approx \frac{1}{\beta^2}\,, \quad B_{st} \approx 0\,, \quad C_{st} \approx -\frac{k\,\mu_2}{\beta^2(\mu_1 - 1)}\,, \quad D_{st} \approx -\frac{k}{\beta^2} \tag{IV.1.11}$$

beschrieben werden, falls der vereinfachte Eigenwert $x^2_1 = -\beta^2$ eingesetzt wird. Wird der Eigenwert $x^2_2 = -\beta^2/\mu_1$ eingesetzt, so wird von den Gln.(III.1.48) ff. ausgegangen, die hier eine physikalisch sinnvolle Lösung ergeben:

$$\mathcal{F}_t = \overrightarrow{U}_{st} \cdot \text{grad}_t\, G_z\,,$$

$$\mathcal{G}_t = \overrightarrow{S}_{st} \cdot \text{grad}_t\, G_z\,.\tag{IV.1.12}$$

Die Matrizen $\overrightarrow{U}_{st}$ und $\overrightarrow{V}_{st}$ haben die Elemente

$$\overrightarrow{U}_{st} = \begin{pmatrix} j\,E_{st} & F_{st} \\ -F_{st} & j\,E_{st} \end{pmatrix}, \quad \overrightarrow{S}_{st} = \begin{pmatrix} j\,G_{st} & H_{st} \\ -H_{st} & j\,G_{st} \end{pmatrix},\tag{IV.1.13}$$

die die vereinfachte Form

$$E_{st} \approx \frac{k\,\mu_2}{\beta^2(\mu_1-1)}\,, \; F_{st} \approx -\frac{k\,\mu_1}{\beta^2}\,, \; G_{st} \approx \frac{1}{\beta}\,, \; H_{st} \approx 0 \tag{IV.1.14}$$

haben. Das heißt, die Felder lassen sich näherungsweise durch die Gleichungen

$$\mathcal{E} \approx \left[\, \frac{j}{\beta}\,\text{grad}_t\, F_z + F_z\,\mathbf{n}_z \,\right] e^{-j\beta z}\,,$$

$$\mathcal{H} \approx \left[\, \overrightarrow{W}_{st} \cdot \text{grad}_t\, F_z - \frac{k\,\mu_2}{\beta(\mu_1-1)}\, F_z \,\right] e^{-j\beta z} \approx 0\,,\tag{IV.1.15}$$

oder durch

$$\mathcal{E} \approx \left[\, \overrightarrow{U}_{st} \cdot \text{grad}_t\, G_z + \frac{k\,\mu_2}{\beta(\mu_1-1)}\, G_z \,\right] e^{-j\beta z} \approx 0\,,$$

$$\mathcal{H} \approx \left[\, \frac{j}{\beta}\,\text{grad}_t\, G_z + G_z\,\mathbf{n}_z \,\right] e^{-j\beta z}\tag{IV.1.16}$$

darstellen. Im ersten Grenzfall ($x_1^2 = -\beta^2$) ist $E_z \gg H_z$ (Quasi-E-Typ). Ferner ist im ersten Grenzfall die magnetische Transversalkomponente verschwindend klein gegenüber den elektrischen Feldkomponenten ($k/\beta^2 \ll 1/\beta$), so daß das Feld praktisch nur durch die elektrische Feldstärke dargestellt wird. Im zweiten Grenzfall ($x_2^2 = -\beta^2/\mu_1$) verschwindet dagegen das elektrische Feld gegenüber dem magnetischen Feld ($k\,\mu_1/\beta^2 \ll 1/\beta$), das Feld ist in erster Näherung ein rein magnetisches Feld. Die auftretenden longitudinalen Feldkomponenten F_z und G_z gehorchen den beiden Gleichungen

$$(\Delta_t - \beta^2)\, F_z = 0 \qquad \text{und} \qquad \left(\Delta_t - \frac{\beta^2}{\mu_1}\right) G_z = 0\,.\tag{IV.1.17}$$

Ein Vergleich mit den Maxwellschen Gleichungen zeigt, daß eine entsprechende Lösung, wie sie hier abgeleitet wurde, auch aus den Maxwellschen Gleichungen direkt abgeleitet werden kann, falls einmal die elektrische Feldstärke (erster Grenzfall, Eigenwert x_1^2), zum andern die magnetische Feldstärke (zweiter Grenzfall, Eigenwert x_2^2) als rotationsfrei angesehen werden. Unter diesen Bedingungen lassen sich für die Felder Potentialfunktionen einführen:

$$\text{rot } \mathfrak{E} = 0, \quad \mathfrak{E} = -\text{grad } \varphi ,$$
$$\text{rot } \mathfrak{H} = 0, \quad \mathfrak{H} = -\text{grad } \psi , \qquad \text{(IV.1.18)}$$

die, wie durch Einsetzen in die Maxwellschen Gleichungen leicht gezeigt werden kann (z.B. /513/, /514/), den Differentialgleichungen

$$(\Delta_t - \beta^2)\,\varphi = 0 \qquad \text{(IV.1.19)}$$

und

$$\left(\Delta_t - \frac{\beta^2}{\mu_1}\right)\psi = 0 \qquad \text{(IV.1.20)}$$

genügen. Wird die skalare Potentialfunktion jeweils durch $\varphi = jF_z/ß$ bzw. $\psi = jG_z/ß$ ersetzt, so führt der Ansatz der rotationsfreien Felder in erster Näherung auf die gleichen Felder, wie sie unter der Voraussetzung kleiner Phasengeschwindigkeiten abgeleitet wurden. Das bedeutet, für auftretende kleine Phasengeschwindigkeiten können die Felder wie im elektrostatischen oder magnetostatischen Fall berechnet werden. Die jeweiligen Näherungen liefern dabei nicht nur die elektrischen oder magnetischen Feldkomponenten, sondern unter Berücksichtigung der quadratisch kleinen Glieder können auch die jeweils zugeordneten, restlichen Feldanteile (elektrisches Feld im magnetostatischen Fall, magnetisches Feld im elektrostatischen Fall) bestimmt werden. Allerdings ist nur der Eigenwert der magnetostatischen Näherungslösung von den Elementen des Permeabilitätstensors und damit von der Vormagnetisierungsfeldstärke abhängig.

Die magnetostatische bzw. elektrostatische Näherungslösung ist immer anwendbar, falls die untersuchten Ferritproben in ihren linearen Abmessungen sehr viel kleiner sind, als die Wellenlänge der im Ferritmedium auftretenden Welle $(d < \lambda/10)$. Unter diesen Voraussetzungen kann die Lichtgeschwindigkeit im Ferritmedium als sehr groß (quasistatisches Feld) angesehen werden. Diese Forderung entspricht den in Gl.(IV.1.1) aufgestellten Bedingungen. Die magnetostatische Näherungslösung ist besonders zur Berechnung der Eigenschwingungen kleiner Ferritellipsoide mit großem Erfolg angewendet worden /513/, /514/.

IV.2 QUASIISOTROPE APPROXIMATION

Ein zweites, äußerst nützliches Näherungsverfahren zur Bestimmung der Feldverteilungen in Mikrowellenferrriten geht von der Voraussetzung aus, daß die Vormagnetisierungsfeldstärke sehr groß ist. Wie schon in Kapitel I.3 gezeigt wurde, verschwindet
im Grenzfall großer magnetischer Gleichfeldstärken das Nebendiagonalelement $j\,\mu_2$
des Permeabilitätstensors, während das Hauptdiagonalelement gegen eins konvergiert.
Wird für einen Bereich großer Gleichfeldstärken deshalb angenommen, daß das Nebendiagonalelement vernachlässigbar klein gegenüber dem Hauptdiagonalelement ist, so
zeigt sich, daß hieraus Lösungen der Feldgleichungen gewonnen werden können, die
oft erstaunlich gut über einen großen Frequenz- oder Feldstärkebereich mit den exakten Lösungen übereinstimmen. Auch die Ergebnisse dieses Näherungsverfahrens sollen
zunächst am Problem der longitudinal vormagnetisierten Ferritmaterialien erklärt werden.

GI.(III.1.60) und GI.(III.1.61) geben bereits die Näherungen für die Eigenwerte
$x_{1,2}^2$ nach GI.(III.1.40) für große Vormagnetisierungsfeldstärken an. Diese Näherungen lauten:

$$\lim_{H_0^i \to \infty} x_1^2 = \lim_{H_0^i \to \infty}\left(k^2\,\frac{\mu_1^2 - \mu_2^2}{\mu_1} - \beta^2\right) = \lim_{H_0^i \to \infty}\left(k^2\mu_1 - \beta^2\right), \quad \text{(IV.2.1)}$$

$$\lim_{H_0^i \to \infty} x_2^2 = \lim_{H_0^i \to \infty}\left(k^2 - \frac{\beta^2}{\mu_1}\right). \qquad \text{(IV.2.2)}$$

In der Näherung für x_1^2 ist zunächst das quadratisch kleine Glied μ_2^2/μ_1 nicht vernachlässigt worden. Die Auswertung der Näherungsrechnungen mit Hilfe der quasiisotropen Approximation zeigt nämlich in allen bisher bekannten Fällen, daß die Näherung über größere Frequenz- oder Feldstärkebereiche mit der exakten Lösung übereinstimmt, falls der quadratisch kleine Anteil μ_2^2/μ_1 berücksichtigt wird. Nun beschreibt der Eigenwert x_1^2 nach den Untersuchungen im Kapitel III.1d die Felder vom
EH-Typ, der Eigenwert x_2^2 die Felder vom HE-Typ. Es ist deshalb zu erwarten, daß
unter der Voraussetzung eines quasiisotropen Verhaltens der Materialien der Eigenwert
x_1^2 die auftretenden Felder vom E-Typ, der Eigenwert x_2^2 die Felder vom H-Typ charakterisiert. Unter Benutzung von GI.(III.1.20) und GI.(III.1.21) kann gezeigt werden,

daß diese Annahme richtig ist. Wird in den genannten Differentialgleichungen der jeweils letzte Term, der zu μ_2 proportional ist, vernachlässigt, so wird das Differentialgleichungssystem entkoppelt und es ergeben sich zwei unabhängige Differentialgleichungen der Form

$$\nabla_t^2 G_z + \left(k^2 - \frac{\beta^2}{\mu_1} \right) G_z = 0, \qquad\qquad\text{(IV.2.3)}$$

$$\nabla_t^2 F_z + \left(k^2 \mu_{eff1} - \beta^2 \right) F_z = 0, \qquad\qquad\text{(IV.2.4)}$$

aus denen die Felder berechnet werden können. Die beiden Feldgleichungen sind unabhängig voneinander. Also treten, wie im isotropen Material, auch E- und H-Typen getrennt auf. Ferner ist sofort zu erkennen, daß die Eigenwerte für den E- und den H-Typ auch tatsächlich durch die in Gl.(IV.2.1) und Gl.(IV.2.2) angegebenen Grenzwerte bestimmt werden. Beide Eigenwerte sind von den Elementen des Permeabilitätstensors abhängig. Es ergeben sich also hier, im Gegensatz zur quasistatischen Näherung des vorhergehenden Kapitels, Lösungen, die sowohl für den E-Typ als auch für den H-Typ von der Vormagnetisierungsfeldstärke abhängig sind.

Entsprechende Überlegungen gelten für die Felder in senkrecht zur Wellenausbreitungsrichtung vormagnetisierten Materialien sowie in allen anderen Koordinatensystemen. Durch die Einführung der Bedingungen für eine quasiisotrope Approximation werden die Feldgleichungen auf Ausdrücke zurückgeführt, wie sie in entsprechenden Strukturen mit isotropem Material gelten. Damit ergibt sich die Möglichkeit, bei bekannten Feldverteilungen im isotropen Medium diese zu übernehmen und somit eine erste Näherungslösung für das Feldproblem zu erhalten. Dies ist insbesondere dann von Vorteil, wenn die Erfüllung der Grenzbedingungen im Ferritmaterial Schwierigkeiten bereitet, im isotropen Material jedoch nicht.

IV.3 ZERLEGUNG DER FELDER IN ELLIPTISCH POLARISIERTE FELDANTEILE

Wie bereits in Kapitel I.2 gezeigt wurde, läßt sich der Suszeptibilitätstensor bzw. der Permeabilitätstensor mit Hilfe einer Hauptachsentransformation diagonalisieren. Hierbei werden neue Feldanteile $\mathcal{B}_+$, $\mathcal{B}_-$, $\mathcal{H}_+$, $\mathcal{H}_-$ eingeführt, die positiv oder negativ elliptisch polarisiert sind. Wird eine solche Feldzerlegung vorgenommen, so kann, wie erstmals von Vasile /116/ gezeigt wurde, unter bestimmten Nebenbedingungen eine Vereinfachung der Feldgleichungen erreicht werden.

Es wird ein Ferritmaterial betrachtet, das in z-Richtung vormagnetisiert ist. Werden mit $\mathcal{B}_+$, $\mathcal{H}_+$, $\mathcal{E}_+$ die positiv polarisierten, mit $\mathcal{B}_-$, $\mathcal{H}_-$, $\mathcal{E}_-$ die negativ polarisierten, transversalen Felder bezeichnet, so gilt nach Gl.(I.2.33) der Zusammenhang zwischen der magnetischen Induktion und der magnetischen Feldstärke:

$$\mathcal{B}_+ = \mu_+ \mathcal{H}_+ = (1 + \chi_+) \mathcal{H}_+ , \tag{IV.3.1}$$

$$\mathcal{B}_- = \mu_- \mathcal{H}_- = (1 + \chi_-) \mathcal{H}_- , \qquad 1) \tag{IV.3.2}$$

$$B_z = H_z . \tag{IV.3.3}$$

Die Elemente des Suszeptibilitätstensors in Hauptdiagonalform χ_+, χ_- sind durch Gl.(I.2.29) mit den Elementen χ_1, χ_2 des ursprünglichen Suszeptibilitätstensors verknüpft. Aus den Feldanteilen nach Gl.(IV.3.1) und Gl.(IV.3.2) ergibt sich die wirklich auftretende, transversale magnetische Feldstärke mit Hilfe von Gl.(I.2.30). Entsprechend läßt sich dann mit Hilfe von Gl.(I.2.30) für die Transversalkomponenten der magnetischen Induktion der Ausdruck

$$\mathcal{B}_t = \frac{1}{\sqrt{2}} \begin{pmatrix} 1 & 1 \\ -j & j \end{pmatrix} \begin{pmatrix} \mu_+ H_+ \\ \mu_- H_- \end{pmatrix} = \frac{1}{\sqrt{2}} \begin{pmatrix} 1 & 1 \\ -j & j \end{pmatrix} \begin{pmatrix} B_+ \\ B_- \end{pmatrix} \tag{IV.3.4}$$

angeben. Es soll angenommen werden, daß die Zerlegung der elektrischen Feldstärke in zwei elliptisch polarisierte Anteile $\mathcal{E}_+$ und $\mathcal{E}_-$ nach denselben Gesetzmäßigkeiten erfolgt. Die so definierten Feldgrößen werden in die Maxwellschen Gleichungen eingesetzt. Wird angenommen, daß die Felder in Form einer harmonischen Funktion $e^{-j\beta z}$

---

1) Man beachte, daß es sich hier wieder um reduzierte Feldgrößen handelt.

94

(vgl. Gl. (III.1.32)) von der z-Koordinate abhängen, so lassen sich aus den Maxwell-
schen Gleichungen (III.1.11) und (III.1.12) für die transversalen Komponenten durch
Einsetzen von Gl. (I.2.30) und einer entsprechenden Definition für die elektrische
Feldstärke folgende vier Gleichungen ableiten:

$$\sqrt{2}\,\beta F_+ - j\left(\frac{\partial}{\partial x} + j\,\frac{\partial}{\partial y}\right) F_z = \sqrt{2}\,k\mu_+ H_+ ,$$
$$\sqrt{2}\,\beta F_- - j\left(\frac{\partial}{\partial x} - j\,\frac{\partial}{\partial y}\right) F_z = -\sqrt{2}\,k\mu_- H_- ,$$

$$\text{(IV.3.5)}$$

$$\sqrt{2}\,\beta G_+ - j\left(\frac{\partial}{\partial x} + j\,\frac{\partial}{\partial y}\right) G_z = \sqrt{2}\,k E_+ ,$$
$$\sqrt{2}\,\beta G_- - j\left(\frac{\partial}{\partial x} - j\,\frac{\partial}{\partial y}\right) G_z = -\sqrt{2}\,k E_- .$$

$$\text{(IV.3.6)}$$

Die in diesen Gleichungen auftretenden Differentialoperatoren werden mit

$$\nabla_+ = \frac{\partial}{\partial x} + j\,\frac{\partial}{\partial y} , \quad \nabla_- = \frac{\partial}{\partial x} - j\,\frac{\partial}{\partial y} \qquad \text{[1]} \qquad \text{(IV.3.7)}$$

bezeichnet. Das Produkt der beiden Differentialoperatoren ist gerade der Deltaoperator
$\Delta_t = \nabla_t^2$ für die Transversalebene. In Gl. (IV.3.5) und Gl. (IV.3.6) treten noch die
Feldkomponenten F_z und G_z auf. Diese beiden Feldkomponenten werden ebenfalls in
zwei Anteile F_{z+}, F_{z-} und G_{z+}, G_{z-} zerlegt. Es mögen die Definitionsgleichungen

$$F_z = \frac{1}{\sqrt{2}}\left(F_{z+} + F_{z-}\right), \quad G_z = \frac{1}{\sqrt{2}}\left(G_{z+} + G_{z-}\right) \qquad \text{(IV.3.8)}$$

gelten. Werden die so zerlegten Longitudinalkomponenten der elektrischen und der
magnetischen Feldstärke in die Maxwellschen Gleichungen (z-Anteile) nach Gl.
(III.1.9) und Gl. (III.1.10) eingesetzt, so ergibt sich ein Zusammenhang zwischen den
bisher definierten Feldgrößen von der Form:

$$-j\,\nabla_- F_+ = k\,G_{z+} , \quad j\,\nabla_+ F_- = k\,G_{z-} \qquad \text{(IV.3.9)}$$

und

$$-j\,\nabla_- G_+ = k\,F_{z+} , \quad j\,\nabla_+ G_- = k\,F_{z-} . \qquad \text{(IV.3.10)}$$

Mit Hilfe dieser Gleichungen lassen sich die abgeleiteten Beziehungen (IV.3.5)
und (IV.3.6) umformen. Dazu werden die nach Gl. (IV.3.7) definierten Differential-

[1] Diese Operatoren sind keine vektoriellen Größen.

operatoren auf die Gleichungen angewandt und die entstehenden Ausdrücke mit Hilfe von Gl.(IV.3.9) und Gl.(IV.3.10) umgeformt. Damit läßt sich erreichen, daß nur noch longitudinale Feldanteile in den Feldgleichungen auftreten. Es ergeben sich vier Gleichungen, die in Matrizenschreibweise die Form

$$
\begin{pmatrix} G_{z+} \\ G_{z-} \end{pmatrix} = \begin{pmatrix} \left[\dfrac{\nabla_t^2}{2\beta k} + \dfrac{k\mu_+}{\beta} \right] & \dfrac{\nabla_t^2}{2\beta k} \\ -\dfrac{\nabla_t^2}{2\beta k} & \left[-\dfrac{\nabla_t^2}{2\beta k} - \dfrac{k\mu_-}{\beta} \right] \end{pmatrix} \cdot \begin{pmatrix} F_{z+} \\ F_{z-} \end{pmatrix}
\tag{IV.3.11}
$$

sowie

$$
\begin{pmatrix} F_{z+} \\ F_{z-} \end{pmatrix} = \begin{pmatrix} \left[\dfrac{\nabla_t^2}{2\beta k} + \dfrac{k}{\beta} \right] & \dfrac{\nabla_t^2}{2\beta k} \\ -\dfrac{\nabla_t^2}{2\beta k} & \left[-\dfrac{\nabla_t^2}{2\beta k} - \dfrac{k}{\beta} \right] \end{pmatrix} \cdot \begin{pmatrix} G_{z+} \\ G_{z-} \end{pmatrix}
\tag{IV.3.12}
$$

annehmen.

Die Feldgleichungen in der hier angegebenen Form lassen sich vereinfachen, falls vorausgesetzt wird, daß die transversale Änderung der Felder sehr viel größer ist, als die Wellenzahl k,

$$
\nabla_t^2 \gg k^2 .
\tag{IV.3.13}
$$

Aus Gl.(IV.3.11) bzw. Gl.(IV.3.12) läßt sich leicht erkennen, daß unter dieser Voraussetzung einmal $G_{z+} = -G_{z-}$ bzw. $F_{z+} = -F_{z-}$ wird. Das aber bedeutet, daß einmal die Feldkomponente G_z, zum andern die Feldkomponente F_z verschwindet. Damit reduzieren sich die Differentialgleichungen (III.1.33) auf zwei entkoppelte Differentialgleichungen, wie sie schon im Fall der quasiisotropen Approximation abgeleitet wurden. Diese Gleichungen gelten also nicht nur unter der Voraussetzung großer magnetischer Gleichfeldstärken, sondern auch, falls die Bedingung (IV.3.13) erfüllt ist.

V. FELDEIGENSCHAFTEN

V.1 DER POYNTINGSCHE SATZ

Betrachtet wird ein Volumen V in einem unendlich ausgedehnten, verlustbehafteten, gyrotropen Medium. Das Volumen V wird von der geschlossenen Hülle A berandet. Eine Flächennormale $\mathcal{w}$ auf der Hüllfläche wird so gewählt, daß sie ins Äußere des Volumens V weist (Bild V.1.1). Es sei angenommen, daß sich innerhalb des Volumens V anregende Quellen in Form einer eingeprägten Stromdichte, Polarisation und Magnetisierung befinden. Die Felder, die von diesen Quellen erzeugt werden, genügen den Maxwellschen Gleichungen (Gl.(II.15)):

$$\text{rot}\,\mathcal{H} = k\,\mathcal{E} - jZ\,\mathcal{I}_e + k\,\mathcal{P}_e - jZ\varkappa\,\mathcal{E},$$

$$\tag{V.1.1}$$

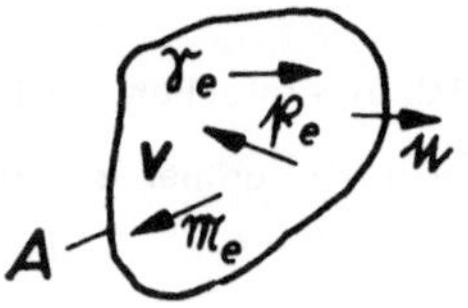

$$\text{rot}\,\mathcal{E} = k\,\vec{\bar{\mu}}\cdot\mathcal{H} + k\,\mathcal{M}_e.$$

Bild V.1.1: Volumenbereich

$$\tag{V.1.2}$$

Hierbei ist angenommen, daß das gyrotrope Material eine Leitfähigkeit $\varkappa$ besitzt, die auch die dielektrischen Verluste des Materials beschreibt, so daß die relative Dielektrizitätskonstante als reell angesehen werden kann.

Wie bei der Berechnung des Poyntingschen Satzes im isotropen Medium wird von den Gln.(V.1.1) und (V.1.2) der konjugiert komplexe Wert gebildet. Die zweite Gleichung des so entstandenen Gleichungssystems wird mit $-\mathcal{H}$, Gl.(V.1.1) mit dem konjugiert komplexen Wert der elektrischen Feldstärke $\mathcal{E}^*$ skalar multipliziert, sodann werden beide Gleichungen addiert. Durch Anwenden der Vektoridentität

$$-\text{div}\,(\mathcal{E}^* \times \mathcal{H}) = \mathcal{E}^*\,\text{rot}\,\mathcal{H} - \mathcal{H}\,\text{rot}\,\mathcal{E}^* \tag{V.1.3}$$

läßt sich dann die Gleichung

$$-\operatorname{div}(\underline{\mathcal{E}}^{*}\times\underline{\mathcal{H}}) = k\left(\underline{\mathcal{E}}^{*}\cdot\underline{\mathcal{E}} - \underline{\mathcal{H}}\cdot\overleftrightarrow{\mu}^{*}\cdot\underline{\mathcal{H}}\right) - k\,\underline{\mathcal{H}}\cdot\underline{m}_{e}^{*} - j\,Z\,\underline{\mathcal{E}}^{*}\cdot\underline{\gamma}_{e} + k\,\underline{\mathcal{E}}^{*}\cdot\underline{\mathcal{R}}_{e} - j\,\varkappa\,Z\,\underline{\mathcal{E}}^{*}\cdot\underline{\mathcal{E}},$$

$$\text{(V.1.4)}$$

bzw. falls eine entsprechende Operation auf die zwei anderen Gleichungen angewandt
wird:

$$-\operatorname{div}(\underline{\mathcal{E}}\times\underline{\mathcal{H}}^{*}) = k\left(\underline{\mathcal{E}}\cdot\underline{\mathcal{E}}^{*} - \underline{\mathcal{H}}^{*}\cdot\overleftrightarrow{\mu}\cdot\underline{\mathcal{H}}\right) - k\,\underline{\mathcal{H}}^{*}\cdot\underline{m}_{e} + j\,Z\,\underline{\mathcal{E}}\cdot\underline{\gamma}_{e}^{*} + k\,\underline{\mathcal{E}}\cdot\underline{\mathcal{R}}_{e}^{*} + j\,\varkappa\,Z\,\underline{\mathcal{E}}\cdot\underline{\mathcal{E}}^{*}$$

$$\text{(V.1.5)}$$

berechnen. Die Gleichungen werden über das Volumen V integriert und das Volumenintegral auf der linken Seite der Gleichungen mit Hilfe des Gaußschen Satzes umge-
wandelt. Die so erhaltenen Gleichungen werden mit $-j/(2\,\varepsilon_{0}\varepsilon_{r}\cdot Z)$ multipliziert,
dann gilt z.B. für Gl.(V.1.5):

$$j\,\frac{1}{2Z\varepsilon_{0}\varepsilon_{r}}\oiint_{A}(\underline{\mathcal{E}}\times\underline{\mathcal{H}}^{*})\cdot\underline{n}\,da = j\,\frac{\omega}{2}\iiint_{V}(\underline{\mathcal{H}}^{*}\cdot\overleftrightarrow{\mu}\cdot\underline{\mathcal{H}} - \underline{\mathcal{E}}\cdot\underline{\mathcal{E}}^{*})\,dv +$$

$$+ j\,\frac{\omega}{2}\iiint_{V}(\underline{\mathcal{H}}^{*}\cdot\underline{m}_{e} - \underline{\mathcal{E}}\cdot\underline{\mathcal{R}}_{e}^{*})\,dv + \frac{1}{2\varepsilon_{0}\varepsilon_{r}}\iiint_{V}(\underline{\gamma}_{e}^{*}\cdot\underline{\mathcal{E}} + \varkappa\,\underline{\mathcal{E}}\cdot\underline{\mathcal{E}}^{*})\,dv.\,^{1)}$$

$$\text{(V.1.6)}$$

Das bedeutet, im gyrotropen Medium gilt der Poyntingsche Satz in entsprechender
Form, wie er vom isotropen Medium her bekannt ist. Auch im gyrotropen Medium kann
der Poyntingsche Satz als Leistungsbilanz interpretiert werden. Der Imaginärteil des ersten Integrals der rechten Seite von Gl.(V.1.6) ist gleich dem $2j\omega$ -fachen Wert der
Differenz der zeitlichen Mittelwerte der Energieinhalte des elektrischen und magnetischen Feldes. Durch Realteilbildung läßt sich aus Gl.)V.1.6) die folgende Leistungsbilanz angeben: Die Wirkleistung, die im zeitlichen Mittel in Form von elektromagnetischer Strahlung von außen durch die geschlossene Hüllfläche A in das Volumen V fließt,
setzt sich zusammen aus den magnetischen und elektrischen Verlusten im Material, der
Jouleschen Verlustleistung $\bar{P}_{V}$ und den von den Quellen aufgenommenen Wirkleistungen.
Für ein passives Material ($\underline{\gamma}_{e} = 0,\ \underline{\mathcal{R}}_{e} = 0,\ \underline{m}_{e} = 0$) läßt sich die Leistungsbilanz in
der Form

---

[1] Man beachte, daß die Feldgrößen reduzierte Größen nach Gl.(II.13) sind.

$$j \; \frac{1}{2 Z \varepsilon_0 \varepsilon_r} \oiint_A (\mathcal{E} \times \mathcal{H}^*) \cdot \mathbf{n} \, da = 2 j \omega (W_m - W_e) + \overline{P}_v \qquad (V.1.7)$$

schreiben. Hieraus folgt durch Realteilbildung, daß

$$\overline{P} = -2\omega \, \mathfrak{Im} \left\{ \mathcal{H}^* \cdot \overset{\leftrightarrow}{\mu} \cdot \mathcal{H} - \mathcal{E} \cdot \mathcal{E}^* \right\} > 0 \qquad (V.1.8)$$

immer eine positive Größe sein muß. Da angenommen wurde, daß ε_r eine reelle Grösse ist, ergibt sich die Bedingung

$$\overline{P} = -2\omega \, \mathfrak{Im} \left\{ \mu_1 \mathcal{H}_t^* \cdot \mathcal{H}_t + j \mu_2 \mathcal{H}_t^* \cdot (\mathbf{n}_z \times \mathcal{H}_t) + H_z^* \cdot H_z \right\} > 0. $$
$$(V.1.9)$$

Wird das transversale Magnetfeld in Real- und Imaginärteil aufgetrennt,

$$\mathcal{H}_t = \mathcal{H}_t' + j \, \mathcal{H}_t'', \qquad (V.1.10)$$

und dieser Ausdruck in die oben stehende Gleichung eingeführt, so gilt:

$$\overline{P} = -2\omega \, \mathfrak{Im} \left\{ (\mu_1' - j\mu_1'') |\mathcal{H}_t|^2 + 2 (\mu_2' - j\mu_2'') \mathcal{H}_t'' (\mathbf{n}_z \times \mathcal{H}_t') \right\} = $$
$$= 2\omega \left[\mu_1'' |\mathcal{H}_t|^2 + 2\mu_2'' \mathcal{H}_t'' (\mathbf{n}_z \times \mathcal{H}_t') \right] > 0. $$
$$(V.1.11)$$

Aus Gl.(V.1.11) folgt, daß der erste Term für $\mu_1'' > 0$ immer größer als Null ist. Im zweiten Term kann der Faktor $\mathcal{H}_t'' (\mathbf{n}_z \times \mathcal{H}_t')$ verschiedenes Vorzeichen annehmen. Ist das Magnetfeld z.B. in Bezug auf die z-Achse positiv zirkular polarisiert, so wird der Faktor positiv sein. Ist das Feld dagegen negativ zirkular polarisiert, so wird der Faktor negativ. Damit kann der zweite Term der Gl.(V.1.11) entweder positive oder negative Werte annehmen. Die gesamte absorbierte Leistung bleibt aber immer größer als Null, falls die Bedingungen

$$\mu_1'' > 0 \quad \text{und} \quad |\mu_2''| < \mu_1'' \qquad (V.1.12)$$

erfüllt werden. Diese Bedingungen sind für die passiven Eigenschaften des Materials hinreichend.

V.2 ZUM EINDEUTIGKEITSPRINZIP

Für Felder im isotropen Medium existiert ein Eindeutigkeitsprinzip, das folgende Aussage macht: Ist von einem elektromagnetischen Feld innerhalb eines quellenfreien Volumens V, das von der quellenfreien Hüllfläche A berandet wird, die Tangentialkomponente der elektrischen der der magnetischen Feldstärke auf der Hüllfläche bekannt, so ist das Feld innerhalb des Volumens eindeutig bestimmt, z.B. /6/. Es soll untersucht werden, ob diese Ergebnisse auch im Fall des gyrotropen Mediums noch stimmen.

Dazu wird ein Volumen V, in dem keine Quellen vorhanden sind, in einem unendlich ausgedehnten Medium betrachtet. Es sei angenommen, daß das Material verlustfrei ist, das heißt, die relative Dielektrizitätskonstante sei reell und $\overleftrightarrow{\mu}$ sei ein hermitescher Tensor. Das wiederum bedeutet, daß der Ausdruck $\mathcal{H}^{*}\cdot\overleftrightarrow{\mu}\cdot\mathcal{H}$ eine reelle, positive Größe ist. Die Quellen des Feldes sollen außerhalb des Volumens V mit der Berandung A liegen (Bild V.1.2). Ferner sei vorausgesetzt, daß sich auch in der Hüllfläche A keine Quellen befinden. Unter diesen Voraussetzungen wird der im vorigen Kapitel abgeleitete Poyntingsche Satz untersucht.

Es werden zwei elektromagnetische Felder $\mathcal{E}_1$, $\mathcal{H}_1$ und $\mathcal{E}_2$, $\mathcal{H}_2$ angenommen, die Lösungen der Maxwellschen Gleichungen für das gyrotrope Medium sind. Auf Grund des Überlagerungsprinzipes muß auch die Differenz der beiden Felder Lösung der Maxwellschen Gleichungen sein und damit dem Poyntingschen Satz genügen, das heißt, es gilt:

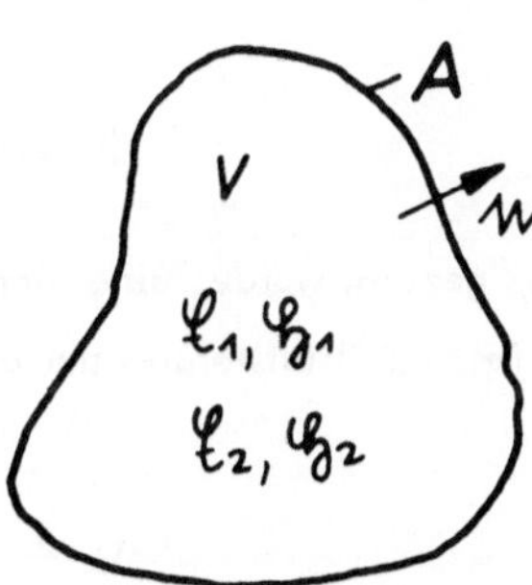

Bild V.1.2: Zum Eindeutigkeitsprinzip

$$j\,\frac{1}{2}\oint_A \left[(\mathcal{E}_1-\mathcal{E}_2)\times(\mathcal{H}_1-\mathcal{H}_2)^{*}\right]\cdot\mathcal{N}\,da = j\omega\varepsilon_0\varepsilon_r\iiint(\mathcal{H}_1-\mathcal{H}_2)^{*}\overleftrightarrow{\mu}(\mathcal{H}_1-\mathcal{H}_2)dv -$$

$$-\,j\omega\varepsilon_0\varepsilon_r\iiint_V(\mathcal{E}_1-\mathcal{E}_2)^{*}\cdot(\mathcal{E}_1-\mathcal{E}_2)dv + \mathcal{H}\iiint_V(\mathcal{E}_1-\mathcal{E}_2)^{*}\cdot(\mathcal{E}_1-\mathcal{E}_2)dv.$$

$$(\text{V}.2.1)$$

Wenn die Tangentialkomponente der elektrischen oder der magnetischen Feldstärke auf der Hüllfläche bekannt ist und wenn vorausgesetzt wird, daß diese beiden Tangentialkomponenten jeweils für die Felder "1" und "2" gleich groß sind, dann verschwindet das Integral auf der linken Seite der Gl.(V.2.1). Das bedeutet für diese komplexe Gleichung, daß auf der rechten Seite sowohl der Realteil als auch der Imaginärteil verschwinden muß. Aus der Bedingung für den Realteil folgt dann:

$$\iiint\limits_{V} (\mathfrak{E}_1 - \mathfrak{E}_2)^* \cdot (\mathfrak{E}_1 - \mathfrak{E}_2)\, dv = 0 \ . \tag{V.2.2}$$

Das aber bedeutet, daß die beiden Felder $\mathfrak{E}_1$ und $\mathfrak{E}_2$ im Innern des Volumens V gleich groß sein müssen. Damit verschwindet aber in der Bedingung für den Imaginärteil das Integral über die elektrischen Feldstärken und es bleibt die Bedingung, daß das Integral

$$\iiint\limits_{V} (\mathfrak{H}_1 - \mathfrak{H}_2)^* \cdot \overleftrightarrow{\mu} \cdot (\mathfrak{H}_1 - \mathfrak{H}_2)\, dv = 0 \tag{V.2.3}$$

verschwindet. Dieses Integral kann aber unter verschiedenen Bedingungen verschwinden. Erstens wird der Ausdruck (V.2.3) Null, falls die Felder $\mathfrak{H}_1$ und $\mathfrak{H}_2$ gleich groß sind. Das Integral kann aber auch verschwinden, falls

$$\overleftrightarrow{\mu} \cdot (\mathfrak{H}_1 - \mathfrak{H}_2) = 0 \tag{V.2.4}$$

ist. Diese Gleichung besitzt, wie schon in /405/, /406/ gezeigt wurde, eine nichttriviale Lösung $(\mathfrak{H}_1 - \mathfrak{H}_2) \neq 0$, falls die Elemente des Permeabilitätstensors der Bedingung

$$\mu_1 = \overset{+}{_{(-)}} \mu_2 \tag{V.2.5}$$

genügen. Unter dieser Voraussetzung kann trotz verschwindender Induktion nach Gl.(V.2.4) eine magnetische Feldstärke auftreten. Da die magnetische Induktion verschwindet, muß auch die elektrische Feldstärke Null werden. Damit ist aber die magnetische Feldstärke rotationsfrei und somit ein Gradientenfeld. Das bedeutet, allgemeine Lösung der Gl.(V.2.4) ist der Ausdruck:

$$\mathfrak{H}_1 - \mathfrak{H}_2 = \operatorname{grad} \psi \ . \tag{V.2.6}$$

Hieraus folgt, das Magnetfeld ist innerhalb des Volumens durch die vorgegebenen Tangentialkomponenten nicht mehr eindeutig bestimmt, sondern vielmehr gilt im Innern des Volumens

$$\mathcal{H}_1 = \mathcal{H}_2 + \text{grad}\,\Psi. \tag{V.2.7}$$

Das Magnetfeld ist nur bis auf ein Gradientenfeld eindeutig. Dagegen ist aber die magnetische Induktion wieder eindeutig, da

$$\mathcal{B} = \overleftrightarrow{\mu}\cdot\mathcal{H} = \overleftrightarrow{\mu}\cdot\text{grad}\,\Psi \tag{V.2.8}$$

mit der Bedingung (V.2.5) gerade Null wird.

V.3 NICHTREZIPROKES VERHALTEN DER FERRITMATERIALIEN

Innerhalb eines unendlich ausgedehnten, verlustbehafteten, gyrotropen Mediums werden zwei Volumenbereiche V_a und V_b, die die Quellen $\mathcal{R}_{e\,a,b}$, $\mathcal{M}_{e\,a,b}$ und $\mathcal{J}_{e\,a,b}$ enthalten, betrachtet. Es wird wieder angenommen, daß die auftretenden dielektrischen Verluste durch die Leitfähigkeit $\varkappa$ beschrieben werden. ε_r wird also wieder als reell angesehen. Es soll gezeigt werden, daß für die Felder im Ferritmedium ein Zusammenhang besteht /80/, der das nichtreziproke Verhalten der Ferritmaterialien beschreibt, im übrigen entsprechend dem Reziprozitätstheorem für die isotropen Medien aufgebaut ist /6/ und in dieses für unendlich große Vormagnetisierungsfeldstärken übergeht. Dazu wird von den Maxwellschen Gleichungen unter Berücksichtigung der anregenden Felder (Gl.(II.15)) Gebrauch gemacht. Diese Feldgleichungen lassen sich für die Felder der zwei angenommenen Quellenverteilungen a und b (Bild V.3.1) angeben:

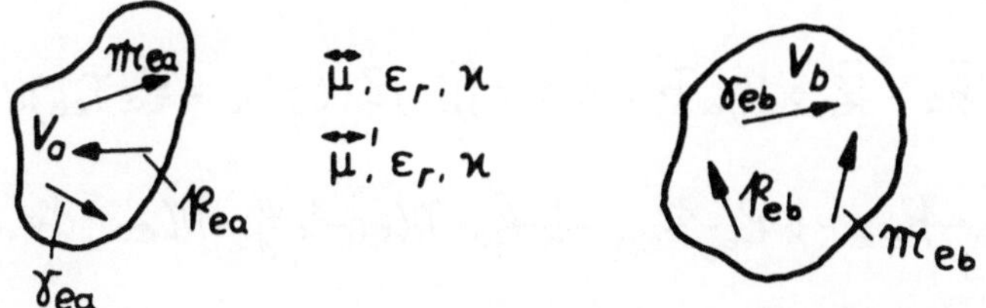

Bild V.3.1: Quellenverteilung zum Nachweis der Nichtreziprozität

$$\text{rot}\,\mathcal{E}_{a,b} = k\,\overleftrightarrow{\mu}\cdot\mathcal{H}_{a,b} + k\,\mathcal{M}_{e\,a,b}, \tag{V.3.1}$$

$$\operatorname{rot} \vec{\mathcal{H}}_{a,b} = k\,\mathcal{E}_{a,b} - jZ\,\delta_{ea,b} + k\,\mathcal{R}_{ea,b} - jZ\varkappa\,\mathcal{E}_{a,b}. \qquad \text{(V.3.2)}$$

Wird das vormagnetisierende Gleichfeld umgepolt, so wird bei gleicher Quellenverteilung, wie oben angenommen, auf Grund des geänderten Permeabilitätstensors ein anderes elektromagnetisches Feld $\bar{\mathcal{E}}_{a,b}$, $\bar{\mathcal{H}}_{a,b}$ aufgebaut. Nach den Ausführungen in Kapitel I.2 und I.3 geht der Permeabilitätstensor bei umgekehrtem Richtungssinn des vormagnetisierenden Gleichfeldes in seinen transponierten Wert $\vec{\mu}'$ über. Damit gelten die Maxwellschen Gleichungen in der Form:

$$\operatorname{rot} \bar{\mathcal{E}}_{a,b} = k\,\vec{\mu}' \cdot \bar{\mathcal{H}}_{a,b} + k\,\mathcal{M}_{ea,b}\,, \qquad \text{(V.3.3)}$$

$$\operatorname{rot} \bar{\mathcal{H}}_{a,b} = k\,\bar{\mathcal{E}}_{a,b} - jZ\,\delta_{ea,b} + k\,\mathcal{R}_{ea,b} - j\varkappa Z\,\bar{\mathcal{E}}_{a,b}\,. \qquad \text{(V.3.4)}$$

Die Quellengrößen brauchen nicht mit einem Querstrich versehen werden, da sie sich bei der Feldumkehrung nicht ändern sollen. Gl.(V.3.1) für die Quellenverteilung "b" wird mit $\bar{\mathcal{H}}_a$ und Gl.(V.3.4) für die Quellenverteilung "a" mit $\mathcal{E}_b$ skalar multipliziert und sodann werden beide Gleichungen voneinander subtrahiert. Eine entsprechende Operation läßt sich auf die beiden restlichen Gleichungen (V.3.2) und (V.3.3) anwenden, und zwar wird Gl.(V.3.2) für die Quellenverteilung "b" skalar mit $\bar{\mathcal{E}}_a$ und Gl.(V.3.3)für die Quellenverteilung "a" skalar mit $\mathcal{H}_b$ multipliziert und beide Gleichungen werden voneinander subtrahiert. Die so entstandenen Gleichungen werden wieder voneinander subtrahiert und anschließend über das Feldvolumen V integriert. Mit Hilfe des Gaußschen Satzes läßt sich dabei das Volumenintegral über die auftretende Divergenzfunktion in ein Flächenintegral über die das Volumen einhüllende Fläche A umwandeln,

$$\oint_A [\mathcal{E}_b \times \bar{\mathcal{H}}_a - \bar{\mathcal{E}}_a \times \mathcal{H}_b] \cdot \mathbf{n}\, da = \iiint_V jZ(\mathcal{E}_b \cdot \delta_{ea} - \bar{\mathcal{E}}_a \cdot \delta_{eb})\,dv +$$

$$+ \iiint_V [k\,\bar{\mathcal{E}}_a \cdot \mathcal{R}_{eb} - k\,\mathcal{E}_b \cdot \mathcal{R}_{ea} + k\,\bar{\mathcal{H}}_a \cdot \mathcal{M}_{eb} - k\,\mathcal{H}_b \cdot \mathcal{M}_{ea}]\,dv. \qquad \text{(V.3.5)}$$

Dabei ist von der Eigenschaft des Tensors Gebrauch gemacht worden, daß bei Umkehrung des Richtungssinns der Vormagnetisierungsfeldstärke der Permeabilitätstensor in seinen transponierten Tensor übergeht und daß

$$\bar{\mathcal{H}}_a \cdot \vec{\mu} \cdot \mathcal{H}_b = \mathcal{H}_b \cdot \vec{\mu}' \cdot \bar{\mathcal{H}}_a \qquad \text{(V.3.6)}$$

gilt. Wird die das Volumen einhüllende Fläche ins unendlich Ferne gelegt, so verschwindet das Hüllenintegral der linken Seite der Gl.(V.3.5) und es gilt:

$$\iiint_V [\, j Z \, \mathcal{E}_b \cdot \gamma_{ea} - k \, \mathcal{E}_b \cdot \mathcal{P}_{ea} - k \, \mathcal{H}_b \cdot \mathcal{M}_{ea} \,]\, dv =$$

$$= \iiint_V [\, j Z \, \bar{\mathcal{E}}_a \cdot \gamma_{eb} - k \, \bar{\mathcal{E}}_a \cdot \mathcal{P}_{eb} - k \, \bar{\mathcal{H}}_a \cdot \mathcal{M}_{eb} \,]\, dv\,. \tag{V.3.7}$$

Die Formulierung dieser Gleichungen entspricht formal dem Aufbau des Reziprozitätstheorems für isotrope Medien mit dem Unterschied, daß auf der rechten Seite der Gleichung die Felder im Medium mit umgepoltem magnetischem Gleichfeld stehen. Das bedeutet: Die Wirkung einer Quellenverteilung "a" am Orte der Quellenverteilung "b" ist dieselbe, wie die Wirkung der Quellenverteilung "b" am Ort der Quellenverteilung "a", falls das magnetische Gleichfeld seine Richtung ändert. Aus diesem Theorem folgen einige wichtige Aufschlüsse über das Verhalten der elektromagnetischen Felder in Bauelementen mit gyrotropem Medium, z.B. /80/.

Eine zweite, dem vorhergehenden Theorem im Aufbau vollkommen entsprechende Beziehung kann abgeleitet werden, falls vorausgesetzt wird, daß das Ferritmaterial als verlustfrei angesehen werden kann. Unter Berücksichtigung dieser Forderung wird der Permeabilitätstensor hermitesch und der konjugiert komplexe Wert des Tensors entspricht dem transponierten Tensor $\overleftrightarrow{\mu}^* = \overleftrightarrow{\mu}\,'$. Mit Hilfe dieser Beziehung kann in einem entsprechenden Rechengang, wie er bei der Ableitung des ersten Theorems benutzt wurde, die Gleichung

$$\oiint_A [\, \bar{\mathcal{E}}_a^* \times \mathcal{H}_b - \mathcal{E}_b \times \bar{\mathcal{H}}_a^* \,] \cdot \mathcal{N} \, da = \iiint_V k (\mathcal{H}_b \cdot \mathcal{M}_{ea}^* - \bar{\mathcal{H}}_a^* \cdot \mathcal{M}_{eb})\, dv +$$

$$+ \iiint_V j Z (\bar{\mathcal{E}}_a^* \cdot \gamma_{eb} + \mathcal{E}_b \cdot \gamma_{ea}^*)\, dv + \iiint_V k (\mathcal{E}_b \cdot \mathcal{P}_{ea}^* - \bar{\mathcal{E}}_a^* \cdot \mathcal{P}_{eb})\, dv \tag{V.3.8}$$

berechnet werden. Diese Gleichung, die unter der Voraussetzung, daß keine anregenden Quellen im gyrotropen Medium vorhanden sind, auf den Ausdruck

$$\oiint_A [\, \bar{\mathcal{E}}_a^* \times \mathcal{H}_b - \mathcal{E}_b \times \bar{\mathcal{H}}_a^* \,] \cdot \mathcal{N} \, da = 0 \tag{V.3.9}$$

reduziert wird, kann bei der Behandlung der Felder in gyrotropen Wellenleitern zur Ableitung der notwendigen Orthogonalitätsrelationen verwendet werden (vgl. Kapitel VI.2.4).

V.4 STRAHLUNGSFELDER IM GYROTROPEN MEDIUM

Zur Berechnung von Strahlungsfeldern vorgegebener zeitlich variabler Quellen (z.B. zeitlich veränderliche Ströme, Raumladungen etc.) sind für das isotrope Medium verschiedene Berechnungsmethoden bekannt. Zu den wichtigsten mathematischen Methoden, die die Berechnung solcher Strahlungsfelder vereinfachen, gehört die Einführung der elektromagnetischen Potentiale $\mathfrak{A}$ und φ, z.B. /6/. Mit ihrer Hilfe ist es möglich, die die Anregungsgrößen enthaltenden Maxwellschen Gleichungen auf zwei unabhängige Differentialgleichungen für das Vektorpotential $\mathfrak{A}$ und das skalare Potential φ zurückzuführen. Dies ist mit Hilfe einer willkürlich festgelegten Definition der Divergenz des Vektorpotentials $\mathfrak{A}$, die als "Lorentzeichung" des Vektorpotentials bezeichnet wird, möglich. Werden alle auftretenden Quellen in einer zeitlich variablen Stromdichte und einer zeitlich variablen Raumladungsdichte zusammengefaßt, so ist die Differentialgleichung für das Vektorpotential $\mathfrak{A}$ nur mit der Stromdichte und die Differentialgleichung für das skalare Potential φ nur mit der Raumladungsdichte verknüpft. Entsprechende Aussagen können für die sogenannten Hertzschen Potentiale π_e und π_m gemacht werden: Werden alle Quellen in einer anregenden Magnetisierung $\mathfrak{M}_e$ oder einer anregenden Polarisation $\mathfrak{P}_e$ zusammengefaßt, so können für die Hertzschen Potentiale im Fall des isotropen Mediums entsprechend zwei inhomogene Differentialgleichungen für den elektrischen Hertzschen Vektor π_e und den magnetischen Hertzschen Vektor π_m abgeleitet werden. Dabei tritt in der Differentialgleichung für π_e nur die anregende Polarisation $\mathfrak{P}_e$ und in der Differentialgleichung für π_m nur die anregende Magnetisierung $\mathfrak{M}_e$ auf.

Es soll für das gyrotrope Medium untersucht werden, ob die Potentiale weiterhin anwendbar sind. Insbesondere soll festgestellt werden, ob die Lorentzeichung des Vektorpotentials $\mathfrak{A}$, die für die Felder im isotropen Medium bekannt ist, modifiziert werden muß, um möglichst einfache Differentialgleichungen für die Potentialfunktionen zu erhalten. Ausgangspunkt dieser Betrachtungen sind die Arbeiten von Nisbeth /101/ und Chetayev /64/, die die hier behandelten Probleme in ähnlicher Form beschrieben haben.

V.4.1 ELEKTROMAGNETISCHE POTENTIALE

In einem magnetisch gyrotropen Medium, dessen magnetische Eigenschaften durch den Permeabilitätstensor nach Gl.(I.2.15) beschrieben werden, bestimmen sich die reduzierten, dimensionsgleichen, elektromagnetischen Felder aus den Maxwellschen Gleichungen (Gl.(II.15)). Es wird zunächst der Spezialfall betrachtet, daß die anregenden Quellen nur durch die Stromdichte Γ_e und die Raumladungsdichte ρ beschrieben werden und daß die Leitfähigkeit des Materials $\varkappa = 0$ ist. Wie im isotropen Medium sind auch im gyrotropen Medium die Felder der magnetischen Induktion immer divergenzfrei, das heißt, die magnetische Induktion kann durch ein Vektorpotential nach der Definition

$$\mathcal{B} = \overleftrightarrow{\mu} \cdot \mathcal{H} = \text{rot } \mathcal{O}\!\ell \tag{V.4.1}$$

beschrieben werden. Die magnetische Feldstärke läßt sich dann aus dem Vektorpotential mit Hilfe des inversen Permeabilitätstensors nach Gl.(I.2.24) berechnen:

$$\mathcal{H} = \overleftrightarrow{\mu}^{-1} \cdot \text{rot } \mathcal{O}\!\ell \tag{V.4.2}$$

Wie im isotropen Medium folgt aus der zweiten Maxwellschen Gleichung mit $\mathcal{M}_e = 0$,

$$\text{rot } \mathcal{E} - k \overleftrightarrow{\mu} \cdot \mathcal{H} = \text{rot } (\mathcal{E} - k \mathcal{O}\!\ell) = 0, \tag{V.4.3}$$

daß das Feld $\mathcal{E} - k\mathcal{O}\!\ell$ rotationsfrei ist und demnach durch das Gradientenfeld einer skalaren Potentialfunktion beschrieben werden kann:

$$\mathcal{E} = k \mathcal{O}\!\ell - \text{grad } \varphi. \tag{V.4.4}$$

Sind Vektorpotential $\mathcal{O}\!\ell$ und skalares Potential φ bekannt, so können die magnetische Feldstärke (Gl.(V.4.2)) und die elektrische Feldstärke (Gl.(V.4.4)) bestimmt werden.

Für die Felder im isotropen Medium führt die Einführung der Potentialfunktionen $\mathcal{O}\!\ell$ und φ zu einer Vereinfachung der die Felder bestimmenden Differentialgleichungen. Dies wird insbesondere durch geschickte Verfügung über die noch frei wählbare Divergenz des Vektorpotentials $\mathcal{O}\!\ell$ erreicht. Werden die Ansätze Gl.(V.4.1) bzw. Gl.(V.4.2) und Gl.(V.4.4) in die Maxwellschen Gleichungen eingesetzt, so können zwei Differentialgleichungen der folgenden Form berechnet werden:

$$\operatorname{rot}(\overset{\leftrightarrow}{\mu}{}^{-1}\cdot \operatorname{rot}\vec{\mathfrak{A}}) - k^2\vec{\mathfrak{A}} + k\,\operatorname{grad}\varphi = -jZ\vec{\gamma}_e\,, \qquad (V.4.5)$$

$$k\,\operatorname{div}\vec{\mathfrak{A}} - \operatorname{div}\operatorname{grad}\varphi = \frac{\rho}{\sqrt{\varepsilon_o\,\varepsilon_r}}\,. \qquad (V.4.6)$$

Diese Gleichungen entsprechen vollkommen den Gleichungen für die Felder im isotropen Medium bis auf die Tatsache, daß wegen des tensoriellen Charakters der Permeabilität der in Gl.(V.4.5) auftretende Ausdruck $\operatorname{rot}(\overset{\leftrightarrow}{\mu}{}^{-1}\operatorname{rot}\vec{\mathfrak{A}})$ nicht mehr so leicht entwickelt werden kann, wie für den Fall, daß μ eine skalare, ortsunabhängige Größe ist.

Andererseits zeigen die Gln.(V.4.5) und (V.4.6), daß die Bedingung

$$\operatorname{div}\vec{\mathfrak{A}} + k\,\varphi = 0\,, \qquad (V.4.7)$$

als Definitionsgleichung für die Divergenz des Vektorpotentials $\vec{\mathfrak{A}}$, hier ebenso wie für die Feldgleichungen der Felder im isotropen Medium zu einer Entkopplung der Differentialgleichungen für die Potentialfunktionen führt [1]. Die mit der eingeführten Definition der Divergenz des Vektorpotentials, die auch als Lorentz-Eichung bezeichnet wird, aus Gl.(V.4.5) resultierende Differentialgleichung

$$\operatorname{rot}(\overset{\leftrightarrow}{\mu}{}^{-1}\cdot \operatorname{rot}\vec{\mathfrak{A}}) - \operatorname{grad}\operatorname{div}\vec{\mathfrak{A}} - k^2\vec{\mathfrak{A}} = -jZ\vec{\gamma}_e \qquad (V.4.8)$$

für das Vektorpotential $\vec{\mathfrak{A}}$ ist komplizierter, als die entsprechende Wellengleichung im isotropen Fall. Die aus Gl.(V.4.6) folgende Differentialgleichung für das skalare Potential hat dagegen die gleiche Form, wie für die Felder im isotropen Medium:

$$\operatorname{grad}\operatorname{div}\varphi + k^2\varphi = -\frac{\rho}{\sqrt{\varepsilon_o\,\varepsilon_r}}\,. \qquad (V.4.9)$$

---

[1] Im Gegensatz dazu kann die Lorentzeichung nach Gl.(V.4.7) nicht mehr verwendet werden, wenn ein gyroelektrisches Material untersucht wird. Besitzt das Material einen ε-Tensor $\overset{\leftrightarrow}{\varepsilon}$, so muß die Lorentzeichung nach Gl.(V.4.7) durch

$$\operatorname{div}(\overset{\leftrightarrow}{\varepsilon}\cdot\vec{\mathfrak{A}}) + k\,\varphi = 0$$

ersetzt werden /64/, /101/. Diese Festsetzung ist im Gegensatz zu der von Chawla et al. /62/ angegebenen Eichung des Vektorpotentials in Übereinstimmung mit den Maxwellschen Gleichungen (vgl. auch /57/,/87/).

Die Lorentz-Eichung Gl.(V.4.7) steht, wie für die Felder im isotropen Medium, nicht im Widerspruch zu den Maxwellschen Gleichungen.

Während eine Lösung der Differentialgleichung (V.4.9) leicht gefunden werden kann (z.B. /6/), ist die Lösung der Differentialgleichung (V.4.8) schwieriger. Wie aus der Lorentz-Eichung Gl.(V.4.7) folgt, können die elektrische und die magnetische Feldstärke berechnet werden, wenn nur das Vektorpotential $\mathfrak{A}$ bekannt ist:

$$\mathfrak{E} = k\,\mathfrak{A} + \frac{1}{k}\,\mathrm{grad\,div}\,\mathfrak{A}\,, \tag{V.4.10}$$

$$\mathfrak{H} = \overleftrightarrow{\mu}^{-1}\cdot \mathrm{rot}\,\mathfrak{A}\,. \tag{V.4.11}$$

Umgekehrt ist es nicht möglich, die Felder nur aus der skalaren Potentialfunktion φ zu bestimmen. Der Grund hierfür ist, daß durch die Lorentz-Eichung zwar das skalare Potential eindeutig festgelegt ist, falls $\mathfrak{A}$ bekannt ist, andererseits aber ist $\mathfrak{A}$ bei bekanntem skalaren Potential φ durch die Angabe seiner Divergenz nicht eindeutig festgelegt. Das bedeutet, daß immer eine Lösung der komplizierteren Differentialgleichung (V.4.8) für das Vektorpotential $\mathfrak{A}$ gefunden werden muß, um die Felder berechnen zu können.

Neben der Berechnung der elektromagnetischen Felder aus dem Vektorpotential $\mathfrak{A}$ und der skalaren Potentialfunktion φ können auch mit Vorteil die von Hertz eingeführten, sogenannten Hertzschen Potentiale zur Berechnung der Felder verwendet werden. Wird insbesondere ein raumladungsfreies Gebiet betrachtet, das keine Leitfähigkeit besitzt und in dem die Quellen in Form einer zeitvariablen, eingeprägten Magnetisierung oder Polarisation gegeben sind, so lassen sich leicht zwei Differentialgleichungen zweiten Grades für die Hertzschen Potentiale π_e und π_m ableiten.

Es wird ein Vektorpotential π_e, genannt der elektrische Hertzsche Vektor, aus dem schon oben angegebenen Vektorpotential $\mathfrak{A}$ mit Hilfe der Beziehung

$$\pi_e = \frac{1}{k}\,\mathfrak{A} \tag{V.4.12}$$

definiert. Mit seiner Hilfe lassen sich die (reduzierten) elektromagnetischen Felder $\mathfrak{E}$ und $\mathfrak{H}$ in der Form

$$\mathfrak{H} = \overleftrightarrow{\mu}^{-1}\cdot \mathrm{rot}\,\mathfrak{A} = k\,\overleftrightarrow{\mu}^{-1}\cdot \mathrm{rot}\,\pi_e \tag{V.4.13}$$

und

$$\mathcal{E} = k^2 \Pi_e + \operatorname{grad} \operatorname{div} \Pi_e \qquad (V.4.14)$$

schreiben. Bei der Berechnung der elektrischen Feldstärke ist von der Lorentz-Eichung Gl. (V.4.7) Gebrauch gemacht worden. Der so eingeführte elektrische Hertzsche Vektor eignet sich insbesondere zur Berechnung der von einer zeitvariablen Polarisation ausgestrahlten Felder. Es wird also eine Lösung der Maxwellschen Gleichungen (II.15) mit $\tau_e = 0$, $\mathfrak{m}_e = 0$ und $\rho = 0$ gesucht.

Werden die magnetische und die elektrische Feldstärke in den Maxwellschen Gleichungen durch die abgeleiteten Beziehungen (V.4.13) und (V.4.14) ersetzt, so kann eine Differentialgleichung zweiten Grades für den elektrischen Hertzschen Vektor Π_e der Form

$$\operatorname{rot} \left[\overset{\leftrightarrow}{\mu}{}^{-1} \operatorname{rot} \Pi_e \right] - \operatorname{grad} \operatorname{div} \Pi_e - k^2 \Pi_e = \mathcal{R}_e \qquad (V.4.15)$$

angegeben werden. Diese Differentialgleichung entspricht in ihrem Aufbau vollkommen Gl. (V.4.8) für das Vektorpotential $\mathcal{A}$ und bietet demgemäß auch die gleichen Schwierigkeiten beim Auffinden der zugehörigen Lösungen.

Neben dem elektrischen Hertzschen Vektor kann ein weiteres Vektorpotential, der magnetische Hertzsche Vektor, in einem raumladungsfreien Medium definiert werden. Existiert keine Raumladung, so kann auf Grund der Divergenzfreiheit der Verschiebungsdichte und damit im elektrisch isotropen Material Ferrit auch der elektrischen Feldstärke ein Vektorpotential $\mathcal{A}'$

$$\operatorname{div} \mathcal{E} = 0 \, , \quad \mathcal{E} = \operatorname{rot} \mathcal{A}' \qquad (V.4.16)$$

definiert werden. Da nach der ersten Maxwellschen Gleichung in einem quellenfreien Medium das Vektorfeld $\mathcal{H} - k\,\mathcal{A}'$ rotationsfrei ist,

$$\operatorname{rot} (\mathcal{H} - k\,\mathcal{A}') = 0 \, , \qquad (V.4.17)$$

kann die magnetische Feldstärke $\mathcal{H}$ mit Hilfe des Vektorpotentials $\mathcal{A}'$ und einer skalaren Potentialfunktion Ψ berechnet werden,

$$\mathcal{H} = -\operatorname{grad} \Psi + k\,\mathcal{A}' . \qquad (V.4.18)$$

Werden die elektrische Feldstärke nach Gl. (V.4.16) und die magnetische Feldstärke nach Gl. (V.4.18) in das System der Maxwellschen Gleichungen, in dem die Quellen der Felder durch die Magnetisierung $\mathfrak{M}_e$ beschrieben werden,

$$\begin{aligned}
\text{rot } \mathfrak{H} &= k\,\mathfrak{E}\,, \quad \text{div } \mathfrak{E} = 0\,, \\
\text{rot } \mathfrak{E} &= k\,\vec{\vec{\mu}}\cdot\mathfrak{H} + k\,\mathfrak{M}_e\,, \quad \text{div}(\vec{\vec{\mu}}\cdot\mathfrak{H}) = 0\,,
\end{aligned} \tag{V.4.19}$$

eingesetzt, so können zur Bestimmung der beiden definierten Potentialfunktionen $\mathfrak{A}'$ und Ψ die verkoppelten Differentialgleichungen

$$\begin{aligned}
\text{rot rot } \mathfrak{A}' - k^2\,\vec{\vec{\mu}}\cdot\mathfrak{A}' + k\,\vec{\vec{\mu}}\cdot\text{grad } \Psi &= k\,\mathfrak{M}_e\,, \\
k\,\text{div}(\vec{\vec{\mu}}\cdot\mathfrak{A}') - \text{div}(\vec{\vec{\mu}}\cdot\text{grad } \Psi) &= 0
\end{aligned} \tag{V.4.20}$$

abgeleitet werden. Die so abgeleiteten Differentialgleichungen sind etwas anders aufgebaut als die bisher abgeleiteten Bestimmungsgleichungen der Potentiale (vgl. Gl. (V.4.5), Gl.(V.4.6)) und können auch nicht mehr so einfach entkoppelt werden wie bisher (vgl. Gl.(V.4.7)). Es soll wieder über die Divergenz des Vektorpotentials $\mathfrak{A}'$ so verfügt werden, daß eine Entkopplung der Differentialgleichungen (V.4.20) erreicht wird. Im Gegensatz zu den vorangegangenen Betrachtungen muß hier die "Lorentz-Eichung" des Vektorpotentials gegenüber dem isotropen Grenzfall abgeändert werden, um zu sinnvollen Ergebnissen zu gelangen. Mit Hilfe der Definition

$$\text{div}(\vec{\vec{\mu}}\cdot\mathfrak{A}') + k\,\Psi = 0 \tag{V.4.21}$$

(vgl. auch Anmerkung [1] Seite 106) können die Differentialgleichungen (V.4.20) in der Form

$$\begin{aligned}
\text{rot rot } \mathfrak{A}' - k^2\,\vec{\vec{\mu}}\cdot\mathfrak{A}' - \vec{\vec{\mu}}\cdot\text{grad div}(\vec{\vec{\mu}}\cdot\mathfrak{A}') &= k\,\mathfrak{M}_e\,, \\
\text{div}(\vec{\vec{\mu}}\cdot\text{grad } \Psi) + k^2\,\Psi &= 0
\end{aligned} \tag{V.4.22}$$

geschrieben werden. Wird entsprechend den oben durchgeführten Überlegungen ein magnetischer Hertzscher Vektor

$$\Pi_m = \frac{1}{k}\,\mathfrak{A}' \tag{V.4.23}$$

eingeführt, so können die elektrische und die magnetische Feldstärke aus den Beziehungen

$$\begin{aligned}
\mathfrak{E} &= k\,\text{rot } \Pi_m\,, \\
\mathfrak{H} &= \text{grad div}(\vec{\vec{\mu}}\cdot\Pi_m) + k^2\,\Pi_m
\end{aligned} \tag{V.4.24}$$

berechnet werden. Damit kann eine Lösung der Maxwellschen Gleichungen mit Hilfe
des magnetischen Hertzschen Vektors aus der Lösung der Differentialgleichungen

$$\operatorname{rot}\operatorname{rot}\Pi_m - k^2\,\overleftrightarrow{\mu}\cdot\Pi_m - \overleftrightarrow{\mu}\cdot\operatorname{grad}\operatorname{div}(\overleftrightarrow{\mu}\cdot\Pi_m) = \mathcal{M}_e \qquad (V.4.25)$$

bestimmt werden. Auch die für Π_m abgeleitete inhomogene "Wellengleichung" ist von
komplizierterer Form als die entsprechenden Gleichungen im homogenen Medium. Eine
Lösung der hier angegebenen inhomogenen Differentialgleichungen zur Berechnung von
Anregungsproblemen erscheint außerordentlich schwierig. Lösungsversuche für ein bestimmtes zylindrisches Koordinatensystem und mit Hilfe einer modifizierten "Greenschen Funktion" sind von Chetayev /64/ und Villeneuve /120/ angegeben worden.

V.5 EBENE ELEKTROMAGNETISCHE WELLEN

In einem unendlich ausgedehnten gyrotropen Medium, dessen elektromagnetisches
Verhalten durch einen Permeabilitätstensor nach Gl.(I.2.15) und eine skalare Dielektrizitätskonstante $\varepsilon_o\cdot\varepsilon_r$ beschrieben wird, können verschiedene ebene Wellen auftreten.
Je nach der Ausbreitungsrichtung der Wellen bezogen auf die Vormagnetisierungsrich-
tung ergeben sich verschiedene Ausbreitungsverhältnisse für die Wellen und somit verschiedene Lösungen der Maxwellschen Gleichungen. Hier sollen die zwei Spezialfälle
untersucht werden, daß die Vormagnetisierungsrichtung parallel und senkrecht zur Ausbreitungsrichtung ist.

V.5.1 EBENE WELLEN MIT AUSBREITUNGSRICHTUNG PARALLEL ZUR

VORMAGNETISIERUNGSRICHTUNG

Zunächst soll untersucht werden, welche Eigenschaften eine ebene Welle besitzt, die
sich in Richtung der Vormagnetisierungsfeldstärke im Ferritmaterial ausbreitet. Als ebene
Welle soll ein Wellenfeld definiert werden, das nur von einer Ortskoordinate z und der
Zeit t abhängt. Wie in allen vorangegangenen Kapiteln sei auch hier die Zeitabhängigkeit in Form einer harmonischen Funktion vorgegeben. Für die z-Abhängigkeit der Fel-

der soll vorausgesetzt werden, daß sie durch eine e-Funktion dargestellt wird (vgl. Gl.(III.1.31)): $\mathscr{E} = \mathscr{F} e^{\gamma z}$, $\mathscr{H} = \mathscr{O} e^{\gamma z}$. γ, das Ausbreitungsmaß kann beliebige komplexe Werte annehmen, da hier keine Voraussetzungen über eine eventuelle Verlustlosigkeit des Materials gemacht werden sollen.

Bei der Beschreibung der ebenen Wellenfelder soll von einer Darstellung ausgegangen werden, die schon in Kapitel III.1b berechnet wurde. Aus den Maxwellschen Gleichungen können nach den Ausführungen in Kapitel III.1b zwei verkoppelte Differentialgleichungen für die transversale elektrische und magnetische Feldstärke in Form von Gl. (III.1.25) und (III.1.28) abgeleitet werden. Die zugehörigen z-Komponenten der Felder können aus den transversalen Komponenten mit Hilfe von Gl.(III.1.29) und Gl. (III.1.30) berechnet werden.

Wird in den zitierten Gleichungen die Forderung berücksichtigt, daß nur Felder in Form von ebenen Wellen bestimmt werden sollen, so bedeutet dies, daß alle Ableitungen nach den transversalen Ortskoordinaten verschwinden müssen und daß wegen der vorausgesetzten z-Abhängigkeit in Form einer e-Funktion alle Ableitungen nach der z-Koordinate durch den Faktor γ ersetzt werden können. Damit bestimmen sich die transversalen Felder $\mathscr{E}_t$ und $\mathscr{H}_t$ aus dem vektoriellen Gleichungssystem:

$$(k^2 + \gamma^2)\mathscr{F}_t + k\gamma(\mu_1-1)\,\mathit{n}_z \times \mathscr{O}_t - jk\gamma\mu_2\,\mathscr{O}_t = 0, \qquad (V.5.1)$$

$$\left(k^2\mu_{eff1} + \frac{1}{\mu_1}\gamma^2\right)\mathscr{O}_t - jk\gamma\frac{\mu_2}{\mu_1}\mathscr{F}_t - \frac{k\gamma}{\mu_1}(\mu_1-1)\,\mathit{n}_z \times \mathscr{F}_t = 0. \qquad (V.5.2)$$

Aus den Gln.(III.1.29) und (III.1.30) folgt sofort, daß für eine in Richtung der Vormagnetisierungsfeldstärke fortschreitende, ebene Welle die longitudinalen Feldkomponenten verschwinden müssen, $E_z = 0$, $H_z = 0$. Damit sind die Felder rein transversal:

$$\mathscr{E} = \mathscr{F}_t\, e^{\gamma z}, \quad \mathscr{H} = \mathscr{O}_t\, e^{\gamma z} . \qquad (V.5.3)$$

Um aus den Gln.(V.5.1) und (V.5.2) eine Lösung für das noch unbekannte Ausbreitungsmaß γ zu erhalten, wird $\mathscr{F}_t$ aus Gl.(V.5.1) explizit berechnet und in Gl.(V.5.2) eingesetzt. Hieraus folgt für γ :

$$\gamma = \pm jk\sqrt{\mu_1 \pm \mu_2} . \qquad (V.5.4)$$

Es treten also vier mögliche Lösungen für das Ausbreitungsmaß auf. Die beiden Lösungen

$$\gamma_1 = +jk\sqrt{\mu_1+\mu_2} \quad , \quad \gamma_2 = +jk\sqrt{\mu_1-\mu_2} \tag{V.5.5}$$

beschreiben im Zusammenhang mit der angenommenen z-Abhängigkeit in Form einer e-Funktion Wellenfelder, die sich in negativer z-Richtung ausbreiten. Die beiden Lösungen

$$\gamma_3 = -jk\sqrt{\mu_1+\mu_2} \quad , \quad \gamma_4 = -jk\sqrt{\mu_1-\mu_2} \tag{V.5.6}$$

beschreiben dagegen Wellen, die sich in positiver z-Richtung ausbreiten. Für reelle Werte von μ_1 und μ_2 sind die Lösungen für das Ausbreitungsmaß γ_1 und γ_3 immer rein imaginär, das heißt, im verlustlosen Ferritmaterial ist eine Ausbreitung in Form einer ungedämpften Welle möglich [1]. Sind μ_1 und μ_2 rein reell, so führen die Lösungen γ_2 und γ_4 nur dann auf eine ungedämpfte Welle, wenn $\mu_1 - \mu_2 > 0$ ist. Für den Wertebereich $\mu_1 - \mu_2 \leq 0$ werden γ_2 und γ_4 reell und die Felder haben die Form einer in z-Richtung anklingenden bzw. abklingenden Schwingung. Für komplexe Werte der Elemente μ_1 und μ_2 können γ_1 bis γ_4 beliebig komplexe Werte annehmen. Im Material tritt dann ein Feld in Form einer gedämpften Welle auf.

Werden die Maxwellschen Gleichungen (III.1.11) und (III.1.12) für ebene Wellenfelder mit der angenommenen z-Abhängigkeit im in z-Richtung vormagnetisierten Ferritmaterial betrachtet, so kann unter Berücksichtigung der oben abgeleiteten Ausbreitungsmaße nach Gl.(V.5.4) folgender Zusammenhang für die transversale elektrische und magnetische Feldstärke abgeleitet werden:

$$\pm jk\sqrt{\mu_1\pm\mu_2}\; \vec{n}_z \times \vec{H}_t = k\mu_1 \vec{E}_t + jk\mu_2 \vec{n}_z \times \vec{E}_t \; , \tag{V.5.7}$$

$$\pm jk\sqrt{\mu_1\pm\mu_2}\; \vec{n}_z \times \vec{E}_t = k\vec{H}_t \; . \tag{V.5.8}$$

Wird aus Gl.(V.5.8) $\vec{H}_t$ berechnet und in Gl.(V.5.7) eingesetzt, so gilt:

$$\vec{E}_t = \pm j\, \vec{n}_z \times \vec{E}_t \; . \tag{V.5.9}$$

Dieser Zusammenhang gilt, wie aus der letzten Rechenoperation zu entnehmen ist, nur, solange $\mu_2 \neq 0$ ist. Für $\mu_2 = 0$ folgt die triviale Lösung $0 = 0$. Entsprechend ergibt sich, wenn zunächst $\vec{E}_t$ aus Gl.(V.5.8) berechnet wird und in Gl.(V.5.7)

---

[1] Vgl. Gl.(I.3.4) und Gl.(I.3.5) für die Elemente μ_1, μ_2.

eingesetzt wird:

$$\vec{\mathcal{H}}_t = \pm j \, \mathcal{N}_z \times \vec{\mathcal{H}}_t \; . \tag{V.5.10}$$

Das positive Vorzeichen in Gl.(V.5.10) ist dem positiven Vorzeichen in Gl.(V.5.4), das unter der Wurzel auftritt, zugeordnet. Eine entsprechende Aussage gilt für das negative Vorzeichen.

Aus Gl.(V.5.9) bzw. (V.5.10) folgt: Die möglichen Lösungen der Maxwellschen Gleichungen in Form einer ebenen Welle sind zirkular polarisiert. Die transversalen Feldkomponenten jeweils der elektrischen oder der magnetischen Feldstärke besitzen gleiche Amplituden, sie sind örtlich und zeitlich (Faktor $\pm$ j) um neunzig Grad gegeneinander phasenverschoben. Die verschiedenen Vorzeichen können jeweils den entsprechenden Werten von γ zugeordnet werden.

Aus Gl.(V.5.1) und Gl.(V.5.2) kann unter Berücksichtigung der abgeleiteten Ergebnisse für das Ausbreitungsmaß und die Polarisation der Felder ein Zusammenhang zwischen der elektrischen und der magnetischen Transversalfeldstärke der Form

$$\vec{\mathcal{H}}_t = \pm j \sqrt{\mu_1 \pm \mu_2} \, \mathcal{N}_z \times \mathcal{O}_t = \pm \sqrt{\mu_1 \pm \mu_2} \, \mathcal{O}_t \, , \; \mu_2 \neq 0 \tag{V.5.11}$$

berechnet werden. Die Größe

$$Z_{1,2} = \sqrt{\mu_1 \pm \mu_2} \tag{V.5.12}$$

wird als Feldwellenwiderstand des Ferritmaterials bezeichnet. Der positive Wert von μ_2 in Gl.(V.5.12) ist dem positiven Wert von μ_2 in Gl.(V.5.4) zugeordnet, entsprechendes gilt für das negative Vorzeichen. Für eine Welle in negativer z-Richtung gilt das positive Vorzeichen, für eine Welle in positiver z-Richtung das negative Vorzeichen im Ausdruck $\pm j Z_{1,2} \, \mathcal{N}_z \times \mathcal{O}_t$ der Gl.(V.5.11). Wird $\mathcal{H}_t$ durch $\pm Z_{1,2} \, \mathcal{O}_t$ ausgedrückt, so gilt das positive Vorzeichen einmal für eine linkshändig polarisierte Welle in negativer z-Richtung und für eine rechtshändig polarisierte Welle in positiver z-Richtung, entsprechend gilt das negative Vorzeichen für eine linkshändig polarisierte Welle in positiver z-Richtung und eine rechtshändig polarisierte Welle in negativer z-Richtung [1].

---

[1] Hierbei ist die Polarisationsrichtung jeweils auf die +z-Richtung bezogen.

Es wird zunächst nur eine Welle mit einer Ausbreitungsrichtung, z.B. positiver z-Richtung, betrachtet. Die oben abgeleiteten Gleichungen zeigen, daß sich in dieser Richtung zwei verschiedene Wellen ausbreiten können. Diese Wellen haben die Ausbreitungsmaße γ_3 und γ_4 nach Gl.(V.5.6). Wie Gl.(V.5.9) zeigt, sind die Felder beider Wellen zirkular polarisiert. Dabei treten zwei mögliche Polarisationsrichtungen auf. Wird das positive Vorzeichen in Gl.(V.5.6), also $\gamma = \gamma_3$, benutzt, so sind die Felder nach Gl.(V.5.9) bzw. Gl.(V.5.10) (in Bezug auf die positive z-Richtung) linkshändig zirkular polarisiert. Wird das negative Vorzeichen in Gl.(V.5.6), also $\gamma = \gamma_4$, benutzt, so sind die Felder rechtshändig zirkular polarisiert. (Zur Definition der Polarisationsrichtungen siehe auch Anmerkung [1] Seite 34). Für die rechts- und linkshändig zirkular polarisierten Felder treten verschiedene Ausbreitungsmaße γ_4 und γ_3 auf. In Bild V.5.1 sind die Phasenmaße $\beta_4 = \gamma_4/-i$, $\beta_3 = \gamma_3/-i$ für eine feste Frequenz und ein bestimmtes, als verlustfrei angesehenes Material in Abhängigkeit von der Vormagnetisierungsfeldstärke skizziert. Es zeigt sich, daß für die rechtshändig zirkular polarisierte Welle in einem bestimmten Feldstärkebereich unter der Annahme eines verlustfreien Materials keine Wellenausbreitung möglich ist. Im verlustbehafteten Material tritt in diesem Bereich ein starke Absorption auf (Bild V.5.2).

Wird eine linear polarisierte Welle, deren elektrische Feldstärke beliebige Richtung besitzt, im Material angeregt, so kann sie grundsätzlich in zwei gegenläufig zirkular polarisierte Teilwellen zerlegt werden. Hat die elektrische Feldstärke z.B. an der Stelle z = 0 x-Richtung und ist sie dort linear polarisiert, so kann sie in der Form

$$\vec{F} = |F_x| e^{j\varphi} \vec{n}_x = \frac{|F_x|}{2} e^{j\varphi}(\vec{n}_x + j\vec{n}_y) + \frac{|F_x|}{2} e^{j\varphi}(\vec{n}_x - j\vec{n}_y) \qquad (V.5.13)$$

geschrieben werden. Der erste Term der rechten Gleichungsseite beschreibt eine linkshändig zirkular polarisierte Welle, der zweite Term beschreibt eine rechtshändig zirkular polarisierte Welle. Ein beliebig elliptisch polarsiertes Feld kann entsprechend in zwei gegenläufige, zirkular polarisierte Felder mit verschiedenen Amplituden und Phasenwinkeln

$$\vec{F} = |\vec{F}_r| e^{j\varphi_r}(\vec{n}_x - j\vec{n}_y) + |\vec{F}_\ell| e^{j\varphi_\ell}(\vec{n}_x + j\vec{n}_y) \qquad (V.5.14)$$

zerlegt werden. In Gl.(V.5.14) ist der Fall der linear polarisierten Welle nach Gl.(V.5.13) als Spezialfall mit $|\vec{F}_r| = |\vec{F}_\ell|$ und $\varphi_r = \varphi_\ell$ enthalten.

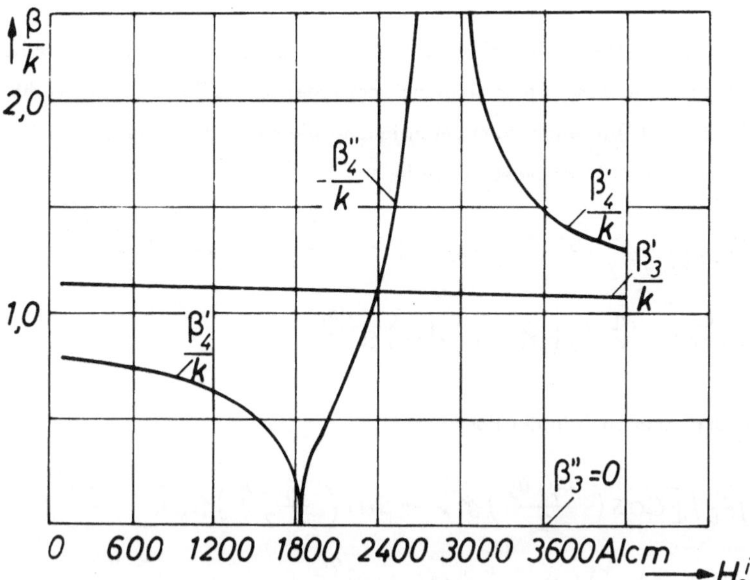

Bild V.5.1: Phasenmaß $\beta_3 = \beta_3' + j\beta_3''$ und $\beta_4 = \beta_4' + j\beta_4''$ als Funktion der Vormagnetisierungsfeldstärke H_0^i (Material R5, $\varepsilon_r = 11{,}3$, $M_s = 1030$ A/cm, $g = 1{,}97$, keine Verluste) bei konstanter Frequenz $f = 10$ GHz.

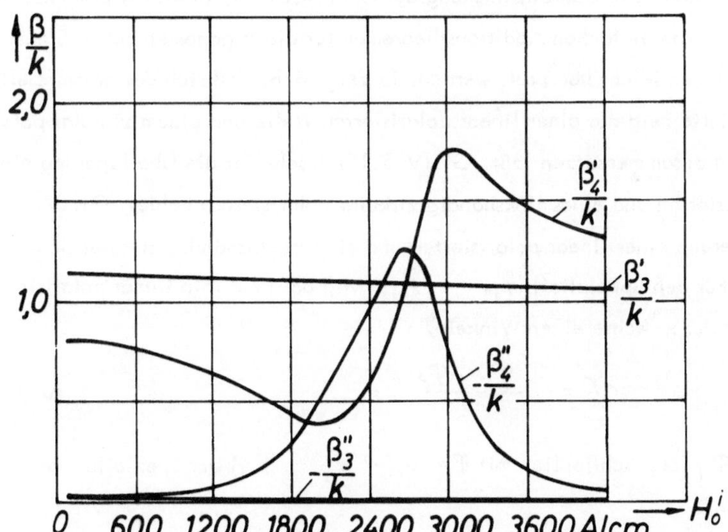

Bild V.5.2: Phasenmaß $\beta_3 = \beta_3' + j\beta_3''$ und $\beta_4 = \beta_4' + j\beta_4''$ als Funktion der Vormagnetisierungsfeldstärke H_0^i (Material R5, $\varepsilon_r = 11{,}3$, $M_s = 1030$ A/cm, $g = 1{,}97$, magnetische Verluste) bei konstanter Frequenz $f = 10$ GHz.

116

Es soll untersucht werden, wie sich eine beliebig elliptisch polarisierte Welle beim Durchgang durch ein in Ausbreitungsrichtung vormagnetisiertes Ferritmedium verhält. Dazu wird Gl.(V.5.14) in einer Form geschrieben, wie sie in ähnlicher Darstellung bereits von Gurevich /10/ angegeben wurde:

$$\mathcal{F} = 2\,|\mathcal{F}_r|\left[\cos\left(\frac{\varphi_r-\varphi_\ell}{2}\right)\textit{m}_x + \sin\left(\frac{\varphi_r-\varphi_\ell}{2}\right)\textit{m}_Y\right]e^{j\frac{\varphi_r+\varphi_\ell}{2}} +$$

$$+ \left(|\mathcal{F}_\ell| - |\mathcal{F}_r|\right)\left(\textit{m}_x + j\,\textit{m}_Y\right)e^{j\varphi_\ell}.$$

$$(V.5.15)$$

Diese Gleichung kann auch in der Form

$$\mathcal{F} = 2\,|\mathcal{F}_\ell|\left[\cos\left(\frac{\varphi_r-\varphi_\ell}{2}\right)\textit{m}_x + \sin\left(\frac{\varphi_r-\varphi_\ell}{2}\right)\textit{m}_Y\right]e^{j\frac{\varphi_r+\varphi_\ell}{2}} +$$

$$+ \left(|\mathcal{F}_r| - |\mathcal{F}_\ell|\right)\left(\textit{m}_x - j\,\textit{m}_Y\right)e^{j\varphi_r}$$

$$(V.5.16)$$

angegeben werden. Die Übereinstimmung der Gln.(V.5.14), (V.5.15) und (V.5.16) kann mit Hilfe von einfachen Additionstheoremen für die trigonometrischen Sinus- bzw. Cosinusfunktionen leicht überprüft werden. Es zeigt sich, daß sich das gesamte elliptisch polarisierte Feld aus einer linear polarisierten Welle und einem zirkular polarisierten Anteil zusammensetzen läßt. Gl.(V.5.15) beschreibt die Überlagerung eines linear polarisierten und eines linkshändig zirkular polarisierten Feldes, Gl.(V.5.16) die Überlagerung eines linear polarisierten und eines rechtshändig zirkular polarisierten Feldes. Für den Spezialfall $|\mathcal{F}_r| = |\mathcal{F}_\ell|$ wird das Feld rein linear polarisiert und es bildet mit der x-Achse einen Winkel ϑ :

$$\vartheta = \frac{\varphi_r - \varphi_\ell}{2} \quad .$$

$$(V.5.17)$$

Für $\varphi_r = \varphi_\ell$ folgt schließlich mit $\varphi = 0{,}5\cdot(\varphi_r + \varphi_\ell)$ der Spezialfall nach Gl.(V.5.13).

Es wird angenommen, daß an der Stelle $z = 0$ ein beliebig elliptisch polarisiertes Wellenfeld nach Gl.(V.5.14) bekannt ist:

$$\mathcal{F} = |\mathcal{F}_{ro}|\,e^{j\varphi_{ro}}\left(\textit{m}_x - j\,\textit{m}_Y\right) + |\mathcal{F}_{\ell o}|\,e^{j\varphi_{\ell o}}\left(\textit{m}_x + j\,\textit{m}_Y\right). \qquad (V.5.18)$$

Durchläuft die Welle, deren elektrischer Feldvektor an der Stelle $z = 0$ durch Gl.

(V.5.18) beschrieben wird, in positiver z-Richtung eine Strecke der Länge L, so können die Felder an der Stelle z = L mit Hilfe der harmonischen z-Abhängigkeit sowie der Ausbreitungsmaße nach Gl.(V.5.6)

$$\gamma_3 = -j\sqrt{\mu_1+\mu_2} = -\alpha_3-j\beta_3 \;, \quad \gamma_4 = -j\sqrt{\mu_1-\mu_2} = -\alpha_4-j\beta_4$$

(V.5.19)

in der Form

$$\mathfrak{H} = |\mathfrak{H}_{ro}|\, e^{j\varphi_{ro}}\, e^{-\alpha_4 L}\, e^{-j\beta_4 L}\,(\mathfrak{n}_x - j\mathfrak{n}_y) +$$
$$+ |\mathfrak{H}_{eo}|\, e^{j\varphi_{eo}}\, e^{-\alpha_3 L}\, e^{-j\beta_3 L}\,(\mathfrak{n}_x + j\mathfrak{n}_y)$$

(V.5.20)

angegeben werden. Das bedeutet, die Phasenwinkel der rechtshändig und linkshändig zirkular polarisierten Wellenfelder haben sich bis zur Stelle L auf den Wert

$$\varphi_r = \varphi_{ro} - \beta_4 L \;, \quad \varphi_e = \varphi_{eo} - \beta_3 L$$

(V.5.21)

geändert. Ebenso haben die Felder an der Stelle z = L Amplituden, deren Wert von denen an der Stelle z = 0 verschieden ist:

$$|\mathfrak{H}_r| = |\mathfrak{H}_{ro}|\cdot e^{-\alpha_4 L} \;, \quad |\mathfrak{H}_e| = |\mathfrak{H}_{eo}|\, e^{-\alpha_3 L}.$$

(V.5.22)

Wird zunächst wieder eine an der Stelle z = 0 linear polarisierte Welle betrachtet, $|\mathfrak{H}_{ro}| = |\mathfrak{H}_{lo}|$, die sich in einem verlustlosen Material ($\alpha_3 = 0$, $\alpha_4 = 0$) ausbreitet, so kann das Feld an der Stelle z = 0 in der Form (vgl. Gl.(V.5.15)):

$$\mathfrak{H} = 2|\mathfrak{H}_{ro}|\left[\cos\!\left(\frac{\varphi_{ro}-\varphi_{eo}}{2}\right)\mathfrak{n}_x + \sin\!\left(\frac{\varphi_{ro}-\varphi_{eo}}{2}\right)\mathfrak{n}_y\right]e^{j\frac{\varphi_{ro}+\varphi_{eo}}{2}}$$

(V.5.23)

geschrieben werden. Der Feldvektor $\mathfrak{H}$ bildet mit der x-Achse den Winkel $\vartheta_o = 0{,}5\cdot(\varphi_{ro} - \varphi_{lo})$. Dieser Winkel wird auch als Polarisationswinkel bezeichnet. An der Stelle z = L hat das Feld unter der Voraussetzung $\mu_1 - \mu_2 > 0$ die Form:

$$\mathfrak{H} = 2|\mathfrak{H}_{ro}|\left[\cos\!\left(\frac{\varphi_r-\varphi_e}{2}\right)\mathfrak{n}_x + \sin\!\left(\frac{\varphi_r-\varphi_e}{2}\right)\mathfrak{n}_y\right]e^{j\frac{\varphi_r+\varphi_e}{2}}.$$

(V.5.24)

Das bedeutet, der Polarisationswinkel hat sich nach Gl.(V.5.21) um den Wert $\Delta\vartheta$ auf

$$\vartheta = \vartheta_0 + \Delta\vartheta = \frac{\varphi_r - \varphi_e}{2} = \frac{\varphi_{ro} - \varphi_{eo}}{2} + \frac{\beta_3 - \beta_4}{2} L \qquad (V.5.25)$$

geändert, die Welle ist weiterhin linear polarisiert. Das heißt: Bei Durchgang durch ein verlustloses Material bleibt unter der Voraussetzung $\mu_1 - \mu_2 > 0$ die lineare Polarisation einer ebenen Welle erhalten, doch wird der Polarisationswinkel um den Betrag

$$\Delta\vartheta = \frac{\beta_3 - \beta_4}{2} L \qquad (V.5.26)$$

geändert. Dieser Effekt, daß sich die Polarisationsrichtung der Welle beim Fortschreiten in z-Richtung ändert, wird als Faraday-Effekt bezeichnet.

Ist die Bedingung $\mu_1 - \mu_2 > 0$ nicht erfüllt, sondern gilt $\mu_1 - \mu_2 < 0$, so kann sich die rechtshändig polarisierte Welle nicht ausbreiten, sie klingt nach einer e-Funktion ab. Das bedeutet, in sehr großem Abstand von der Stelle $z = 0$ wird die rechtshändig zirkular polarisierte Welle eine vernachlässigbar kleine Amplitude haben und das gesamte Wellenfeld ist linkshändig zirkular polarisiert.

Ist das Material verlustbehaftet, so ändern die Amplituden der rechts- und linkshändig polarisierten Wellen beim Durchlaufen der Länge L in z-Richtung in jedem Arbeitspunkt des Ferritmaterials ihren Wert (Gl. (V.5.22)). Wird an der Stelle $z = 0$ wieder ein linear polarisiertes Wellenfeld angeregt, so ist die Welle nach Durchlaufen der Länge L nach Gl. (V.5.15) bzw. (V.5.16) elliptisch polarisiert. Der sogenannte Feldelliptizitätsfaktor

$$G = 20 \lg \frac{F_+}{F_-} = 20 \lg \left| \frac{|\varphi_r| + |\varphi_e|}{|\varphi_r| - |\varphi_e|} \right| , \qquad (V.5.27)$$

der ein Maß für das Verhältnis der großen Ellipsenachse F_+ zur kleinen Ellipsenachse F_- ist, ändert sich laufend, wenn die Welle in z-Richtung fortschreitet. Für die an der Stelle $z = 0$ linear polarisierte Welle ergibt sich an der Stelle $z = L$ der Feldelliptizitätsfaktor

$$G = 20 \lg \frac{e^{-\alpha_4 L} + e^{-\alpha_3 L}}{e^{-\alpha_4 L} - e^{-\alpha_3 L}} = 20 \lg \coth\left(\frac{\alpha_3 - \alpha_4}{2} L \right).$$

$$(V.5.28)$$

Die hier für die linear polarisierte Welle durchgeführten Überlegungen gelten analog

für die elliptisch polarisierte Welle. Sowohl der Absolutbetrag als auch die Lage der
großen und der kleinen Ellipsenachse ändern sich laufend, wenn die Welle in z-Richtung
fortschreitet. Dies läßt sich sofort aus der Tatsache ableiten, daß eine elliptisch polarisierte Welle nicht nur durch Überlagerung zweier gegenläufig zirkular polarisierter Wellen, sondern auch durch die Überlagerung zweier senkrecht zueinander linear polarisierter Wellen dargestellt werden kann. Beide linear polarisierten Wellen ändern beim
Fortschreiten in z-Richtung sowohl ihre Polarisationsrichtung als auch ihre Polarisationsart, das heißt, sie gehen in elliptisch polarisierte Felder über. Die einzige Welle, die
das Material ungeändert in Bezug auf ihre Polarisationsart durchläuft, ist die zirkular
polarisierte Welle als ursprüngliche Lösung der Maxwellschen Gleichungen.

Zum Abschluß der Überlegungen soll noch untersucht werden, wie sich eine Welle
verhält, die in negativer z-Richtung fortschreitet. Der Permeabilitätstensor nach
Gl.(I.2.15), der das Verhalten des Materials in Bezug auf seine magnetischen Eigenschaften beschreibt, wird durch die Vorgabe der Vormagnetisierungsrichtung sowie
durch den Absolutbetrag der Vormagnetisierungsfeldstärke in seinen Werten festgelegt
und gilt bei festgehaltener Vormagnetisierungsfeldstärke sowohl für die in positiver als
auch in negativer z-Richtung fortschreitenden Wellen. Eine Abhängigkeit der Elemente
des Permeabilitätstensors von der Ausbreitungsrichtung der Welle ist also nicht zu erwarten.

Wird aber die Polarisation der Welle jeweils auf die Ausbreitungsrichtung und nicht
wie bisher auf die positive z-Richtung (Vormagnetisierungsrichtung) bezogen, so zeigt
sich, daß die in negativer z-Richtung fortschreitende Welle mit dem Ausbreitungsmaß
γ_1 rechtshändig zirkular polarisiert in bezug auf die negative z-Richtung und die in
negativer z-Richtung fortschreitende Welle mit dem Ausbreitungsmaß γ_2 linkshändig
zirkular polarisiert in bezug auf die negative z-Richtung ist. Werden also zwei, jeweils
in bezug auf ihre Ausbreitungsrichtung rechtshändig zirkular polarisierte Wellen betrachtet, die sich in +z-Richtung oder −z-Richtung ausbreiten, so haben diese Wellen
verschiedene Ausbreitungsmaße. Das Ferritmaterial verhält sich also nichtreziprok,
vgl. Kapitel V.3 sowie Kapitel VI.2.3a. Dagegen haben zwei Wellen, von denen
die eine rechtshändig zirkular polarisiert in bezug auf die positive z-Richtung ist und
sich in positiver z-Richtung ausbreitet und die andere linkshändig zirkular polarisiert
in bezug auf die negative z-Richtung (also rechtshändig zirkular polarisiert in bezug
auf die positive z-Richtung) ist und sich in negativer z-Richtung ausbreitet, dasselbe

Ausbreitungsmaß. Damit wird also z.B. die Änderung des Polarisationswinkels nach
Gl.(V.5.26) für eine immer rechtshändig zirkular polarisierte Welle (bezogen auf die
positive z-Richtung) verdoppelt, wenn die Welle die Strecke L einmal in positiver und
einmal in negativer z-Richtung durchläuft.

Wie leicht zu erkennen ist, kann die oben durchgeführte Diskussion auch vollzogen
werden, wenn in einem Gedankenexperiment nicht die Ausbreitungsrichtung sondern
die Vormagnetisierungsrichtung umgekehrt wird. Die Umkehrung der Vormagnetisierungsrichtung bewirkt einen Wechsel des Vorzeichens des Tensorelements μ_2. Das heißt,
wird eine in bezug auf die positive z-Richtung rechtshändig zirkular polarisierte Welle,
die in positiver z-Richtung fortschreitet, einmal als in Vormagnetisierungsrichtung,
zum andern als gegen die Vormagnetisierungsrichtung fortschreitend angesehen, so ergeben sich die zugehörigen Ausbreitungsmaße durch eine Vorzeichenumkehrung des
Elements μ_2 in Gl.(V.5.4) auseinander. Auch diese Überlegung entspricht den Untersuchungen zur Nichtreziprozität der Ferritmaterialien in Kapitel V.3.

V.5.2 EBENE WELLEN MIT AUSBREITUNGSRICHTUNG SENKRECHT ZUR VORMAGNETISIERUNGSRICHTUNG

In diesem Abschnitt sollen Wellenfelder in Form einer ebenen Welle behandelt werden, die sich senkrecht zur Vormagnetisierungsrichtung ausbreitet. Dazu wird wieder
vorausgesetzt, daß die Richtung der Wellenausbreitung mit der z-Richtung eines Koordinatensystems übereinstimmt. Als Vormagnetisierungsrichtung sei die Richtung der
x-Achse angenommen. Unter diesen Voraussetzungen läßt sich das schon in Kapitel
III.2.1a abgeleitete Differentialgleichungssystem für die Feldkomponenten E_x und H_x
Gl.(III.2.4) und Gl.(III.2.5) verwenden. Es wird darauf hingewiesen, daß in Kapitel
III.2.1a die x-Richtung des Koordinatensystems als Richtung der longitudinalen Feldkomponenten bezeichnet wurde, so daß sich der in den Gleichungen auftretende transversale Nabla-Operator aus den Ableitungen nach y und z berechnet. Wird der Wellenansatz für die Felder berücksichtigt, wird ferner beachtet, daß nur Lösungen in Form
einer ebenen Welle bestimmt werden sollen, so kann das Gleichungssystem (Gl.(III.2.4)
und Gl.(III.2.5)) in der Form

$$\frac{\partial^2}{\partial z^2} H_x + k^2 H_x = 0,$$

$$\frac{\partial^2}{\partial z^2} E_x + k^2 \mu_{eff1} E_x = 0 \qquad\qquad (V.5.29)$$

abgeleitet werden. Die beiden Gleichungen für H_x und E_x sind nicht mehr miteinander verkoppelt, das bedeutet, es können zwei verschiedene, voneinander unabhängige Lösungen auftreten, die durch die Bedingung $E_x = 0$, $H_x \neq 0$ bzw. $E_x \neq 0$, $H_x = 0$ definiert sind. Es ist ferner zu bemerken, daß die Gleichung für H_x in Gl.(V.5.29) nicht von den Elementen des Permeabilitätstensors abhängt, während die Differentialgleichung für E_x das Element μ_{eff1}, die effektive Permeabilität erster Art, die durch Gl.(I.2.25) definiert wurde, enthält. Aus den einfachen Gleichungen nach Gl.(V.5.29) kann mit Hilfe des Wellenansatzes (vgl. Gl.(III.1.31)) sofort eine Aussage über die auftretenden Ausbreitungsmaße γ_1 und γ_2 gemacht werden:

$$\gamma_1 = \pm j k \quad , \quad \gamma_2 = \pm jk\sqrt{\mu_{eff1}} \, . \qquad\qquad (V.5.30)$$

γ_1 ist das Ausbreitungsmaß der Welle mit verschwindender E_x-Komponente, γ_2 das Ausbreitungsmaß der Welle mit verschwindender H_x-Komponente.

Aus den Feldkomponenten E_x bzw. F_x und H_x bzw. G_x lassen sich mit Hilfe der Maxwellschen Gleichungen die restlichen Feldkomponenten berechnen (vgl. Gl.(III.1.11) und Gl.(III.1.12) sowie eine Koordinatentransformation $x',y',z' \leftrightarrow y,z,x$):

$$-k\mu_1 \mathfrak{H}_t - j\mu_2 \mathfrak{n}_x \times \mathfrak{H}_t = \mathfrak{n}_x \times grad_t E_x , \qquad\qquad (V.5.31)$$

$$-k\mathfrak{E}_t = \mathfrak{n}_x \times grad_t H_x , \qquad\qquad (V.5.32)$$

(die transversale Ebene ist wieder die y-z-Ebene).

Es wird zunächst die Welle betrachtet, die nur eine H_x-Komponente besitzt ($E_x = 0$) und die somit durch die Gln.(V.5.29) und (V.5.32) bestimmt wird. Aus der x-Komponente der magnetischen Feldstärke $H_x = G_x \cdot e^{\gamma_1 z}$ folgen dann die zugehörigen restlichen Feldanteile der elektrischen Feldstärke:

$$\mathfrak{E}_t = E_y \mathfrak{n}_y + E_z \mathfrak{n}_z = -\frac{1}{k} \mathfrak{n}_x \times grad_t H_x = \frac{1}{k} \frac{\partial H_x}{\partial z} \mathfrak{n}_y . \qquad\qquad (V.5.33)$$

Das heißt, das Feld besitzt nur eine H_x- und eine E_y-Komponente:

$$H_x = G_x\, e^{\gamma_1 z}, \quad E_Y = F_Y\, e^{\gamma_1 z} = \frac{\gamma_1}{k}\, G_x\, e^{\gamma_1 z} = \pm j\, G_x\, e^{\gamma_1 z}.$$

$$(V.5.34)$$

Es ergibt sich, daß für eine ebene Welle, die in Richtung senkrecht zur Vormagnetisierungsrichtung im Ferritmaterial fortschreitet und die eine Komponente der magnetischen Feldstärke in Richtung der Vormagnetisierungsfeldstärke besitzt, sich das Ferritmaterial wie ein isotropes Material mit den Materialparametern $\mu = \mu_0$ und $\varepsilon = \varepsilon_0 \varepsilon_r$ verhält. Der Feldwellenwiderstand, der den Zusammenhang zwischen der (bezogenen) elektrischen und magnetischen Feldstärke beschreibt, ist:

$$Z_1 = \frac{F_Y}{G_x} = \pm j \ .$$

$$(V.5.35)$$

Das positive Vorzeichen ist der Welle in negativer z-Richtung, das negative Vorzeichen der Welle in positiver z-Richtung zugeordnet.

Die hier beschriebene Welle, deren Verhalten durch die magnetischen Eigenschaften des Ferritmaterials nicht beeinflußt wird, wird als ordentliche Welle bezeichnet. Die ordentliche Welle besitzt keine Feldkomponente in Ausbreitungsrichtung, das heißt, die elektrische und die magnetische Feldstärke liegen in der Ebene transversal zur Ausbreitungsrichtung. Sowohl die elektrische als auch die magnetische Feldstärke sind linear polarisiert.

Wird die Welle untersucht, die eine E_x-Komponente besitzt, so können aus der Lösung der Differentialgleichung (V.5.29)

$$E_x = F_x\, e^{\gamma_2 z} = F_x\, e^{\pm jk\sqrt{\mu_{eff1}}\, z}$$

$$(V.5.36)$$

mit Hilfe der Beziehung (V.5.31) die restlichen Feldkomponenten bestimmt werden. Dazu wird Gl.(V.5.31) mit dem Operator $L = (\mu_1 - j\mu_2 \mathbf{m}_x \times)$ von links multipliziert. Es ergibt sich:

$$\mathfrak{H}_t = \frac{1}{k\,\mu_{eff1}} \frac{\partial E_x}{\partial z}\, \mathbf{m}_Y - j\, \frac{1}{k\,\mu_{eff2}} \frac{\partial E_x}{\partial z}\, \mathbf{m}_z \ .$$

$$(V.5.37)$$

Mit Hilfe der Beziehung (V.5.30) und der Lösung (V.5.36) für die E_x-Komponente kann dann für $\mathfrak{H}_t$ der Wert

$$\underline{\mathcal{H}}_t = \pm j\, \frac{\sqrt{\mu_{eff1}}}{\mu_{eff1}}\, F_x\, e^{\pm jk\sqrt{\mu_{eff1}}\, z}\, \mathcal{H}_y \pm \frac{\sqrt{\mu_{eff1}}}{\mu_{eff2}}\, F_x\, e^{\pm jk\sqrt{\mu_{eff1}}\, z}\, \mathcal{H}_z \qquad (V.5.38)$$

angegeben werden. Die Wellenwiderstände, die die F_x-Komponente mit der G_y- und G_z-Komponente verknüpfen, haben die Form:

$$Z_{21} = \frac{F_x}{G_y} = \mp j\sqrt{\mu_{eff1}} \quad , \quad Z_{22} = \frac{F_x}{G_z} = \pm\, \frac{\mu_{eff2}}{\sqrt{\mu_{eff1}}} \; . \qquad (V.5.39)$$

Im Gegensatz zu der oben besprochenen ordentlichen Welle ist die hier abgeleitete Welle von den magnetischen Eigenschaften des Ferritmaterials abhängig, sie wird als außerordentliche Welle bezeichnet. Insbesondere zeigt sich, daß die Welle im verlustlosen Material nur ausbreitungsfähig ist, wenn $\mu_{eff1} > 0$ ist. Im Bereich $\mu_{eff1} \leqq 0$ wird das Ausbreitungsmaß γ_2 reell und die Welle geht in eine in z-Richtung an- oder abklingende Schwingung über. Das abgeleitete Wellenfeld besitzt die Eigenschaft, daß neben den beiden Feldkomponenten E_x und H_y, die in der Ebene transversal zur Ausbreitungsrichtung liegen, auch eine Feldkomponente H_z in Ausbreitungsrichtung auftritt. Wie aus Gl.(V.5.38) hervorgeht, verschwindet die H_z-Komponente im isotropen Grenzfall, da μ_{eff2} unendlich groß wird. Der Wellenwiderstand Z_{21} geht im isotropen Grenzfall in den Wellenwiderstand $\mp j$ über, so daß sich für unendlich große Vormagnetisierungsfeldstärken eine Lösung in Form einer ebenen Welle im isotropen Medium ergibt.

Wie Gl.(V.5.38) ferner zeigt, ist die magnetische Feldstärke $\underline{\mathcal{H}}$ elliptisch polarisiert, das heißt, der Endpunkt des magnetischen Feldvektors bewegt sich auf einer Ellipse, die in der y-z-Ebene liegt. Es kann aber gezeigt werden, daß die magnetische Induktion $\underline{\mathcal{B}}$ dieser Welle wieder transversal zur Ausbreitungsrichtung und linear polarisiert ist:

$$\underline{\mathcal{B}} = \pm j\sqrt{\mu_{eff1}}\, F_x\, e^{\pm jk\sqrt{\mu_{eff1}}\, z} \cdot \mathcal{H}_y \; . \qquad (V.5.40)$$

In den Bildern V.5.3 und V.5.4 ist das Phasenmaß $\beta_2 = \gamma_2/(\pm j)$ aufgetragen, und zwar für den Fall des verlustfreien Materials und den des verlustbehafteten Material. Während im verlustfreien Material β_2 eine Polstelle durchläuft und im Bereich $\mu_{eff1} < 0$ rein imaginär wird (d.h. γ_2 wird rein reell), durchläuft der Realteil von β_2 im Fall des verlustbehafteten Materials eine Dispersionscharakteristik, der Imaginärteil ein Maximum. In dem Bereich, in dem β_2 vorher imaginär wurde, tritt jetzt eine

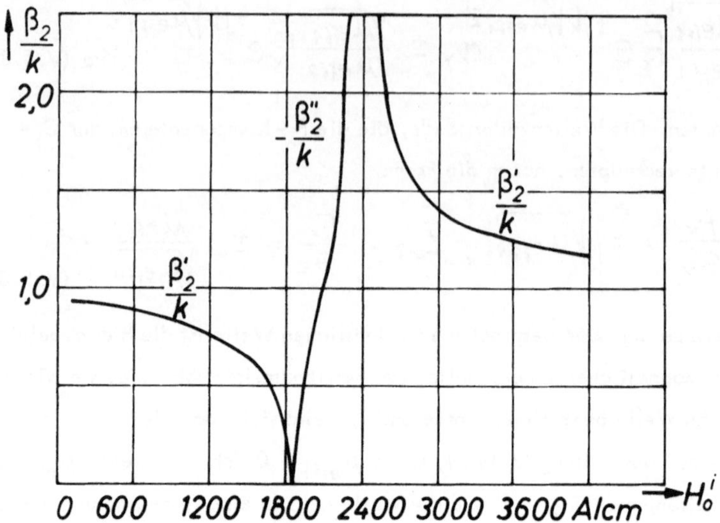

Bild V.5.3: Phasenmaß $\beta_2 = \beta_2' + j\beta_2''$ der außerordentlichen Welle als Funktion der Vormagnetisierungsfeldstärke H_o^i (Material R5, $\varepsilon_r = 11,3$, $M_s = 1030$ A/cm, $g = 1,97$, ohne Verluste) bei konstanter Frequenz $f = 10$ GHz.

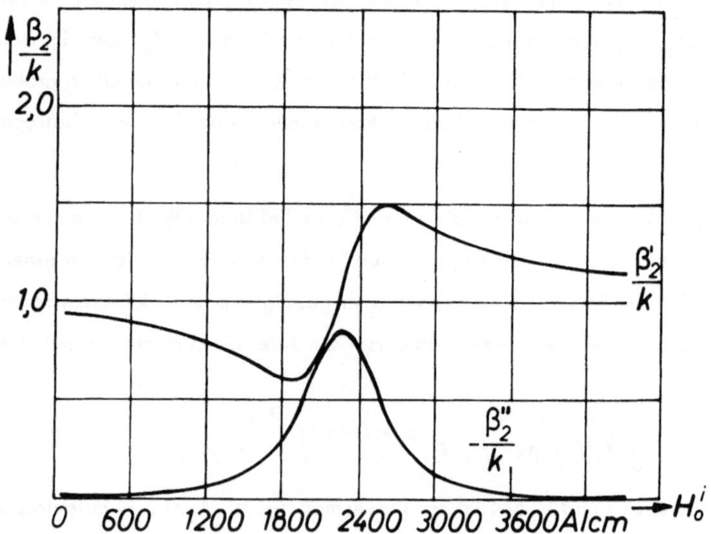

Bild V.5.4: Phasenmaß $\beta_2 = \beta_2' + j\beta_2''$ der außerordentlichen Welle als Funktion der Vormagnetisierungsfeldstärke H_o^i (Material R5, $\varepsilon_r = 11,3$, $M_s = 1030$ A/cm, $g = 1,97$, mit magnetischen Verlusten) bei konstanter Frequenz $f = 10$ GHz.

starke Absorption auf.

Ein beliebiges Wellenfeld im Ferritmaterial, das sich in Form einer ebenen Welle senkrecht zur Vormagnetisierungsrichtung ausbreitet, wird sich aus dem Feld der ordentlichen und der außerordentlichen Welle zusammensetzen. Da für die ordentliche und die außerordentliche Welle verschiedene Ausbreitungsmaße gelten, wird der Charakter der Welle, ähnlich wie bei der Ausbreitung einer ebenen Welle in Vormagnetisierungsrichtung (vgl. Kapitel V.5.1), nicht erhalten bleiben. Wird z.B. eine Welle betrachtet, die an der Stelle $z = 0$ linear polarisiert ist und deren elektrisches Feld beliebige Richtung in der x-y-Ebene besitzt, so wird sie nach Durchlaufen der Länge L in z-Richtung im allgemeinen Fall elliptisch polarisiert sein.

V.6 GAUSS'SCHE STRAHLEN IN GYROTROPEN MATERIALIEN

Eine Wellenform, die der der ebenen Wellen sehr ähnlich ist, ist die der "Gaußschen Strahlen". Diese Wellenform ist dadurch charakterisiert, daß die Energie der Welle in der Umgebung einer z-Achse, die in Richtung der Ausbreitung der Welle liegt, konzentriert ist und die Feldamplituden in der Transversalebene x,y für $x,y \rightarrow \infty$ nach einer e-Funktion abklingen. Im Gegensatz zur Wellenform der ebenen Welle sind die Phasenfronten der Gaußschen Strahlen nicht eben, sondern gekrümmt. Die Krümmung der Phasenfronten ist eine Funktion der Koordinate z. Die hier beschriebene Darstellung Gaußscher Strahlen beruht auf Arbeiten von Ermert /553/, /524/, /525/, /555/, der ausgehend von einer Untersuchung von Wencker /539/ erstmals diese Wellenform in gyrotropen Medien in der hier beschriebenen einfachen Form angegeben hat. Wie bei der Untersuchung der ebenen Wellen in Kapitel V.5 sollen auch hier die zwei Fälle betrachtet werden, daß erstens die Vormagnetisierungsrichtung gleich der Ausbreitungsrichtung der Welle ist und daß zweitens Vormagnetisierungsrichtung und Ausbreitungsrichtung senkrecht zueinander sind.

V.6.1 GAUSS'SCHE STRAHLEN MIT AUSBREITUNG IN RICHTUNG DER VORMA-

GNETISIERUNGSRICHTUNG

Es wird angenommen, daß die Richtung der Vormagnetisierungsfeldstärke und die Wellenausbreitungsrichtung gleich der z-Richtung eines kartesischen Koordinatensystems sind.
Damit wird der Permeabilitätstensor durch Gl.(I.2.15) beschrieben. Der Permeabilitätstensor sei als hermitesch vorausgesetzt, das heißt das Material wird als verlustfrei angenommen. Wie bereits in Kapitel III.1 angegeben wurde, werden die Felder unter diesen
Voraussetzungen durch das verkoppelte Gleichungssystem (III.1.20) und (III.1.21) beschrieben. Es wird eine Lösung in Form einer Welle in z-Richtung gesucht, das bedeutet
nach den Diskussionen in Kapitel III.1a, daß die Felder stets von einem HE- oder EH-Typ
sind, weil keine speziellen Eigenschaften (wie z.B. im Fall der ebenen Welle, Kap.V.5)
im Fall der zu behandelnden Gaußschen Strahlen die Differentialgleichungen vereinfachen.

Wie bereits von Gurevich gezeigt wurde /10/, können die Differentialgleichungen,
die die elektromagnetischen Felder beschreiben (z.B.Gl.(III.1.20) und Gl.(III.1.21)),
durch erneute Anwendung der auftretenden Differentialoperatoren entkoppelt werden
und auf je eine Differentialgleichung vierten Grades

$$L \left\{ \begin{matrix} E \\ H \end{matrix} \right\} = 0 \qquad\qquad (V.6.1)$$

zurückgeführt werden. Der auftretende Differentialoperator hat die Form:

$$L = \mu_1 \nabla_t^4 + \nabla_t^2 \left[(\mu_1 + 1) \frac{\partial^2}{\partial z^2} + k^2 \mu_1 (1 + \mu_{eff1}) \right] +$$
$$+ \frac{\partial^4}{\partial z^4} + 2 \mu_1 k^2 \frac{\partial^2}{\partial z^2} + k^4 (\mu_1^2 - \mu_2^2) . \qquad (V.6.2)$$

In diesem Kapitel sollen nur Lösungen in Form von Gaußschen Strahlen untersucht werden, aus diesem Grund wird für die Feldkomponenten E_x, E_y, E_z und H_x, H_y, H_z ein Ansatz
der Form

$$E = F(x,y,z) e^{\gamma z}, \quad H = G(x,y,z) e^{\gamma z} \qquad (V.6.3)$$

gemacht, in dem die Größen F und G im Gegensatz zu den bisher durchgeführten Untersuchungen auch von der Koordinate z abhängen. Wird der Wellenansatz nach Gl. (V.6.3) in Gl. (V.6.2) eingesetzt, so folgt eine Differentialgleichung der Form (z.B. für F):

$$\left[A_t \nabla_t^2 + B\left(\frac{\partial^2}{\partial z^2} + 2\gamma \frac{\partial}{\partial z}\right) + C\right] F =$$

$$= -\left[\nabla_t^2 + \left(\frac{\partial^2}{\partial z^2} + 2\gamma \frac{\partial}{\partial z}\right)\right]\left[\mu_1 \nabla_t^2 + \left(\frac{\partial^2}{\partial z^2} + 2\gamma\frac{\partial}{\partial z}\right)\right] F,$$

$$(V.6.4)$$

in der die Koeffizienten A_t, B und C durch

$$A_t = \mu_1\left[k^2(1+\mu_{eff1}) + \gamma^2\left(1 + \frac{1}{\mu_1}\right)\right],$$

$$B = 2\left(k^2\mu_1 + \gamma^2\right),$$

$$(V.6.5)$$

$$C = \left[\gamma^2 + k^2(\mu_1+\mu_2)\right]\left[\gamma^2 + k^2(\mu_1-\mu_2)\right]$$

beschrieben werden.

Gaußsche Strahlen haben die Eigenschaft, daß die Funktionen F(x,y,z) bzw. G(x,y,z), die nach Gl. (V.6.3) definiert sind, nur wenig von der Koordinate z abhängen /539/. Das bedeutet, daß höhere Ableitungen der Funktionen F und G nach der Koordinate z nach der Beziehung (z.B. für F)

$$\left| \frac{\partial^n F}{\partial z^n}\right| \ll \left| \gamma \frac{\partial^{(n-1)}F}{\partial z^{(n-1)}}\right|$$

$$(V.6.6)$$

vernachlässigt werden können. Daraus folgt, daß in Gl. (V.6.4) die Differentieloperatoren $\partial^2/\partial z^2$ gegenüber den Operatoren $2\gamma \cdot \partial/\partial z$ vernachlässigt werden können und daß sich damit Gl. (V.6.4) auf

$$\left[A_t \nabla_t^2 + 2\gamma B \frac{\partial}{\partial z} + C\right] F =$$

$$= -\left(\nabla_t^2 + 2\gamma \frac{\partial}{\partial z}\right)\left(\mu_1 \nabla_t^2 + 2\gamma \frac{\partial}{\partial z}\right) F$$

$$(V.6.7)$$

reduziert.

128

Selbst unter diesen vereinfachenden Annahmen ist es außerordentlich schwierig, eine allgemeine Lösung der Differentialgleichungen (V.6.7) zu finden, aus diesem Grund sollen hier einschränkende Annahmen gemacht werden, deren Gültigkeit sich auf die Gesetzmäßigkeit Gaußscher Strahlen im isotropen Material stützt. Es wird angenommen, daß die Feldverteilung des Gaußschen Strahles im gyrotropen Medium wie im isotropen Medium eine starke Ähnlichkeit mit der der ebenen Welle besitzt. Insbesondere wird vorausgesetzt, daß die auftretenden Wellenfelder wie die Felder der ebenen Welle im gyrotropen Medium (Kapitel V.5) rechtshändig oder linkshändig zirkular polarisiert sind. Dann kann nach Gl. (V.5.5) das Ausbreitungsmaß γ durch die beiden Werte

$$\gamma = \pm jk \sqrt{\mu_1 - \mu_2} \quad , \quad \gamma = \pm jk \sqrt{\mu_1 + \mu_2} \qquad \text{(V.6.8)}$$

beschrieben werden. Mit diesen Werten von γ ergibt sich, daß die Größe C in Gl. (V.6.5) verschwindet. Aus Gl. (V.6.7) kann ferner erkannt werden, daß der auf der rechten Seite stehende Differentialoperator nach Anwendung auf die Funktionen F oder G klein gegenüber dem Anteil auf der linken Seite des Gleichheitszeichens ist, falls die Bedingung /553/, /525/

$$a_{L\mp} = \left| \frac{(1-\mu_1)^2 - \mu_2^2}{\mu_2 \left[1 + (\mu_1 \pm \mu_2) \right]^2} \right| \ll 100 \qquad \text{(V.6.9)}$$

erfüllt ist. Das bedeutet, daß für die Komponenten der elektrischen und magnetischen Feldstärke (z.B. in der Transversalebene) in erster Näherung die Differentialgleichung

$$\left[A_t \nabla_t^2 + 2 \gamma B \right] \begin{bmatrix} F_{x,y} \\ G_{x,y} \end{bmatrix} = 0 \qquad \text{(V.6.10)}$$

gültig ist. Als Lösung dieser Differentialgleichung kann das Feld eines Gaußschen Strahles gefunden werden, z.B. für $F_{x,y}$:

$$F_{x,y}(x,y,z) = A_{mn} \left[\sqrt{\frac{w_0}{w}} H_m\left(\frac{\sqrt{2}\,x}{w}\right) e^{-\frac{x^2}{w^2}} e^{j\left[(m+\frac{1}{2})\text{arctan}\,\xi - \frac{x^2}{w^2}\xi\right]} \right] \cdot$$
$$\cdot \left[\sqrt{\frac{w_0}{w}} H_n\left(\frac{\sqrt{2}\,y}{w}\right) e^{-\frac{y^2}{w^2}} e^{j\left[(n+\frac{1}{2})\text{arctan}\,\xi - \frac{y^2}{w^2}\xi\right]} \right].$$

$$\text{(V.6.11)}$$

Die Lösungen nach Gl.(V.6.11) erfüllen die Randbedingungen $\lim\limits_{x,y,z\to\infty} F = 0$.
Die Größen n und m sind ganzzahlige Indizes, die den Wellentyp charakterisieren.
Die Größe

$$\xi = \frac{2\,A_t}{\beta\,w_0^2\,B}\,(z - z_0)$$

(V.6.12)

soll als normierte z-Koordinate bezeichnet werden, sie ist abhängig vom Ort z_0 der
Strahltaille (Bild V.6.1), vom Radius w_0 des Strahles in der Strahltaille, vom Phasen-
maß $\beta = \gamma/(\pm j)$ nach Gl.(V.6.8) sowie den Größen A_t und B der Differentialgleichung
(V.6.10). Die Funktionen $H_m(u)$ sind Hermitesche Polynome /12/ m-ter Ordnung in u.
Die Größe w ist der Radius des Strahles an der Stelle der normierten z-Koordinate ξ :

$$w = w_0 \sqrt{1 + \xi^2}$$

(V.6.13)

Die Amplitude des Strahles gehorcht in der Transversalebene einer Gaußfunktion,
die Amplituden der Felder fallen in x- und y-Richtung für große Werte von x und y nach
einer e-Funktion ab. Die Phasenfronten sind nicht mehr wie im Fall der ebenen Welle

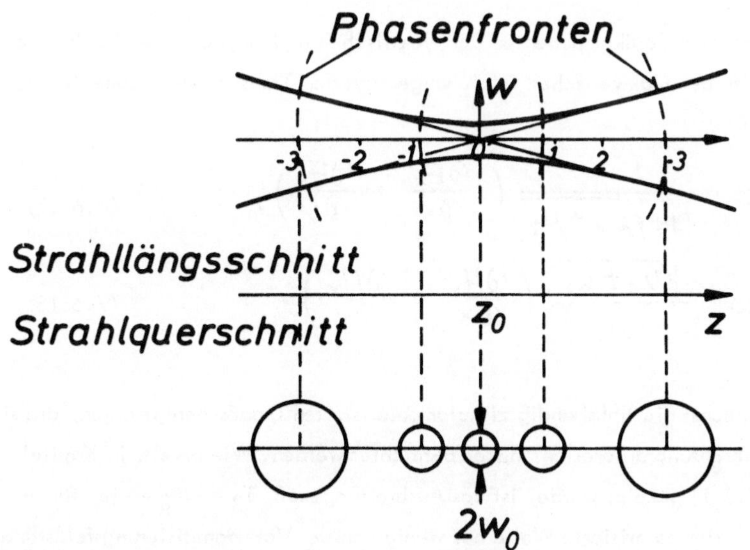

Bild V.6.1: Charakteristische Kenngrößen eines Gaußschen Strahles

(Kapitel V.5) Ebenen, sondern die Phasenfronten besitzen einen Krümmungsradius

$$R = \frac{1}{2} \beta W_0^2 \left(\xi + \frac{1}{\xi} \right), \qquad (V.6.14)$$

der von der Koordinate z abhängt. Werden in der Transversalebene Linien konstanter Feldamplitude gezeichnet, so sind sie im Fall des hier betrachteten Strahles an jeder Stelle z kreisförmig (Bild V.6.1). Ein solcher Strahl wird als nichtastigmatisch bezeichnet.

Damit die in Gl.(V.6.6) aufgestellten Bedingungen erfüllt werden, muß der Strahlradius w_o an der Stelle z = 0 der Bedingung

$$W_0^2 \geqslant \frac{50}{k^2} \left(1 + \frac{1}{\mu_1 \pm \mu_2} \right) \qquad (V.6.15)$$

genügen.

Aus den Maxwellschen Gleichungen folgt näherungsweise, daß zwischen den transversalen Feldkomponenten der Zusammenhang

$$\frac{H_Y}{H_x} \approx \frac{E_Y}{E_x} \approx \pm j \qquad (V.6.16)$$

besteht. Dieser Zusammenhang beschreibt die vorne gemachte Annahme, daß die Felder des Strahles näherungsweise zirkular polarisiert sind (vgl. Kapitel V.5.1).

Die longitudinalen Feldkomponenten der elektrischen und magnetischen Feldstärke können mit Hilfe der Maxwellschen Gleichungen aus den Transversalkomponenten bestimmt werden:

$$E_z \approx \frac{1}{\pm jk \sqrt{\mu_1 \pm \mu_2}} \left(\frac{\partial E_x}{\partial x} + \frac{\partial E_Y}{\partial Y} \right), \qquad (V.6.17)$$

$$H_z \approx \frac{\sqrt{\mu_1 \pm \mu_2}}{\pm jk} \left(\frac{\partial H_x}{\partial x} + \frac{\partial H_Y}{\partial Y} \right). \qquad (V.6.18)$$

Es sollen zunächst die linkshändig zirkular polarisierten Gaußschen Strahlen, die sich in positiver z-Richtung ausbreiten, näher betrachtet werden. Wie bereits in Kapitel V.5.1 (Bild V.5.1) gezeigt wurde, ist das Ausbreitungsmaß $\gamma_3 = -j\beta_3 = -j\beta_-$ für eine linkshändig zirkular polarisierte Welle nur wenig von der Vormagnetisierungsfeldstärke abhängig; das Material verhält sich bezüglich dieser Welle in erster Näherung wie ein isotropes Material. Dies wird auch bestätigt durch das Verhalten der Kontrollgröße a_{L-}

nach Gl. (V.6.9), die unter Benutzung der Normierungen nach Gl. (I.3.1) und Gl. (I.3.3) als

$$a_{L-} = \left| \frac{1}{w\left(2 + \frac{1}{h_o^i + w}\right)^2} \right|$$

(V.6.19)

geschrieben werden kann. Für ein typisches Mikrowellenferrit-Material ($M_s = 2,14$ kA/cm, $g = 2,0$) und der normierten Frequenz $w = 10$ kann für a_{L-} die Abschätzung:

$$a_{L-} < 0,025$$

(V.6.20)

angegeben werden, die unabhängig von der Vormagnetisierungsfeldstärke gilt. Damit ist die Zusatzbedingung (V.6.9) für den linkshändig zirkular polarisierten Strahl sicher immer erfüllt und die angegebene Feldbeschreibung kann auf ihn angewendet werden.

Für den rechtshändig zirkular polarisierten Strahl, der sich in positiver z-Richtung ausbreitet, gilt das Ausbreitungsmaß (vgl. Gl. (V.5.5) und Gl. (V.5.6) sowie Gl. (V.6.8)) $\gamma_4 = -i\beta_4 = -i\beta_+$. Wie Bild V.6.2 zeigt, ist das Phasenmaß β_+ im Bereich der gyromagnetischen Resonanz stark von der Vormagnetisierungsfeldstärke abhängig. Eine entsprechende Aussage gilt für die Kontrollgröße a_{L+}:

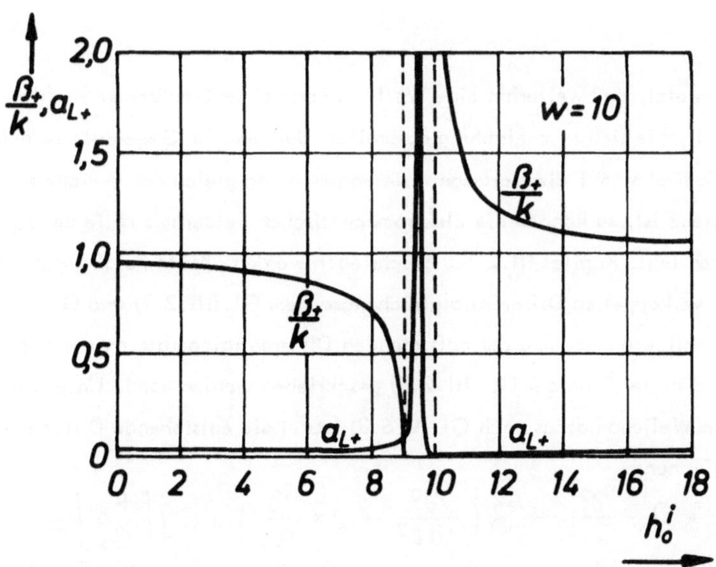

Bild V.6.2: Kenngrößen des Gaußschen Strahls im gyrotropen Medium

$$a_{L+} = \left| \frac{1}{W(2 + \frac{1}{h_o^i W})^2} \right| , \qquad\qquad (V.6.21)$$

deren Abhängigkeit von der Vormagnetisierungsfeldstärke in Bild V.6.2 mit eingezeichnet wurde. Wird die Forderung $a_{L+} < 1$ gestellt, so erfüllt a_{L+} diese Forderung außerhalb des Bereiches

$$W - \frac{1}{2 - \frac{1}{\sqrt{W}}} < h_o^i < W - \frac{1}{2 + \frac{1}{\sqrt{W}}} . \qquad\qquad (V.6.22)$$

Dies ist ein Bereich, in dem der Strahl (vgl.Bild V.6.2) nicht ausbreitungsfähig ist. Das heißt, die Forderung (V.6.9) schränkt den Gültigkeitsbereich der Theorie nicht ein.

V.6.2 GAUSS'SCHE STRAHLEN MIT AUSBREITUNG SENKRECHT ZUR VORMAGNETISIERUNGSRICHTUNG

Wird vorausgesetzt, daß weiterhin eine Welle in Form eines Gaußschen Strahles untersucht werden soll, die sich in z-Richtung ausbreitet, daß aber im Gegensatz zu den Untersuchungen in Kapitel V.6.1 die Vormagnetisierungsrichtung gleich der x-Richtung des Koordinatensystems ist, so können die elektromagnetischen Felder mit Hilfe der E_x- und H_x-Komponenten (vgl. Kapitel III.2.1a) beschrieben werden. Beide Feldkomponenten gehorchen dem verkoppelten Differentialgleichungssystem Gl.(III.2.7) und Gl.(III.2 8), das durch nochmalige Anwendung der auftretenden Differentialoperatoren entkoppelt werden kann und in der Form der Gl.(III.2.9) geschrieben werden kann. Unter Berücksichtigung eines Wellenansatzes nach Gl.(V.6.3) lautet die entstehende Differentialgleichung vierter Ordnung:

$$\left[A_x \frac{\partial^2}{\partial x^2} + A_y \frac{\partial^2}{\partial y^2} + B \left(\frac{\partial^2}{\partial z^2} + 2\gamma \frac{\partial}{\partial z} \right) + C \right] \begin{bmatrix} F_x \\ G_x \end{bmatrix} =$$

$$= -\left[\frac{1}{\mu_1} \frac{\partial^2}{\partial x^2} + \frac{\partial^2}{\partial y^2} + \left(\frac{\partial^2}{\partial z^2} + 2\gamma \frac{\partial}{\partial z} \right) \right] \left(\nabla_t^2 + 2\gamma \frac{\partial}{\partial z} \right) \begin{bmatrix} F_x \\ G_x \end{bmatrix} ,$$

$$(V.6.23)$$

die außerdem für alle anderen Feldkomponenten gültig ist. Die Differentialgleichung ist so geordnet, daß auf der rechten Seite die Differentialoperatoren höherer Ordnung stehen. Diese Differentialoperatoren höherer Ordnung werden auf die elektromagnetischen Felder Gaußscher Strahlen angewendet und können damit gegenüber den Anteilen auf der linken Seite von Gl.(V.6.23) vernachlässigt werden /553/, /525/. Die Größen A_x, A_y, B und C lauten:

$$A_x = 2k^2 + \gamma^2 \left(1 + \frac{1}{\mu_1}\right),$$

$$A_y = k^2 (1 + \mu_{eff1}) + 2\gamma^2,$$

$$B = A_y,$$

$$C = (\gamma^2 + k^2)(\gamma^2 + k^2 \mu_{eff1}).$$

$$(V.6.24)$$

Auch hier soll wieder so verfahren werden, wie in Kapitel V.6.1; das heißt, es wird angenommen, daß die Felder des Gaußschen Strahles starke Ähnlichkeit zu den Feldern der ebenen Welle (vgl. Kapitel V.5.2) haben. Unter Berücksichtigung der Beziehung (V.6.6) sowie unter Vernachlässigung der rechten Seite von Gl.(V.6.23) kann erkannt werden, daß die Ausbreitungsmaße der Wellen durch

$$\gamma_1 = \pm jk \quad , \quad \gamma_2 = \pm jk \sqrt{\mu_{eff1}} \qquad (V.6.25)$$

wie im Fall der ebenen Welle gegeben sind. Auf Grund der Tatsache, daß $A_x \neq A_y$ ist, beschreibt die Lösung der Differentialgleichung (V.6.23) (z.B. für E_x) unter den gemachten Annahmen

$$F_x = A_{mn} \sqrt{\frac{W_{ox}}{W_x}}\, H_m\!\left(\frac{\sqrt{2}\,x}{W_x}\right) e^{-\frac{x^2}{W_x^2}}\, e^{j\left[(m+\frac{1}{2})\arctan\xi_x - \frac{x^2}{W_x^2}\xi_x\right]} \cdot$$

$$\cdot \sqrt{\frac{W_{oy}}{W_y}}\, H_n\!\left(\frac{\sqrt{2}\,y}{W_y}\right) e^{-\frac{y^2}{W_y^2}}\, e^{j\left[(n+\frac{1}{2})\arctan\xi_y - \frac{y^2}{W_y^2}\xi_y\right]}$$

$$(V.6.26)$$

einen sogenannten astigmatischen Strahl. Der Strahlquerschnitt ist nicht mehr kreisförmig, sondern elliptisch (Bild V.6.3). Alle auftretenden Größen haben dieselbe Definition und Bedeutung wie in Kapitel V.6.1, nur müssen die Größen jeweils für eine x- und eine y-Koordinate definiert werden. Insbesondere sind

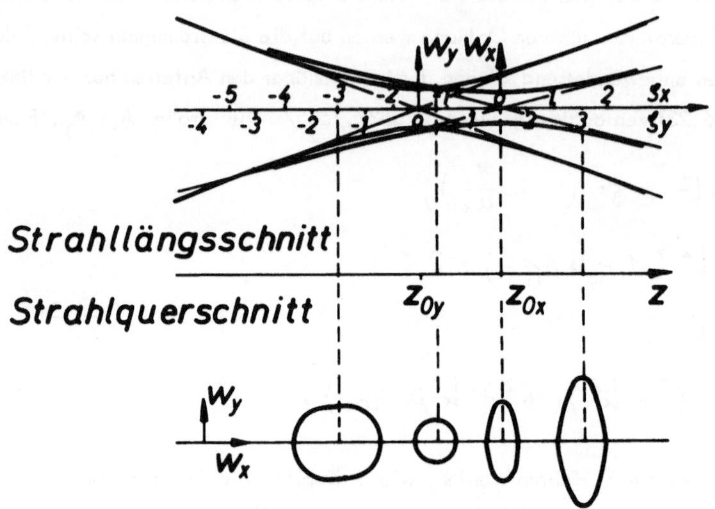

Bild V.6.3: Kenngrößen eines astigmatischen Gaußschen Strahles

$$\xi_{x,y} = \frac{2 A_{x,y}}{\beta w_{0x,y}^2 B} \left(z - z_{0x,y} \right) \qquad (V.6.27)$$

wiederum die normierten z-Koordinaten, $w_{ox,y}$ sind die Radien der Strahltaillen an den
Stellen $z_{ox,y}$ (Bild V.6.3) und $w_{x,y}$,

$$W_{x,y} = W_{0x,y} \sqrt{1 + \xi_{x,y}^2} \, , \qquad (V.6.28)$$

sind die Strahlradien an der beliebigen Stelle $\xi_{x,y}$ für die x- und y-Richtung. ß ist das
Phasenmaß $\beta = \gamma /\pm j$.

Wie im Fall der ebenen Welle wird der Strahl mit dem Ausbreitungsmaß $\gamma = \pm jk$ als
ordentlicher Strahl bezeichnet, für ihn verhält sich das Material wie ein isotropes Material. Für den ordentlichen Strahl kann festgestellt werden, daß /553/, /525/

$$|E_x| \ll |E_y| \, , |H_y| \ll |H_x| \qquad (V.6.29)$$

gilt und daß sich die Feldanteile E_z, H_z aus den Feldanteilen E_x, E_y bzw. H_x, H_y und E_x berechnen lassen:

$$E_z \approx \frac{1}{-\gamma_1} \left(\frac{\partial E_x}{\partial x} + \frac{\partial E_y}{\partial y} \right), \qquad (\text{V.6.30})$$

$$H_z \approx \frac{1}{-\gamma_1} \left(\frac{1}{\mu_1} \frac{\partial H_x}{\partial x} + \frac{\partial H_y}{\partial y} - j \frac{\mu_2}{\mu_1} k E_x \right). \qquad (\text{V.6.31})$$

Der dem Ausbreitungsmaß $\gamma = \pm jk(\mu_{eff1})^{1/2}$ zugeordnete Strahl wird als außerordentlicher Strahl bezeichnet, für ihn gilt:

$$|E_y| \ll |E_x| \quad , \quad |H_x| \ll |H_y|, \qquad (\text{V.6.32})$$

und aus den Feldkomponenten E_x, E_y, H_x und H_y lassen sich die restlichen Feldanteile E_z und H_z nach der Beziehung

$$E_z \approx \frac{1}{-\gamma_2} \left(\frac{\partial E_x}{\partial x} + \frac{\partial E_y}{\partial y} \right), \qquad (\text{V.6.33})$$

$$H_z \approx -j \frac{\mu_2}{\mu_1} H_y + \frac{\gamma_2}{k^2 \mu_1} \left(\frac{\partial H_y}{\partial y} + \frac{1}{\mu_1} \frac{\partial H_x}{\partial x} \right) \qquad (\text{V.6.34})$$

berechnen.

Soll der Bereich abgeschätzt werden, in dem die abgeleiteten Lösungen Gültigkeit haben, so müssen zunächst die Radien der Strahltaillen die folgenden Bedingungen erfüllen: Für den ordentlichen Strahl müssen die Bedingungen /553/, /525/

$$w_{ox} \gtrless \frac{10}{k} \sqrt{\left| \frac{\frac{1}{\mu_1} - 1}{1 - \mu_{eff1}} \right|} \quad , \quad w_{oy} \gtrless \frac{10}{k}, \qquad (\text{V.6.35})$$

und für den außerordentlichen Strahl die Bedingungen

$$w_{ox} > \frac{10}{k\sqrt{\mu_{eff1}}} \sqrt{\left| 1 + \frac{\mu_2^2/\mu_1^2}{1 - \mu_{eff1}} \right|} \quad , \quad w_{oy} \gtrless \frac{10}{k\sqrt{\mu_{eff1}}} \qquad (\text{V.6.36})$$

erfüllt sein, damit die Annahme nach Gl. (V.6.6) erfüllt ist. Ferner muß untersucht werden, inwieweit die Vernachlässigung der rechten Seite von Gl. (V.6.23) zulässig ist. Eine Untersuchung der Differentialoperatoren auf der rechten Seite von Gl. (V.6.23) zeigt, daß die Vernachlässigung für den ordentlichen Strahl zulässig ist, falls

$$a_{t1} = \left| \frac{\mu_2^2}{\mu_1(1-\mu_1)} \left(\frac{1}{1-\mu_{eff1}} - \frac{\mu_1}{1-\mu_1} \right) \right| \ll 100 \qquad \text{(V.6.37)}$$

ist. Eine entsprechende Untersuchung für den außerordentlichen Strahl liefert die Bedingung:

$$a_{t2} = \left| \frac{\mu_2^2}{\mu_1^2} \frac{\mu_{eff1}}{1-\mu_{eff1}} \frac{\left(\frac{1}{\mu_1}-1\right)-(1-\mu_{eff1})}{(1-\mu_{eff1}+\mu_2^2/\mu_1^2)^2} \right| \ll 100 \; . \qquad \text{(V.6.38)}$$

Bild V.6.4 zeigt die Abhängigkeit des Phasenmaßes $\beta_1 = \gamma_1/\pm j$ sowie der zugehörigen Kontrollgröße a_{t1} von der Vormagnetisierungsfeldstärke. Es wurden die Normierungen nach Gl.(I.3.1) und Gl.(I.3.3) für ein typisches Mikrowellenferritmaterial ($M_s = 2,14$ kA/cm, $g = 2,0$) verwendet und in der Abhängigkeit von a_{t1}:

$$a_{t1} = \frac{w^2}{h_o^{i\,2}(h_o^i+1)} \qquad \text{(V.6.39)}$$

die normierte Frequenz $w = 10$ gewählt. Wird die in Gl.(V 6.37) aufgestellte Forderung als $a_{t1} \leqq 1$ interpretiert, so zeigt Bild V.6.4, daß diese Forderung im Bereich $h_o^i > 4,33$ erfüllt wird. Im Bereich $h_o^i < 4,33$ wird die hier angegebene Näherungslösung mit einem größeren Fehler behaftet sein.

In Bild V.6.5 ist die Abhängigkeit des Phasenmaßes $\beta_2 = \gamma_2/\pm j$:

$$\beta_2 = k \sqrt{\frac{w^2-(h_o^i+1)^2}{w^2-h_o^i(h_o^i+1)}} \qquad \text{(V.6.40)}$$

sowie der Kontrollgröße a_{t2}:

$$a_{t2} = \left| \frac{w^2}{h_o^i+1} \frac{[w^2-(h_o^i+1)^2][w^2-h_o^i(h_o^i+1)]}{[w^2(h_o^i+2)-h_o^i(h_o^i+1)^2]^2} \right| \qquad \text{(V.6.41)}$$

von der normierten Vormagnetisierungsfeldstärke h_o^i für $w = 10$ gezeichnet. Wird auch hier wieder die Forderung $a_{t2} \leqq 1$ gestellt, so zeigt Bild V.6.5, daß sowohl für kleine Feldstärken h_o^i als auch in der Umgebung der Polstelle von a_{t2} ($h_o^i = 9,958$, $w = 10$) keine ausreichend genaue Lösung gefunden werden kann.

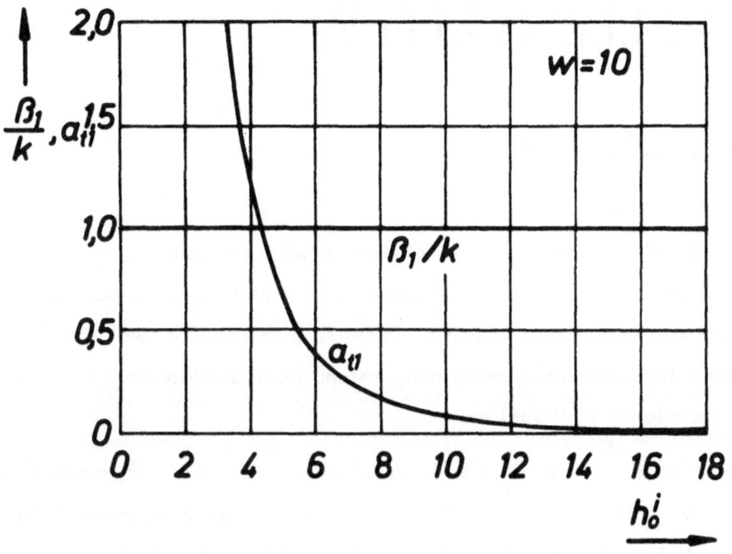

Bild V.6.4: Kenngrößen des ordentlichen Strahls in Abhängigkeit von der normierten Vormagnetisierungsfeldstärke, $w = 10$, $M_s = 2,14$ kA/cm, $g = 2,0$.

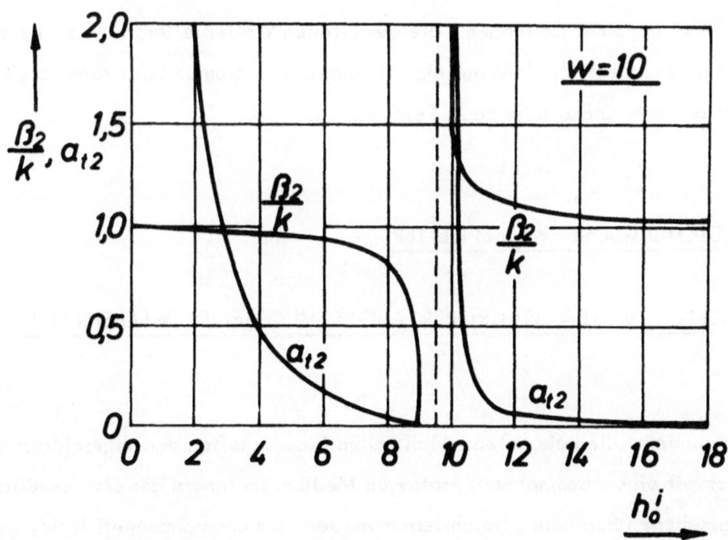

Bild V.6.5: Kenngrößen des außerordentlichen Strahles in Abhängigkeit von der normierten Vormagnetisierungsfeldstärke, $w = 10$, $M_s = 2,14$ kA/cm, $g = 2,0$.

VI. WELLENLEITER

VI.1 EINTEILUNG DER WELLENLEITER

Unter einem elektromagnetischen Wellenleiter wird eine Anordnung von parallelen, geraden, zylindrischen Leitern und Nichtleitern verstanden, längs welcher sich elektromagnetische Wellen ausbreiten können. Es sollen grundsätzlich zwei verschiedene Arten von Wellenleitern unterschieden werden, erstens die abgeschlossenen Wellenleiter und zweitens die offenen Wellenleiter.

Von besonderem Interesse für die Mikrowellentechnik sind die abgeschlossenen Wellenleiter, das sind solche, die von einer gut leitenden, metallischen Hülle berandet sind. Wird die leitende Berandung als unendlich gut leitend angesehen, so wird durch sie das elektromagnetische Feld der Wellen auf den Raumbereich im Innern der Hülle beschränkt. Solche Anordnungen besitzen den Vorteil eines störungsfreien Betriebs, da der Feldbereich von außen nicht ohne weiteres zugänglich ist.

Die zweite Gruppe der Leitungen, die der offenen Wellenleiter, besitzt die Eigenschaft, daß ihr Feldbereich nicht auf ein abgegrenztes Volumen beschränkt bleibt. Vielmehr ist der gesamte unendliche Raum Feldbereich.

VI.2 ABGESCHLOSSENE WELLENLEITER

VI.2.1 EIGENSCHAFTEN ISOTROPER ABGESCHLOSSENER WELLENLEITER

Es sollen zunächst die bekannten, wichtigsten Eigenschaften der abgeschlossenen Wellenleiter mit einem homogenen, isotropen Medium im Innern der als unendlich gut leitend angesehenen Berandung beschrieben werden. Da das vormagnetisierte, gyrotrope Ferritmaterial für unendlich große Vormagnetisierungsfelder isotropes Verhalten annimmt, ist der Wellenleiter mit isotropem Medium ein Grenzfall des gyrotropen Wellenleiters, und seine Eigenschaften müssen im angegebenen Grenzfall aus den Eigenschaften des gyrotropen Wellenleiters abzuleiten sein.

Bei der Behandlung der Wellenleiter sollen nur Leitungen mit einem konstanten Querschnitt behandelt werden. Es soll zugelassen werden, daß der Querschnitt mehrfach zusammenhängend ist. Das Medium im Innern des Wellenleiters sei als homogen, isotrop und verlustlos vorausgesetzt, insbesondere sei angenommen, daß die Materialeigenschaften des Mediums sich längs der Leitung nicht ändern. Ferner soll vorausgesetzt werden, daß die behandelten Wellenleiter geradlinig sind, d.h. es werden keine gekrümmten Leitungen behandelt. Die Berandung des vollständig abgeschlossenen Wellenleiters wird als unendlich gut leitend angesehen. Im Innern des Wellenleiters seien keine anregenden Quellen vorhanden ($\mathcal{T}_e = 0$, $\mathcal{R}_e = 0$, $\mathcal{M}_e = 0$). Ein zylindrisches Koordinatensystem wird so gewählt, daß die z-Achse des Systems mit der Achse des Wellenleiters übereinstimmt.

Werden die Maxwellschen Gleichungen für harmonische Zeitabhängigkeit gelöst, so folgen als Teillösungen elektromagnetische Wellenfelder, die durch die folgenden Gleichungen beschrieben werden können /161/:

$$\mathcal{E}_t = A \cdot f_t(x,y)\, e^{\mp j\beta z}, \tag{VI.2.1}$$

$$\mathcal{H}_t = A\, g_t(x,y)\, e^{\mp j\beta z} = \pm \frac{A}{j\, Z_F} \left[n_z \times f_t \right] e^{\mp j\beta z}, \tag{VI.2.2}$$

$$E_z = \pm \frac{A}{j\beta}\, \mathrm{div}_t\, f_t\, e^{\mp j\beta z}, \tag{VI.2.3}$$

$$H_z = - \frac{A}{\beta\, Z_F}\, \mathrm{div}_t \left[n_z \times f_t \right] e^{\mp j\beta z}. \tag{VI.2.4}$$

Hierin ist Z_F der Feldwellenwiderstand, ß das Phasenmaß und A eine komplexe Amplitudenkonstante. Da die Felder bezogene, dimensionsgleiche Größen sind (vgl. Kapitel II), ist der Wellenwiderstand dimensionslos. Der Wellenwiderstand nimmt die Werte $Z_F = 1$ für TEM-Typen sowie

$$Z_F^E = \sqrt{1 - p^2/k^2}\;,\quad k^2 = \omega^2 \varepsilon_0 \varepsilon_r \mu_0\,,\quad p^2 = \text{Eigenwert} \tag{VI.2.5}$$

für die E-Typen und

$$Z_F^H = \frac{1}{\sqrt{1 - p^2/k^2}}\;,\quad k^2 = \omega^2 \varepsilon_0 \varepsilon_r \mu_0\,,\quad p^2 = \text{Eigenwert} \tag{VI.2.6}$$

für die H-Typen an. Für das Phasenmaß gilt:

$$\beta^{E,H} = \sqrt{k^2 - p^2} \; , \quad \beta^{TEM} = k \, . \tag{VI.2.7}$$

$\mathfrak{f}_t$ ist ein transversales (bezogen auf die Wellenausbreitungsrichtung) Vektorfeld, das nur von den transversalen Ortskoordinaten abhängt und als Strukturfunktion bezeichnet wird. Die Strukturfunktion genügt der Differentialgleichung

$$\nabla_t^2 \, \mathfrak{f}_t + p^2 \, \mathfrak{f}_t = 0 \tag{VI.2.8}$$

im Innern des Querschnitts des Wellenleiters und

$$\mathrm{div}_t \, \mathfrak{f}_t = 0 \qquad \text{sowie} \qquad \mathfrak{f}_t \times \mathcal{N} = 0 \tag{VI.2.9}$$

auf dem Rand des Querschnitts. Dabei ist $\mathcal{N}$ der Normaleneinheitsvektor auf dem Rand des Querschnitts, der als aus dem Querschnitt herausweisend positiv definiert werden soll (Bild VI.2.1). p^2 wird als der Eigenwert des betrachteten Eigenwertproblems bezeichnet. Der Eigenwert p^2 hängt vom Phasenmaß ß und der Frequenz ω ab. Der Eigenwert nimmt nur positive Werte an /216/, d.h. die Größe p ist immer rein reell.

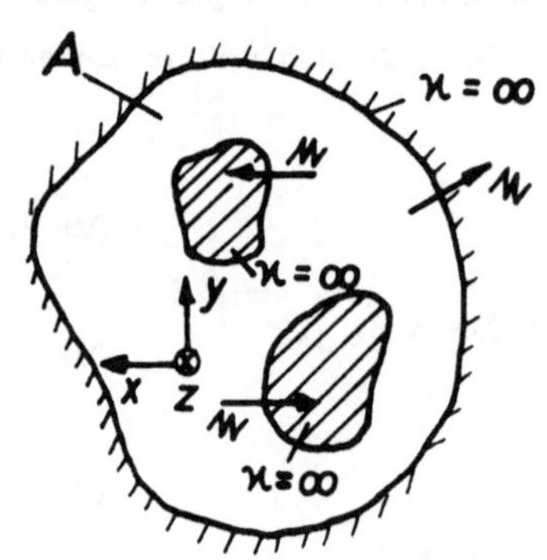

Bild VI.2.1: Mehrfach zusammenhängender Querschnitt des Wellenleiters

Auf Grund der Bedingungsgleichungen (VI.2.8) und (VI.2.9) für die Strukturfunktion $\mathfrak{f}_t$ besitzt diese bestimmte Eigenschaften, die hier kurz zusammengestellt werden sollen. Wird vorausgesetzt, daß es zu einem Eigenwert p_ν^2 nicht mehrere linear unabhängige Eigenlösungen $\mathfrak{f}_{t\nu}^{(1)}$, $\mathfrak{f}_{t\nu}^{(2)}$, ... gibt, wird also der Fall der Entartung ausgeschlossen, so gehorchen die Strukturfunktionen $\mathfrak{f}_{t\nu}$ bestimmten Orthogonalitätsrelationen. Die einzelnen Beziehungen lauten /6/:

$$\iint_A \left(\mathfrak{f}_{t\nu} \times \mathfrak{f}_{t\mu}^{*} \right) \cdot d\varkappa = 0 \; , \quad P_\nu^2 \neq P_\mu^2 , \tag{VI.2.10}$$

$$\iint_A \mathfrak{f}_{t\nu} \cdot \mathfrak{f}_{t\mu}^{*} \, da = 0 \, , \quad P_\nu^2 \neq P_\mu^2 , \tag{VI.2.11}$$

$$\iint_A \mathcal{N}_{t\nu} \cdot \mathcal{N}_{t\mu}^* \, da = 0 \, , \quad P_\nu^2 \neq P_\mu^2 , \tag{VI.2.12}$$

$$\iint_A (\mathcal{W}_z \times \mathfrak{f}_{t\nu}) \cdot (\mathcal{W}_z \times \mathfrak{f}_{t\mu}^*) \, da = 0 , \, P_\nu^2 \neq P_\mu^2 , \tag{VI.2.13}$$

$$\iint_A \operatorname{div}_t \mathfrak{f}_{t\nu} \, \operatorname{div}_t \mathfrak{f}_{t\mu}^* \, da = 0 , \, P_\nu^2 \neq P_\mu^2 , \tag{VI.2.14}$$

$$\iint_A (\mathcal{W}_z \cdot \operatorname{rot}_t \mathfrak{f}_{t\nu}) (\mathcal{W}_z \cdot \operatorname{rot}_t \mathfrak{f}_{t\mu}^*) \, da = 0 , \, P_\nu^2 \neq P_\mu^2 . \tag{VI.2.15}$$

Die Integration erstreckt sich jeweils über den Querschnitt A des Wellenleiters.

Über die in den Feldgleichungen (VI.2.1) bis (VI.2.4) enthaltenen, komplexen Amplitudenfaktoren der Strukturfunktionen kann durch eine geeignete Normierung der Art

$$\iint_A \mathfrak{f}_{t\nu} \cdot \mathfrak{f}_{t\nu}^* \, da = N \tag{VI.2.16}$$

verfügt werden. Dabei ist N eine (günstig kleine) reelle Zahl. Wird die Normierung ohne komplexe Betragsbildung vorgenommen, zum Beispiel:

$$\iint_A \mathfrak{f}_{t\nu} \cdot \mathfrak{f}_{t\nu} \, da = 1 , \tag{VI.2.17}$$

so kann gezeigt werden, daß die Strukturfunktion nur reelle Werte annimmt /161/.

Die Eigenfunktionen (Strukturfunktionen) $\mathfrak{f}_{t\nu}$ bilden ein vollständiges Funktionensystem /6/. Das bedeutet, ein beliebiges, stückweise stetiges und differenzierbares, transversales Vektorfeld α_t kann in eine Reihe nach den Eigenfunktionen

$$\alpha_t = \sum_{\nu=1}^{\infty} B_\nu \mathfrak{f}_{t\nu} \tag{VI.2.18}$$

entwickelt werden. Die Entwicklungskoeffizienten dieser Reihenentwicklung ergeben sich mit Hilfe der Orthogonalitätsbeziehung (VI.2.11) und der Normierung (VI.2.16) aus dem Integral

$$B_\nu = \frac{1}{N} \iint_A \alpha_t \cdot \mathfrak{f}_{t\nu}^* \, da , \tag{VI.2.19}$$

142

bzw. bei Verwendung der Normierung (VI.2.17) aus dem Integral

$$B_\nu = \iint\limits_A \mathfrak{A}_t \cdot \mathfrak{f}_{t\nu}\, da \qquad\qquad (VI.2.20)$$

über den Querschnitt des Wellenleiters.

Für die Strukturfunktionen $\mathfrak{f}_{t\nu}$ läßt sich eine Klassifizierung angeben, die die Eigenschaften der Felder beschreibt. Wird die Divergenz und die Rotation der Felder untersucht, so lassen sich insgesamt vier Klassen unterscheiden. Erstens: Die Divergenz und die Rotation der transversalen Strukturfunktion verschwinden. Dann verschwinden auch, wie die Gln.(VI.2.3) und (VI.2.4) zeigen, die Longitudinalkomponenten der elektromagnetischen Felder. Die auftretenden Felder sind vom TEM-Typ, sie sind nur im Wellenleiter mit mehrfach zusammenhängendem Querschnitt existenzfähig. Zweitens: Die Strukturfunktion ist divergenzfrei und die Rotation des Feldes ist ungleich Null. Eine Strukturfunktion dieser Eigenschaft beschreibt ein elektromagnetisches Feld vom H-Typ. Das Feld ist im Wellenleiter mit einfach und mehrfach zusammenhängendem Querschnitt existenzfähig. Drittens: Die Strukturfunktion ist rotationsfrei, die Divergenz des Feldes ist ungleich Null. Unter diesen Voraussetzungen ergibt sich ein elektromagnetisches Feld vom E-Typ, das wiederum im Wellenleiter mit einfach oder mehrfach zusammenhängendem Querschnitt auftritt. Lösungen der vierten Klasse, in der sowohl die Divergenz als auch die Rotation der Strukturfunktionen von Null verschieden sind, treten im Wellenleiter mit homogenem, isotropem Medium (für nichtentartete Eigenwerte) nicht auf /161/. Wohl treten diese Felder auf, falls das Medium nicht mehr als homogen angesehen werden kann. Diese Feldtypen werden als Hybridtypen oder EH- bzw. HE-Typen bezeichnet.

Sind die Eigenwerte p_ν^2 des betrachteten Eigenwertproblems entartet, so können durch Linearkombination aus den gefundenen Lösungen wieder Strukturfunktionen konstruiert werden, die den vorstehenden Orthogonalitätsrelationen genügen /7/.

Auf der Leitung können "Ströme" und "Spannungen" zur Beschreibung der gesamten elektromagnetischen Felder, die sich aus den in positiver und negativer z-Richtung ausbreitenden Feldanteilen zusammensetzen, definiert werden. Gilt der Zusammenhang

$$U_\nu(z) = A_\nu^+ e^{-j\beta_\nu z} + A_\nu^- e^{+j\beta_\nu z} = A_\nu^+(z) + A_\nu^-(z), \qquad (VI.2.21)$$

$$j Z_\nu I_\nu(z) = A_\nu^+ e^{-j\beta_\nu z} - A_\nu^- e^{+j\beta_\nu z} = A_\nu^+(z) - A_\nu^-(z), \quad Z_\nu = Z_{F\nu}, \qquad (VI.2.22)$$

so lassen sich die Felder durch

$$\mathcal{E}_{t\nu} = U_\nu(z)\,\mathfrak{f}_{t\nu}, \tag{VI.2.23}$$

$$\mathcal{H}_{t\nu} = I_\nu(z)\,(\mathfrak{n}_z \times \mathfrak{f}_{t\nu}), \tag{VI.2.24}$$

$$E_{z\nu} = \frac{I_\nu(z)\,Z_\nu}{\beta_\nu}\,\mathrm{div}_t\,\mathfrak{f}_{t\nu}, \tag{VI.2.25}$$

$$H_{z\nu} = \frac{U_\nu(z)}{\beta_\nu\,Z_\nu}\,(\mathfrak{n}_z \cdot \mathrm{rot}_t\,\mathfrak{f}_{t\nu}) \tag{VI.2.26}$$

beschreiben. A_ν^+ ist die Amplitude der ν -ten Teilwelle, die sich in positiver z-Richtung ausbreitet, A_ν^- die Amplitude der ν -ten Teilwelle, die sich in negativer z-Richtung ausbreitet. Für den Zusammenhang zwischen der Spannung und dem Strom auf der Leitung gelten die Beziehungen ("Leitungsgleichungen"):

$$\frac{dU_\nu(z)}{dz} = \beta_\nu\,Z_\nu\,I_\nu(z), \tag{VI.2.27}$$

$$\frac{dI_\nu(z)}{dz} = -\frac{\beta_\nu}{Z_\nu}\,U_\nu(z). \tag{VI.2.28}$$

VI.2.2 STÖRUNGSRECHNUNG ERSTER ORDNUNG

Ferrite werden häufig in Mikrowellenbauteilen in Form von longitudinalen Einsätzen in Wellenleitern benutzt, die den Wellenleiterquerschnitt nicht voll ausfüllen. Das heißt, es ist wichtig, eine Beschreibung des teilweise mit Ferritmaterial gefüllten Wellenleiters zu erhalten. Hier soll ein Berechnungsverfahren beschrieben werden, das das Phasenmaß eines zylindrischen Wellenleiters mit z-unabhängigem Ferriteinsatz beliebigen Querschnitts zu berechnen gestattet, /281/. Die Vorteile dieses Berechnungsverfahrens sind einfacher Aufbau und relativ einfache Auswertungen der abzuleitenden Ergebnisse. Ein entscheidender Nachteil des Verfahrens ist seine Ungenauigkeit, die nur für sehr kleine Störungen des isotropen Wellenleiters durch die Ferriteinsätze zu brauchbaren Ergebnissen führt.

144

Es wird vorausgesetzt, daß der Querschnitt des betrachteten, ungestörten Wellenleiters mehrfach zusammenhängend ist. Die gesamte Querschnittsfläche des Feldbereichs
sei A_o, sie wird von der Randkurve $\mathcal{L}$ berandet. Die Randkurve sei als unendlich gut leitend vorausgesetzt. Es wird ein zylindrisches Koordinatensystem so eingeführt, daß die
z-Achse in Richtung der Wellenleiterachse weist (Bild VI.2.2). Die Materialkonstanten
des isotropen Materials im ungestörten Wellenleiter seien die des Vakuums (ε_o, μ_o).
In diesen Wellenleiter werden in Achsenrichtung zylindrische Ferriteinsätze mit beliebiger Vormagnetisierungsrichtung eingesetzt. Der Permeabilitätstensor wird in einem
Koordinatensystem (x_1, x_2, x_3), das beliebig zu dem oben eingeführten Koordinatensystem (x, y, z) orientiert sei, durch Gl.(I.2.15) beschrieben. Die Felder im ungestör-
ten Wellenleiter werden mit $\mathfrak{E}_{o\nu}$, $\mathfrak{H}_{o\nu}$ bezeichnet, dabei beschreibt der Index "o"
die Felder im ungestörten Wellenleiter, ν sei der Index für den jeweils betrachteten
ν -ten Wellentyp. Die Wellenfelder sollen eine harmonische Zeit- und z-Abhängigkeit besitzen. Werden die Maxwellschen Gleichungen (II.15) ohne Anregungsgrößen
unter der Voraussetzung aufgeschrieben, daß die relative Dielektrizitätskonstante bei
der Bildung der bezogenen Feldgrößen nach Gl.(II.13) $\varepsilon_r = 1$ ist, werden die Felder also auf die Materialkenngrößen des Vakuumbereichs bezogen, so gilt:

$$\mathrm{rot}_t\, \mathfrak{E}_{o\nu} \mp j\beta_{o\nu} (\mathfrak{n}_z \times \mathfrak{E}_{o\nu}) = k_o\, \mathfrak{H}_{o\nu}, \qquad\qquad (VI.2.29)$$

$$\mathrm{rot}_t\, \mathfrak{H}_{o\nu} \mp j\beta_{o\nu} (\mathfrak{n}_z \times \mathfrak{H}_{o\nu}) = k_o\, \mathfrak{E}_{o\nu}. \qquad\qquad (VI.2.30)$$

Darin ist $\beta_{o\nu}$ das Phasenmaß des ν -ten Wellentyps im ungestörten Wellenleiter,
$k_o = \omega \sqrt{\varepsilon_o \cdot \mu_o}$ ist die Wellenzahl für das isotrope Medium. Das negative Vorzeichen für ß in den oben stehenden Glei-
chungen gilt für die in positiver z-Richtung fortschreitende Welle.

Im Volumenbereich des gestörten Wellenleiters mit dem Querschnitt A_o
(Bild VI.2.2) gelten bei Berücksichtigung
der Störung durch das gyrotrope Material
die Maxwellschen Gleichungen:

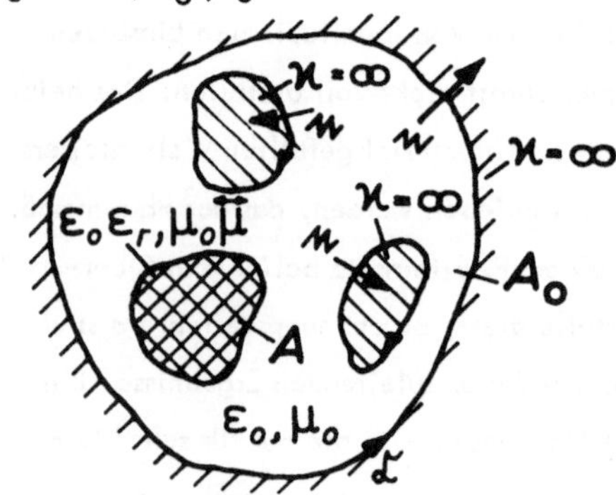

Bild VI.2.2: Querschnitt des volumen-
        gestörten Wellenleiters

$$\text{rot}_t \, \vec{\mathcal{F}}_\mu \mp j\beta_\mu (\vec{n}_z \times \vec{\mathcal{F}}_\mu) = k_0 \, \overset{\leftrightarrow}{\mu} \cdot \vec{\mathcal{G}}_\mu , \qquad (VI.2.31)$$

$$\text{rot}_t \, \vec{\mathcal{G}}_\mu \mp j\beta_\mu (\vec{n}_z \times \vec{\mathcal{G}}_\mu) = k_0 \varepsilon_r \vec{\mathcal{F}}_\mu . \qquad [1] \qquad (VI.2.32)$$

$\vec{\mathcal{F}}_\mu, \vec{\mathcal{G}}_\mu$ sind die Felder im gestörten Wellenleiter. Der Permeabilitätstensor und die relative Dielektrizitätskonstante genügen über dem Hohlleiterquerschnitt den folgenden Bedingungen:

$$\overset{\leftrightarrow}{\mu} = \begin{cases} \overset{\leftrightarrow}{E} + \overset{\leftrightarrow}{\chi} & \text{innerhalb A} \\ \overset{\leftrightarrow}{E} & \text{außerhalb A} \end{cases} , \quad \varepsilon_r = \begin{cases} \varepsilon_r & \text{innerhalb A} \\ 1 & \text{außerhalb A.} \end{cases} \qquad (VI.2.33)$$

Aus den Gleichungen (VI.2.29) bis (VI.2.32) läßt sich durch Bilden der konjugiert komplexen Maxwellschen Gleichungen und durch Multiplikation und Addition ein Zusammenhang der Form

$$\vec{\mathcal{G}}_\mu \cdot \text{rot}_t \, \vec{\mathcal{F}}_{0\nu}^* - \vec{\mathcal{F}}_{0\nu}^* \cdot \text{rot}_t \, \vec{\mathcal{G}}_\mu \mp j(\beta_\mu - \beta_{0\nu})(\vec{n}_z \times \vec{\mathcal{F}}_{0\nu}^*) \cdot \vec{\mathcal{G}}_\mu =$$

$$= k_0 \, \vec{\mathcal{G}}_\mu \cdot \vec{\mathcal{G}}_{0\nu}^* - k_0 \varepsilon_r \vec{\mathcal{F}}_{0\nu}^* \cdot \vec{\mathcal{F}}_\mu$$

$$(VI.2.34)$$

ableiten. Wird dieser Zusammenhang über die gesamte Querschnittsfläche A_0 integriert und das erste Integral der linken Seite mit Hilfe des Gaußschen Satzes umgeformt, so gilt:

$$\oint_{\mathcal{L}} (\vec{\mathcal{F}}_{0\nu}^* \times \vec{\mathcal{G}}_\mu) \cdot \vec{n} \, ds \mp j(\beta_\mu - \beta_{0\nu}) \iint_{A_0} (\vec{\mathcal{F}}_{0\nu}^* \times \vec{\mathcal{G}}_\mu) \cdot \vec{n}_z \, da =$$

$$= k_0 \iint_{A_0} (\vec{\mathcal{G}}_\mu \cdot \vec{\mathcal{G}}_{0\nu}^* - \vec{\mathcal{F}}_{0\nu}^* \cdot \vec{\mathcal{F}}_\mu) \, da - k_0 \iint_A (\varepsilon_r - 1) \vec{\mathcal{F}}_{0\nu}^* \cdot \vec{\mathcal{F}}_\mu \, da . \qquad (VI.2.35)$$

Nun ist aber auf der Randkurve $\mathcal{L}$ gerade $\vec{\mathcal{F}}_{0\nu}^* \times \vec{n} = 0$, so daß

$$\pm (\beta_\mu - \beta_{0\nu}) \iint_{A_0} (\vec{\mathcal{F}}_{0\nu}^* \times \vec{\mathcal{G}}_\mu) \cdot \vec{n}_z \, da = j k_0 \iint_{A_0} (\vec{\mathcal{G}}_\mu \cdot \vec{\mathcal{G}}_{0\nu}^* - \vec{\mathcal{F}}_{0\nu}^* \cdot \vec{\mathcal{F}}_\mu) \, da -$$

$$- j k_0 \iint_A (\varepsilon_r - 1) \vec{\mathcal{F}}_{0\nu}^* \cdot \vec{\mathcal{F}}_\mu \, da$$

$$(VI.2.36)$$

gilt. Andererseits läßt sich aus den Gln. (VI.2.29) bis (VI.2.32) auf dem gleichen

[1] Man beachte die gewählte Art der bezogenen Feldgrößen

Weg der Zusammenhang

$$\pm\left(\beta_\mu - \beta_{o\nu}\right)\iint_{A_o}\left(\mathfrak{H}_\mu \times \mathfrak{E}_{o\nu}^*\right)\cdot \mathfrak{N}_z\, da = jk_o \iint_{A_o}\left(\mathfrak{E}_{o\nu}^*\cdot \mathfrak{E}_\mu - \mathfrak{H}_\mu\cdot \mathfrak{H}_{o\nu}^*\right)da +$$

$$+ jk_o \iint_A \mathfrak{E}_{o\nu}^*\cdot \overleftrightarrow{\chi}\cdot \mathfrak{E}_\mu\, da \tag{VI.2.37}$$

ableiten. Dabei erstrecken sich die beiden letzten Integrale nur über den Querschnitt A, da nur hier die Suszeptibilitäten von Null verschieden sind. Die Gln.(VI.2.36) und (VI.2.37) werden voneinander subtrahiert:

$$\pm\left(\beta_\mu - \beta_{o\nu}\right) = jk_o\ \frac{\displaystyle\iint_A \mathfrak{E}_{o\nu}^*\cdot \overleftrightarrow{\chi}\cdot \mathfrak{E}_\mu\, da + \iint_A (\varepsilon_r - 1)\,\mathfrak{H}_{o\nu}^*\cdot \mathfrak{H}_\mu\, da}{\displaystyle\iint_{A_o}\left[\left(\mathfrak{H}_\mu \times \mathfrak{E}_{o\nu}^*\right) - \left(\mathfrak{H}_{o\nu}^* \times \mathfrak{E}_\mu\right)\right]\cdot \mathfrak{N}_z\, da}\ .$$

$$\tag{VI.2.38}$$

Aus dieser Gleichung läßt sich das neue Phasenmaß β_μ bei bekanntem $\beta_{o\nu}$ und bekannter Feldverteilung im Wellenleiter bestimmen. Unter der Voraussetzung, daß die Störung der Feldverteilung durch das Ferritmaterial nur klein ist, können die gestörten Felder $\mathfrak{H}_\mu$, $\mathfrak{E}_\mu$ im Nenner des Ausdrucks durch die Felder im Wellenleiter mit isotropem Medium ersetzt werden. Unter Benutzung der Strukturfunktionen nach Gl. (VI.2.1) und Gl.(VI.2.2) kann dann für den Nenner der Ausdruck

$$NN = \mp\ \frac{2\,|A_\nu|^2}{j\,Z_\nu}\iint_{A_o}\mathfrak{e}_{t\nu}\cdot \mathfrak{e}_{t\nu}^*\, da = \mp\ \frac{2\,|A_\nu|^2}{j\,Z_\nu}\cdot N \tag{VI.2.39}$$

abgeleitet werden, falls eine Normierung nach Gl.(VI.2.16) vorgenommen wird. Das negative Vorzeichen gilt dabei für eine Welle in positiver z-Richtung, das positive Vorzeichen für eine Welle in negativer z-Richtung. Die Felder im gestörten Hohlleiter, die noch im Zähler des berechneten Ausdrucks auftreten, müssen durch eine gesonderte Rechnung, z.B. durch eine quasistatische Näherung, bestimmt werden.

VI.2.3 ENTWICKLUNG NACH EIGENFUNKTIONEN DES UNGESTÖRTEN

WELLENLEITERS

Um zu einer genaueren Berechnungsgrundlage zu gelangen, als die Störungsrechnung erster Ordnung für die volumengestörten Wellenleiter ergibt, soll von dem Verfahren der Entwicklung nach Eigenfunktionen des ungestörten Wellenleiters Gebrauch gemacht werden /161/, /298/, /299/. Die Behandlung der durch den Einsatz von longitudinal eingebrachten Ferritstäben gestörten Wellenleiter wird nach folgender Überlegung vorgenommen: Wird ein in Achsenrichtung des Wellenleiters im Querschnitt unveränderliches Ferritvolumen in den Wellenleiter mit isotropem Medium (z.B. Vakuum, $\varepsilon = \varepsilon_o$, $\mu = \mu_o$) eingebracht, so wird auf Grund der Materialeigenschaften des Ferrits innerhalb des Ferritvolumens eine Polarisation $\mathcal{P}$ und eine Magnetisierung $\mathcal{M}$ erzeugt. Diese beiden Feldgrößen können im Wellenleiter als neue Anregungsgrößen angesehen werden, die nun ihrerseits wieder neue Feldverteilungen erzwingen. Die Beschreibung von Anregungsvorgängen im abgeschlossenen Wellenleiter mit homogenem, isotropem Medium unter Benutzung einer Orthogonalreihenentwicklung nach den Eigenfunktionen des Wellenleiters ist aber lange bekannt /161/ und die Ergebnisse dieser Arbeit können zur Berechnung des ferritgefüllten Wellenleiters herangezogen werden /298/, /299/. Dazu wird das Medium des volumengestörten Wellenleiters als homogen angesehen und die Wirkung des Störvolumens wird durch die zusätzlich auftretende Polarisation und Magnetisierung beschrieben. Die hier dargestellten Überlegungen beruhen im wesentlichen auf den Arbeiten /298/, /299/.

Zur Berechnung des gestellten Problems sollen die folgenden Voraussetzungen gemacht werden: Der ungestörte Wellenleiter besitze ein homogenes, isotropes Medium, von dem angenommen sei, daß es die Materialkonstanten des Vakuums besitzt. Der Wellenleiter sei vollkommen elektrisch abgeschlossen, die Randkurve des Leiterquerschnitts wird wieder als unendlich gut leitend angesehen. Ein zylindrisches Koordinatensystem wird so gewählt, daß die z-Achse des Systems mit der Achsenrichtung des Wellenleiters übereinstimmt (Bild VI.2.3). Unter diesen Voraussetzungen läßt sich die Strukturfunktion nach Gl.(VI.2.1) als Lösung des Randwertproblems (VI.2.8) und (VI.2.9) für den betrachteten Wellenleiterquerschnitt bestimmen. Es wird eine

Normierung der Eigenfunktion $\mathfrak{f}_t$ nach Gl.(VI.2.17) gewählt. A_o ist der gesamte Querschnitt des ungestörten Wellenleiters (Bild VI.2.3), über ihn wird das Normierungsintegral nach Gl.(VI.2.17) berechnet. Die Eigenfunktion $\mathfrak{f}_{t\nu}$ ist nach /161/

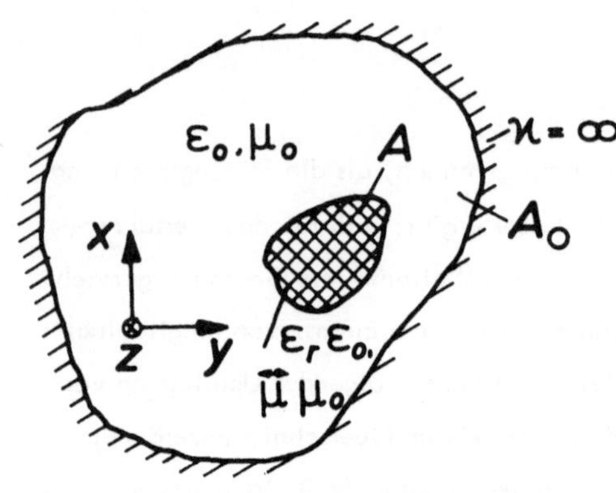

Bild VI.2.3: Querschnitt des volumengestörten Wellenleiters

bei der gewählten Normierung eine rein reelle Funktion. Die Gln. (VI.2.1) bis (VI.2.4) gelten für die dort angegebenen Vorzeichen einmal für die in positiver z-Richtung zum andern für die in negativer z-Richtung fortschreitende Welle.

In den Wellenleiter mit homogenem, isotropem Medium werden Störvolumina (Ferritmaterial) in Form longitudinaler Einsätze mit in z-Richtung konstantem Querschnitt eingebracht. Im Ferritmaterial seien dielektrische und magnetische Verluste zugelassen. Die Leitfähigkeit der Materialien wird zu Null angenommen. Durch die im Ferritmaterial erzeugte Magnetisierung und Polarisation wird das ursprüngliche Feld gestört. Da die Leitfähigkeit der Materialien gleich Null vorausgesetzt wurde, treten keine anregenden Stromdichtefelder auf. Werden die Maxwellschen Gleichungen Gl.(II.15) für bezogene Feldgrößen nach Gl.(II.13) für ein homogenes, isotropes Medium (ε_o, μ_o, $\vec{\vec{\mu}} = \vec{\vec{E}}$, $\varepsilon_r = 1$) [1] unter Berücksichtigung der anregenden Polarisation und Magnetisierung gelöst, so ergeben sich je zwei den Differentialgleichungen (VI.2.27) und (VI.2.28) entsprechende Gleichungen für die Zustandsgrößen U_ν und I_ν /161/. Die beiden Gleichungssysteme, die jeweils für die Anregung der E- und H-Typen durch eine Polarisation und eine Magnetisierung im Wellenleiter getrennt abgeleitet werden können, können zusammengefaßt in der Form

$$\frac{d}{dz} U_\nu(z) = Z_\nu \beta_\nu I_\nu(z) + k_o \iint\limits_{A(z)} \mathfrak{m}_t \cdot (\mathfrak{n}_z \times \mathfrak{f}_{t\nu})\, da + \iint\limits_{A(z)} P_z \operatorname{div}_t \mathfrak{f}_{t\nu}\, da,$$

$$(VI.2.40)$$

---

[1] Man beachte, daß hier bezogene Feldgrößen benutzt werden, die auf die Materialparameter des Vakuums bezogen werden, vgl. Kapitel II, Gl.(II.13) mit $\varepsilon_r = 1$.

$$\frac{d}{dz} I_\nu(z) = -\frac{\beta_\nu}{Z_\nu} U_\nu(z) - k_0 \iint\limits_{A(z)} \mathcal{R}_t \cdot \mathfrak{f}_{t\nu}\, da - \iint\limits_{A(z)} M_z \mathcal{H}_z \cdot \mathrm{rot}_t\, \mathfrak{f}_{t\nu}\, da \qquad [1]$$

$$(VI.2.41)$$

geschrieben werden. Die Anregungsintegrale sind über die Bereiche zu berechnen, in denen anregende Polarisation und Magnetisierung auftritt, d.h. über den Querschnittsbereich A (Bild VI.2.3) an der Stelle z. Werden die Gleichungen in der Form (VI.2.40) und (VI.2.41) geschrieben, so muß berücksichtigt werden, daß durch die longitudinale Komponente der Magnetisierung M_z nur H-Typen und durch die longitudinale Komponente der Polarisation P_z nur E-Typen angeregt werden /161/, wie sofort aus den Gleichungen unter Berücksichtigung der in Kapitel VI.2.1 angegebenen Klasseneinteilung der Strukturfunktion zu ersehen ist. Da die Magnetisierung und die Polarisation nicht eingeprägt sind, handelt es sich bei dem zu untersuchenden Anregungsvorgang um eine gesteuerte Anregung. Die gesamte, den Wellenleiter anregende Polarisation oder Magnetisierung setzt sich aus der Summe aller von den auftretenden Teilwellen erzeugten Polarisations- oder Magnetisierungsanteilen zusammen. Das heißt, die Polarisation und die Magnetisierung können durch die Summen

$$\mathcal{R} = \sum_{\mu=1}^{\infty} \mathcal{R}_\mu \; , \quad \mathcal{M} = \sum_{\mu=1}^{\infty} \mathcal{M}_\mu \qquad (VI.2.42)$$

dargestellt werden. Da die anregenden Felder von der auftretenden elektrischen und magnetischen Feldstärke auf Grund der Materialgleichungen

$$\mathcal{R}_\mu = (\varepsilon_r - 1)\, \mathfrak{E}_\mu^i \; , \quad \mathcal{M}_\mu = \overleftrightarrow{\chi} \cdot \mathfrak{H}_\mu^i \qquad (VI.2.43)$$

in der angegebenen Größe erzeugt werden, sind sie mit den im Ferritmaterial auftretenden elektrischen und magnetischen Feldstärken $\mathfrak{E}_\mu^i$, $\mathfrak{H}_\mu^i$ der Wellenfelder verknüpft. (Man beachte, daß die Felder bezogene Feldgrößen nach Gl.(II.13), die mit $\varepsilon_r = 1$ bezogen wurden, sind. Die auf Grund der bezogenen Feldgrößen existierenden Materialgleichungen werden dann durch Gl.(VI.2.43) beschrieben, vgl. Gl.(II.14)). Bei der Berechnung des gestörten Wellenleiters soll von einer Reihendar-

---

[1] Es sei darauf hingewiesen, daß die in diesen Gleichungen auftretende Magnetisierung $\mathcal{M}$ und Polarisation $\mathcal{R}$ die wirklichen (bezogenen) im Material auftretenden Feldgrößen und nicht von außen aufgebrachte, zusätzliche Anregungsfelder $\mathcal{M}_e$ und $\mathcal{R}_e$ (vgl. Kapitel II) sind.

stellung der Felder mit Hilfe der Eigenfunktionen des ungestörten Wellenleiters ausgegangen werden. Die Eigenfunktionen (Strukturfunktionen) ändern also ihren Verlauf im Bereich des Wellenleiterquerschnitts mit den Materialparametern ε_r, $\overleftrightarrow{\mu}$ (Ferritbereich) nicht. Da sich aus den Strukturfunktionen aber sofort die transversalen elektrischen und magnetischen Feldstärken ergeben, gilt im Innern des Ferritvolumens die Beziehung:

$$\mathcal{E}_{t\mu}^{i} = \mathcal{E}_{t\mu} , \quad \mathcal{H}_{t\mu}^{i} = \mathcal{H}_{t\mu} . \tag{VI.2.44}$$

Die longitudinalen Feldkomponenten sind mit den transversalen Feldkomponenten über die Maxwellschen Gleichungen

$$k_o (E_{z\mu}^{i} + P_{z\mu}^{i}) = \mathrm{rot}_t\, \mathcal{H}_{t\mu}^{i} = \mathrm{rot}_t\, \mathcal{H}_{t\mu} = k_o E_{z\mu} , \tag{VI.2.45}$$

$$k_o (H_{z\mu}^{i} + M_{z\mu}^{i}) = \mathrm{rot}_t\, \mathcal{E}_{t\mu}^{i} = \mathrm{rot}_t\, \mathcal{E}_{t\mu} = k_o H_{z\mu} \tag{VI.2.46}$$

verknüpft. In diese Gleichungen werden die Materialgleichungen (VI.2.43) eingeführt. Es wird vorausgesetzt, daß der Suszeptibilitätstensor frequenzunabhängig ist [1]. Wird der Suszeptibilitätstensor nach

$$\begin{pmatrix} \mathfrak{m}_t \\ M_z \end{pmatrix} = \begin{pmatrix} \overleftrightarrow{x}_{tt} & \overrightarrow{x}_{tz} \\ \overrightarrow{x}_{zt} & x_{zz} \end{pmatrix} \begin{pmatrix} \mathcal{H}_{t}^{i} \\ H_{z}^{i} \end{pmatrix} \tag{VI.2.47}$$

zerlegt, so ist $\overleftrightarrow{x}_{tt}$ ein Tensor, $\overrightarrow{x}_{tz}$ ein Spaltenvektor, $\overrightarrow{x}_{zt}$ ein Zeilenvektor. $\overrightarrow{x}_{zt}$ und $\overrightarrow{x}_{tz}$ haben transversale Richtung. x_{zz} ist eine skalare Größe. Unter Berücksichtigung dieser Beziehungen läßt sich aus den Gln. (VI.2.45) und (VI.2.46) die longitudinale Feldkomponente des elektrischen und magnetischen Feldes im Ferritmaterial als

$$E_{z\mu}^{i} = \frac{E_{z\mu}}{\varepsilon_r} , \tag{VI.2.48}$$

$$H_{z\mu}^{i} = \frac{1}{\mu_{zz}} (H_{z\mu} - \overrightarrow{x}_{zt} \cdot \mathcal{H}_{t\mu}) \tag{VI.2.49}$$

---

[1] Diese Annahme erscheint zunächst als sehr willkürlich. Doch werden hier Anregungsvorgänge behandelt, die bei einer festen Frequenz interessant sind, so daß die oben stehende Annahme die Allgemeinheit der Betrachtungen nicht einschränkt.

angeben. μ_{zz} ist dabei gleich $x_{zz} + 1$, dem letzten Hauptdiagonalelement des Permeabilitätstensors. Werden diese Beziehungen in Gl.(VI.2.43) eingesetzt, so lassen sich die Longitudinal- und Transversalanteile der Magnetisierung und der Polarisation nach den folgenden Gleichungen berechnen:

$$P_{t\mu} = (\varepsilon_r - 1)\, \mathcal{E}_{t\mu}, \tag{VI.2.50}$$

$$P_{z\mu} = \frac{\varepsilon_r - 1}{\varepsilon_r}\, E_{z\mu}, \tag{VI.2.51}$$

$$\mathfrak{M}_{t\mu} = \overleftrightarrow{X}_{tt} \cdot \mathcal{H}_{t\mu} + \frac{\vec{X}_{tz}}{\mu_{zz}}\left(H_{z\mu} - \vec{X}_{zt} \cdot \mathcal{H}_{t\mu}\right), \tag{VI.2.52}$$

$$M_{z\mu} = \frac{1}{\mu_{zz}}\left(\vec{X}_{zt} \cdot \mathcal{H}_{t\mu} + x_{zz} H_{z\mu}\right). \tag{VI.2.53}$$

In die Gln.(VI.2.40) und (VI.2.41) werden die Reihenentwicklungen Gl.(VI.2.42) eingesetzt, sodann wird von den Gln.(VI.2.50) bis (VI.2.53) Gebrauch gemacht. Damit lassen sich die anregenden Polarisationen und Magnetisierungen wiederum durch die Strukturfunktionen der auftretenden Wellenfelder darstellen. Die Gln.(VI.2.40) und (VI.2.41) lassen sich dann als

$$\frac{d}{dz} U_\nu(z) = Z_\nu \beta_\nu I_\nu(z) + \sum_{\mu=1}^{\infty} c_{\nu\mu} U_\mu(z) + \sum_{\mu=1}^{\infty} d_{\nu\mu} Z_\mu I_\mu(z), \tag{VI.2.54}$$

$$\frac{d}{dz} I_\nu(z) = -\frac{\beta_\nu}{Z_\nu} U_\nu(z) + \sum_{\mu=1}^{\infty} a_{\nu\mu} U_\mu(z) + \sum_{\mu=1}^{\infty} b_{\nu\mu} I_\mu(z) Z_\mu \tag{VI.2.55}$$

für die Zustandsgrößen U und I, sowie als

$$\frac{d}{dz} A_\nu^+(z) = -j\beta_\nu A_\nu^+(z) + \sum_{\mu=1}^{\infty} A_\mu^+(z) h_{\nu^+\mu^+} + \sum_{\mu=1}^{\infty} A_\mu^-(z) h_{\nu^+\mu^-}, \tag{VI.2.56}$$

$$\frac{d}{dz} A_\nu^-(z) = j\beta_\nu A_\nu^-(z) + \sum_{\mu=1}^{\infty} A_\mu^-(z) h_{\nu^-\mu^-} + \sum_{\mu=1}^{\infty} A_\mu^+(z) h_{\nu^-\mu^+} \tag{VI.2.57}$$

für die Amplituden (vgl. Gl.(VI.2.21) und Gl.(VI.2.22)) der vor- und rücklaufenden Wellenfelder schreiben. Wie diese Gleichungen deutlich zeigen, werden durch das

Hereinbringen der Ferritmaterialien in den Wellenleiter alle auftretenden Wellentypen des leeren Hohlleiters miteinander verkoppelt. Die Verkopplung tritt dabei nicht nur für die vorlaufenden und die rücklaufenden Wellen getrennt auf, sondern die vorlaufenden und die rücklaufenden Wellen sind untereinander noch verkoppelt. Die in den Gln. (VI.2.54) bis (VI.2.57) auftretenden Entwicklungskoeffizienten (Kopplungskoeffizienten) sind durch die folgenden Gleichungen bestimmt:

$$a_{\nu\mu} = -\iint_A \left[k_0(\varepsilon_r-1)\,\mathfrak{f}_{t\mu}\cdot\mathfrak{f}_{t\nu} + \frac{\chi_{zz}}{\mu_{zz}}\frac{1}{\beta_\mu Z_\mu}\,\mathrm{rot}_t\,\mathfrak{f}_{t\mu}\cdot\mathrm{rot}_t\,\mathfrak{f}_{t\nu}\right]da \tag{VI.2.58}$$

$$b_{\nu\mu} = -\frac{1}{Z_\mu}\iint_A \left[\left\{\left(\frac{\vec{\chi}_{zt}}{\mu_{zz}}\cdot(\mathit{n}_z\times\mathfrak{f}_{t\mu})\right)\mathit{n}_z\right\}\cdot\mathrm{rot}_t\,\mathfrak{f}_{t\nu}\right]da \tag{VI.2.59}$$

$$c_{\nu\mu} = \iint_A \frac{\vec{\chi}_{tz}}{\mu_{zz}}\left[\frac{k_0}{\beta_\mu Z_\mu}(\mathit{n}_z\cdot\mathrm{rot}_t\,\mathfrak{f}_{t\mu})(\mathit{n}_z\times\mathfrak{f}_{t\nu})\right]da \tag{VI.2.60}$$

$$d_{\nu\mu} = \frac{k_0}{Z_\mu}\iint_A \left[\left\{\overleftrightarrow{\chi}_{tt}\cdot(\mathit{n}_z\times\mathfrak{f}_{t\mu})\right\}\cdot\left\{\mathit{n}_z\times\mathfrak{f}_{t\nu}\right\} - \frac{\vec{\chi}_{tz}}{\mu_{zz}}\left\{\vec{\chi}_{zt}(\mathit{n}_z\times\mathfrak{f}_{t\mu})\right\}\cdot\right.$$
$$\left.\cdot\left\{\mathit{n}_z\times\mathfrak{f}_{t\nu}\right\}\right]da + \frac{\varepsilon_r-1}{\varepsilon_r}\frac{1}{\beta_\mu}\iint_A \mathrm{div}_t\,\mathfrak{f}_{t\mu}\cdot\mathrm{div}_t\,\mathfrak{f}_{t\nu}\,da \tag{VI.2.61}$$

Für die Kopplungskoeffizienten $h_{\nu\mu}$ gilt:

$$h_{\nu(-)\mu(-)}^{+\ +} = [\mp]\frac{jZ_\nu}{2}\iint_A k_0(\varepsilon_r-1)\,\mathfrak{f}_{t\mu}\cdot\mathfrak{f}_{t\nu}\,da +$$

$$+\frac{1}{\mu_{zz}}\iint_A \left[\pm_{(-)}\frac{\vec{\chi}_{zt}}{jZ_\mu}(\mathit{n}_z\times\mathfrak{f}_{t\mu}) - \frac{\chi_{zz}}{\beta_\mu Z_\mu}\mathrm{div}_t(\mathit{n}_z\times\mathfrak{f}_{t\mu})\right]\mathit{n}_z\cdot\mathrm{rot}_t\,\mathfrak{f}_{t\nu}\,da +$$

$$+\frac{1}{2}\iint_A k_0\left\{\pm_{(-)}\frac{\overleftrightarrow{\chi}_{tt}}{jZ_\mu}(\mathit{n}_z\times\mathfrak{f}_{t\mu}) - \frac{\vec{\chi}_{tz}}{\mu_{zz}}\left[\frac{1}{\beta_\mu Z_\mu}\mathrm{div}_t(\mathit{n}_z\times\mathfrak{f}_{t\mu})\pm_{(-)}\right.\right.$$

$$\left.\left.\pm_{(-)}\frac{\vec{\chi}_{zt}}{jZ_\mu}(\mathit{n}_z\times\mathfrak{f}_{t\mu})\right]\right\}\cdot(\mathit{n}_z\times\mathfrak{f}_{t\nu})\,da\pm_{(-)}\frac{\varepsilon_r-1}{\varepsilon_r}\frac{1}{j\beta_\mu}\iint_A \mathrm{div}_t\,\mathfrak{f}_{t\mu}\,\mathrm{div}_t\,\mathfrak{f}_{t\nu}\,da \tag{VI.2.62}$$

Die so abgeleiteten Gleichungen gelten ganz allgemein für jede Vormagnetisierungsrichtung des Ferritmaterials und auch für Ferriteinsätze, deren Querschnittsfläche nicht klein gegenüber der Querschnittsfläche des ungestörten Wellenleiters ist. Hier zeigt sich der Unterschied zwischen dem hier verwendeten Näherungsverfahren und der Störungsrechnung erster Ordnung. Während bei Anwendung der Störungsrechnung erster

Ordnung nur die Verkopplung zwischen jeweils zwei Feldanteilen berücksichtigt wird,
tritt bei der hier angewendeten Näherungsrechnung die Verkopplung zwischen allen
Wellentypen auf. Die Störungsrechnung erster Ordnung geht aus den hier berechneten
Gleichungen hervor, falls nur jeweils ein Wellentyp im ungestörten und im gestörten
Wellenleiter auftritt. Die hier abgeleiteten Beziehungen gelten, gleichgültig, ob die
Feldtypen ausbreitungsfähige Wellentypen oder Dämpfungstypen im betrachteten Wellen-
leiter sind.

Die Gln. (VI.2.54), (VI.2.55) bzw. (VI.2.56), (VI.2.57) stellen jeweils zwei unendliche Gleichungssysteme zur Berechnung der unbekannten Ausbreitungsmaße dar,
falls der Lösungsansatz

$$A_\nu^+(z) = A_\nu^+ e^{-\gamma^+ z} \; , \quad A_\nu^-(z) = A_\nu^- e^{+\gamma^- z} \tag{VI.2.63}$$

gemacht wird. Dann gilt:

$$(\gamma^+ - j\beta_\nu)\, A_\nu^+ + \sum_{\mu=1}^{\infty} A_\mu^+ h_{\nu^+\mu^+} + \sum_{\mu=1}^{\infty} A_\mu^- h_{\nu^+\mu^-} = 0 \, , \tag{VI.2.64}$$

$$(j\beta_\nu - \gamma^-)\, A_\nu^- + \sum_{\mu=1}^{\infty} A_\mu^- h_{\nu^-\mu^-} + \sum_{\mu=1}^{\infty} A_\mu^+ h_{\nu^-\mu^+} = 0 \, . \tag{VI.2.65}$$

Unter den gemachten Voraussetzungen, daß sowohl der ungestörte Wellenleiter als
auch die Ferritstörungen von der z-Koordinate unabhängig sind, stellen die Gln.
(VI.2.64) und (VI.2.65) zwei lineare, homogene Gleichungssysteme mit konstanten
Koeffizienten dar /361/. Zur Berechnung der Ausbreitungsmaße im gestörten Wellenleiter wird die Determinante des Gleichungssystems gleich Null gesetzt. Unter Benutzung der so bestimmten Werte für die Ausbreitungsmaße γ^+, γ^- des Systems
läßt sich dann aus den Gleichungssystemen ein Lösungsvektor angeben, der die Feldverhältnisse im gestörten Wellenleiter beschreibt. Die Gleichungssysteme zeigen
ferner, daß jedem Wert der Ausbreitungsmaße γ^+, γ^- des Systems eine Größe
$j\beta_\nu$ zugeordnet ist, in die die Ausbreitungsmaße bei verschwindender Störung
übergehen.

Bei der Auswertung der Gleichungssysteme in der Praxis werden nur endlich viele
Glieder der Reihen und der miteinander verkoppelten Wellentypen berücksichtigt werden können. Sinnvolles Arbeiten ist bei der Auswertung nur dann möglich, wenn nicht
wesentlich mehr als zehn Feldtypen berücksichtigt zu werden brauchen. Das bedeutet

154

aber, daß die auftretenden Reihen entsprechend schnell konvergieren müssen. Leider läßt sich zeigen /298/, daß nicht alle Reihenanteile schnell konvergieren, besonders falls der Querschnitt des Störungsvolumens klein wird. Hier sollen aber die Konvergenzprobleme unberücksichtigt bleiben, da eine nähere Untersuchung der Konvergenzprobleme den Rahmen dieser Arbeit sprengen würde. Es sei auf die Literaturstellen /298/, /299/, /300/ und /301/ hingewiesen.

VI.2.3a LONGITUDINAL VORMAGNETISIERTE FERRITEINSÄTZE

Es wird vorausgesetzt, daß die das Ferritmaterial vormagnetisierende Gleichfeldstärke in z-Richtung, damit aber in Wellenausbreitungsrichtung weist. Mit dieser Voraussetzung vereinfachen sich die durch die Gl.(VI.2.62) angegebenen Koeffizienten $h_{\nu\mu}$ erheblich. Es kann festgestellt werden: Anregende Feldgrößen im Fall der longitudinal vormagnetisierten Ferriteinsätze sind die Polarisation, die eine longitudinale und eine transversale Komponente besitzt, und die Magnetisierung, die rein transversal ist. Wird vorausgesetzt, daß das Ferritmaterial in positiver z-Richtung magnetisiert ist, so beschreibt der Tensor nach Gl.(I.2.13) den Zusammmmenhang zwischen den magnetischen Feldstärke und der Magnetisierung. Es wird angenommen, daß im ungestörten Wellenleiter Wellen mit Ausbreitungsrichtung in positiver und negativer z-Richtung auftreten. Diese Wellen erzeugen im gestörten Wellenleiter eine Magnetisierung. Wird der Suszeptibilitätstensor als eine das Materialverhalten beschreibende Funktion angesehen, so ist für die Felder mit positiver und negativer z-Richtung derselbe Suszeptibilitätstensor nach Gl.(I.2.13) zu berücksichtigen. Auf Grund des tensoriellen Verhaltens der Suszeptibilität sind die Felder der Magnetisierung elliptisch polarisierte Felder, die je nach anregenden Magnetfeldern positiv oder negativ polarisiert sein können. Die gesamte Magnetisierung setzt sich auf Grund des Tensorcharakters aus zwei elliptisch polarisierten Feldanteilen zusammen, die entgegengesetzt (positiv oder negativ in Bezug auf die Vormagnetisierungsrichtung) polarisiert sind.

Es wird der Fall betrachtet, daß die Magnetfelder der in positiver z-Richtung fortschreitenden Welle ein positiv (in Bezug auf die Ausbreitungsrichtung, +z-Richtung) elliptisch polarisiertes Magnetisierungsfeld erzeugen. Dann läßt sich unter Berücksich-

tigung von Gl.(VI.2.2) leicht nachweisen, daß bei Verwendung des Suszeptibilitätstensors (I.2.13) auch das Magnetfeld der in negativer z-Richtung fortschreitenden Welle ein in Bezug auf die positive z-Richtung positiv elliptisch polarisiertes Magnetisierungsfeld erzeugt. Wird diese Polarisations-(Dreh-) Richtung aber auf die Ausbreitungsrichtung der Welle bezogen, so muß sie als negativ elliptisch polarisiert bezeichnet
werden (Bild VI.2.4, Fall 1) und 3)). Für die beiden so beschriebenen Magnetisierungs-

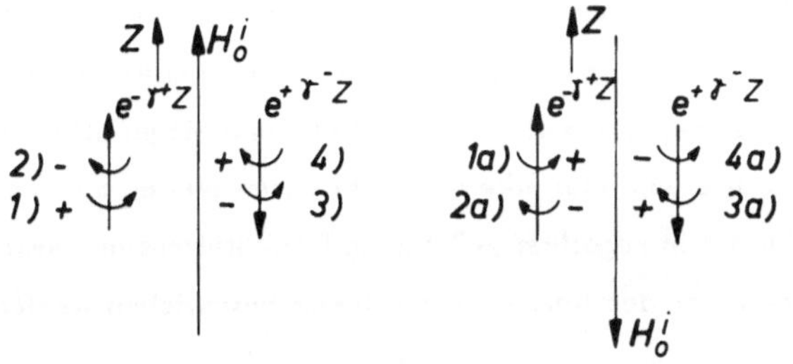

Bild VI.2.4: Verhältnis der Vormagnetisierungs-, Ausbreitungs- und Polarisationsrichtung (bezogen auf die Ausbreitungsrichtung) im ferritgestörten
Wellenleiter.

felder ergeben sich Verkopplungsfaktoren $h_{\nu\mu}$, die der Bedingung

$$h_{\nu^+\mu^+} = -h_{\nu^-\mu^-} \, , \quad h_{\nu^+\mu^-} = -h_{\nu^-\mu^+} \qquad (VI.2.66)$$

genügen. Durch Einsetzen dieser Bedingung in Gl.(VI.2.64) und Gl.(VI.2.65) folgt
sofort, daß dies eine Reziprozitätsbedingung für die genannten beiden Feldtypen darstellt; es ergeben sich für die Wellenausbreitung in positiver und negativer z-Richtung
dieselben Ausbreitungsmaße. Eine entsprechende Diskussion läßt sich für die Feldanteile mit entgegengesetzter Polarisationsrichtung (Bild VI.2.4, Fall 2) und 4)) durchführen.

In einem Gedankenexperiment soll die Richtung der vormagnetisierenden Gleichfeldstärke umgekehrt werden. Dann nimmt der Suszeptibilitätstensor im beibehaltenen Koordinatensystem (also Vormagnetisierungsfeldstärke in -z-Richtung) die transponierte
Form von Gl.(I.2.13) an. Durch die Umkehrung des Magnetfeldes ändert sich die Feldverteilung im ungestörten Wellenleiter nicht. Auf Grund der veränderten Vorzeichen
ergibt sich nun für die Magnetisierungsfelder der in positiver z-Richtung fortschreitenden Welle eine entgegengesetzte Polarisationsrichtung. Wurde vorher angenommen,

156

daß die Magnetisierung der in positiver z-Richtung fortschreitenden Wellen positiv (negativ) polarisiert war, so ist sie jetzt negativ (positiv) polarisiert, jeweils bezogen auf die Ausbreitungsrichtung bzw. positive z-Richtung. In Bezug auf die Vormagnetisierungsrichtung sind die Felder positiv (negativ) polarisiert. Andererseits ergeben sich für die Felder der in negativer z-Richtung fortschreitenden Wellen dann in Bezug auf die Ausbreitungsrichtung und damit in Bezug auf die Vormagnetisierungsrichtung positiv (negativ) polarisierte Magnetisierungen (Bild VI.2.4).

Wird die Forderung gestellt, daß das endgültige elektromagnetische Feld im gestörten Wellenleiter immer positiv polarisiert in Bezug auf die Ausbreitungsrichtung sein soll, so zeigt sich, daß der Zusammenhang zwischen Feldstärke und Magnetisierung für die in Richtung der Vormagnetisierungsfeldstärke fortschreitenden Wellen durch den Tensor nach Gl.(1.2.13), für die in negativer z-Richtung fortschreitenden, positiv elliptisch polarisierten Wellen durch den transponierten Tensor beschrieben werden muß. Eine entsprechende Argumentation gilt für die negativ elliptisch polarisierten Wellenfelder.

Das bedeutet, daß bei der Berechnung der Ausbreitungskonstanten zur Berechnung der Kopplungskoeffizienten $h_{\nu\mu}$ einmal der Originaltensor, zum andern aber der transponierte Tensor herangezogen werden muß, falls die Ausbreitungskonstanten der Wellen mit den jeweils zugeordneten Polarisationsrichtungen bestimmt werden sollen. Unter Berücksichtigung dieser Zusammenhänge ergeben sich dann für die beiden Ausbreitungsrichtungen verschiedene Ausbreitungskonstanten. Es soll schon hier vermerkt werden, daß es je nach der Polarisation der Felder zwei verschiedene Ausbreitungskonstanten für jede Ausbreitungsrichtung gibt. Dabei sind die Ausbreitungskonstanten für jeweils verschiedene Ausbreitungsrichtungen und Polarisationsrichtungen gleich groß. Diese Feststellung ist wichtig z.B. für die Behandlung der ferritgefüllten Mikrowellenresonatoren (siehe Kapitel VIII.1.1).

VI.2.4 ORTHOGONALITÄTSRELATIONEN FÜR DIE FELDER IM WELLENLEITER MIT GYROTROPEM MEDIUM

Zur Lösung von Anregungsproblemen und zur Berechnung von Störungen in Wellenleitern mit gyrotropem Medium müssen für die auftretenden Feldtypen Orthogonalitätsrelationen bekannt sein, um eine Reihenentwicklung nach den Eigenfunktionen des ungestörten, nichtangeregten Wellenleiters vornehmen zu können. Für den Wellenleiter mit isotropem Medium sind die Orthogonalitätsrelationen in Kapitel VI.2.1 angegeben worden. Sollen Reihenentwicklungen nach den Eigenlösungen der Maxwellschen Gleichungen im Wellenleiter mit gyrotropem Medium abgeleitet werden, so müssen neue Orthogonalitätsrelationen bestimmt werden, da die Beziehungen (VI.2.10) bis (VI.2.15) in der angegebenen Form allgemein nicht mehr gültig sind. Es sollen hier die Beziehungen im gyrotropen, elektrisch abgeschlossenen Wellenleiter beschrieben werden. Das heißt, die Voraussetzung, daß der Wellenleiter mit einer unendlich gut leitenden Berandung abgeschlossen ist, wird weiterhin beibehalten [1].

Es soll keine Voraussetzung über die Vormagnetisierungsrichtung gemacht werden, der Permeabilitätstensor kann also von beliebiger Form

$$
\vec{\mathcal{B}} = \overset{\leftrightarrow}{\mu} \cdot \vec{\mathcal{H}} = \begin{pmatrix} \mu_{11} & \mu_{12} & \mu_{13} \\ \mu_{21} & \mu_{22} & \mu_{23} \\ \mu_{31} & \mu_{32} & \mu_{33} \end{pmatrix} \cdot \vec{\mathcal{H}} \qquad \begin{pmatrix} \vec{\mathcal{B}}_t \\ B_z \end{pmatrix} = \begin{pmatrix} \overset{\leftrightarrow}{\mu}_{tt} & \vec{\mu}_{tz} \\ \vec{\mu}_{zt} & \mu_{zz} \end{pmatrix} \cdot \begin{pmatrix} \vec{\mathcal{H}}_t \\ H_z \end{pmatrix},
$$

$$
\overset{\leftrightarrow}{\mu} = \overset{\leftrightarrow}{\mu}_{tt} + (\vec{\mu}_{tz})\,\vec{n}_z + (\vec{n}_z)\vec{\mu}_{zt} + (\mu_{zz}\,\vec{n}_z)\vec{n}_z
$$

$$
\tag{VI.2.4.1}
$$

sein. Dabei ist $\overset{\leftrightarrow}{\mu}_{tt}$ ein Tensor, $\vec{\mu}_{tz}$ ein Spaltenvektor, $\vec{\mu}_{zt}$ ein Zeilenvektor von transversaler Richtung, μ_{zz} ist eine skalare Größe. Es soll wiederum wie im vorigen Kapitel vorausgesetzt werden, daß der Permeabilitätstensor frequenzunabhängig ist. Dies ist auch hier keine große Einschränkung der Allgemeinheit, weil die Orthogonalitätsrelationen später benutzt werden, um Anregungsprobleme bei einer festen Frequenz

[1] Entsprechende Orthogonalitätsrelationen, wie sie hier abgeleitet werden, lassen sich auch für Wellenleiter mit anderen Randbedingungen berechnen /148/.

zu berechnen.

Um eine Aussage über die Orthogonalitätsbeziehungen zu erhalten, ist es sinnvoll, zunächst einige Eigenschaften der Wellenleiterfelder im gyrotropen Wellenleiter zusammenzustellen. Eine Beschreibung der Feldgleichungen für die einzelnen interessanten Fälle der Vormagnetisierungsrichtungen wurde bereits in Kapitel III angegeben. Dort findet sich auch eine Diskussion der physikalischen Eigenschaften der einzelnen Felder. Es wird angenommen, daß die betrachteten Wellenleiter den schon weiter oben erwähnten Bedingungen genügen: Der Wellenleiter sei geradlinig, der Querschnitt des Leiters und die Materialeigenschaften des Materials innerhalb der Berandung seien von der z-Koordinate unabhängig. Die Richtung der z-Koordinate sei die Richtung der Achse des zylindersymmetrischen Wellenleiters. Die Abhängigkeit der auftretenden Felder von der z-Richtung soll durch eine Exponentialfunktion der Form $\mathcal{E} = \mathcal{F}(x,y) \cdot e^{-\gamma z}$, $\mathcal{H} = \mathcal{G}(x,y) \cdot e^{-\gamma z}$ beschrieben werden können. Da das Ferritmaterial als verlustbehaftet angenommen werden soll, kann das Ausbreitungsmaß γ komplex sein, das heißt, es werden gedämpfte Wellen in z-Richtung zugelassen. Für elektromagnetische Felder, die in einen rein transversalen Anteil $\mathcal{F}_t$, $\mathcal{G}_t$ und in jeweils eine z-Komponente F_z, G_z zerlegt werden, gelten für einen betrachteten Wellentyp die Maxwellschen Gleichungen [1]

$$\text{rot}_t\, \vec{\mathcal{F}}_{t\nu} = k\,(\vec{\mu}_{zt} \cdot \mathcal{G}_{t\nu})\, \vec{n}_z + k\,\mu_{zz}\, G_{z\nu}\, \vec{n}_z \, ,$$

$$-\vec{n}_z \times (j\beta_\nu \mathcal{F}_{t\nu} + \text{grad}_t\, F_{z\nu}) = k\,\overleftrightarrow{\mu}_{tt} \cdot \mathcal{G}_{t\nu} + k\,\vec{\mu}_{tz}\, G_{z\nu} \, ,$$

$$\text{rot}_t\, \mathcal{G}_{t\nu} = k\, F_{z\nu}\, \vec{n}_z \, , \tag{VI.2.4.2}$$

$$-\vec{n}_z \times (j\beta_\nu \mathcal{G}_{t\nu} + \text{grad}_t\, G_{z\nu}) = k\, \mathcal{F}_{t\nu} \, .$$

Hierbei ist die relative Dielektrizitätskonstante ε_r als reell betrachtet worden, so daß sich die Bezugsgrößen für die Felder (Gl. (II.13)) nicht ändern. An der Betrachtungsweise der im folgenden durchgeführten Rechnungen ändert sich nichts Grundsätzliches, falls ε_r als komplex zugelassen wird.

---

[1] Die Wahl von $\gamma_\nu = j\beta_\nu$ in diesen Gleichungen bedeutet nicht, daß nur Wellenausbreitung in Form einer ungedämpft fortschreitenden Welle zugelassen werden soll. β_ν kann beliebige, komplexe Werte annehmen. Diese Schreibweise wurde nur aus Zweckmäßigkeitsgründen bei der späteren Rechnung eingeführt.

Außer den Maxwellschen Gleichungen müssen die Felder den Grenzbedingungen auf der als unendlich gut leitend angesehenen Berandung des Querschnitts des Wellenleiters

$$\left.\begin{array}{l} \mathcal{F}_{t\nu} \times \mathcal{N} = 0 \\[2mm] F_{z\nu}\,\mathcal{N}_z = \dfrac{1}{k}\,\mathrm{rot}_t\,\mathcal{O}_{t\nu} = 0 \end{array}\right\} \quad \text{auf dem Rand des Querschnitts} \quad (\text{VI.2.4.3})$$

genügen.

Werden noch einmal die Gleichungen für ein in Wellenausbreitungsrichtung vormagnetisiertes Ferritmaterial betrachtet,

$$\begin{aligned} \mathrm{rot}_t\,\mathcal{F}_{t\nu} &= k\,G_{z\nu}\,\mathcal{N}_z\,, \\[2mm] -\mathcal{N}_z \times (\,j\beta_\nu\,\mathcal{F}_{t\nu} + \mathrm{grad}_t\,F_{z\nu}) &= k\,\vec{\mu}_{tt}\cdot\mathcal{O}_{t\nu}\,, \\[2mm] \mathrm{rot}_t\,\mathcal{O}_{t\nu} &= k\,F_{z\nu}\,\mathcal{N}_z\,, \\[2mm] -\mathcal{N}_z \times (\,j\beta_\nu\,\mathcal{O}_{t\nu} + \mathrm{grad}_t\,G_{z\nu}) &= k\,\mathcal{F}_{t\nu}\,, \end{aligned} \qquad (\text{VI.2.4.4})$$

so zeigt sich, daß auch die Felder $\mathcal{F}_{t\nu}$, $-F_{z\nu}\,\mathcal{N}_z$, $-\mathcal{O}_{t\nu}$ und $G_{z\nu}\cdot\mathcal{N}_z$ die Maxwellschen Gleichungen erfüllen, falls $j\beta_\nu$ durch $-j\beta_\nu$ ersetzt wird. Eine Überprüfung der Randbedingungen zeigt, daß sie auch von den modifizierten Lösungen erfüllt werden. Das heißt, im longitudinal vormagnetisierten, gyrotropen Wellenleiter ist sowohl $j\beta_\nu$ als auch $-j\beta_\nu$ ein Eigenwert des Randwertproblems.

Wird die Vormagnetisierung als rein transversal in Bezug auf die Wellenleiterachse angesehen, so existiert ein solcher Zusammenhang zunächst einmal nicht. Eine ähnliche Eigenschaft der Felder kann aber abgeleitet werden, wenn die Felder im Material mit einer um einhundertachtzig Grad gedrehten Vormagnetisierungsrichtung betrachtet werden /369/ (siehe auch Kapitel V.3). Wie bereits vorne beschrieben, geht bei Umkehrung der Magnetfeldrichtung der Permeabilitätstensor in seinen transponierten Wert über, so daß die Maxwellschen Gleichungen für die Felder $\bar{\mathcal{F}}_\nu$ und $\bar{\mathcal{O}}_\nu$ im Medium mit transponiertem Permeabilitätstensor dann lauten:

$$\begin{aligned} \mathrm{rot}_t\,\bar{\mathcal{F}}_{t\nu} &= k\,(\vec{\mu}_{tz}'\cdot\bar{\mathcal{O}}_{t\nu})\,\mathcal{N}_z + k\,\mu_{zz}\,\bar{G}_{z\nu}\,\mathcal{N}_z\,, \\[2mm] -\mathcal{N}_z \times (\,j\bar{\beta}_\nu\,\bar{\mathcal{F}}_{t\nu} + \mathrm{grad}_t\,\bar{F}_{z\nu}) &= k\,\vec{\mu}_{tt}'\cdot\bar{\mathcal{O}}_{t\nu} + k\,\vec{\mu}_{zt}'\,\bar{G}_{z\nu}\,\quad (\text{VI.2.4.5}) \\[2mm] \mathrm{rot}_t\,\bar{\mathcal{O}}_{t\nu} &= k\,\bar{F}_{z\nu}\,\mathcal{N}_z\,, \end{aligned}$$

$$-\,\vec{n}_z \times (j\,\bar{\beta}_\nu\,\bar{\mathcal{J}}_{t\nu} + \text{grad}_t\,\bar{G}_{z\nu}) = k\,\bar{\mathcal{F}}_{t\nu}\,. \qquad\qquad \text{(VI.2.4.5)}$$

Die Randbedingungen lauten entsprechend:

$$\bar{\mathcal{F}}_{t\nu} \times \vec{n} = 0\,, \quad \text{rot}_t\,\bar{\mathcal{J}}_{t\nu} = 0\,. \qquad\qquad \text{(VI.2.4.6)}$$

Eine nähere Betrachtung der beiden Gleichungssysteme (VI.2.4.2) und (VI.2.4.5)
zeigt, daß die Felder im Originalmedium und im "transponierten" Medium durch die
Beziehungen

$$\bar{\mathcal{F}}_{t\nu} = \mathcal{F}_{t\nu}\,, \quad \bar{F}_{z\nu} = -F_{z\nu}\,, \quad \bar{\mathcal{J}}_{t\nu} = -\mathcal{J}_{t\nu}\,, \quad \bar{G}_{z\nu} = G_{z\nu}\,,$$

$$\bar{\gamma}_\nu = j\,\bar{\beta}_\nu = -\gamma_\nu = -j\,\beta_\nu \qquad\qquad \text{(VI.2.4.7)}$$

verknüpft sind.

Entsprechende Überlegungen können durchgeführt werden, wenn der konjugiert komplexe Wert der Maxwellschen Gleichungen (VI.2.4.5) gebildet wird und die als Lösung
dieser Gleichungen resultierenden "Felder" mit den Feldern als Lösungen der Original-
gleichungen verglichen werden. Von diesen Zusammenhängen soll in der folgenden Berechnung der gesuchten Orthogonalitätsrelationen Gebrauch gemacht werden.

Ausgangspunkt der Berechnungen seien die schon vorne angegebenen Maxwellschen
Gleichungen (VI.2.4.2) für die transversalen und longitudinalen Feldkomponenten.
Aus diesen Gleichungen können die longitudinalen Feldkomponenten berechnet werden.
Werden die erste und die dritte Gleichung dieses Systems nach den z-Komponenten der
Felder aufgelöst und diese in die verbleibenden Gleichungen des Gleichungssystems
(VI.2.4.2) eingesetzt, so ergeben sich zwei Gleichungen, in denen nur noch die trans-
versalen Feldkomponenten auftreten:

$$k\,\vec{\mu}_{tt}\cdot\mathcal{J}_{t\nu} - k\,\frac{\vec{\mu}_{tz}}{\mu_{zz}}\cdot(\vec{\mu}_{zt}\cdot\mathcal{J}_{t\nu}) - \frac{1}{k}\,\vec{n}_z\times\text{grad}_t\,\text{div}_t(\vec{n}_z\times\mathcal{J}_{t\nu}) -$$

$$-\,\frac{\vec{\mu}_{tz}}{\mu_{zz}}\,\text{div}_t(\vec{n}_z\times\mathcal{F}_{t\nu}) + j\,\beta_\nu\,\vec{n}_z\times\mathcal{F}_{t\nu} = 0\,, \qquad\qquad \text{(VI.2.4.8)}$$

sowie

$$k\,\mathcal{F}_{t\nu} - \frac{1}{k}\,\vec{n}_z\times\text{grad}_t\left[\frac{1}{\mu_{zz}}\,\text{div}_t(\vec{n}_z\times\mathcal{F}_{t\nu})\right] -$$

$$-\,\vec{n}_z\times\text{grad}_t\left[\frac{1}{\mu_{zz}}(\vec{\mu}_{zt}\cdot\mathcal{J}_{t\nu})\right] + j\,\beta_\nu\,\vec{n}_z\times\mathcal{J}_{t\nu} = 0\,. \quad \text{(VI.2.4.9)}$$

Diese beiden Gleichungen werden mit Hilfe des Operators

$$\overleftrightarrow{L} = \begin{pmatrix} L_{11} & L_{12} \\ L_{21} & L_{22} \end{pmatrix} \tag{VI.2.4.10}$$

mit den Elementen

$$L_{11} = k - \frac{1}{k}\, n_z \times \operatorname{grad}_t \left[\frac{1}{\mu_{zz}} \operatorname{div}_t (n_z \times \quad) \right], \tag{VI.2.4.11}$$

$$L_{12} = -\, n_z \times \operatorname{grad}_t \left[\frac{1}{\mu_{zz}} (\vec{\mu}_{zt} \cdot \quad) \right], \tag{VI.2.4.12}$$

$$L_{21} = -\frac{\vec{\mu}_{tz}}{\mu_{zz}} \left[\operatorname{div}_t (n_z \times \quad) \right], \tag{VI.2.4.13}$$

$$L_{22} = k\, \overleftrightarrow{\mu}_{tt} - k\, \frac{\vec{\mu}_{tz}}{\mu_{zz}} (\vec{\mu}_{zt} \cdot \quad) - \frac{1}{k}\, n_z \times \operatorname{grad}_t \operatorname{div}_t (n_z \times \quad) \tag{VI.2.4.14}$$

und mit Hilfe des Vierervektors

$$\mathfrak{N}_\nu = \begin{pmatrix} \mathfrak{H}_{t\nu} \\ \mathfrak{E}_{t\nu} \end{pmatrix} \tag{VI.2.4.15}$$

sowie mit Hilfe des Operators $\overleftrightarrow{G}$:

$$\overleftrightarrow{G} = \begin{pmatrix} 0 & j\, n_z \times \\ j\, n_z \times & 0 \end{pmatrix} \tag{VI.2.4.16}$$

in der vereinfachten Form

$$\overleftrightarrow{L} \cdot \mathfrak{N}_\nu + \beta_\nu\, \overleftrightarrow{G} \cdot \mathfrak{N}_\nu = 0 \tag{VI.2.4.17}$$

geschrieben. Es wird das folgende innere Produkt der beiden Elemente $\mathfrak{N}_\nu$ und $\mathfrak{N}_\mu$ definiert:

$$(\mathfrak{N}_\nu, \mathfrak{N}_\mu) = \iint_A \left\{ \mathfrak{H}_{t\nu}^{\prime *} \cdot \mathfrak{H}_{t\mu} + \mathfrak{E}_{t\nu}^{\prime *} \cdot \mathfrak{E}_{t\mu} \right\} da \;. \qquad [1] \tag{VI.2.4.18}$$

---

[1] Die mit einem Strich versehenen Größen sind die transponierten Größen der Originalgrößen.

162

Diese Definition des inneren Produkts unterscheidet sich von der Definition des inneren
Produkts im Hilbert-Raum nur durch die Integration über den Hohlleiterquerschnitt. Insbesondere bleiben die Eigenschaften des Produkts

1) $\;(\mathfrak{M}_\nu, \mathfrak{M}_\mu) = (\mathfrak{M}_\mu, \mathfrak{M}_\nu)^*\,,$

2) $\;(\lambda\,\mathfrak{M}_\nu, \mathfrak{M}_\mu) = \lambda^*(\mathfrak{M}_\nu, \mathfrak{M}_\mu)\,,$ $\hfill$ (VI.2.4.19)

3) $\;(\mathfrak{M}_\nu, \lambda\,\mathfrak{M}_\mu) = \lambda\,(\mathfrak{M}_\nu, \mathfrak{M}_\mu)$

erhalten. Gesucht wird zunächst der adjungierte (hermitesch konjugierte) Operator $\overleftrightarrow{L}^{\,+}$
zu $\overleftrightarrow{L}$, so daß die Beziehung

$$(\overline{\mathfrak{M}}_\nu, \overleftrightarrow{L}\,\mathfrak{M}_\mu) = (\overleftrightarrow{L}^{\,+}\overline{\mathfrak{M}}_\nu, \mathfrak{M}_\mu)$$ $\hfill$ (VI.2.4.20)

als Definitionsgleichung für den adjungierten Operator $\overleftrightarrow{L}^{\,+}$ existiert /4/. Es werden die
Produkte $(\overline{\mathfrak{M}}_\nu, \overleftrightarrow{L}\cdot\mathfrak{M}_\mu)$ und $(\overleftrightarrow{L}^{\,+}\overline{\mathfrak{M}}_\nu, \mathfrak{M}_\mu)$ gebildet und die Forderungen an den Operator
$\overleftrightarrow{L}^{\,+}$ aus der Bedingungsgleichung (VI.2.4.20) bestimmt. Es gilt:

$$(\overline{\mathfrak{M}}_\nu, \overleftrightarrow{L}\cdot\mathfrak{M}_\mu) = \iint_A \overline{\mathfrak{F}}_{t\nu}^{\,\prime\,*}\cdot\left\{ k\,\mathfrak{F}_{t\mu} - \frac{1}{k}\,\mathfrak{N}_z\times\operatorname{grad}_t\left[\frac{1}{\mu_{zz}}\operatorname{div}_t(\mathfrak{N}_z\times\mathfrak{F}_{t\mu})\right]\right\}da+$$

$$+\iint_A \overline{\mathfrak{F}}_{t\nu}^{\,\prime\,*}\cdot\left\{-\mathfrak{N}_z\times\operatorname{grad}_t\left[\frac{1}{\mu_{zz}}(\vec{\mu}_{zt}\cdot\mathfrak{J}_{t\mu})\right]\right\}da+$$

$$+\iint_A \overline{\mathfrak{J}}_{t\nu}^{\,\prime\,*}\cdot\left\{k\overleftrightarrow{\mu}_{tt}\cdot\mathfrak{J}_{t\mu}-k\,\frac{\vec{\mu}_{tz}}{\mu_{zz}}(\vec{\mu}_{zt}\cdot\mathfrak{J}_{t\mu})-\right. \qquad\qquad \text{(VI.2.4.21)}$$

$$\left.-\frac{1}{k}\,\mathfrak{N}_z\times\operatorname{grad}_t\operatorname{div}_t(\mathfrak{N}_z\times\mathfrak{J}_{t\mu})\right\}da-\iint_A \overline{\mathfrak{J}}_{t\nu}^{\,\prime\,*}\left\{\frac{\vec{\mu}_{tz}}{\mu_{zz}}\operatorname{div}_t(\mathfrak{N}_z\times\mathfrak{F}_{t\mu})\right\}da.$$

Für den adjungierten Operator wird eine Darstellung gewählt, die prinzipiell mit der
Darstellung von $\overleftrightarrow{L}$ übereinstimmt. Es wird lediglich angenommen, daß der das Material
beschreibende Permeabilitätstensor vom Originaltensor, der zur Berechnung von $\overleftrightarrow{L}$ verwendet wurde, verschieden sein kann /148/. Dann läßt sich das zweite Produkt
$(\overleftrightarrow{L}^{\,+}\overline{\mathfrak{M}}_\nu, \mathfrak{M}_\mu)$ in der Form

$$(\overleftrightarrow{L}^{\,+}\overline{\mathfrak{M}}_\nu, \mathfrak{M}_\mu) = \iint_A\left\{k\,\mathfrak{F}_{t\nu}-\frac{1}{k}\,\mathfrak{N}_z\times\operatorname{grad}_t\left[\frac{1}{\mu_{zz}^+}\operatorname{div}_t(\mathfrak{N}_z\times\overline{\mathfrak{F}}_{t\nu})\right]\right\}^{\prime\,*}\cdot\mathfrak{F}_{t\mu}\,da+$$

$$+\iint_A\left\{-\mathfrak{N}_z\times\operatorname{grad}_t\left[\frac{1}{\mu_{zz}^+}(\vec{\mu}_{zt}^{\,+}\cdot\overline{\mathfrak{J}}_{t\nu})\right]\right\}^{\prime\,*}\cdot\mathfrak{F}_{t\mu}\,da+$$

$$+\iint_A\left\{k\overleftrightarrow{\mu}_{tt}^{\,+}\cdot\overline{\mathfrak{J}}_{t\nu}-k\,\frac{\vec{\mu}_{tz}^{\,+}}{\mu_{zz}^+}(\vec{\mu}_{zt}^{\,+}\cdot\overline{\mathfrak{J}}_{t\nu})-\frac{1}{k}\,\mathfrak{N}_z\times\operatorname{grad}_t\operatorname{div}_t(\mathfrak{N}_z\times\overline{\mathfrak{J}}_{t\nu})\right\}^{\prime\,*}\cdot\mathfrak{J}_{t\mu}\,da-$$

$$-\iint_A \left\{ \frac{\vec{\mu}_{t\bar{z}}^{+}}{\mu_{zz}^{+}} \left[\operatorname{div}_t (\mathbf{n}_z \times \bar{\mathfrak{F}}_{t\nu}) \right] \right\}^{!*} \cdot \mathfrak{H}_{t\mu}\, da$$

$$(\text{VI.}2.4.22)$$

angeben. Sollen diese beiden Produkte übereinstimmen, so muß zunächst $k = k^*$ sein. Diese Bedingung ist erfüllt, da die Frequenz ω und die relative Dielektrizitätskonstante ε_r als reell angesehen werden (siehe hierzu die Bemerkung weiter vorne). Weiterhin folgt aus den Bedingungsgleichung (VI.2.4.20), daß die einzelnen Integrale gleich groß sein müssen. Das ergibt weitere Gleichheitsbedingungen für verschiedene Integralfunktionen. Unter der Voraussetzung

$$\mu_{zz}^{+*} = \mu_{zz} \;,\quad \mu_{zz}^{+} = \mu_{zz}^{*}$$

$$(\text{VI.}2.4.23)$$

läßt sich die Gleichheit der beiden ersten Integrale zeigen, falls von der Vektoridentität

$$\mathbf{n}_z \times \operatorname{grad}_t (f) = \mathbf{n}_z \times \nabla_t f = -\nabla_t \times f \cdot \mathbf{n}_z = -\operatorname{rot}_t (f \cdot \mathbf{n}_z) \quad (\text{VI.}2.4.24)$$

und der Identität

$$\mathfrak{A} \cdot \operatorname{rot}_t \mathfrak{L} = \mathfrak{L} \cdot \operatorname{rot}_t \mathfrak{A} - \operatorname{div}_t (\mathfrak{A} \times \mathfrak{L})$$

$$(\text{VI.}2.4.25)$$

sowie dem Gaußschen Satz Gebrauch gemacht wird. Das bei der Anwendung des Gaußschen Satzes entstehende Linienintegral über die Randkurve verschwindet, falls neben der Randbedingung $\mathfrak{F}_{t\mu} \times \mathbf{n} = 0$ auch $\bar{\mathfrak{F}}_{t\nu}^{*} \times \mathbf{n} = 0$ gilt. Zweitens folgt, falls die beiden Produkte (VI.2.4.21) und (VI.2.22) übereinstimmen sollen, die Bedingung:

$$\iint_A \bar{\mathfrak{H}}_{t\nu}^{!*} \cdot k\, \overleftrightarrow{\mu}_{tt} \cdot \mathfrak{H}_{t\mu}\, da = \iint_A k\, \mathfrak{H}_{t\mu}^{!} \cdot \overleftrightarrow{\mu}_{tt}^{+*} \bar{\mathfrak{H}}_{t\nu}^{*}\, da \qquad (\text{VI.}2.4.26)$$

und hieraus:

$$\overleftrightarrow{\mu}_{tt} = \overleftrightarrow{\mu}_{tt}^{+!*} \quad\Longrightarrow\quad \overleftrightarrow{\mu}_{tt}^{+} = \overleftrightarrow{\mu}_{tt}^{!*} \;.$$

$$(\text{VI.}2.4.27)$$

Das heißt, der transversale Permeabilitätstensor, der das Verhalten des zugeordneten Operators $\overleftrightarrow{L}^{+}$ beschreibt, muß gleich dem konjugiert komplexen, transponierten, transversalen Tensor des Originalmediums sein. Außerdem folgt aus der Gleichheit der beiden Integrale

$$-\iint_A \vec{\mathcal{J}}_{t\nu}^{\,I*} \cdot k\, \frac{\vec{\mu}_{tz}}{\mu_{zz}} \left(\vec{\mu}_{zt} \cdot \mathcal{J}_{t\mu} \right) da =$$

$$= -\iint_A k\, \frac{\vec{\mu}_{tz}^{\,+I*}}{\mu_{zz}^{\,+*}} \left(\vec{\mu}_{zt}^{\,+*} \cdot \vec{\mathcal{J}}_{t\nu}^{\,*} \right) \cdot \mathcal{J}_{t\mu}\, da \qquad \text{(VI.2.4.28)}$$

erneut die Bedingung (VI.2.4.23) sowie zusätzlich die Forderung

$$\vec{\mu}_{tz}^{\,+} = \vec{\mu}_{zt}^{\,I*} \qquad \text{und} \qquad \vec{\mu}_{zt}^{\,+} = \vec{\mu}_{tz}^{\,I*} . \qquad \text{(VI.2.4.29)}$$

Mit Hilfe der so bestimmten Bedingungen kann die Identität der verbleibenden Integral-funktionen mit mehr oder weniger großem mathematischem Aufwand nachgewiesen werden. Der Operator $\overset{\leftrightarrow}{L}{}^{+}$ wird also definiert durch

$$\overset{\leftrightarrow}{L}{}^{+} = \begin{pmatrix} L_{11}^{+} & L_{12}^{+} \\ L_{21}^{+} & L_{22}^{+} \end{pmatrix} \qquad \text{(VI.2.4.30)}$$

mit den Elementen:

$$L_{11}^{+} = k - \frac{1}{k}\, \mathcal{N}_z \times \mathrm{grad}_t \left[\frac{1}{\mu_{zz}^{*}}\, \mathrm{div}_t (\mathcal{N}_z \times \;) \right], \qquad \text{(VI.2.4.31)}$$

$$L_{12}^{+} = -\mathcal{N}_z \times \mathrm{grad}_t \left[\frac{1}{\mu_{zz}^{*}} \left(\vec{\mu}_{tz}^{\,I*} \cdot \;\; \right) \right], \qquad \text{(VI.2.4.32)}$$

$$L_{21}^{+} = -\frac{\vec{\mu}_{zt}^{\,I*}}{\mu_{zz}^{*}} \left[\mathrm{div}_t (\mathcal{N}_z \times \;) \right], \qquad \text{(VI.2.4.33)}$$

$$L_{22}^{+} = k\, \vec{\mu}_{tt}^{\,I*} - k\, \frac{\vec{\mu}_{zt}^{\,I*}}{\mu_{zz}^{*}} \left[\vec{\mu}_{tz}^{\,I*} \cdot \right] - \frac{1}{k}\, \mathcal{N}_z \times \mathrm{grad}_t\, \mathrm{div}_t (\mathcal{N}_z \times) \; . \quad \text{(VI.2.4.34)}$$

Das bedeutet, der Operator $\overset{\leftrightarrow}{L}{}^{+}$ beschreibt die Operationen der Maxwellschen Gleichungen in einem Medium, dessen Permeabilitätstensor durch den transponierten, konjugiert komplexen Originaltensor nach Kapitel I.2 ersetzt wurde.

Die benötigten Orthogonalitätsbeziehungen können nun angegeben werden, wenn das folgende innere Produkt betrachtet wird:

$$\left(\overline{\sigma}_\nu , [\overset{\leftrightarrow}{L} + \beta_\mu \overset{\leftrightarrow}{G}] \cdot \sigma_\mu \right) = \left(\overline{\sigma}_\nu , \overset{\leftrightarrow}{L} \cdot \sigma_\mu \right) + \beta_\mu \left(\overline{\sigma}_\nu , \overset{\leftrightarrow}{G} \cdot \sigma_\mu \right) =$$

$$= \left(\overset{\leftrightarrow}{L}{}^{+} \cdot \overline{\sigma}_\nu , \sigma_\mu \right) + \beta_\mu \left(\overline{\sigma}_\nu , \overset{\leftrightarrow}{G} \cdot \sigma_\mu \right) = 0 .$$

$$\text{(VI.2.4.35)}$$

Das Produkt wird gleich Null, weil einer der beiden Faktoren verschwindet (siehe Gl. (VI.2.4.17)). Wird angenommen, daß $\bar{\mathfrak{n}}_\nu$ Lösung des Eigenwertproblems

$$\overleftrightarrow{L}^+ \cdot \bar{\mathfrak{n}}_\nu + \bar{\beta}_\nu^* \overleftrightarrow{G}^+ \cdot \bar{\mathfrak{n}}_\nu = \overleftrightarrow{L} \cdot \bar{\mathfrak{n}}_\nu + \bar{\beta}_\nu^* \overleftrightarrow{G} \cdot \bar{\mathfrak{n}}_\nu = 0 \qquad (VI.2.4.36)$$

unter Berücksichtigung der Randbedingungen nach Gl. (VI.2.4.6) ist, so folgt unter Benutzung der Tatsache, daß $(\overleftrightarrow{G}^+ \bar{\mathfrak{n}}_\nu, \mathfrak{n}_\mu) = (\bar{\mathfrak{n}}_\nu, \overleftrightarrow{G}\mathfrak{n}_\mu)$ ist, die Beziehung:

$$(\overleftrightarrow{L} \cdot \bar{\mathfrak{n}}_\nu, \mathfrak{n}_\mu) = -\bar{\beta}_\nu (\overleftrightarrow{G}^+ \bar{\mathfrak{n}}_\nu, \mathfrak{n}_\mu) = -\bar{\beta}_\nu (\bar{\mathfrak{n}}_\nu, \overleftrightarrow{G} \cdot \mathfrak{n}_\mu). \qquad (VI.2.4.37)$$

Damit folgt auch:

$$(\bar{\mathfrak{n}}_\nu, [\overleftrightarrow{L} + \beta_\mu \overleftrightarrow{G}] \cdot \mathfrak{n}_\mu) = (\beta_\mu - \bar{\beta}_\nu)(\bar{\mathfrak{n}}_\nu, \overleftrightarrow{G} \cdot \mathfrak{n}_\mu) = 0,$$

$$(\beta_\mu - \bar{\beta}_\nu)(\bar{\mathfrak{n}}_\nu, \overleftrightarrow{G} \cdot \mathfrak{n}_\mu) = 0. \qquad (VI.2.4.38)$$

Wird dieses Produkt wieder in Integralform ausgeschrieben, so lautet die gesuchte Orthogonalitätsrelation:

$$(\beta_\mu - \bar{\beta}_\nu) \iint\limits_A \left\{ \bar{\mathfrak{F}}_{t\nu}^{\prime *} \cdot (j\,\mathfrak{n}_z \times \mathfrak{H}_{t\mu}) + \bar{\mathfrak{H}}_{t\nu}^{\prime *} \cdot (j\,\mathfrak{n}_z \times \mathfrak{F}_{t\mu}) \right\} da = 0, \qquad (VI.2.4.39)$$

oder anders geschrieben:

$$\iint\limits_A \left[\mathfrak{F}_{t\mu}^{\prime} \cdot (\mathfrak{n}_z \times \bar{\mathfrak{H}}_{t\nu}^*) + \mathfrak{H}_{t\mu}^{\prime} \cdot (\mathfrak{n}_z \times \bar{\mathfrak{F}}_{t\nu}^*) \right] da = N\delta_{\mu\nu}. \qquad (VI.2.4.40)$$

Hierin ist N eine Normierungskonstante und $\delta_{\mu\nu}$ das Kroneckersymbol.

Damit ist eine Orthogonalitätsrelation für die transversalen Feldkomponenten im Wellenleiter mit gyrotropem Medium abgeleitet. Es fällt auf, daß, im Gegensatz zu den Orthogonalitätsrelationen (VI.2.10) bis (VI.2.15) für die Felder im Wellenleiter mit isotropem Medium, hier kein Zusammenhang zwischen den Feldern im Originalwellenleiter mehr gefunden werden kann. Vielmehr müssen zur Beschreibung der auftretenden Orthogonalitätsbeziehungen die Lösungen der Maxwellschen Gleichungen in einem "zugeordneten" Wellenleiter herangezogen werden. Der zugeordnete Wellenleiter ist ein Wellenleiter vom gleichen Querschnitt mit derselben unendlich gut leitenden Berandung wie der Originalwellenleiter, doch wird das gyrotrope Material im Innern des Wellenleiters durch den konjugiert komplexen, transponierten Permeabilitätstensor beschrieben.

Wird angenommen, daß das Ferritmaterial als verlustlos angesehen werden kann, so wird der konjugiert komplexe, transponierte Permeabilitätstensor gleich dem Originaltensor (siehe Kapitel I.3). In diesem Fall sind also die Felder $\overline{\mathcal{F}}_{t\nu}$ und $\overline{\mathcal{G}}_{t\nu}$ Lösungen der Maxwellschen Gleichungen im Originalwellenleiter. Da im folgenden der verlustlose Fall bevorzugt untersucht werden soll, ergibt sich Gl.(VI.2.4.40) als zu verwendende Orthogonalitätsrelation für die Felder $\mathcal{F}_{t\mu}$, $\mathcal{G}_{t\mu}$ und $\mathcal{F}_{t\nu}$, $\mathcal{G}_{t\nu}$ als Lösungen der Maxwellschen Gleichungen im Originalwellenleiter. Ist der betrachtete Wellenleiter als verlustlos anzusehen, so folgt aus den Maxwellschen Gleichungen für den zugeordneten Wellenleiter, daß die Ausbreitungsmaße

$$\gamma_\nu = j\beta_\nu \qquad \text{und} \qquad \gamma_\nu = j\beta_\nu^* \qquad \text{(VI.2.4.41)}$$

Lösungen der Maxwellschen Gleichungen im gleichen Wellenleiter sind. Im longitudinal vormagnetisierten Ferritmaterial (siehe weiter oben) gilt, da auch $-j\beta_\nu$ ein Eigenwert der Lösung der Maxwellschen Gleichungen ist, daß dann auch

$$\gamma_\nu = -j\beta_\nu \qquad \text{und} \qquad \gamma_\nu = -j\beta_\nu^* \qquad \text{(VI.2.4.42)}$$

Eigenwerte der Lösungen im Originalwellenleiter sind.

Besitzt der Wellenleiter neben der Eigenschaft, daß sowohl $j\beta_\mu$ als auch $-j\beta_\mu$ Eigenwerte des Randwertproblems sind, die Eigenschaft der Reflexionssymmetrie, so läßt sich die Orthogonalitätsrelation (VI.2.4.40) weiter vereinfachen. Ein Wellenleiter wird reflexionssymmetrisch genannt, wenn sowohl $j\beta_\mu$ als auch $-j\beta_\mu$ Eigenwerte der Maxwellschen Gleichungen sind und wenn die zugehörigen Felder so gewählt werden können, daß die transversale elektrische oder magnetische Feldstärke an einer Stelle z des Wellenleiters verschwindet. Erfüllt ein Wellenleiter diese Bedingung (wie dies z.B. im longitudinal vormagnetisierten, ferritgefüllten Wellenleiter der Fall ist), so läßt sich die Orthogonalitätsrelation (VI.2.40) in der Form

$$\iint_A [\mathcal{F}_{t\mu}' (\mathcal{M}_z \times \overline{\mathcal{G}}_{t\nu}^*)]\,da = \iint_A [\mathcal{G}_{t\mu}' (\mathcal{M}_z \times \overline{\mathcal{F}}_{t\nu}^*)]\,da = \tfrac{1}{2} N \delta_{\mu\nu}$$

$$\text{(VI.2.4.43)}$$

schreiben. Der Beweis für die Richtigkeit dieser Gleichung läßt sich erbringen, falls von den oben genannten Bedingungen Gebrauch gemacht wird. Im Fall des reflexionssymmetrischen Wellenleiters sind $j\beta_\mu$ und $-j\beta_\mu$ Eigenwerte des Randwertproblems. Ferner erfüllen die Felder $\mathcal{F}_{t\mu}$, $-\mathcal{G}_{t\mu}$, $-F_{z\mu}\mathcal{M}_z$, $G_{z\mu}\mathcal{M}_z$ die Maxwellschen Gleichungen. Werden diese Beziehungen benutzt, so läßt sich aus den Berechnungen der Orthogonalitätsrelation die Gleichung

$$\iint\limits_{A} \left[\mathcal{F}^{\,l}_{t\mu} \left(\mathcal{N}_z \times \overline{\mathcal{O}}^{\,*}_{t\nu} \right) - \mathcal{O}^{\,l}_{t\mu} \left(\mathcal{N}_z \times \overline{\mathcal{F}}^{\,*}_{t\nu} \right) \right] da = 0 \qquad (VI.2.4.44)$$

ableiten. Durch Addition und Subtraktion dieser Gleichung mit (von) der Relation Gl.(VI.2.4.40) ergibt sich dann die vereinfachte Orthogonalitätsrelation nach Gl.(VI.2.4.43).

VI.2.5 FELDGLEICHUNGEN IM LONGITUDINAL VORMAGNETISIERTEN

WELLENLEITER

Betrachtet wird ein mit einer unendlich gut leitenden Berandung abgeschlossener
Wellenleiter, der mit verlusfreiem Ferritmaterial gefüllt ist. Die Richtung der Vormagnetisierungsfeldstärke sei die Richtung der Zylinderachse des Wellenleiters. Im nächsten Kapitel soll die Anregung dieses Wellenleiters durch Leitungsströme, charakterisiert durch die Stromdichte $\mathcal{T}_e$, durch eine zusätzliche Polarisation $\mathcal{P}_e$ sowie
eine zusätzlich auftretende Magnetisierung $\mathcal{M}_e$, untersucht werden. Das heißt, es soll
eine Lösung der Differentialgleichungen (II.15) mit den Quellgrößen $\mathcal{T}_e$, $\mathcal{P}_e$, $\mathcal{M}_e$
gefunden werden. Die Lösung soll durch eine Reihenentwicklung nach den Eigenlösun-
gen der homogenen Maxwellschen Gleichungen (III.1.9) bis (III.1.12) für vorausge-
setzte harmonische z-Abhängigkeit und unter Berücksichtigung der Randbedingungen
auf dem als unendlich gut leitend angesehenen Rand des Wellenleiters

$$\mathcal{F}_t \times \mathcal{N} = 0 \quad , \quad F_z = \frac{1}{k} \left(\mathrm{rot}_t \, \mathcal{J}_t \right) \cdot \mathcal{N}_z = 0 \qquad \text{(VI.2.5.1)}$$

angegeben werden. Nach den Überlegungen des Kapitels III.1 gehorchen die transversalen Felder $\mathcal{F}_t$, $\mathcal{J}_t$ den Differentialgleichungen (III.1.51) von der Form:

$$\nabla_t^2 \mathcal{F}_t + \varkappa_{1,2}^2 \, \mathcal{F}_t = 0 \, , \qquad\qquad \text{(VI.2.5.2)}$$

$$\nabla_t^2 \mathcal{J}_t + \varkappa_{1,2}^2 \, \mathcal{J}_t = 0 \qquad\qquad \text{(VI.2.5.3)}$$

mit dem durch Gl.(III.1.40) definierten Eigenwert $\varkappa_{1,2}^2$.

Bei allen folgenden Überlegungen soll die Differentialgleichung (VI.2.5.2) für die
transversale elektrische Feldstärke gelöst werden und aus dieser Lösung sollen die restlichen Feldkomponenten bestimmt werden. Wie im Fall des Wellenleiters mit isotropem
Material wird eine Strukturfunktion durch die Festsetzung

$$\mathcal{L}_t = A \cdot \mathcal{f}_t (x,y) e^{-j\beta z} = \mathcal{F}_t \, e^{-j\beta z} \qquad\qquad \text{(VI.2.5.4)}$$

definiert. Mit Hilfe dieser Strukturfunktion lassen sich dann die restlichen Feldkomponenten bestimmen, wenn von den Überlegungen des Kapitels III.1 Gebrauch gemacht wird, und zwar gilt unter Verwendung der Gln. (III.1.53), (III.1.29) und (III.1.30):

$$\mathcal{E}_t = \mathcal{E}_t(x,y)\,e^{-j\beta z} = B\,\mathcal{G}_t(x,y)\,e^{-j\beta z} = \frac{A}{Z_F^{(1)}}\,\mathfrak{e}_t\,e^{-j\beta z} - j\,\frac{A}{Z_F^{(2)}}\,\mathfrak{n}_z \times \mathfrak{e}_t\,e^{-j\beta z}, \quad (VI.2.5.5)$$

$$E_z \cdot \mathfrak{n}_z = \frac{1}{k}\,\frac{A}{Z_F^{(1)}}\,\mathrm{rot}_t\,\mathfrak{e}_t\,e^{-j\beta z} - j\,\frac{A}{k\,Z_F^{(2)}}\,(\mathrm{div}_t\,\mathfrak{e}_t)\,\mathfrak{n}_z\,e^{-j\beta z}, \quad (VI.2.5.6)$$

$$H_z \cdot \mathfrak{n}_z = \frac{A}{k}\,\mathrm{rot}_t\,\mathfrak{e}_t\,e^{-j\beta z}. \quad (VI.2.5.7)$$

Werden die Gln. (VI.2.5.6) und (VI.2.5.7) mit dem Einheitsvektor in z-Richtung skalar multipliziert, so lassen sich die E_z- und die H_z-Komponente nach Anwendung bekannter Vektoridentitäten auch durch die folgenden Divergenzfunktionen beschreiben:

$$E_z = \left[-\frac{A}{k\,Z_F^{(1)}}\,\mathrm{div}_t\,(\mathfrak{n}_z \times \mathfrak{e}_t) - j\,\frac{A}{k\,Z_F^{(2)}}\,\mathrm{div}_t\,\mathfrak{e}_t \right] e^{-j\beta z}, \quad (VI.2.5.8)$$

$$H_z = -\frac{A}{k}\,\mathrm{div}_t\,(\mathfrak{n}_z \times \mathfrak{e}_t)\,e^{-j\beta z}. \quad (VI.2.5.9)$$

Ferner gelten für die elektromagnetischen Felder die Aussagen über die Quellenverteilungen der Felder (bei verschwindender Raumladung):

$$\mathrm{div}\,\mathcal{E} = (\mathrm{div}_t\,\mathfrak{e}_t - j\beta F_z)\,e^{-j\beta z} = 0, \quad (VI.2.5.10)$$

$$\mathrm{div}(\overset{\leftrightarrow}{\mu} \cdot \mathcal{H}) = (\mathrm{div}_t\,[(\mu_1 + j\mu_2\,\mathfrak{n}_z \times)\,\mathcal{G}_t] - j\beta\,G_z)\,e^{-j\beta z} = 0, \quad (VI.2.5.11)$$

aus denen ebenfalls die z-Komponenten der elektrischen und der magnetischen Feldstärke berechnet werden können. Es ergibt sich die Darstellung:

$$E_z = \frac{A}{j\beta}\,\mathrm{div}_t\,\mathfrak{e}_t\,e^{-j\beta z}, \quad (VI.2.5.12)$$

$$H_z = \frac{B}{j\beta}\,\mathrm{div}_t\,[(\mu_1 + j\mu_2\,\mathfrak{n}_z \times)\,\mathcal{G}_t]\,e^{-j\beta z}. \quad (VI.2.5.13)$$

Aus diesen sechs Möglichkeiten zur Beschreibung der z-Komponenten der Felder werden zwei Gleichungen so ausgewählt, daß sich für alle auftretenden Grenzfälle physikalisch sinnvolle Ergebnisse ergeben. Dies ist der Fall, wenn die E_z-Komponente durch

170

Gl.(VI.2.5.12) und die H_z-Komponente durch Gl.(VI.2.5.9) angegeben wird. Unter diesen Voraussetzungen lauten die Gleichungen zur Beschreibung der elektromagnetischen Feldanteile aus der Strukturfunktion $\vec{f}_{t\nu}$ für den ν-ten Wellentyp:

$$\vec{\mathcal{E}}_{t\nu} = A_\nu \, \vec{f}_{t\nu}(x,y)\, e^{-j\beta_\nu z}, \tag{VI.2.5.14}$$

$$\vec{\mathcal{H}}_{t\nu} = \frac{A_\nu}{Z_{F\nu}^{(1)}} \, \vec{f}_{t\nu}(x,y)\, e^{-j\beta_\nu z} - j\, \frac{A_\nu}{Z_{F\nu}^{(2)}}\, \vec{n}_z \times \vec{f}_{t\nu}(x,y)\, e^{-j\beta_\nu z}, \tag{VI.2.5.15}$$

$$E_{z\nu} = \frac{A_\nu}{j\beta_\nu}\, \mathrm{div}_t \, \vec{f}_{t\nu}(x,y)\, e^{-j\beta_\nu z}, \tag{VI.2.5.16}$$

$$H_{z\nu} = -\frac{A_\nu}{k}\, \mathrm{div}_t \left[\vec{n}_z \times \vec{f}_{t\nu}(x,y) \right] e^{-j\beta_\nu z}. \tag{VI.2.5.17}$$

A_ν ist eine beliebige, komplexe Amplitudenkonstante, die Strukturfunktion $\vec{f}_{t\nu}$ eine komplexe Vektorfunktion der transversalen Ortskoordinaten als Lösung des durch die folgenden Gleichungen beschriebenen Eigenwertproblems: Die Strukturfunktion gehorcht im Innern des Querschnitts des Wellenleiters der Differentialgleichung

$$\left(\nabla_t^2 + \chi_1^2 \right)\left(\nabla_t^2 + \chi_2^2 \right) \vec{f}_{t\nu} = 0 \, . \tag{VI.2.5.18}$$

Auf dem Rand des Querschnitts gelten für die Strukturfunktionen die Bedingungen:

$$\vec{f}_{t\nu} \times \vec{n} = 0 \qquad \text{und} \qquad \mathrm{div}_t \, \vec{f}_{t\nu} = 0 \, . \tag{VI.2.5.19}$$

Die so abgeleiteten Gleichungen zur Beschreibung der Felder stimmen fast vollständig mit den Gleichungen zur Beschreibung der elektromagnetischen Felder im Wellenleiter mit isotropem Medium (Gl.(VI.2.1) bis (VI.2.4)) überein.

Die in Gl.(VI.2.5.15) eingeführten "Wellenwiderstände" $Z_F^{(1)}$ und $Z_F^{(2)}$ werden nach Gl.(III.1.53) durch

$$Z_F^{(1)} = \frac{\mu_1}{\mu_2 \beta k} \left[k^2 \mu_{eff1} - \frac{\beta^2}{\mu_1} - \chi_{1,2}^2 \right], \tag{VI.2.5.20}$$

$$Z_F^{(2)} = \frac{\mu_1}{(\mu_1 - 1)\beta k} \left[k^2 \mu_{eff1} - \frac{\beta^2}{\mu_1} - \chi_{1,2}^2 \right] \tag{VI.2.5.21}$$

beschrieben. Gl.(VI.2.5.15) kann mit Hilfe einer Matrix

$$\overset{\leftrightarrow}{Z}_F^{-1} = \begin{pmatrix} \dfrac{1}{Z_F^{(1)}} & \dfrac{j}{Z_F^{(2)}} \\[2ex] \dfrac{-j}{Z_F^{(2)}} & \dfrac{1}{Z_F^{(1)}} \end{pmatrix} \tag{VI.2.5.22}$$

in vereinfachter Form

$$\mathcal{G}_{t\nu} = A_\nu \, \overset{\leftrightarrow}{Z}_{F\nu}^{-1} \cdot \mathcal{f}_{t\nu}(x,y) \, e^{-j\beta_\nu z} \tag{VI.2.5.23}$$

geschrieben werden.

Es muß darauf hingewiesen werden, daß für die Strukturfunktion $\mathcal{f}_{t\nu}$ auf Grund der Bestimmungsgleichung (VI.2.5.18) immer zwei Lösungen existieren, die den beiden Eigenwerten x_1^2 und x_2^2 zugeordnet sind:

$$\mathcal{f}_{t\nu} = \mathcal{f}_{t\nu 1} \quad , \quad \mathcal{f}_{t\nu} = \mathcal{f}_{t\nu 2} \, . \tag{VI.2.5.24}$$

Entsprechend setzen sich die elektrische Feldstärke sowie alle anderen Feldkomponenten aus zwei Lösungsanteilen zusammen:

$$\mathcal{f}_{t\nu} = A_{\nu 1} \, \mathcal{f}_{t\nu 1}(x,y) \, e^{-j\beta_\nu z} + A_{\nu 2} \, \mathcal{f}_{t\nu 2}(x,y) \, e^{-j\beta_\nu z} \, . \tag{VI.2.5.25}$$

Alle Koeffizienten (so z.B. die beiden "Wellenwiderstände" $Z_F^{(1)}$ und $Z_F^{(2)}$) nehmen die entsprechenden möglichen zwei Werte an. Hierauf ist bei den allgemeinen Berechnungen mit Hilfe der angeführten Gleichungen besonders zu achten, da sonst leicht Fehler entstehen können.

Die Darstellung der elektromagnetischen Felder nach den Gln. (VI.2.5.14) bis (VI.2.5.17) unter Berücksichtigung von Gl. (VI.2.5.23) ist, wie schon oben erwähnt, so gewählt, daß sie auch den isotropen Grenzfall für beide Eigenwerte x_1^2 und x_2^2 sinnvoll beinhaltet. Wird die Vormagnetisierungsfeldstärke unendlich groß, so ergeben sich für $\overset{\leftrightarrow}{Z}_F^{-1}$ zwei verschiedene Grenzwerte. Die Grenzwerte sind von der Form:

$$\overset{\leftrightarrow}{Z}_{F1}^{-1} = \begin{pmatrix} 0 & j\,\dfrac{k}{\beta} \\[2ex] -j\,\dfrac{k}{\beta} & 0 \end{pmatrix} \quad , \quad \overset{\leftrightarrow}{Z}_{F2}^{-1} = \begin{pmatrix} 0 & j\,\dfrac{\beta}{k} \\[2ex] -j\,\dfrac{\beta}{k} & 0 \end{pmatrix} . \tag{VI.2.5.26}$$

Mit diesen Grenzwerten nehmen die Feldgleichungen im isotropen Grenzfall die Form der Gln. (VI.2.1) bis (VI.2.4) an. In den Gln. (VI.2.5.14) bis (VI.2.5.17) sind sowohl die EH-Typen als auch die HE-Typen durch eine sinnvolle Beschreibung gegeben.

Im Grenzfall großer Vormagnetisierungsfeldstärken gehen die EH-Typen (Eigenwert x_1^2) in die E-Typen über, da die H_z-Komponente bzw. der Ausdruck $\mathrm{div}(\mathbf{n}_z \times \mathbf{f}_{t\nu})$ verschwindet. Die HE-Typen (Eigenwert x_2^2) gehen in die H-Typen über, hier verschwindet der Ausdruck $\mathrm{div}_t \, \mathbf{f}_{t\nu}$.

Auf Grund der Eigenschaften der Strukturfunktionen lassen sich wie im isotropen Wellenleiter /161/ vier verschiedene Klassen von Wellentypen unterscheiden.

1. Klasse: $\mathrm{div}_t \, \mathbf{f}_t = 0$, $\mathrm{rot}_t \, \mathbf{f}_t = 0$, bzw. $\mathrm{div}_t(\mathbf{n}_z \times \mathbf{f}_t) = 0$,

2. Klasse: $\mathrm{div}_t \, \mathbf{f}_t = 0$, $\mathrm{rot}_t \, \mathbf{f}_t \neq 0$, bzw. $\mathrm{div}_t(\mathbf{n}_z \times \mathbf{f}_t) \neq 0$,

3. Klasse: $\mathrm{div}_t \, \mathbf{f}_t \neq 0$, $\mathrm{rot}_t \, \mathbf{f}_t = 0$, bzw. $\mathrm{div}_t(\mathbf{n}_z \times \mathbf{f}_t) = 0$,

4. Klasse: $\mathrm{div}_t \, \mathbf{f}_t \neq 0$, $\mathrm{rot}_t \, \mathbf{f}_t \neq 0$, bzw. $\mathrm{div}_t(\mathbf{n}_z \times \mathbf{f}_t) \neq 0$.

Felder der Klasse 1 können im ferritgefüllten Wellenleiter nach den Untersuchungen des Kapitels III.1d nicht auftreten (vgl. auch Kapitel VIII.1.1.1b). Felder der Klasse 2 und der Klasse 3 treten im Wellenleiter mit gyrotropem Medium nur im isotropen Grenzfall und, bei endlichen Werten der Vormagnetisierungsfeldstärke, bei der Grenzfrequenz des Wellenleiters ($\partial / \partial z = 0$, $\beta = 0$)auf. Wie aus den Gln.(III.1.25) und (III.1.28) zu ersehen ist, werden die Differentialgleichungen für die $\mathbf{f}_t$- und die $\mathbf{g}_t$-Komponenten entkoppelt und es ergeben sich zwei Differentialgleichungen für die auftretenden E- und H-Typen. Die Felder der Klasse 2 (H-Typen für $\beta = 0$) genügen der Differentialgleichung:

$$\nabla_t^2 \mathbf{g}_t + k^2 \mathbf{g}_t = 0 \; . \qquad\qquad\qquad (VI.2.5.27)$$

Die Felder der Klasse 3 (E-Typen für $\beta = 0$) genügen der Differentialgleichung:

$$\nabla_t^2 \mathbf{g}_t + k^2 \mu_{eff1} \mathbf{g}_t = 0 \; . \qquad\qquad\qquad (VI.2.5.28)$$

Entsprechende Gleichungen können für die E_z-Komponente und die H_z-Komponente aus dem Gleichungssystem (III.1.33) abgeleitet werden.

Die im allgemeinen Fall im gyrotropen Wellenleiter auftretenden Felder gehören der Klasse 4 an, das heißt, die Felder sind vom EH- oder HE-Typ. Diese Feldtypen treten im Wellenleiter mit homogenem, isotropem Medium nicht auf /161/, hier aber stellen sie die allgemeine Lösung der Maxwellschen Gleichungen dar.

VI.2.6 ANREGUNG LONGITUDINAL VORMAGNETISIERTER WELLENLEITER

Werden die Differentialgleichungen (VI.2.5.18) für die Strukturfunktionen des Wellenleiters, dessen Ferritmaterial in Achsenrichtung vormagnetisiert ist, unter Berücksichtigung der Randbedingungen gelöst, so ergibt sich ein System von Eigenlösungen, mit dessen Hilfe alle möglichen Feldzustände, die im Wellenleiter unter beliebigen Anregungs-
bedingungen auftreten, berechnet werden können, vgl. auch /360/. Es wird vorausgesetzt,
daß das Ferritmaterial im Wellenleiter als verlustlos angesehen werden kann. Unter diesen Voraussetzungen kann nach den Untersuchungen in Kapitel VI.2.4 angenommen werden,
daß der Differentialoperator $\overset{\leftrightarrow}{L}$, der nach Gl.(VI.2.4.17) das Eigenwertproblem des nichtangeregten Wellenleiters beschreibt, gleich seinem selbstadjungierten Operator $\overset{\leftrightarrow}{L}{}^{+}$ ist.
Die Eigenlösungen $\mathfrak{N}_\nu$ des Eigenwertproblems nach Gl.(VI.2.4.17) mit einem selbstadjungierten Operator $\overset{\leftrightarrow}{L}$ und die zugehörigen Eigenwerte haben die folgenden Eigenschaften:

1. Ist einem gewählten Wert β_ν nur die identisch verschwindende Lösung $\mathfrak{N}_\nu \equiv 0$ zugeordnet, so ist β_ν kein Eigenwert des Eigenwertproblems.

2. Besitzt das Eigenwertproblem nach Gl.(VI.2.4.17) unter Berücksichtigung der Randbedingungen nach Gl.(VI.2.4.3) für einen gewählten Wert β_ν eine nicht identisch verschwindende Lösung $\mathfrak{N}_\nu$, so wird β_ν Eigenwert des Problems und $\mathfrak{N}_\nu$ Eigenlösung genannt.

Es existiert ein nach großen Werten unbegrenztes, nach kleinen Werten begrenztes,
diskretes Spektrum von Eigenwerten. Die Eigenwerte des Problems β_ν können einfach
oder mehrfach sein, d.h. zu einem Eigenwert β_ν gehört entweder eindeutig eine Eigenlösung $\mathfrak{N}_\nu$ oder zu einem Eigenwert gehören mehrere (sogenannte entartete) Eigenlösungen. Ist der Eigenwert β_ν einfach, so erfüllen die Eigenfunktionen die Orthogonalitätsbeziehungen nach Gl.(VI.2.4.38), ist der Eigenwert β_ν mehrfach, so erfüllen die Eigenfunktionen die Orthogonalitätsrelationen zunächst nicht, es läßt sich aber immer ein
Verfahren finden (z.B. /7/), um aus den linear abhängigen Lösungen $\mathfrak{N}_\nu$ ein System
orthogonaler Lösungen zu finden. Sind die Operatoren $\overset{\leftrightarrow}{L}$ gleich ihren adjungierten
Operatoren, so ist das System der Eigenlösungen vollständig /13/, d.h. jede stückwei-
se stetige Funktion $\mathcal{G}$ kann in eine Reihe nach den Eigenfunktionen entwickelt werden:

$$\mathcal{L} = \sum_{\nu=1}^{n} d_{\nu} \mathcal{R}_{\nu} , \qquad\qquad\qquad (VI.2.6.1)$$

so daß der mittlere quadratische Fehler dieser Näherung

$$F = \iint\limits_{A} \left(\mathcal{L} - \sum_{\nu=1}^{n} d_{\nu} \mathcal{R}_{\nu} \right)^{2} \cdot d\mathcal{R} \qquad\qquad (VI.2.6.2)$$

bei geeignet gewähltem Wert von n beliebig klein wird.

Diese Eigenschaften der Eigenlösungen des Randwertproblems nach Gl. (VI.2.4.17) sollen ausgenutzt werden, um beliebige Feldzustände, die im Wellenleiter beim Vorhandensein anregender Quellen auftreten können, zu berechnen. Das heißt, es sollen die Lösungen für die elektrische Feldstärke $\mathcal{E}$ und die magnetische Feldstärke $\mathcal{H}$ des Randwertproblems durch Entwicklung nach den Eigenlösungen des nichtangeregten Wellenleiters bestimmt werden. Das Problem wird durch die Maxwellschen Gleichungen nach Gl. (II.15)

$$\mathrm{rot}\,\mathcal{H} = -j Z \mathcal{J}_e + k \mathcal{E} + k \mathcal{P}_e ,$$
$$\mathrm{rot}\,\mathcal{E} = k j \overleftrightarrow{\mu} \cdot \mathcal{H} + k \mathfrak{M}_e \qquad\qquad (VI.2.6.3)$$

und die Randbedingungen

$$\mathcal{N} \times \mathcal{E} = 0 \quad \text{auf einem Teil } \mathcal{L} \;\Big|\; \mathcal{N} \times \mathcal{E} = \mathcal{E}_{tg} \quad \text{auf dem restlichen}$$
$$\mathcal{L} \cdot \mathcal{N} = 0 \quad \begin{array}{l}\text{der Randkurve des}\\\text{Querschnitts}\end{array} \;\Big|\; \mathcal{L} \cdot \mathcal{N} = B_n \quad \begin{array}{l}\text{Teil } \mathcal{L}' \text{ der Rand-}\\\text{kurve}\end{array}$$
$$\qquad\qquad\qquad\qquad\qquad\qquad\qquad (VI.2.6.4)$$

auf der als im Bereich $\mathcal{L}$ unendlich gut leitend angesehenen Berandung des Wellenleiters bestimmt. Die möglichen Anregungsquellen im Wellenleiter werden durch die Stromdichte $\mathcal{J}_e$, die Polarisation $\mathcal{P}_e$ und die Magnetisierung $\mathfrak{M}_e$ beschrieben. Die Polarisation $\mathcal{P}_e$ und die Magnetisierung $\mathfrak{M}_e$ werden als Größen betrachtet, die zusätzlich zu den durch das Ferritmaterial erzeugten Feldern $\mathcal{P}$ und $\mathfrak{M} = \overleftrightarrow{\chi} \cdot \mathcal{H}$ im Wellenleiter auftreten können.

Um eine dem gestellten Problem angepaßte Form der Gln. (VI.2.6.3) und (VI.2.6.4), die das Randwertproblem beschreiben, zu erhalten, werden die elektrische und die magnetische Feldstärke sowie die anregenden Feldgrößen in transversale und longitudinale Anteile zerlegt und das System der Maxwellschen Gleichungen nach diesen Anteilen getrennt. Mit

$$\mathcal{E} = \mathcal{E}_t + E_z \mathcal{N}_z \, , \quad \mathcal{H} = \mathcal{H}_t + H_z \mathcal{N}_z \, ,$$

$$\mathcal{G}_e = \mathcal{G}_{et} + S_{ez} \mathcal{N}_z \, , \quad \mathcal{P}_e = \mathcal{P}_{et} + P_{ez} \mathcal{N}_z \, , \quad \mathcal{M}_e = \mathcal{M}_{et} + M_{ez} \mathcal{N}_z \qquad \text{(VI.2.6.5)}$$

gilt dann, falls auch die Differentialoperatoren in transversale und longitudinale Antei-le aufgespalten werden:

$$\operatorname{rot}_t \mathcal{E}_t = k H_z \mathcal{N}_z + k M_{ez} \mathcal{N}_z \, ,$$

$$\operatorname{rot}_t \mathcal{H}_t = k E_z \mathcal{N}_z + k P_{ez} \mathcal{N}_z - j Z S_{ez} \mathcal{N}_z \qquad \text{(VI.2.6.6)}$$

und

$$\mathcal{N}_z \times \frac{\partial}{\partial z} \mathcal{E}_t - (k \mu_1 + j k \mu_2 \mathcal{N}_z \times) \mathcal{H}_t = \mathcal{N}_z \times \operatorname{grad}_t E_z + k \mathcal{M}_{et} \, ,$$

$$\mathcal{N}_z \times \frac{\partial}{\partial z} \mathcal{H}_t - k \mathcal{E}_t = \mathcal{N}_z \times \operatorname{grad}_t H_z - j Z \mathcal{G}_{et} + k \mathcal{P}_{et} \, .$$

$$\text{(VI.2.6.7)}$$

Die Randbedingungen des Problems lauten nach Gl. (VI.2.6.4) so, daß die tangentiale elektrische Feldstärke und die normale magnetische Induktion auf der Randkurve des Wellenleiterquerschnitts bis auf endlich viele Anregungsstellen, beschrieben durch den Bereich $\mathcal{L}'$ der Randkurve, verschwinden sollen.

Aus den Gln. (VI.2.6.6) werden die longitudinalen Anteile der Felder berech-net und in die Gln. (VI.2.6.7) eingesetzt. Damit kann erreicht werden, daß die das Randwertproblem beschreibenden Differentialgleichungen nur noch die Feldanteile $\mathcal{E}_t$ und $\mathcal{H}_t$ transversaler Richtung enthalten, die günstig nach den transversalen Struk-turfunktionen, wie sie in Kapitel VI.2.5 abgeleitet wurden, entwickelt werden kön-nen. Es können die Differentialgleichungen

$$k (\mu_1 + j \mu_2 \mathcal{N}_z \times) \mathcal{H}_t - \frac{1}{k} \mathcal{N}_z \times \operatorname{grad}_t \operatorname{div}_t (\mathcal{N}_z \times \mathcal{H}_t) -$$

$$- \frac{\partial}{\partial z} \mathcal{N}_z \times \mathcal{E}_t = - \mathcal{N}_z \times \operatorname{grad}_t \left(-P_{ez} + j \frac{Z}{k} S_{ez} \right) - k \mathcal{M}_{et} \, ,$$

$$k \mathcal{E}_t - \frac{1}{k} \mathcal{N}_z \times \operatorname{grad}_t \operatorname{div}_t (\mathcal{N}_z \times \mathcal{E}_t) - \frac{\partial}{\partial z} \mathcal{N}_z \times \mathcal{H}_t =$$

$$= \mathcal{N}_z \times \operatorname{grad}_t M_{ez} + j Z \mathcal{G}_{et} - k \mathcal{P}_{et}$$

$$\text{(VI.2.6.8)}$$

abgeleitet werden. Werden die Differentialausdrücke der linken Seite obenstehender Gleichungen im Operator $\overleftrightarrow{L}$ nach Gl.(VI.2.4.10) (unter Berücksichtigung der Vormagnetisierungsrichtung) zusammengefaßt, so kann Gl.(VI.2.6.8) auch in der Form

$$\overleftrightarrow{L}\begin{pmatrix}\mathcal{E}_t \\ \mathcal{H}_t\end{pmatrix} + j\frac{\partial}{\partial z}\overleftrightarrow{G}\begin{pmatrix}\mathcal{E}_t \\ \mathcal{H}_t\end{pmatrix} = \begin{pmatrix} \mathcal{M}_z \times \mathrm{grad}_t\, M_{ez} + j\,Z\,\mathcal{J}_{et} - k\,\mathcal{R}_{et} \\ \mathcal{M}_z \times \mathrm{grad}_t\,[P_{ez} - j\frac{Z}{k}S_{ez}] - k\,\mathcal{M}_{et}\end{pmatrix}$$

$$(VI.2.6.9)$$

geschrieben werden. Es sollen Lösungen des Randwertproblems nach Gl.(VI.2.6.9) und den Randbedingungen Gl.(VI.2.6.4) gefunden werden, indem die transversale elektrische und die transversale magnetische Feldstärke nach den Eigenlösungen des homogenen Randwertproblems entwickelt werden. Auf Grund der gemachten Voraussetzungen gilt die Beziehung

$$(\overleftrightarrow{L}\cdot\mathcal{M}_\nu,\ \mathcal{M}_\mu) = (\mathcal{M}_\nu,\ \overleftrightarrow{L}\cdot\mathcal{M}_\mu)$$

$$(VI.2.6.10)$$

wenn $\mathcal{M}_\nu$ sowie $\mathcal{M}_\mu$ Eigenlösungen des Randwertproblems nach Gl.(VI.2.4.17) und Gl.(VI.2.4.3) im Originalwellenleiter sind. Ferner gilt nach den Untersuchungen in Kapitel VI.2.4, Gl.(VI.2.4.41) und Gl.(VI.2.4.42) unter den gegebenen Voraussetzungen, daß vier mögliche Lösungen für die Eigenwerte gültig sind. Ist $ß_\nu$ ein Eigenwert des Problems, so auch $-ß_\nu$, $ß_\nu^*$ und $-ß_\nu^*$. Demgemäß wird für die unbekannten Felder $\mathcal{E}_t$ und $\mathcal{H}_t$ des Randwertproblems nach Gl.(VI.2.6.9) ein Ansatz in der Form

$$\begin{pmatrix}\mathcal{E}_t \\ \mathcal{H}_t\end{pmatrix} = \sum_{\nu=1}^{\infty} a_\nu^+(z)\begin{pmatrix}\mathcal{E}_{t\nu}^{(1)} \\ \mathcal{H}_{t\nu}^{(1)}\end{pmatrix} + \sum_{\nu=1}^{\infty} a_\nu^-(z)\begin{pmatrix}\mathcal{E}_{t\nu}^{(2)} \\ \mathcal{H}_{t\nu}^{(2)}\end{pmatrix} +$$

$$+ \sum_{\nu=1}^{\infty} b_\nu^+(z)\begin{pmatrix}\mathcal{E}_{t\nu}^{(3)} \\ \mathcal{H}_{t\nu}^{(3)}\end{pmatrix} + \sum_{\nu=1}^{\infty} b_\nu^-(z)\begin{pmatrix}\mathcal{E}_{t\nu}^{(4)} \\ \mathcal{H}_{t\nu}^{(4)}\end{pmatrix}$$

$$(VI.2.6.11)$$

gemacht. Dabei sind die Felder $\mathcal{E}_{t\nu}$ und $\mathcal{H}_{t\nu}$ durch die Strukturfunktionen nach Gl. (VI.2.5.4) und Gl.(VI.2.5.5) ersetzt worden. $a_\nu^+(z)$ sind die Amplitudenkonstanten der Felder $\mathcal{E}_{t\nu}^{(1)}$, $\mathcal{H}_{t\nu}^{(1)}$ für die Eigenwerte $+ß_\nu$, $a_\nu^-(z)$ entsprechend für die Eigenwerte $-ß_\nu$, b_ν^+ für die Eigenwerte $+ß_\nu^*$ und b_ν^- für die Eigenwerte $-ß_\nu^*$. Da die Anregungsgrößen von der Koordinate z abhängen können, sind die Amplitudengrößen im allgemeinen Funktionen der Koordinate z. Wie die Untersuchungen zu Gl. (VI.2.4.4) zeigen, sind die Strukturfunktionen $\mathfrak{f}_{t\nu}^{(1)}$, $\mathfrak{f}_{t\nu}^{(2)}$, $\mathfrak{y}_{t\nu}^{(1)}$, $\mathfrak{y}_{t\nu}^{(2)}$ durch

$$\mathfrak{f}_{t\nu}^{(1)} = \mathfrak{f}_{t\nu}^{(2)} \quad , \quad \mathfrak{y}_{t\nu}^{(1)} = -\mathfrak{y}_{t\nu}^{(2)} \tag{VI.2.6.12}$$

verknüpft, entsprechende Beziehungen

$$\mathfrak{f}_{t\nu}^{(3)} = \mathfrak{f}_{t\nu}^{(4)} \quad , \quad \mathfrak{y}_{t\nu}^{(3)} = -\mathfrak{y}_{t\nu}^{(4)} \tag{VI.2.6.13}$$

gelten für die restlichen Felder.

Um die unbekannten Entwicklungskoeffizienten a_ν, b_ν zu berechnen, werden die Differentialgleichungen Gl. (VI.2.6.9) skalar, nach der Definition des Skalarprodukts in Gl. (VI.2.4.18) mit den Eigenlösungen $\bar{\mathfrak{N}}_\nu$ des Eigenwertproblems nach Gl. (VI.2.4.36) multipliziert. Da im hier betrachteten Fall das Ferritmedium als verlustfrei vorausgesetzt ist, wird $\overleftrightarrow{L}^+ = \overleftrightarrow{L}$ und Gl. (VI.2.4.36) kann auch in der Form

$$\overleftrightarrow{L}\,\bar{\mathfrak{N}}_\nu + \beta_\nu^* \overleftrightarrow{G} \cdot \bar{\mathfrak{N}}_\nu = 0 \tag{VI.2.6.14}$$

angegeben werden. Wird die Multiplikation durchgeführt und werden auf die so entstehende Gleichung die Rechenregeln (VI.2.4.19) angewendet, wird ferner berücksichtigt, daß die Strukturfunktionen $\mathfrak{f}_{t\nu}$, $\mathfrak{y}_{t\nu}$ nicht von der z-Koordinate abhängen, so ergibt sich ein Zusammenhang der Form:

$$\left[\begin{pmatrix} \bar{\mathfrak{f}}_{t\nu} \\ \bar{\mathfrak{y}}_{t\nu} \end{pmatrix}, \overleftrightarrow{L} \cdot \begin{pmatrix} \mathfrak{e}_t \\ \mathfrak{h}_t \end{pmatrix} \right] + j \frac{\partial}{\partial z} \left[\begin{pmatrix} \bar{\mathfrak{f}}_{t\nu} \\ \bar{\mathfrak{y}}_{t\nu} \end{pmatrix}, \overleftrightarrow{G} \begin{pmatrix} \mathfrak{e}_t \\ \mathfrak{h}_t \end{pmatrix} \right] =$$

$$= \left[\begin{pmatrix} \bar{\mathfrak{f}}_{t\nu} \\ \bar{\mathfrak{y}}_{t\nu} \end{pmatrix}, \begin{pmatrix} \mathfrak{n}_z \times \mathrm{grad}_t\, M_{ez} + j Z \mathfrak{J}_{et} - k \mathfrak{K}_{et} \\ \mathfrak{n}_z \times \mathrm{grad}_t [P_{ez} - j \frac{Z}{k} S_{ez}] - k \mathfrak{M}_{et} \end{pmatrix} \right] \cdot \tag{VI.2.6.15}$$

Da die zu entwickelnde elektrische und magnetische Feldstärke ($\mathfrak{e}_t$, $\mathfrak{h}_t$) die Randbedingungen Gl. (VI.2.6.4) erfüllt, kann das erste auftretende Produkt nicht mehr so einfach entwickelt werden, wie z.B. das Produkt nach Gl. (VI.2.4.21), in dem sowohl $\bar{\mathfrak{N}}_\nu$ als auch $\mathfrak{N}_\mu$ Eigenlösungen des Randwertproblems mit den Randbedingungen nach Gl. (VI.2.4.3) sind. Wie ein Vergleich mit den Rechnungen in Kapitel VI.2.4 zeigt, gilt vielmehr der Zusammenhang:

178

$$\left[\begin{pmatrix}\bar{\mathfrak{f}}_{t\nu}\\ \bar{\mathfrak{y}}_{t\nu}\end{pmatrix},\overleftrightarrow{L}\cdot\begin{pmatrix}\mathfrak{E}_t\\ \mathfrak{H}_t\end{pmatrix}\right]=\left[\overleftrightarrow{L}\cdot\begin{pmatrix}\bar{\mathfrak{f}}_{t\nu}\\ \bar{\mathfrak{y}}_{t\nu}\end{pmatrix},\begin{pmatrix}\mathfrak{E}_t\\ \mathfrak{H}_t\end{pmatrix}\right]+$$

$$+\frac{1}{k}\oint\limits_{\mathcal{L}'}\left[\mathfrak{E}_t\times\mathrm{rot}_t\,\bar{\mathfrak{f}}_{t\nu}^{*}-\bar{\mathfrak{y}}_{t\nu}^{*}\times\mathrm{rot}_t\,\mathfrak{H}_t\right]\cdot\mathfrak{n}\,ds,$$

(VI.2.6.16)

da die tangentiale elektrische Feldstärke $\mathfrak{E}_t\times\mathfrak{n}$ bzw. $\mathrm{rot}_t\,\mathfrak{H}_t$ auf dem Bereich $\mathcal{L}'$ der Randkurve nicht verschwindet (siehe Gl.(VI.2.6.4)). $\mathfrak{n}$ ist der Normaleneinheitsvektor auf der Randkurve, der ins Äußere des umschlossenen Gebietes weist. Wird die Eigenwertgleichung (VI.2.6.14) verwendet, so kann Gl.(VI.2.6.15) schließlich in der Form (z.B. für $\bar{\mathfrak{f}}_{t\nu}=\bar{\mathfrak{f}}^{(1)}_{t\nu}$, vgl. Gl.(VI.2.6.11))

$$-\beta_\nu\left[\overleftrightarrow{G}\cdot\begin{pmatrix}\bar{\mathfrak{f}}^{(1)}_{t\nu}\\ \bar{\mathfrak{y}}^{(1)}_{t\nu}\end{pmatrix},\begin{pmatrix}\mathfrak{E}_t\\ \mathfrak{H}_t\end{pmatrix}\right]+\frac{1}{k}\oint\limits_{\mathcal{L}'(z)}\left[\mathfrak{E}_t\times\mathrm{rot}_t\,\bar{\mathfrak{f}}^{(1)*}_{t\nu}-\bar{\mathfrak{y}}^{(1)*}_{t\nu}\times\mathrm{rot}_t\,\mathfrak{H}_t\right]\cdot\mathfrak{n}\,ds+$$

$$+j\frac{\partial}{\partial z}\left[\begin{pmatrix}\bar{\mathfrak{f}}^{(1)}_{t\nu}\\ \bar{\mathfrak{y}}^{(1)}_{t\nu}\end{pmatrix},\overleftrightarrow{G}\cdot\begin{pmatrix}\mathfrak{E}_t\\ \mathfrak{H}_t\end{pmatrix}\right]=\left[\begin{pmatrix}\bar{\mathfrak{f}}^{(1)}_{t\nu}\\ \bar{\mathfrak{y}}^{(1)}_{t\nu}\end{pmatrix},\begin{pmatrix}\mathfrak{n}_z\times\mathrm{grad}_t\,\mathfrak{M}_{ez}+jZ\mathfrak{Y}_{et}-k\mathfrak{R}_{et}\\ \mathfrak{n}_z\times\mathrm{grad}_t(\mathfrak{P}_{ez}-j\frac{Z}{k}\mathfrak{S}_{ez})-k\mathfrak{M}_{et}\end{pmatrix}\right]$$

(VI.2.6.17)

berechnet werden. In diese Beziehung können die Reihenentwicklungen für $\mathfrak{E}_t$ und $\mathfrak{H}_t$ nach Gl.(VI.2.6.11) eingesetzt werden (zunächst nur mit $\mathfrak{f}^{(1)}_{t\nu}$, $\mathfrak{y}^{(1)}_{t\nu}$) und auf Grund der bestehenden Orthogonalitätsrelationen nach Gl.(VI.2.4.38) bzw. Gl.(VI.2.4.40) der Zusammenhang

$$\left[\begin{pmatrix}\bar{\mathfrak{f}}^{(1)}_{t\nu}\\ \bar{\mathfrak{y}}^{(1)}_{t\nu}\end{pmatrix},\overleftrightarrow{G}\cdot\begin{pmatrix}\mathfrak{E}_t\\ \mathfrak{H}_t\end{pmatrix}\right]=\left[\begin{pmatrix}\bar{\mathfrak{f}}^{(1)}_{t\nu}\\ \bar{\mathfrak{y}}^{(1)}_{t\nu}\end{pmatrix},\overleftrightarrow{G}\cdot\sum_{\mu=1}^{\infty}a^{+}_{\mu}(z)\begin{pmatrix}\mathfrak{f}^{(1)}_{t\mu}\\ \mathfrak{y}^{(1)}_{t\mu}\end{pmatrix}\right]=$$

$$=a^{+}_{\nu}(z)\left[\begin{pmatrix}\bar{\mathfrak{f}}^{(1)}_{t\nu}\\ \bar{\mathfrak{y}}^{(1)}_{t\nu}\end{pmatrix},\overleftrightarrow{G}\cdot\begin{pmatrix}\mathfrak{f}^{(1)}_{t\nu}\\ \mathfrak{y}^{(1)}_{t\nu}\end{pmatrix}\right]=$$

$$=a^{+}_{\nu}(z)\iint\limits_{A}\left[\bar{\mathfrak{f}}^{(1)*}_{t\nu}(j\mathfrak{n}_z\times\mathfrak{y}^{(1)}_{t\nu})+\bar{\mathfrak{y}}^{(1)*}_{t\nu}(j\mathfrak{n}_z\times\mathfrak{f}^{(1)}_{t\nu})\right]da=$$

$$=ja^{+}_{\nu}(z)\,N^{(1)}_{\nu}$$

(VI.2.6.18)

angegeben werden. $jN_\nu^{(1)}$ ist eine Normierungskonstante. Wird ferner berücksichtigt, daß (wie leicht nachgeprüft werden kann)

$$\left[\overset{\leftrightarrow}{G}\cdot\begin{pmatrix}\bar{\mathfrak{E}}_{t\nu}^{(1)}\\ \bar{\mathfrak{H}}_{t\nu}^{(1)}\end{pmatrix},\begin{pmatrix}\mathfrak{E}_t\\ \mathfrak{H}_t\end{pmatrix}\right]=\left[\begin{pmatrix}\bar{\mathfrak{E}}_{t\nu}^{(1)}\\ \bar{\mathfrak{H}}_{t\nu}^{(1)}\end{pmatrix},\overset{\leftrightarrow}{G}\cdot\begin{pmatrix}\mathfrak{E}_t\\ \mathfrak{H}_t\end{pmatrix}\right]=j\,a_\nu^+(z)\,N_\nu^{(1)}$$

$$(\text{VI.2.6.19})$$

ist, so folgt unter Berücksichtigung dieser Zusammenhänge aus Gl.(VI.2.6.17) die Bestimmungsgleichung für a_ν^+ (z) und entsprechend für die anderen Größen $a_\nu^-, b_\nu^+, b_\nu^-$:

$$\frac{\partial}{\partial z}a_\nu^+(z)+j\beta_\nu a_\nu^+(z)=\frac{1}{k\,N_\nu^{(1)}}\oint_{\mathcal{L}'(z)}\left[\mathfrak{E}_t\times\mathrm{rot}_t\,\bar{\mathfrak{E}}_{t\nu}^{(1)*}-\bar{\mathfrak{H}}_{t\nu}^{(1)*}\times\mathrm{rot}_t\,\mathfrak{H}_t\right]\cdot\mathfrak{n}\,ds-$$

$$-\frac{1}{N_\nu^{(1)}}\left[\begin{pmatrix}\bar{\mathfrak{E}}_{t\nu}^{(1)}\\ \bar{\mathfrak{H}}_{t\nu}^{(1)}\end{pmatrix},\begin{pmatrix}\mathfrak{n}_z\times\mathrm{grad}_t\,M_{ez}+j\,Z\gamma_{et}-k\,\mathfrak{P}_{et}\\ \mathfrak{n}_z\times\mathrm{grad}_t\,(P_{ez}-j\frac{Z}{k}S_{ez})-k\,\mathfrak{M}_{et}\end{pmatrix}\right],$$

$$(\text{VI.2.6.20})$$

$$\frac{\partial}{\partial z}a_\nu^-(z)-j\beta_\nu a_\nu^-(z)=-\frac{1}{k\,N_\nu^{(1)}}\oint_{\mathcal{L}'(z)}\left[\mathfrak{E}_t\times\mathrm{rot}_t\,\bar{\mathfrak{E}}_{t\nu}^{(1)*}+\bar{\mathfrak{H}}_{t\nu}^{(1)*}\times\mathrm{rot}_t\,\mathfrak{H}_t\right]\cdot\mathfrak{n}\,ds+$$

$$+\frac{1}{N_\nu^{(1)}}\left[\begin{pmatrix}\bar{\mathfrak{E}}_{t\nu}^{(1)}\\ -\bar{\mathfrak{H}}_{t\nu}^{(1)}\end{pmatrix},\begin{pmatrix}\mathfrak{n}_z\times\mathrm{grad}_t\,M_{ez}+j\,Z\gamma_{et}-k\,\mathfrak{P}_{et}\\ \mathfrak{n}_z\times\mathrm{grad}_t\,(P_{ez}-j\frac{Z}{k}S_{ez})-k\,\mathfrak{M}_{et}\end{pmatrix}\right],$$

$$(\text{VI.2.6.21})$$

sowie:

$$\frac{\partial}{\partial z}b_\nu^+(z)+j\beta_\nu^* b_\nu^+(z)=\frac{1}{N_\nu^{(3)}k}\oint_{\mathcal{L}'(z)}\left[\mathfrak{E}_t\times\mathrm{rot}_t\,\bar{\mathfrak{E}}_{t\nu}^{(3)*}-\bar{\mathfrak{H}}_{t\nu}^{(3)*}\times\mathrm{rot}_t\,\mathfrak{H}_t\right]\cdot\mathfrak{n}\,ds-$$

$$-\frac{1}{N_\nu^{(3)}}\left[\begin{pmatrix}\bar{\mathfrak{E}}_{t\nu}^{(3)}\\ \bar{\mathfrak{H}}_{t\nu}^{(3)}\end{pmatrix},\begin{pmatrix}\mathfrak{n}_z\times\mathrm{grad}_t\,M_{ez}+j\,Z\gamma_{et}-k\,\mathfrak{P}_{et}\\ \mathfrak{n}_z\times\mathrm{grad}_t\,(P_{ez}-j\frac{Z}{k}S_{ez})-k\,\mathfrak{M}_{et}\end{pmatrix}\right]$$

$$(\text{VI.2.6.22})$$

und

$$\frac{\partial}{\partial z}\, b_\nu^-(z) - j\,\beta_\nu^*\, b_\nu^-(z) = \frac{-1}{N_\nu^{(3)}\,k} \oint_{\mathcal{L}'(z)} \left[\, \mathfrak{E}_t \times \mathrm{rot}_t\, \bar{\mathfrak{H}}_{t\nu}^{(3)*} + \bar{\mathfrak{H}}_{t\nu}^{(3)*} \times \mathrm{rot}_t\, \mathfrak{H}_t \,\right]\cdot \mathfrak{n}\, ds +$$

$$+ \frac{1}{N_\nu^{(3)}} \left[\begin{pmatrix} \bar{\mathfrak{H}}_{t\nu}^{(3)} \\[4pt] -\bar{\mathfrak{H}}_{t\nu}^{(3)} \end{pmatrix}, \begin{pmatrix} \mathfrak{n}_z \times \mathrm{grad}_t\, M_{ez} + j\, Z\, \delta_{et} - k\, P_{et} \\[4pt] \mathfrak{n}_z \times \mathrm{grad}_t\left(P_{ez} - j\, \dfrac{Z}{k}\, S_{ez}\right) - k\, \mathfrak{M}_{et} \end{pmatrix} \right].$$

(VI.2.6.23)

Verschwinden alle Anregungsgrößen, so werden die rechten Seiten der Gln. (VI.2.6.20) bis (VI.2.6.23) Null und als Lösung des Problems müssen sich die Eigenlösungen des Randwertproblems nach Gl. (VI.2.4.3) und Gl. (VI.2.4.17) ergeben. Wie eine Betrachtung mit Hilfe des Wellenansatzes für die Felder (vgl. Kapitel VI.2.4) zeigt, wird durch die oben stehenden Gleichungen die z-Abhängigkeit der Eigenlösungen richtig beschrieben.

VII. RESONATOREN

VII.1 EINTEILUNG DER RESONATOREN

Werden in der Mikrowellentechnik selektive Schaltungen benötigt, so werden als Bauelemente meist zu elektromagnetischen Eigenschwingungen fähige Strukturen, sogenannte Resonatoren, verwendet. Die am häufigsten benutzte Form dieser Resonatoren ist die der - außer an ihren Koppelöffnungen - vollständig elektrisch abgeschirmten Hohlraumresonatoren. Ist ein solcher Hohlraumresonator von einer unendlich gut leitenden Wand berandet und befindet sich innerhalb seiner leitenden Berandung ein verlustloses , homogenes, isotropes Material, so wird der Hohlraumresonator ideal genannt. Der ideale Hohlraumresonator hat ein unbegrenztes Linienspektrum von Eigenwerten und damit Eigenfrequenzen. Sein großer Vorteil ist, daß sein elektromagnetisches Feld auf ein fest vorgegebenes Volumen beschränkt bleibt.

Hier sollen die aus der Mikrowellentechnik bekannten Formen von Hohlraumresonatoren untersucht werden, wenn das Material im Innern des Resonators nicht mehr als isotrop und eventuell auch nicht mehr als homogen angesehen werden kann. Insbesondere sollen die Gesetzmäßigkeiten, die für Hohlraumresonatoren mit isotropen Medien bekannt sind, für Hohlraumresonatoren mit gyrotropen Medien untersucht werden. Anschließend werden spezielle Formen von Resonatoren untersucht. Zunächst werden zylindrische Resonatoren wie der koaxiale Resonator und die kreiszylindrische Dose untersucht, die beide vollständig mit in Zylinderachsenrichtung vormagnetisiertem Ferritmaterial gefüllt sind. Anschließend soll ein spezieller Schwingungstyp des teilweise mit Ferrit gefüllten, zylindrischen Resonators mit kreisförmigem Querschnitt berechnet werden. Von den nichtzylindrischen Resonatoren wird der quaderförmige und der kugelförmige, vollständig abgeschlossene Resonator behandelt.

Außer den Hohlraumresonatoren gibt es noch andere Mikrowellenstrukturen, die zu elektromagnetischen Eigenschwingungen fähig sind. Als wichtige Gruppe solcher Strukturen sollen hier noch die offenen Resonatoren behandelt werden. Die offenen Resonatoren unterscheiden sich von den Hohlraumresonatoren dadurch, daß ihr Feld nicht nur innerhalb eines abgegrenzten Volumens auftritt, vielmehr ist der gesamte unendliche Raum Feldbereich der offenen Resonatoren. Wird vorausgesetzt, daß die Medien,die den Resonator

bilden, verlustfreie Materialien (Ferrit, Dielektrikum) sind, und daß eventuell auftretende
Metallflächen als unendlich gut leitend angesehen werden können, so ist auch der offene
Resonator zu ungedämpften Eigenschwingungen fähig. Daneben existieren je nach Dimensionierung und Frequenz aber auch Eigenschwingungen, die Energie ins unendlich Ferne
abstrahlen, die somit also nur zu gedämpften Schwingungen in der Lage sind. Im Gegensatz zum Hohlraumresonator besitzt der offene Resonator nicht ein reines Linienspektrum
seiner Eigenfrequenzen, sondern das Spektrum kann sich aus diskreten Linien und Bereichen
zusammensetzen, in denen jede Frequenz Eigenfrequenz des Resonators ist. In den Bereichen kontinuierlichen Spektrums besitzen die Maxwellschen Gleichungen für jeden Fre-
quenzwert wenigstens eine nichttriviale Lösung.

Neben der bisher angegebenen Einteilung der schwingungsfähigen Ferritsysteme nach ihren physikalischen Eigenschaften ergibt sich eine weitere Unterscheidungsmöglichkeit durch
die Rechenmethode, mit deren Hilfe die Eigenschwingungen berechnet werden können. Während hier im allgemeinen von den vollständigen Maxwellschen Gleichungen ausgegangen
wird und soweit wie möglich eine exakte Lösung der Randwertprobleme angestrebt wird, haben sich bisher Berechnungsmethoden durchgesetzt, die Näherungslösungen liefern. Grundsätzlich wird zwischen den Lösungen der magnetostatischen und elektromagnetischen Eigenschwingungen der Ferritresonatoren unterschieden. Diese verschiedenen Schwingungstypen
stellen nun keine getrennten Klassen von Eigenschwingungen dar, die verschiedenes physi-
kalisches Verhalten besitzen, sondern sie unterscheiden sich lediglich durch die Verfahren,
die zu ihrer Berechnung gewählt wurden.

Die Berechnung der magnetostatischen Eigenschwingungen geht von der Voraussetzung
aus, daß die magnetische Feldstärke im Ferritmaterial rotationsfrei ist. Diese Bedingung
der Rotationsfreiheit kann auf verschiedene Weise erreicht werden. In Kapitel IV.1 konnte
gezeigt werden, daß unter der Voraussetzung kleiner Phasengeschwindigkeiten der Wellen
im Ferritmaterial eines zylindrischen Systems die magnetische bzw. die elektrische Feldstärke als näherungsweise rotationsfrei angesehen werden kann. Wird die Forderung nach
kleiner Phasengeschwindigkeit der Wellen, die in Kapitel IV.1 behandelt wurde, auf die
Verhältnisse des Resonators zugeschnitten, so muß auf Grund von Gl. (II.15),

$$\operatorname{rot} \vec{H} = k\vec{E} = \omega\sqrt{\varepsilon_r \varepsilon_0 \mu_0} \cdot \vec{E}, \qquad (\text{VII.1.1})$$

gefordert werden, daß der Ausdruck (VII.1.1) verschwindet. Unter der Voraussetzung
nicht verschwindender Frequenz ω wird der Ausdruck aber nur sehr klein werden, falls
vorausgesetzt wird, daß die Lichtgeschwindigkeit im Medium Ferrit sehr groß wird. Das
heißt, es wird gefordert, daß die Lichtgeschwindigkeit im Grenzfall den Wert Unendlich
annimmt. Welche physikalischen Folgerungen sind aus dieser Forderung zu ziehen? Die
Forderung nach unendlich großer Lichtgeschwindigkeit im Medium Ferrit bedeutet, daß
Wellenausbreitungseffekte im betrachteten Raumbereich nicht berücksichtigt zu werden
brauchen. Auf Grund des Zusammenhangs zwischen der Frequenz f und der Wellenlänge

$$\lambda = \frac{c}{f} \ , \tag{VII.1.2}$$

mit c der Lichtgeschwindigkeit, folgt nämlich, daß für eine Lichtgeschwindigkeit, deren
Wert über alle Grenzen groß wird, auch die Wellenlänge über alle Grenzen wächst. Hat
aber der betrachtete Volumenbereich eine endliche Abmessung, so wird sich über seinen
Bereich der Wert der elektromagnetischen Felder nicht ändern. Da aber die Lichtgeschwindigkeit im Material Ferrit entgegen der hier durchgeführten Überlegung durchaus endliche
Werte annimmt, kann umgekehrt argumentiert werden, daß die Forderung nach Rotationsfreiheit z.B. der magnetischen Feldstärke auch dadurch erfüllt werden kann, daß die Abmessungen des betrachteten Volumenbereichs sehr viel kleiner sind, als die Wellenlänge
des im Ferritmaterial auftretenden Wechselfeldes. Unter diesen Voraussetzungen kann das
Feld z.B. der magnetischen Feldstärke wegen der angenommenen Rotationsfreiheit aus
einer skalaren Potentialfunktion

$$\vec{H} = - \operatorname{grad} \psi \tag{VII.1.3}$$

berechnet werden. Unter den oben beschriebenen Voraussetzungen sind z.B. die bekannten Walker - Schwingungstypen /513/,/514/ in kleinen ellipsoidförmigen Ferritproben
berechnet worden. Der Ansatz nach Gl.(VII.1.3) führt auf eine Differentialgleichung für
die Potentialfunktion des Feldes im Ferritmaterial nach Gl.(IV.1.20)

$$\mu_1 \Delta_t \psi + \frac{\partial^2}{\partial z^2} \psi = 0 \ . \tag{VII.1.4}$$

Im Außenraum der Ferritprobe (Vakuum) kann das Feld ebenfalls als stationär angesetzt
werden und durch eine Potentialfunktion ψ_0 beschrieben werden, d. der Differentialgleichung

$$\Delta \psi_0 = 0 \tag{VII.1.5}$$

genügt. Werden für die stationären Felder an der Oberfläche der Ferritprobe die Grenzbedingungen erfüllt, so ergibt sich als Lösung des Eigenwertproblems eine Näherungslösung
für die Eigenschwingungen der kleinen Ferritellipsoide (siehe auch Kapitel VIII.2.3 für
den Spezialfall der Kugel). Diese Näherungslösung ist für lineare Abmessungen der Ferritellipsoide, die kleiner als ein Zehntel der Wellenlänge im Ferritmaterial sind, mit guter
Genauigkeit zu verwenden. Von besonderem technischen Interesse ist die einfachste Eigen-
schwingung der Walker - Typen in einer Ferritkugel, die schon vor Walker von Kittel berechnet wurde /44/.

Eine zweite Möglichkeit, eine rotationsfreie magnetische Feldstärke zu erzwingen, ist
nach Gl.(VII.1.1) die Bedingung, daß die elektrische Feldstärke verschwindet. Während
diese Forderung im isotropen Material wegen der zugleich gültigen zweiten Maxwellschen
Gleichung (siehe Gl.(II.15))

$$\mathrm{rot}\ \mathfrak{E} = k\ \mathfrak{H} \qquad\qquad\qquad (VII.1.6)$$

nur die Lösung identisch verschwindender Felder zuläßt, folgt aus der Bedingung verschwindender elektrischer Feldstärke im gyrotropen Medium die Beziehung

$$\mathfrak{B} = \overleftrightarrow{\mu} \cdot \mathfrak{H} = 0 . \qquad\qquad\qquad (VII.1.7)$$

Wie von Brand und Fieweger /405/,/406/,/407/,/408/ gezeigt wurde, existieren Lösungen, die diese Bedingungen exakt erfüllen (vgl.auch Kapitel V.2). Die zitierten Autoren gaben den in einem vollständig abgeschlossenen, ferritgefüllten Hohlraum autreten-
den Feldern, die den angegebenen Bedingungen genügen, die Bezeichnung "magnetostatische Hohlraumschwingungen" . Die Abstimmkurve dieser Resonanz eines abgeschlossenen
Hohlraums ist in der Frequenz - Vormagnetisierungsfeldstärke - Ebene eine Gerade, wie
auch die Abstimmkurven der Walker - Typen kleiner Ferritproben, z.B. der kleinen Ferritkugel, der Ferritscheibe und des schlanken Ferritzylinders. Die letzten beiden angegebenen
Resonatorformen können als entartete Ellipsoide angesehen werden.

Die Abstimmkurven der elektromagnetischen Eigenschwingungen können durch keinen linearen Zusammenhang zwischen Frequenz und Vormagnetisierungsfeldstärke mehr dargestellt werden. In Bild VII.1.1 sind als Beispiele die Abstimmkurven der z - unabhängigen
Eigenschwingungen eines quaderförmigen Resonators (siehe Kapitel VII.3.3) angegeben.
Die Abstimmkurve spaltet in zwei verschiedene Zweige, den Obertyp und den Untertyp auf.

Bemerkenswert ist, daß diese Abstimmkurven teilweise außerhalb des Spinwellenspektrums verlaufen, also in einem Arbeitsbereich, in dem auch polykristalline Materialien als verlustarm angesehen werden können. Ferner sind eingezeichnet die Abstimmkurven der Walker - Typen einer kleinen Kugel, Scheibe und Nadel (schlanker Zylinder), die Abstimmkurven der magnetostatischen Hohlraumresonanz nach Brand und Fieweger /405/,/406/, /407/,/408/ sowie ein Schwingungstyp nach Bady - McCall /390/, der als Lösung des magnetostatischen Randwertproblems für den Sonderfall $\mu_1 = 0$ und $\partial/\partial z = 0$ für einen zylindrischen Ferritresonator angesehen werden kann /428/. Aufgetragen ist die normierte Vormagnetisierungsfeldstärke h_o^i über der normierten Eigenfrequenz w (zu den Normierungen siehe Kapitel I.3).

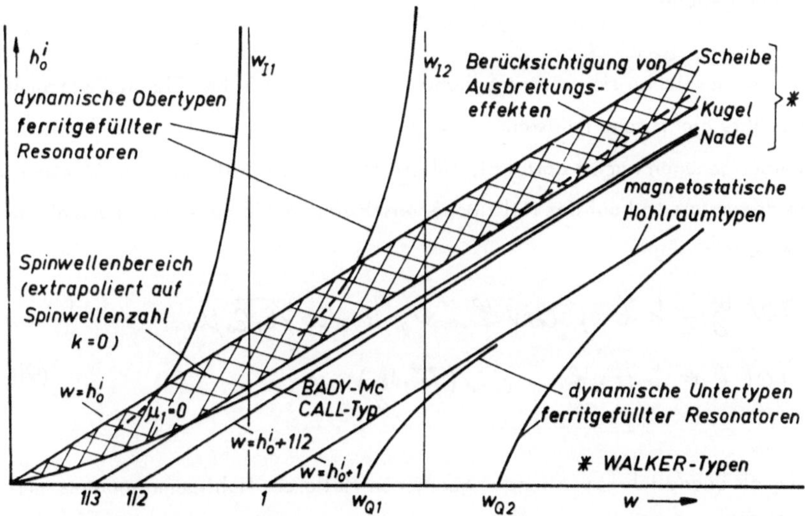

Bild VII.1.1: Abstimmkurven der magnetostatischen Eigenschwingungen und zweier elektromagnetischer Eigenschwingungen.

VII.2 EIGENSCHAFTEN ABGESCHLOSSENER RESONATOREN MIT GYROTROPEM MEDIUM

VII.2.1 FELDGLEICHUNGEN

Es wird ein idealisiertes Gebilde betrachtet, das als idealer Hohlraumresonator mit gyrotropem Medium bezeichnet werden soll. Es gilt die folgende Definition : Ein idealer Hohlraumresonator mit gyrotropem Medium ist ein mit gyrotropem, homogenem (im Sinne des Kapitels I.1) Medium gefülltes Raumgebiet, das von einer unendlich gut leitenden Hülle umschlossen wird. Die leitende Hülle kann dabei aus einer oder mehreren geschlossenen Flächen bestehen.

Die in einem solchen Hohlraum möglichen elektromagnetischen Eigenschwingungen werden durch ihre elektrische Feldstärke $\mathcal{E}$ und ihre magnetische Feldstärke $\mathcal{H}$ beschrieben. Diese Felder genügen nach Kapitel II, Gl.(II.15) für den Fall, daß alle Quellen innerhalb des Resonators und auf der Hüllfläche verschwinden ("Eigenschwingungen") den Maxwellschen Gleichungen

$$\operatorname{rot} \mathcal{H} = k\,\mathcal{E} \quad , \quad \operatorname{div} \mathcal{E} = 0, \quad k = \omega \sqrt{\varepsilon_r \varepsilon_0 \mu_0}, \qquad \text{1.)}$$

$$\operatorname{rot} \mathcal{E} = k\,\overleftrightarrow{\mu} \cdot \mathcal{H} \quad , \quad \operatorname{div}(\overleftrightarrow{\mu} \cdot \mathcal{H}) = 0. \qquad \text{(VII.2.1)}$$

Auf der als unendlich gut leitend angesehenen Hülle des Hohlraumresonators müssen die Felder die folgenden Randbedingungen erfüllen : Sei $\mathcal{N}$ ein Normaleneinheitsvektor auf der Hülle des Resonators, der ins Äußere des Resonators weist, so müssen die Felder $\mathcal{E}$, $\mathcal{H}$ die Randbedingungen

$$\mathcal{E} \times \mathcal{N} = 0 \qquad \text{und} \qquad \operatorname{rot} \mathcal{H} \times \mathcal{N} = 0 \qquad \text{(VII.2.2)}$$

auf der Hülle des Resonators erfüllen. Dabei folgt die zweite Bedingung sofort aus der ersten, wie mit Hilfe der ersten Gleichung des Systems (VII.2.1) leicht gezeigt werden kann.

1.) Es sei darauf hingewiesen, daß die hier eingeführten Feldgrößen $\mathcal{E}$ und $\mathcal{H}$ reduzierte, dimensionsgleiche Feldgrößen sind. Näheres siehe Kapitel II. Die Divergenzbeziehungen sind auf Grund der angenommenen harmonischen Zeitabhängigkeit überflüssig, da sie sofort aus den Beziehungen für die Rotation der Felder folgen. Da sie jedoch später in der angeschriebenen Form benötigt werden, wurden sie mit aufgeführt.

Aus der Theorie der Felder eines Resonators mit isotropem Medium ist bekannt, z. B. /469/, daß aus den Maxwellschen Gleichungen durch nochmalige Rotationsbildung jeweils eine Differentialgleichung zweiten Grades (Wellengleichung) abgeleitet werden kann, die nur die elektrische oder magnetische Feldstärke enthält und somit das System der Maxwellschen Gleichungen entkoppelt. Wird von diesem Verfahren auch im Fall des gyrotropen Mediums Gebrauch gemacht, so kann zum Beispiel aus der ersten Gleichung des Gleichungssystems (VII.2.1) die Beziehung

$$\mathrm{rot\ rot}\ \vec{\mathcal{H}} = k^2 \overleftrightarrow{\mu} \cdot \vec{\mathcal{H}} \tag{VII.2.3}$$

abgeleitet werden. Umgekehrt gilt, falls von der zweiten Gleichung in (VII.2.1) ausgegangen wird :

$$\mathrm{rot}\ [\overleftrightarrow{\mu}^{-1} \cdot \mathrm{rot}\ \vec{\mathcal{E}}] = k\ \mathrm{rot}\ \vec{\mathcal{H}} = k^2 \vec{\mathcal{E}}\ . \tag{VII.2.4}$$

Da für das gyrotrope Medium Ferrit, das hier betrachtet wird, die Divergenz der magnetischen Feldstärke nicht mehr verschwindet, wie dies im isotropen Medium der Fall ist, läßt sich in Gl.(VII.2.3) der Ausdruck rot rot $\vec{\mathcal{H}}$ nicht weiter vereinfachen. Das heißt, die Differentialgleichung (VII.2.3) reduziert sich nicht mehr auf die bekannte Form der Wellengleichung, sondern lautet :

$$\overleftrightarrow{\mu}^{-1} \cdot [\Delta \vec{\mathcal{H}} - \mathrm{grad\ div}\ \vec{\mathcal{H}}] + k^2 \vec{\mathcal{H}} = 0\ . \tag{VII.2.5}$$

Entsprechende Überlegungen gelten für die Differentialgleichung (VII.2.4), die sich auf Grund des innerhalb der Klammer stehenden inversen Permeabilitätstensors nicht weiter vereinfachen läßt. Die beiden Differentialgleichungen

$$- \mathrm{rot}\ [\overleftrightarrow{\mu}^{-1} \cdot \mathrm{rot}\ \vec{\mathcal{E}}] + k^2 \vec{\mathcal{E}} = 0,$$
$$- \overleftrightarrow{\mu}^{-1} \cdot \mathrm{rot\ rot}\ \vec{\mathcal{H}} + k^2 \vec{\mathcal{H}} = 0 \tag{VII.2.6}$$

werden als Ausgangspunkt für die weiteren Überlegungen gewählt. Hinzu kommen die Divergenzbeziehungen nach Gl.(VII.2.1), die aber auch weiterhin noch implizit in Gl.(VII.2.6) enthalten sind, wie durch einfache Divergenzbildung nachgewiesen werden kann. Ferner müssen die Felder die Grenzbedingungen nach Gl.(VII.2.2) erfüllen. Es werden die Differentialoperatoren L_1 und L_2 durch

188

$$L_1 \cdot \vec{\mathfrak{E}} = -\operatorname{rot}\left[\overleftrightarrow{\mu}^{-1} \cdot \operatorname{rot} \vec{\mathfrak{E}}\right],$$

$$L_2 \cdot \vec{\mathfrak{H}} = -\overleftrightarrow{\mu}^{-1} \cdot \operatorname{rot} \operatorname{rot} \vec{\mathfrak{H}} = \overleftrightarrow{\mu}^{-1} \cdot \left[\Delta \vec{\mathfrak{H}} - \operatorname{grad} \operatorname{div} \vec{\mathfrak{H}}\right] \qquad \text{(VII.2.7)}$$

eingeführt. Mit ihnen lautet das zu untersuchende Eigenwertproblem

$$\left.\begin{aligned} L_1 \vec{\mathfrak{E}} + k^2 \vec{\mathfrak{E}} &= 0 \\ L_2 \vec{\mathfrak{H}} + k^2 \vec{\mathfrak{H}} &= 0 \end{aligned}\right\} \begin{array}{l} \text{im Innern des} \\ \text{Resonators} \end{array} \qquad \left.\begin{aligned} \vec{\mathfrak{E}} \times \vec{n} &= 0 \\ \operatorname{rot} \vec{\mathfrak{H}} \times \vec{n} &= 0 \end{aligned}\right\} \begin{array}{l} \text{auf der Hülle des} \\ \text{Resonators.} \end{array}$$

$$\text{(VII.2.8)}$$

Wie schon weiter oben angedeutet, ist implizit in diesen Gleichungen die Beschreibung
für die Quellenfreiheit der elektrischen Verschiebungsdichte (und damit im elektrisch isotropen Material Ferrit der elektrischen Feldstärke) sowie der magnetischen Induktion enthalten. Nun sollen aber die Eigenlösungen des Eigenwertproblems später herangezogen
werden, um Anregungsprobleme im ferritgefüllten Hohlraum zu berechnen. Die Anregungsquellen können dabei z.B. Raumladungen innerhalb eines Raumbereichs (zunächst einmal
ganz abgesehen von der praktischen Ausführung einer solchen Anregungsquelle) sein. Solche Anregungsquellen rufen aber ein divergenzbehaftetes Feld hervor. Soll ein solches
nicht divergenzfreies Feld durch die Eigenfunktionen des Resonators dargestellt werden, so
ist dies nur möglich, falls die Eigenfunktionen selbst divergenzbehaftet sind. Es ist nicht
möglich, ein divergenzbehaftetes Vektorfeld durch eine Reihenentwicklung nach divergenzfreien Feldern darzustellen. Aus diesem Grund soll das zu untersuchende Eigenwertproblem erweitert werden, indem die Divergenzfreiheit der Felder zunächst nicht berücksichtigt wird. In Erweiterung des bekannten Delta - Operators für den Fall des isotropen
Resonators

$$\Delta \vec{\mathfrak{A}} = \operatorname{grad} \operatorname{div} \vec{\mathfrak{A}} - \operatorname{rot} \operatorname{rot} \vec{\mathfrak{A}}$$

wird der Operator L_1 für die elektrischen Eigenvektoren auf die Form

$$L_3 \cdot \overline{\vec{\mathfrak{E}}} = \operatorname{grad} \operatorname{div} \overline{\vec{\mathfrak{E}}} - \operatorname{rot}\left[\overleftrightarrow{\mu}^{-1} \cdot \operatorname{rot} \overline{\vec{\mathfrak{E}}}\right] \qquad \text{(VII.2.9)}$$

und der Operator L_2 für die magnetischen Eigenvektoren auf die Form

$$L_4 \cdot \overline{\vec{\mathfrak{H}}} = \operatorname{grad} \operatorname{div}\left(\overleftrightarrow{\mu} \cdot \overline{\vec{\mathfrak{H}}}\right) - \overleftrightarrow{\mu}^{-1} \cdot \operatorname{rot} \operatorname{rot} \overline{\vec{\mathfrak{H}}} \qquad \text{(VII.2.10)}$$

erweitert /508/. Diese Form der Operatoren, die zunächst etwas willkürlich erscheint, wird sich später als sinnvoll erweisen. Nach dieser Erweiterung der Operatoren müssen die Randbedingungen für die elektrische und die magnetische Feldstärke neu formuliert werden, da die Divergenzfreiheit der Felder auf der Hülle, die als unendlich gut leitend angesehen wird, erhalten bleibt [1]. Das heißt, das Eigenwertproblem für die elektrischen Eigenvektoren kann insgesamt in der Form

$$L_3 \cdot \bar{\mathfrak{E}} + k^2 \bar{\mathfrak{E}} = grad\, div\, \bar{\mathfrak{E}} - rot\,[\bar{\bar{\mu}}^{-1}\, rot\, \bar{\mathfrak{E}}] + k^2 \bar{\mathfrak{E}} = 0$$

im Innern des Resonators und

(VII.2.11)

$$\bar{\mathfrak{E}} \times \mathfrak{N} = 0,\; div\, \bar{\mathfrak{E}} = 0 \qquad \text{auf der Hülle des Resonators}$$

definiert werden. Entsprechend können für das Eigenwertproblem der magnetischen Eigenvektoren die Bedingungsgleichungen

$$L_4 \bar{\mathfrak{H}} + k^2 \bar{\mathfrak{H}} = grad\, div\, (\bar{\bar{\mu}} \cdot \bar{\mathfrak{H}}) - \bar{\bar{\mu}}^{-1}\, rot\, rot\, \bar{\mathfrak{H}} + k^2 \bar{\mathfrak{H}} = 0$$

im Innern des Resonators,

(VII.2.12)

$$\mathfrak{N} \cdot [\bar{\bar{\mu}} \cdot \bar{\mathfrak{H}}] = 0,\; \mathfrak{N} \times rot\, \bar{\mathfrak{H}} = 0 \qquad \text{auf der Hülle des Resonators}$$

angegeben werden. Dabei folgt die neu eingeführte Randbedingung für $\bar{\mathfrak{H}}$ sofort aus der Divergenzfreiheit der magnetischen Induktion, für die im Gegensatz zur elektrischen Verschiebungsdichte (hier auch elektrischen Feldstärke) auch die Flächendivergenz auf der Hüllfläche verschwindet, das heißt, es beginnen und enden keine Feldlinien der magnetischen Induktion auf der leitenden Hülle des Resonators. Für die Eigenfunktionen dieser Felder soll nachgewiesen werden, daß sie ein vollständiges, orthogonales Funktionensystem bilden, d. h. daß jede stückweise stetige und differenzierbare Vektorfunktion in eine Reihe nach den Eigenfunktionen entwickelt werden kann, so daß der mittlere quadratische Fehler zwischen dem zu entwickelnden Feld und der Reihenentwicklung beliebig klein wird.

---

1) Es muß zwischen der Divergenz und der Flächendivergenz der Felder unterschieden werden. Während die Felder der elektrischen Verschiebungsdichte (hier auch der elektrischen Feldstärke) auf der Hülle eine von Null verschiedene Flächendivergenz besitzen können, entsprechend der aufgebauten Flächenladungsdichte, sind sie dort doch divergenzfrei, d.h. es existiert keine Raumladung.

VII.2.2 ENTWICKLUNG VON VEKTORFELDERN NACH DEN EIGENLÖSUNGEN DES EIGENWERTPROBLEMS

Durch die Differentialgleichungssysteme Gl. (VII.2.11) und (VII.2.12) und die dort angegebenen Randbedingungen für die Felder der elektrischen bzw. magnetischen Feldstärke ist jeweils ein Randwertproblem definiert. Ein solches Randwertproblem hat die folgenden zwei möglichen Eigenschaften /7/ :

1. Dem gewählten Wert k^2 (bzw. was dasselbe ist, der betrachteten Frequenz ω) ist nur eine identisch verschwindende Lösung der Differentialgleichungen zugeordnet, "k^2 ist kein Eigenwert des Randwertproblems".

2. Für einen Wert $k^2 = \bar{k}_\nu^2$ besitzt das Randwertproblem eine nicht identisch verschwindende Lösung $\bar{\ell}_\nu$ (bzw. $\bar{\mathfrak{H}}_\nu$), dann ist "$\bar{k}_\nu^2$ ein Eigenwert des Randwertproblems und $\bar{\ell}_\nu$ (bzw. $\bar{\mathfrak{H}}_\nu$) eine zugehörige Eigenfunktion".

Wird vorausgesetzt, daß die die Differentialgleichungen der Eigenwertprobleme beschreibenden Differentialoperatoren L_3, L_4 selbstadjungiert sind [1], so kann aus der Theorie der Eigenwertprobleme entnommen werden /7/, daß es eine Folge von Eigenwerten $\bar{k}_1^2$, $\bar{k}_2^2$.... mit $\bar{k}_\nu^2 \rightarrow \infty$ gibt, deren zugehörige Eigenfunktionen ein unendliches, orthogonales Funktionensystem bilden. Dieses Funktionensystem ist außerdem vollständig, das heißt, jede im Raumbereich des Resonators stetige Funktion $\mathfrak{A}$ läßt sich im Mittel beliebig genau durch eine Reihenentwicklung

$$\mathfrak{A} \approx \sum_{\nu=1}^{n} \bar{A}_\nu \bar{\ell}_\nu \; , \qquad \mathfrak{A} \approx \sum_{\nu=1}^{n} \bar{B}_\nu \bar{\mathfrak{H}}_\nu \qquad (VII.2.13)$$

mit endlichen Werten von n annähern. Die Approximation geschieht so, daß der mittlere quadratische Fehler zwischen der Vektorfunktion $\mathfrak{A}$ und der Reihenentwicklung beliebig klein wird /7/, das heißt, daß

$$\iiint_V (\mathfrak{A} - \sum_{\nu=1}^{n} \bar{A}_\nu \bar{\ell}_\nu)^2 dv \; , \qquad \iiint_V (\mathfrak{A} - \sum_{\nu=1}^{n} \bar{B}_\nu \bar{\mathfrak{H}}_\nu)^2 dv \qquad (VII.2.14)$$

bei geeigneter Wahl von n kleiner als eine beliebig kleine Schranke gemacht werden kann.

---

[1] Zur Definition des selbstadjungierten Operators siehe Gl.(VII.2.17)

Ferner gilt : Jede den Randbedingungen genügende Funktion α mit stetiger erster und stückweise stetiger zweiter Ableitung läßt sich in eine absolut und gleichmäßig konvergente Reihe

$$\alpha = \sum_{\nu=1}^{\infty} \bar{C}_\nu \bar{\mathfrak{e}}_\nu \, , \qquad \alpha = \sum_{\nu=1}^{\infty} \bar{D}_\nu \bar{\mathfrak{g}}_\nu \qquad (VII.2.15)$$

entwickeln.

Es soll also gezeigt werden, daß die Differentialoperatoren L_3 und L_4 selbstadjungiert sind. Weiterhin soll untersucht werden, ob die Eigenwerte $\bar{k}_\nu^2$ nur positive Werte annehmen, das heißt, ob die Operatoren L_3 und L_4 negativ definit sind. Bei diesen Untersuchungen sollen einschränkende Annahmen über die Eigenschaften des Permeabilitätstensors gemacht werden.

1. Der Tensor sei hermitesch, das heißt, es ist $\overleftrightarrow{\mu} = \overleftrightarrow{\mu}^{*\prime}$, wenn $\overleftrightarrow{\mu}^{\prime}$ der transponierte und $\overleftrightarrow{\mu}^{*}$ der konjugiert komplexe Tensor ist. Es wird also angenommen, daß das Ferritmaterial verlustfrei ist.

2. Der Tensor bildet eine positiv definite, quadratische Form $\alpha^{*} \cdot \overleftrightarrow{\mu} \cdot \alpha$, dies bedeutet, daß die im Hohlraum gespeicherte Energie einen positiven Wert besitzt.

3. Der Tensor sei frequenzunabhängig.

Die letzte Forderung scheint zunächst stark einschneidend die Allgemeingültigkeit der Untersuchungen zu begrenzen, da der wirklich auftretende Permeabilitätstensor besonders in der Umgebung der gyromagnetischen Resonanz eine starke Frequenzabhängigkeit besitzt. Die gemachte Näherung stimmt aber erstens sehr gut für große und kleine Werte der Vormagnetisierungsfeldstärke, das heißt, außerhalb des Bereichs der gyromagnetischen Resonanz. Ferner, und das ist wichtig, kann argumentiert werden, daß die durchzuführenden Untersuchungen dazu dienen, später das Verhalten erzwungener Schwingungen im Hohlraum zu untersuchen. Diese erzwungenen Schwingungen werden im Resonator durch eine Anregungsquelle hervorgerufen, die im praxisnahen Fall von konstanter Frequenz ist. Es besteht also dann die Aufgabe, die Felder im Hohlraum, die mit der Frequenz der Anregungsquelle schwingen, durch die Eigenlösungen des Hohlraums darzustellen. Dazu müssen die Eigenlösungen für einen Hohlraum bestimmt werden, dessen Materialverhalten durch die Größe des Permeabilitätstensors bei der Frequenz ω bestimmt wird. Dieser Wert des Permeabilitätstensors kann also bei der Bestimmung der Eigenlösungen und damit bei den weiteren Untersuchungen als konstant angenommen werden.

Es werden zunächst die Eigenfunktionen der elektrischen Feldstärke untersucht [1]. Wird als Skalarprodukt zweier Vektorfunktionen $\mathfrak{a}$ und $\mathfrak{b}$ der Integralausdruck

$$(\mathfrak{a}, \mathfrak{b}) = \iiint_V \mathfrak{a}^* \cdot \mathfrak{b} \, dv \qquad\qquad \text{(VII.2.16)}$$

definiert, so erfüllt er die Bedingungen eines Skalarproduktes im Hilbert Raum, z.B. /8/. Der Operator L_3, der das Eigenwertproblem der elektrischen Eigenfunktionen $\bar{\ell}_\nu$ definiert, wird in bezug auf dieses Skalarprodukt als selbstadjungiert bezeichnet, falls die Beziehung

$$(L_3 \mathfrak{a}, \mathfrak{b}) = (\mathfrak{a}, L_3 \mathfrak{b}) \qquad\qquad \text{(VII.2.17)}$$

existiert. Um den Nachweis zu bringen, daß dieser Zusammenhang richtig ist, falls die Vektoren $\mathfrak{a}$ und $\mathfrak{b}$ Eigenfunktionen des Problems (VII.2.11) sind, werden die Ausdrücke auf der linken und rechten Seite von Gl. (VII.2.17) gebildet und unter Berücksichtigung der Randbedingungen nach Gl. (VII.2.11) miteinander verglichen.

Wird der Ausdruck $(L_3 \bar{\ell}_\nu, \bar{\ell}_\mu)$, $(\nu \neq \mu)$ gebildet, so ergibt sich auf Grund der Form des Operators L_3 nach Gl. (VII.2.9) das Integral

$$(L_3 \bar{\ell}_\nu, \bar{\ell}_\mu) = \iiint_V \left[\operatorname{grad} \operatorname{div} \bar{\ell}_\nu^* - \operatorname{rot}\left\{ \overset{\leftrightarrow}{\mu}^{-1*} \operatorname{rot} \bar{\ell}_\nu^* \right\} \right] \cdot \bar{\ell}_\mu \, dv. \qquad \text{(VII.2.18)}$$

Umgekehrt gilt:

$$(\bar{\ell}_\nu, L_3 \bar{\ell}_\mu) = \iiint_V \bar{\ell}_\nu^* \left[\operatorname{grad} \operatorname{div} \bar{\ell}_\mu - \operatorname{rot}(\overset{\leftrightarrow}{\mu}^{-1} \operatorname{rot} \bar{\ell}_\mu) \right] dv. \qquad \text{(VII.2.19)}$$

Unter Verwendung bekannter Vektoridentitäten, des Gaußschen Satzes sowie der Randbedingungen nach Gl. (VII.2.11) können diese Ausdrücke auf die Form

$$(L_3 \bar{\ell}_\nu, \bar{\ell}_\mu) = - \iiint_V \operatorname{div} \bar{\ell}_\nu^* \operatorname{div} \bar{\ell}_\mu \, dv - \iiint_V \operatorname{rot} \bar{\ell}_\mu \cdot (\overset{\leftrightarrow}{\mu}^{-1})^* \operatorname{rot} \bar{\ell}_\nu^* \, dv$$

$$\text{(VII.2.20)}$$

---

[1] Die hier durchgeführten Überlegungen wurden in ähnlicher Form erstmals von v. Bladel /508/ beschrieben und entsprechen im wesentlichen den Berechnungen für den isotropen Resonator, die ausführlich bei Slater /18/ und vor allem bei Müller /469/ beschrieben sind.

und

$$\left(\bar{\mathfrak{E}}_\nu, L_3\,\bar{\mathfrak{E}}_\mu\right) = -\iiint\limits_V \operatorname{div}\bar{\mathfrak{E}}_\mu\,\operatorname{div}\bar{\mathfrak{E}}_\nu^*\,dv -$$
$$- \iiint\limits_V \operatorname{rot}\bar{\mathfrak{E}}_\nu^*\cdot\overleftrightarrow{\mu}^{-1}\,\operatorname{rot}\bar{\mathfrak{E}}_\mu\,dv \qquad\qquad \text{(VII.2.21)}$$

gebracht werden. Wie ein Vergleich der Gl.(VII.2.20) und Gl.(VII.2.21) zeigt, sind diese beiden Ausdrücke unter Berücksichtigung der für den Permeabilitätstensor gemachten Annahmen identisch. Da $\overleftrightarrow{\mu}$ als hermitesch vorausgesetzt war, gilt:

$$\operatorname{rot}\bar{\mathfrak{E}}_\mu\cdot\left(\overleftrightarrow{\mu}^{-1}\right)^*\cdot\operatorname{rot}\bar{\mathfrak{E}}_\nu^* = \operatorname{rot}\bar{\mathfrak{E}}_\nu^*\cdot\left(\overleftrightarrow{\mu}^{-1}\right)'^*\cdot\operatorname{rot}\bar{\mathfrak{E}}_\mu =$$
$$= \operatorname{rot}\bar{\mathfrak{E}}_\nu^*\cdot\left(\overleftrightarrow{\mu}^{-1}\right)\cdot\operatorname{rot}\bar{\mathfrak{E}}_\mu\;. \qquad\qquad \text{(VII.2.22)}$$

Damit ist also $(L_3\,\bar{\mathfrak{E}}_\nu,\,\bar{\mathfrak{E}}_\mu) = (\bar{\mathfrak{E}}_\nu,\,L_3\,\bar{\mathfrak{E}}_\mu)$, das heißt, der Operator L_3 ist selbstadjungiert. Bevor aus dieser Tatsache Schlußfolgerungen gezogen werden sollen, soll noch untersucht werden, ob der Operator L_3 negativ definit ist, so daß nach Gl.(VII.2.11) die Eigenwerte $\bar{k}_\nu^2$ immer positiv definit sind. Mit Hilfe der abgeleiteten Beziehungen (VII.2.20) und (VII.2.21) ist dies aber leicht zu zeigen, falls gerade der Fall $\nu = \mu$ betrachtet wird. Es gilt:

$$\left(L_3\,\bar{\mathfrak{E}}_\nu,\,\bar{\mathfrak{E}}_\nu\right) = -\iiint\limits_V |\operatorname{div}\bar{\mathfrak{E}}_\nu|^2\,dv - \iiint\limits_V \operatorname{rot}\bar{\mathfrak{E}}_\nu^*\cdot\overleftrightarrow{\mu}^{-1}\,\operatorname{rot}\bar{\mathfrak{E}}_\nu\,dv\;. \qquad \text{(VII.2.23)}$$

Auf Grund der zweiten Voraussetzung, die für den Permeabilitätstensor gemacht wurde, ist der Integrand des zweiten Integrals positiv definit, so daß das betrachtete Skalarprodukt für alle Werte von $\bar{\mathfrak{E}}_\nu$, die ungleich Null sind, und für einen nicht verschwindenden Eigenwert $\bar{k}_\nu^2$ einen negativen Wert annimmt. Der Fall, daß Gl.(VII.2.23) den Wert Null annimmt, soll zunächst ausgeschlossen werden, er wird in Kapitel VII.2.3. behandelt. Unter dieser Voraussetzung kann also geschlossen werden, daß der Operator L_3 negativ definit ist und daß damit die Eigenwerte $\bar{k}_\nu^2$ des Eigenwertproblems

$$L_3\,\bar{\mathfrak{E}}_\nu + \bar{k}_\nu^2\,\bar{\mathfrak{E}}_\nu = 0$$

$$\text{(VII.2.24)}$$

immer positive Werte annehmen. Diese Tatsache ist von großer Bedeutung, da hier eine
Aussage über die Eigenschaften der Eigenfrequenzen des Resonators gemacht wird. Zunächst
einmal kann aus der Tatsache, daß der Operator L_3 selbstadjungiert und negativ definit
ist, geschlossen werden, daß die Eigenlösungen des durch Gl.(VII.2.24) beschriebenen
Eigenwertproblems ein orthogonales, vollständiges System bilden. Das heißt, es gilt für die
Eigenlösungen $\bar{\mathfrak{E}}_\nu, \bar{\mathfrak{E}}_\mu$ [1] die Orthogonalitätsbeziehung

$$\iiint_V \bar{\mathfrak{E}}_\nu^* \cdot \bar{\mathfrak{E}}_\mu \, dv = 0 \quad , \quad \nu \neq \mu \, . \tag{VII.2.25}$$

Da die Eigenwerte des Differentialgleichungssystems (VII.2.24) positiv definit sind,
folgt, daß die Eigenfrequenzen des Resonators im hier betrachteten Fall, daß das Ferritmedium verlustfrei ist, immer reelle Größen sind. Da ferner für einen als hermitesch betrachteten Permeabilitätstensor die Nebendiagonalelemente des Tensors rein imaginär und
konjugiert komplex zueinander sind (siehe z.B. Gl.(I.2.15) im Zusammenhang mit Gl.
(I.3.5)), zeigt sich, daß die Differentialgleichung (VII.2.24) von komplexer Form ist.
Das bedeutet, daß die Lösungen dieses Systems ebenfalls komplexe Funktionen sind und
sich damit kein stationärer Feldzustand einstellt. Die Felder bilden z.B. wie im Fall der
zylindrischen Resonatoren in Azimutrichtung umlaufende Wellenfelder, oder die Felder
sind elliptisch polarisiert, so daß sich von der Zeit abhängige Feldverteilungen ergeben.

Die Eigenlösungen des Eigenwertproblems (VII.2.11), das hier betrachtet wurde, lassen
sich in zwei verschiedene Klassen einteilen, einmal in die Klasse der divergenzfreien Eigenlösungen $\mathfrak{E}_\nu$, zum anderen in die Klasse der rotationsfreien Eigenlösungen $\mathcal{M}_\nu$. Die
Gesamtlösung ist eine Linearkombination aus diesen beiden Feldanteilen. Die Behandlung
einer dritten Gruppe mit verschwindender Rotation und verschwindender Divergenz soll
erst im Kapitel VII.2.3 erfolgen, doch soll schon hier vermerkt werden, daß diese Gruppe
der Klasse der rotationsfreien Felder zugeordnet werden soll. Die Eigenlösungen $\mathcal{M}_\nu$ (mit
$\mathrm{rot}\,\mathcal{M}_\nu = 0$) können auf Grund ihrer Rotationsfreiheit als Gradientenfelder einer skalaren
Ortsfunktion φ_ν dargestellt werden :

---

1) Es sei nochmals auf den Unterschied zwischen den Eigenlösungen $\bar{\mathfrak{E}}_\nu$ und $\mathfrak{E}_\nu$ hingewiesen.
   Die Eigenfunktionen $\mathfrak{E}_\nu$ sind die Eigenlösungen der Maxwellschen Gleichungen bzw. des
   Systems Gl.(VII.2.8) unter Berücksichtigung der Divergenzfreiheit der Felder. Sie sind
   damit die die wirkliche elektrische Feldstärke im Hohlraum beschreibenden Eigenfunktionen, falls keine Quellen im Hohlraum vorhanden sind. Sie sind aber nur eine Teilklasse
   der Eigenlösungen $\bar{\mathfrak{E}}_\nu$ des erweiterten Systems Gl.(VII.2.11).

$$\mathfrak{U}_\nu = -\,\mathrm{grad}\,\varphi_\nu \,, \qquad\qquad\qquad (VII.2.26)$$

die nach Gl.(VII.2.11) der Differentialgleichung und der Randbedingung

$$\mathrm{div\,grad}\,\varphi_\nu + \ell_\nu^2\,\varphi_\nu = 0 \qquad \text{im Innern des Resonators}$$

$$\varphi_\nu = 0 \qquad \text{auf der Hülle des Resonators} \qquad (VII.2.27)$$

gehorchen. Die eingeführten Eigenfunktionen φ_ν und φ_μ sind orthogonal in dem Sinn, daß sie die Bedingung

$$\iiint\limits_V \varphi_\nu^* \varphi_\mu \, dv = 0, \; \nu \neq \mu \qquad\qquad (VII.2.28)$$

erfüllen [1].

Auf Grund der bestehenden Orthogonalitätsbeziehung (VII.2.25) sind die Lösungen $\mathfrak{L}_\nu$ und $\mathfrak{U}_\nu$ als Teillösungen des Problems (VII.2.11) auch orthogonal untereinander, das heißt es gilt auch :

$$\iiint\limits_V \mathfrak{L}_\nu^* \cdot \mathfrak{U}_\mu \, dv = 0, \quad \nu, \mu \; . \qquad\qquad (VII.2.29)$$

Wie eine nähere Betrachtung der durchgeführten Untersuchungen für den Operator L_3 zeigt, bildet die Gesamtheit der Lösungen $\mathfrak{L}_\nu$ bzw. $\mathfrak{U}_\nu$ jeweils ein vollständiges Funktionensystem für die zugeordnete Klasse der Vektorfelder, die entweder die Bedingung $\mathrm{div}\,\mathfrak{A} = 0$ oder $\mathrm{rot}\,\mathfrak{A} = 0$ erfüllen. Jedes beliebige, stückweise stetige Vektorfeld kann auf Grund der Vollständigkeit des Lösungssystems $\overline{\mathfrak{L}}_\nu$ in eine Reihe nach diesen Funktionen entwickelt werden, so daß

---

[1] Diese Orthogonalitätsrelation folgt sofort aus Gl.(VII.2.25), Gl.(VII.2.26) und Gl.(VII.2.27) unter Benutzung des Greenschen Satzes

$$\iiint\limits_V \mathrm{grad}\,\varphi_\nu^* \cdot \mathrm{grad}\,\varphi_\mu \, dv = \iiint\limits_V \varphi_\nu^* (-\ell_\mu^2)\,\varphi_\mu \, dv + \oiint\limits_A \varphi_\nu^* \mathrm{grad}\,\varphi_\mu \cdot \mathfrak{n}\, da = 0$$

und Beachtung der Randbedingungen nach Gl.(VII.2.27) auf der Hülle des Resonators.

$$\mathcal{O} \approx \sum_{\nu=1}^{N} \bar{A}_\nu \bar{\mathcal{C}}_\nu = \sum_{\nu=1}^{n} A_\nu \mathcal{C}_\nu + \sum_{\nu=1}^{n'} a_\nu \pi_\nu \qquad (VII.2.30)$$

gilt. Im allgemeinen müssen beide Feldanteile zur Entwicklung herangezogen werden. Die genaueren Bedingungen dafür, wann eine Entwicklung alleine mit den Eigenlösungen $\mathcal{C}_\nu$ möglich ist, soll später untersucht werden.

Als nächstes soll die Gruppe der dem Eigenwertproblem (VII.2.12) zugeordneten magnetischen Eigenvektoren untersucht werden. In einem entsprechenden Rechengang wie für den Operator L_3 kann gezeigt werden, daß der Operator L_4 selbstadjungiert in bezug auf das hier eingeführte Skalarprodukt

$$(\bar{\mathcal{G}}_\nu, \bar{\mathcal{G}}_\mu) = \iiint_V \bar{\mathcal{G}}_\nu^* \cdot \overleftrightarrow{\mu} \cdot \bar{\mathcal{G}}_\mu \, dv \qquad (VII.2.31)$$

ist. Die Teilintegrale des Produkts

$$(L_4 \bar{\mathcal{G}}_\nu, \bar{\mathcal{G}}_\mu) = \iiint_V \left[\operatorname{grad} \operatorname{div}(\overleftrightarrow{\mu}^* \cdot \bar{\mathcal{G}}_\nu^*) - (\overleftrightarrow{\mu}^{-1})^* \cdot \operatorname{rot} \operatorname{rot} \bar{\mathcal{G}}_\nu^* \right] \cdot \overleftrightarrow{\mu} \cdot \bar{\mathcal{G}}_\mu \, dv$$

$$(VII.2.32)$$

sowie des Produkts

$$(\bar{\mathcal{G}}_\nu, L_4 \bar{\mathcal{G}}_\mu) = \iiint_V \bar{\mathcal{G}}_\nu^* \cdot \overleftrightarrow{\mu} \cdot \left[\operatorname{grad} \operatorname{div}(\overleftrightarrow{\mu} \cdot \bar{\mathcal{G}}_\mu) - \overleftrightarrow{\mu}^{-1} \operatorname{rot} \operatorname{rot} \bar{\mathcal{G}}_\mu \right] dv$$

$$(VII.2.33)$$

lassen sich mit den schon vorne angegebenen Vektoridentitäten unter Verwendung der Hermitizität des Permeabilitätstensors und der Randbedingungen auf die Form

$$\iiint_V \operatorname{grad} \operatorname{div}(\overleftrightarrow{\mu}^* \cdot \bar{\mathcal{G}}_\nu^*) \cdot \overleftrightarrow{\mu} \cdot \bar{\mathcal{G}}_\mu \, dv = -\iiint_V \operatorname{div}(\overleftrightarrow{\mu}^* \bar{\mathcal{G}}_\nu^*) \operatorname{div}(\overleftrightarrow{\mu} \cdot \bar{\mathcal{G}}_\mu) \, dv,$$

$$-\iiint_V \left[(\overleftrightarrow{\mu}^{-1})^* \cdot \operatorname{rot} \operatorname{rot} \bar{\mathcal{G}}_\nu^* \right] \cdot \overleftrightarrow{\mu} \cdot \bar{\mathcal{G}}_\mu \, dv = -\iiint_V \operatorname{rot} \bar{\mathcal{G}}_\nu^* \cdot \operatorname{rot} \bar{\mathcal{G}}_\mu \, dv$$

$$(VII.2.34)$$

und

$$\iiint_V \bar{\mathcal{G}}_\nu^* \cdot \overleftrightarrow{\mu} \cdot \left[\operatorname{grad} \operatorname{div}(\overleftrightarrow{\mu} \cdot \bar{\mathcal{G}}_\mu) \right] dv = -\iiint_V \operatorname{div}(\overleftrightarrow{\mu}^* \bar{\mathcal{G}}_\nu^*) \operatorname{div}(\overleftrightarrow{\mu} \cdot \bar{\mathcal{G}}_\mu) \, dv,$$

$$-\iiint_V \bar{\mathcal{G}}_\nu^* \cdot \overleftrightarrow{\mu} \cdot \left[\overleftrightarrow{\mu}^{-1} \operatorname{rot} \operatorname{rot} \bar{\mathcal{G}}_\mu \right] dv = -\iiint_V \operatorname{rot} \bar{\mathcal{G}}_\nu^* \cdot \operatorname{rot} \bar{\mathcal{G}}_\mu \, dv$$

$$(VII.2.35)$$

reduzieren. Hieraus folgt sofort, daß auch der Operator L_4 selbstadjungiert ist. Wird das Produkt (VII.2.32) im Zusammenhang mit Gl. (VII.2.34) für den Fall $\nu = \mu$ betrachtet, so zeigt sich, daß auch der Operator L_4 unter den schon vorne, bei der Berechnung des entsprechenden Ausdrucks für L_3 , gemachten Voraussetzungen negativ definit ist. Das heißt, auch die Eigenfunktionen des Eigenwertproblems

$$L_4 \, \overline{\mathfrak{G}}_\nu + \overline{h}_\nu^2 \, \overline{\mathfrak{G}}_\nu = 0 \qquad \text{im Innern des Resonators,}$$

$$\left. \begin{array}{l} \mathfrak{n} \cdot [\overset{\leftrightarrow}{\mu} \cdot \overline{\mathfrak{G}}_\nu] = 0 \\ \mathfrak{n} \times \operatorname{rot} \overline{\mathfrak{G}}_\nu = 0 \end{array} \right\} \qquad \text{auf der Hülle des Resonators} \tag{VII.2.36}$$

bilden ein vollständiges, orthogonales Funktionensystem, das der Orthogonalitätsbeziehung

$$\iiint\limits_V \overline{\mathfrak{G}}_\nu^* \cdot \overset{\leftrightarrow}{\mu} \cdot \overline{\mathfrak{G}}_\mu \, dv = 0 \, , \; \nu \neq \mu \tag{VII.2.37}$$

genügt.

Es können wieder zwei Klassen von Eigenfunktionen unterschieden werden. Erstens die Eigenlösungen $\mathfrak{G}_\nu$, die der Bedingung $\operatorname{div}(\overset{\leftrightarrow}{\mu} \cdot \mathfrak{G}_\nu) = 0$ genügen und demnach Lösungen der Gl. (VII.2.8) sind.

Zweitens existiert ein System von Lösungsfunktionen $\mathfrak{f}_\nu$, das rotationsfrei ist, so daß die Felder als Gradientenfelder

$$\mathfrak{f}_\nu = -\operatorname{grad} \Psi_\nu \tag{VII.2.38}$$

geschrieben werden können. Die skalare Ortsfunktion Ψ_ν gehorcht der Differentialgleichung

$$\operatorname{div} [\overset{\leftrightarrow}{\mu} \cdot \operatorname{grad} \Psi_\nu] + h_\nu^2 \, \Psi_\nu = 0 \qquad \text{im Innern des Resonators,}$$

$$\mathfrak{n} \cdot [\overset{\leftrightarrow}{\mu} \cdot \operatorname{grad} \Psi_\nu] = 0 \qquad \text{auf der Hülle des Resonators.} \tag{VII.2.39}$$

Auf Grund der Vollständigkeit des Systems $\overline{\mathfrak{G}}_\nu$ kann ein beliebiges, stückweise stetiges Vektorfeld $\mathfrak{a}$ in Form einer Reihenentwicklung

$$\mathcal{O}\mathfrak{l} \approx \sum_{\nu=1}^{M} \bar{B}_\nu \bar{\mathfrak{H}}_\nu = \sum_{\nu=1}^{m} B_\nu \mathfrak{H}_\nu + \sum_{\nu=1}^{m'} b_\nu \mathfrak{f}_\nu \tag{VII.2.40}$$

approximiert werden. Die Funktionensysteme $\mathfrak{H}_\nu$ und $\mathfrak{f}_\nu$ stellen jeweils für ihre Klassen (1. $\mathrm{div}(\overset{\leftrightarrow}{\mu}\cdot\mathcal{O}\mathfrak{l}) = 0$ und 2. $\mathrm{rot}\,\mathcal{O}\mathfrak{l} = 0$) wieder ein vollständiges Funktionensystem dar.

Da die Eigenfunktionen $\mathfrak{H}_\nu$ und $\mathfrak{E}_\nu$ den Gleichungen (VII.2.6) genügen, kann noch folgender Zusammenhang abgeleitet werden : Die erste Gleichung der Gl.(VII.2.6) wird skalar mit $\mathfrak{E}_\nu^*$, die zweite skalar mit $\mathfrak{H}_\nu^*$ multipliziert, sodann werden beide Gleichungen über das Hohlraumvolumen integriert und die linke Seite der Gleichungen mit der Vektoridentität für die Divergenz eines Kreuzproduktes zweier Vektoren sowie mit Hilfe des Gaußschen Satzes umgeformt. Unter Berücksichtigung der Grenzbedingungen für die Eigenfunktionen ergibt sich schließlich :

$$k_\nu^2 \iiint_V \mathfrak{E}_\nu^* \cdot \mathfrak{E}_\nu \, dv = \iiint_V \mathrm{rot}\,\mathfrak{E}_\nu^* \cdot \overset{\leftrightarrow}{\mu}{}^{-1} \mathrm{rot}\,\mathfrak{E}_\nu \, dv,$$
$$k_\nu^2 \iiint_V \mathfrak{H}_\nu^* \cdot \overset{\leftrightarrow}{\mu} \cdot \mathfrak{H}_\nu \, dv = \iiint_V \mathrm{rot}\,\mathfrak{H}_\nu^* \cdot \mathrm{rot}\,\mathfrak{H}_\nu \, dv. \tag{VII.2.41}$$

Da nun aber nach den Maxwellschen Gleichungen

$$\mathrm{rot}\,\mathfrak{H}_\nu = k_\nu \mathfrak{E}_\nu, \quad \mathrm{rot}\,\mathfrak{E}_\nu = k_\nu \overset{\leftrightarrow}{\mu} \cdot \mathfrak{H}_\nu \tag{VII.2.42}$$

gilt, kann auch der Zusammenhang

$$k_\nu^2 \iiint_V \mathfrak{E}_\nu^* \cdot \mathfrak{E}_\nu \, dv = k_\nu^2 \iiint_V \mathfrak{H}_\nu^* \cdot \overset{\leftrightarrow}{\mu} \cdot \mathfrak{H}_\nu \, dv =$$
$$= \iiint_V \mathrm{rot}\,\mathfrak{E}_\nu^* \cdot \overset{\leftrightarrow}{\mu}{}^{-1} \mathrm{rot}\,\mathfrak{E}_\nu \, dv = \iiint_V \mathrm{rot}\,\mathfrak{H}_\nu^* \cdot \mathrm{rot}\,\mathfrak{H}_\nu \, dv \tag{VII.2.43}$$

abgeleitet werden. Da für die Eigenfunktionen $\mathfrak{E}_\nu$ und $\mathfrak{H}_\nu$ noch frei wählbare Amplitudenkonstanten zur Verfügung stehen, soll darüber so verfügt werden, daß die Normierungsbeziehungen

$$\iiint_V \mathfrak{E}_\nu^* \cdot \mathfrak{E}_\nu \, dv = 1, \quad \iiint_V \mathfrak{H}_\nu^* \cdot \overset{\leftrightarrow}{\mu} \cdot \mathfrak{H}_\nu \, dv = 1 \quad {}^{1)} \tag{VII.2.44}$$

eingeführt werden. Werden diese Normierungen auch für die rotationsfreien Felder $\mathfrak{n}_\nu$ und $\mathfrak{f}_\nu$ eingeführt :

---

1) Demnach haben die Eigenfunktionen die Dimension $[\mathrm{cm}^{-3/2}]$.

$$\iiint\limits_{V} \vec{n}_\nu^* \cdot \vec{n}_\nu \, dv = 1, \quad \iiint\limits_{V} \vec{f}_\nu^* \cdot \vec{\mu} \cdot \vec{f}_\nu \, dv = 1, \tag{VII.2.45}$$

so können die Entwicklungskoeffizienten für die Reihenentwicklungen nach Gl. (VII.2.30) und Gl. (VII.2.40) auf Grund dieser Normierungen [1] sowie der gültigen Orthogonalitätsrelationen Gl. (VII.2.25) und Gl. (VII.2.37) berechnet werden. Dies geschieht, indem die Reihenentwicklungen Gl. (VII.2.30) und Gl. (VII.2.40) skalar mit $\vec{\ell}_\nu^*$ bzw. $\vec{n}_\nu^*$ und $\vec{g}_\nu^*$ bzw. $\vec{f}_\nu^*$ multipliziert werden und die entstehenden Ausdrücke unter Berücksichtigung der Orthogonalitätsrelationen und der Normierungsbeziehungen ausgewertet werden. Es ergibt sich :

$$A_\nu = \iiint\limits_{V} \vec{\ell}_\nu^* \cdot \vec{\alpha} \, dv \;, \quad a_\nu = \iiint\limits_{V} \vec{n}_\nu^* \cdot \vec{\alpha} \, dv,$$

$$B_\nu = \iiint\limits_{V} \vec{g}_\nu^* \cdot \vec{\mu} \cdot \vec{\alpha} \, dv, \quad b_\nu = \iiint\limits_{V} \vec{f}_\nu^* \cdot \vec{\mu} \cdot \vec{\alpha} \, dv. \tag{VII.2.46}$$

Unter Verwendung der Differentialgleichungen für die Eigenfunktionen können diese Ausdrücke auch in der Form

$$A_\nu = \frac{1}{k_\nu^2} \iiint\limits_{V} \operatorname{rot} [\vec{\mu}^{-1*} \cdot \operatorname{rot} \vec{\ell}_\nu^*] \cdot \vec{\alpha} \, dv,$$

$$a_\nu = -\frac{1}{\ell_\nu^2} \iiint\limits_{V} \operatorname{grad} \operatorname{div} \vec{n}_\nu^* \cdot \vec{\alpha} \, dv,$$

$$B_\nu = \frac{1}{k_\nu^2} \iiint\limits_{V} [\vec{\mu}^{-1*} \cdot \operatorname{rot} \operatorname{rot} \vec{g}_\nu^*] \cdot \vec{\mu} \cdot \vec{\alpha} \, dv, \tag{VII.2.47}$$

$$b_\nu = -\frac{1}{h_\nu^2} \iiint\limits_{V} \operatorname{grad} \operatorname{div} (\vec{\mu}^* \cdot \vec{f}_\nu^*) \cdot \vec{\mu} \cdot \vec{\alpha} \, dv$$

angegeben werden. Mit Hilfe der schon mehrfach zitierten Vektoridentität für die Divergenz eines Kreuzproduktes zweier Vektoren folgt für A_ν und B_ν :

---

1) Diese Normierungen bedeuten für die Potentialfunktionen φ_ν, ψ_ν, daß

$$\iiint\limits_{V} \varphi_\nu^* \cdot \varphi_\nu \, dv = 1/\ell_\nu^2 \quad \text{und} \quad \iiint\limits_{V} \psi_\nu^* \psi_\nu \, dv = 1/h_\nu^2 \quad \text{wird,}$$

wie sofort durch Einsetzen der Gl. (VII.2.26) und Gl. (VII.2.38) und Verwendung der Gl. (VII.2.27) und Gl. (VII.2.39) gezeigt werden kann.

$$A_\nu = \frac{1}{k_\nu^2} \iiint\limits_V \mathrm{rot}\, \vec{\mathcal{E}}_\nu^* \cdot \vec{\vec{\mu}}^{\,-1} \cdot \mathrm{rot}\, \vec{\mathfrak{A}}\, dv + \frac{1}{k_\nu^2} \oiint\limits_{A_{H\ddot{u}lle}} \mathrm{rot}\, \vec{\mathcal{E}}_\nu^* \cdot \vec{\vec{\mu}}^{\,-1} \cdot (\vec{\mathfrak{A}} \times \vec{\mathcal{N}})\, da +$$

$$+ \frac{1}{k_\nu^2} \iint\limits_A \mathrm{rot}\, \vec{\mathcal{E}}_\nu^* \cdot \vec{\vec{\mu}}^{\,-1} \cdot \delta(\vec{\mathfrak{A}} \times \vec{\mathcal{N}})\, da ,$$

$$B_\nu = \frac{1}{k_\nu^2} \iiint\limits_V \mathrm{rot}\, \vec{\mathcal{H}}_\nu^* \cdot \mathrm{rot}\, \vec{\mathfrak{A}}\, dv - \frac{1}{k_\nu^2} \iint\limits_A \mathrm{rot}\, \vec{\mathcal{H}}_\nu^* \cdot \delta(\vec{\mathcal{N}} \times \vec{\mathfrak{A}})\, da. \tag{VII.2.48}$$

Für die Koeffizienten a_ν und b_ν folgt, falls die Eigenfunktionen $\vec{\mathcal{N}}_\nu$ und $\vec{\mathcal{E}}_\nu$ durch die skalaren Ortsfunktionen φ_ν und ψ_ν ersetzt werden:

$$a_\nu = -\iint\limits_A \varphi_\nu^* \,\delta(\vec{\mathfrak{A}} \cdot \vec{\mathcal{N}})\, da + \iiint\limits_V \varphi_\nu^* \,\mathrm{div}\, \vec{\mathfrak{A}}\, dv ,$$

$$b_\nu = -\iint\limits_A \psi_\nu^* \,\delta[(\vec{\vec{\mu}} \cdot \vec{\mathfrak{A}}) \cdot \vec{\mathcal{N}}]\, da + \oiint\limits_{A_{H\ddot{u}lle}} \psi_\nu^* (\vec{\vec{\mu}} \cdot \vec{\mathfrak{A}}) \cdot \vec{\mathcal{N}}\, da + \iiint\limits_V \psi_\nu^* \,\mathrm{div}(\vec{\vec{\mu}} \cdot \vec{\mathfrak{A}})\, dv .$$

$$\tag{VII.2.49}$$

Dabei ist A eine Fläche im Innern des Resonatorvolumens, auf der das zu entwickelnde Vektorfeld $\vec{\mathfrak{A}}$ eine Unstetigkeit besitzt. So ist $\delta(\vec{\mathfrak{A}} \cdot \vec{\mathcal{N}})$ der Sprung der Normalkomponente des Feldes $\vec{\mathfrak{A}}$ beim Durchgang durch diese Unstetigkeitsfläche. Die Ableitung der Gl. (VII.2.49) verläuft unter Anwendung bekannter Vektoridentitäten entsprechend der Rechnung im isotropen Fall /469, S.86/, so daß hier auf eine ausführlichere Darstellung verzichtet werden kann. Mit Hilfe der Gl.(VII.2.49) kann nun eindeutig entschieden werden, wann eine Reihenentwicklung nur nach den Eigenlösungen $\vec{\mathcal{E}}_\nu$ und $\vec{\mathcal{H}}_\nu$ im gyrotropen Hohlraum möglich ist. Alle Koeffizienten a_ν verschwinden, falls die Bedingungen

$$\mathrm{div}\, \vec{\mathfrak{A}} = 0 \qquad\qquad \text{im Innern des Hohlraums,}$$

$$\tag{VII.2.50}$$

$$\delta(\vec{\mathfrak{A}} \cdot \vec{\mathcal{N}}) = 0 \qquad\qquad \text{auf der Unstetigkeitsfläche A}$$

erfüllt sind. Alle Koeffizienten b_ν verschwinden, falls die Bedingungen

$$\mathrm{div}(\vec{\vec{\mu}} \cdot \vec{\mathfrak{A}}) = 0 \qquad\qquad \text{im Innern des Hohlraums,}$$

$$\tag{VII.2.51}$$

$$\delta\,[\,(\vec{\vec{\mu}}\cdot\mathcal{O}\!\!l\,)\cdot \mathit{w}\,] = 0 \qquad\qquad \text{auf der Unstetigkeitsfläche A,}$$

$$(\vec{\vec{\mu}}\cdot\mathcal{O}\!\!l\,)\cdot \mathit{w} = 0 \qquad\qquad \text{auf der Hülle des Resonators}$$

erfüllt sind. Es kann also entsprechend wie für den Resonator mit isotropem Medium auch hier die Bedingung formuliert werden /469/ :

1. Die notwendige und hinreichende Bedingung dafür, daß sich ein im Innern des Hohlraums stückweise stetiges und differenzierbares Vektorfeld $\mathcal{O}\!\!l$ im quadratischen Mittel beliebig genau durch die Eigenschwingungen ℓ_ν des Hohlraums allein approximieren läßt, ist das Verschwinden der Divergenz des Vektorfeldes $\mathcal{O}\!\!l$ im Hohlraum und die Stetigkeit der Normalkomponente des Feldes an eventuell vorhandenen Unstetigkeitsstellen.

2. Die notwendige und hinreichende Bedingung dafür, daß sich ein im Innern des Hohlraums stückweise stetiges und differenzierbares Vektorfeld $\mathcal{O}\!\!l$ im quadratischen Mittel beliebig genau durch die Eigenschwingungen $\mathfrak{H}_\nu$ des Hohlraums allein approximieren läßt, ist das Verschwinden der Divergenz des Ausdruckes $(\vec{\vec{\mu}}\cdot\mathcal{O}\!\!l\,)$, die Stetigkeit von $\mathit{w}\cdot(\vec{\vec{\mu}}\cdot\mathcal{O}\!\!l\,)$ an eventuell vorhandenen Unstetigkeitsflächen und das Verschwinden der Normalkomponente von $\vec{\vec{\mu}}\cdot\mathcal{O}\!\!l$ auf der Hülle.

VII.2.3 DAS RANDWERTPROBLEM MIT VERSCHWINDENDEM EIGENWERT

Bei der Auswertung der Gl.(VII.2.23) sowie bei den entsprechenden Untersuchungen für die Eigenfunktionen $\mathfrak{H}_\nu$ wurde die Voraussetzung gemacht, daß der Eigenwert $\bar{k}_\nu^2$ (bzw. $\bar{h}_\nu^2$) nicht verschwindet. Unter dieser Voraussetzung konnte gezeigt werden, daß die Eigenwerte jeweils positiv definit waren, bzw. was dasselbe ist, daß die Operatoren L_3 und L_4 negativ definit waren. Hier soll nun der vorne ausgeschlossene Fall der verschwindenden Eigenwerte $\bar{k}_\nu^2$ (bzw. $\bar{h}_\nu^2$) näher untersucht werden. Verschwindet der Eigenwert $\bar{k}_\nu^2$ (bzw. $\bar{h}_\nu^2$), so werden auch die Ausdrücke

$$L_3\,\bar{\ell}_\nu = -\bar{k}_\nu^2\,\bar{\ell}_\nu = 0 \quad , \quad L_4\,\bar{\mathfrak{H}}_\nu = -\bar{h}_\nu^2\,\bar{\mathfrak{H}}_\nu = 0 \qquad\qquad (\text{VII.2.52})$$

verschwinden. Zunächst wird nur der elektrische Eigenvektor betrachtet. Aus Gl.(VII.2. 23) folgt, falls die Bedingung Gl.(VII.2.52) eingesetzt wird, daß die Eigenlösung $\bar{\ell}_\nu$

202

divergenz- und rotationsfrei sein muß. Nur unter dieser Bedingung kann der Eigenwert $\bar{k}_\nu^2$ verschwinden, da beide Teilintegrale der Gl.(VII.2.23) eine positiv definite Größe darstellen. Da die Felder rotationsfrei sind, sollen sie der Klasse w_ν der Eigenfunktionen zugeordnet werden. Um anzudeuten, daß auch die Divergenz dieser Eigenfunktionen verschwindet, werden sie mit w_o bezeichnet. Die Lösung w_o genügt nach den durchgeführten Überlegungen den Gleichungen

$$\operatorname{div} \mathit{w}_o = 0,$$
$$\operatorname{rot} \mathit{w}_o = 0, \qquad\qquad \text{also} \qquad \mathit{w}_o = -\operatorname{grad} \varphi_o . \qquad (VII.2.53)$$

Wird die Gradientenfunktion in die Divergenzbeziehung eingesetzt, so ergibt sich die Differentialgleichung

$$\operatorname{div} \operatorname{grad} \varphi_o = \Delta \varphi_o = 0, \qquad\qquad (VII.2.54)$$

und nach Gl.(VII.2.11) folgt außerdem noch die Randbedingung $\varphi_o = C$ auf der Hülle. Diese, das Eigenwertproblem beschreibenden Gleichungen entsprechen vollkommen der Bestimmungsgleichung für die elektrostatischen Felder in einem Hohlraum. Aus der Potentialtheorie für die elektrostatischen Felder ist aber bekannt, daß die Differentialgleichung (VII.2.54) unter Berücksichtigung der angegebenen Randbedingungen für ein einfach zusammenhängendes Raumgebiet [1] nur die identisch verschwindende Lösung zuläßt. Diese Aussage ist nicht mehr richtig für ein mehrfach zusammenhängendes Raumgebiet (z.B. einen koaxialen Resonator), vielmehr ist die Zahl der linear unabhängigen Lösungen gleich der Anzahl der von der äußeren Hülle des Hohlraums eingeschlossenen, getrennten Oberflächen, z.B. /469/, Seite 97. Werden die hier durchgeführten Untersuchungen auf Eigenlösungen beschränkt, die der Orthogonalitätsrelation

$$\iiint\limits_V \mathit{w}_\nu^* \cdot \mathit{w}_o \, dv = 0 \qquad\qquad (VII.2.55)$$

genügen, so bleiben aber alle Folgerungen des Kapitels VII.2.2 erhalten.

Entsprechende Überlegungen, wie sie hier für die elektrostatischen Felder angegeben wurden, gelten für die durch

---

1) Das mit gyrotropem Medium gefüllte Raumgebiet wird als einfach zusammenhängend bezeichnet, falls jede geschlossene Kurve darin als Berandung eines ganz im Innern dieses Gebiets liegenden Flächenstücks aufgefaßt werden kann, das heißt, die Kurve läßt sich durch stetige Deformation zu einem Punkt zusammenziehen.

$$\text{rot } \mathfrak{f}_0 = 0 \;,\quad \mathfrak{f}_0 = -\,\text{grad}\,\Psi_0 \,,$$

$$\text{div}\,(\overset{\leftrightarrow}{\mu}\cdot\mathfrak{f}_0) = 0 \tag{VII.2.56}$$

(vgl. Gl.(VII.2.32) im Zusammenhang mit Gl.(VII.2.34) und der Zusatzbedingung $\nu = \mu$ und $\overline{h}_\nu^2 = 0$) beschriebenen stationären Felder, die der Differentialgleichung

$$\text{div}\,(\overset{\leftrightarrow}{\mu}\cdot\text{grad}\,\Psi_0) = 0 \qquad \text{im Innern des Hohlraums}$$

$$\mathcal{N}\cdot(\overset{\leftrightarrow}{\mu}\cdot\text{grad}\,\Psi_0) = 0 \qquad \text{auf der Hülle des Hohlraums} \tag{VII.2.57}$$

genügen. Mit Hilfe der Vektoridentität

$$\text{div}\,(\Psi_0^{*}\cdot\overset{\leftrightarrow}{\mu}\cdot\text{grad}\,\Psi_0) = \text{grad}\,\Psi_0^{*}\cdot\overset{\leftrightarrow}{\mu}\cdot\text{grad}\,\Psi_0 + \Psi_0^{*}\,\text{div}(\overset{\leftrightarrow}{\mu}\cdot\text{grad}\,\Psi_0)$$

folgt nämlich, falls die Beziehung über ein einfach zusammenhängendes Hohlraumgebiet integriert wird und der Gaußsche Satz auf das Integral über die Divergenzfunktion angewendet wird :

$$\iiint_V \text{grad}\,\Psi_0^{*}\cdot\overset{\leftrightarrow}{\mu}\cdot\text{grad}\,\Psi_0\,dv + \iiint_V \Psi_0^{*}\,\text{div}(\overset{\leftrightarrow}{\mu}\cdot\text{grad}\,\Psi_0)\,dv =$$

$$= \oiint_{A\text{Hülle}} (\Psi_0^{*}\,\overset{\leftrightarrow}{\mu}\cdot\text{grad}\,\Psi_0)\cdot\mathcal{N}\,da \,. \tag{VII.2.58}$$

Auf Grund der Grenzbedingungen verschwindet das Integral über die Hülle des Hohlraums. Das erste Integral der linken Seite bildet wegen der vorausgesetzten Eigenschaften des Permeabilitätstensors (siehe Kapitel VII.2.2.) einen positiv definiten Ausdruck. Das zweite Integral ist Null, da nach Gl.(VII.2.57) der auftretende Divergenzausdruck Null ist. Das bedeutet, daß als Folge der Gl.(VII.2.58) die Funktion grad $\Psi_0 = 0$ ist [1]. Das heißt, auch die stationäre Eigenlösung der magnetischen Eigenfunktionen verschwindet in einem einfach zusammenhängenden Hohlraum. Für den mehrfach zusammenhängenden Hohlraum existieren abhängig von der Zahl der einzelnen, getrennten, von der äußeren Hülle eingeschlossenen Oberflächen wieder verschiedene, linear unabhängige Lösungen. Wird wieder vorausgesetzt, daß diese Klasse der Funktionen der Bedingung

---

1) Vgl. den Ausnahmefall nach Kap.V.2.

$$\iiint\limits_{V} \vec{\mathcal{E}}_{\nu}^{*} \cdot \overleftrightarrow{\mu} \cdot \mathcal{E}_{0} \, dv = 0 \qquad\qquad\qquad (VII.2.59)$$

genügt, so gelten alle Überlegungen des Kapitels VII.2.2.

VII.2.4. DAS INHOMOGENE RANDWERTPROBLEM

Es werden jetzt die Gleichungen

$$\mathrm{rot}\,\mathcal{E} = k\,(\overleftrightarrow{\mu}\cdot\mathcal{H} + \mathcal{M}e\,),$$
$$\mathrm{rot}\,\mathcal{H} = k\,(\mathcal{E} + \mathcal{P}e\,),$$

im Hohlraumvolumen $\qquad$ (VII.2.60)

$$\mathcal{E}\times\mathcal{N} = \mathcal{E}_{0}$$

auf der Hülle $\qquad$ (VII.2.61)

betrachtet, die bei Anregung des Resonators durch eine zusätzliche Magnetisierung, Polarisation oder eine tangentiale elektrische Feldstärke auf der Hülle das Randwertproblem beschreiben. Die Vektorfelder $\mathcal{M}e, \mathcal{P}e$ seien im Hohlraumvolumen bekannt und stückweise stetig sowie differenzierbar, $\mathcal{E}_{0}$ sei ein rein tangentiales elektrisches Feld auf der Hülle, von dem vorausgesetzt wird, daß es stetig ist und stückweise stetige Ableitungen erster Ordnung besitzt. Es soll gezeigt werden, wie eine Lösung des inhomogenen Differentialgleichungssystems (VII.2.60) und (VII.2.61) aus den Lösungen des homogenen Systems nach Kapitel VII.2.2 entwickelt werden kann. Da die Überlegungen völlig analog zu den Rechnungen für den Resonator mit isotropem Medium /469/ verlaufen, soll die Diskussion der Probleme kurz gefaßt werden.

Werden die Lösungen des Randwertproblems Gl.(VII.2.60) und Gl.(VII.2.61) in Reihen nach den Eigenfunktionen $\bar{\mathcal{E}}_{\nu}, \bar{\mathcal{H}}_{\nu}$ entwickelt, so lassen sich die Entwicklungskoeffizienten A_{ν}, B_{ν} sowie a_{ν}, b_{ν} mit Hilfe der Gl.(VII.2.46) darstellen. Die erste Gleichung des Randwertproblems (VII.2.60) wird skalar mit $\bar{\mathcal{H}}_{\nu}^{*}$ (siehe Kapitel VII.2.2), die zweite skalar mit $\bar{\mathcal{E}}_{\nu}^{*}$ multipliziert, anschließend werden beide Gleichungen über das Hohlraumvolumen integriert. Unter Verwendung einer bekannten Vektoridentität sowie unter Ausnutzung des Gaußschen Satzes lassen sich die auftretenden Integrale umformen. Auf der Hülle des Resonators ist $\mathcal{E}\times\mathcal{N} = \mathcal{E}_{0}$ und $\mathcal{E}_{\nu}\times\mathcal{N} = 0$, so daß für die Integrale der Wert

$$\iiint_V \bar{\mathfrak{H}}_\nu^* \cdot \operatorname{rot} \mathfrak{E}\, dv = -\oiint_{A_{Hülle}} \bar{\mathfrak{H}}_\nu^* \cdot \mathfrak{E}_0\, da + \iiint_V \mathfrak{E} \cdot \operatorname{rot} \bar{\mathfrak{H}}_\nu^*\, dv,$$

$$\iiint_V \bar{\mathfrak{E}}_\nu^* \cdot \operatorname{rot} \mathfrak{H}\, dv = \iiint_V \mathfrak{H} \cdot \operatorname{rot} \bar{\mathfrak{E}}_\nu^*\, dv \tag{VII.2.62}$$

angegeben werden kann. Damit kann ein Zusammenhang in der Form

$$\iiint_V \mathfrak{E} \cdot \operatorname{rot} \bar{\mathfrak{H}}_\nu^*\, dv - k \iiint_V \bar{\mathfrak{H}}_\nu^* \cdot \vec{\bar{\mu}} \cdot \mathfrak{H}\, dv = k \iiint_V \bar{\mathfrak{H}}_\nu^* \cdot \mathfrak{M}_e\, dv + \oiint_{A_{Hülle}} \bar{\mathfrak{H}}_\nu^* \cdot \mathfrak{E}_0\, da,$$

$$\iiint_V \mathfrak{H} \cdot \operatorname{rot} \bar{\mathfrak{E}}_\nu^*\, dv - k \iiint_V \bar{\mathfrak{E}}_\nu^* \cdot \mathfrak{E}\, dv = k \iiint_V \bar{\mathfrak{E}}_\nu^* \cdot \mathfrak{R}_e\, dv \tag{VII.2.63}$$

abgeleitet werden. Wird nun erstens $\bar{\mathfrak{H}}_\nu^* = \mathfrak{H}_\nu^*$ und $\bar{\mathfrak{E}}_\nu^* = \mathfrak{E}_\nu^*$ gewählt, so gelten wegen der Existenz der Maxwellschen Gleichungen nach Gl. (VII.2.63) die Zusammenhänge:

$$k_\nu \iiint_V \mathfrak{E}_\nu^* \cdot \mathfrak{E}\, dv - k \iiint_V \mathfrak{H}_\nu^* \cdot \vec{\bar{\mu}} \cdot \mathfrak{H}\, dv = k \iiint_V \mathfrak{H}_\nu^* \cdot \mathfrak{M}_e\, dv + \oiint_{A_{Hülle}} \mathfrak{H}_\nu^* \cdot \mathfrak{E}_0\, da,$$

$$k_\nu \iiint_V \mathfrak{H}_\nu^* \cdot \vec{\bar{\mu}} \cdot \mathfrak{H}\, dv - k \iiint_V \mathfrak{E}_\nu^* \cdot \mathfrak{E}\, dv = k \iiint_V \mathfrak{E}_\nu^* \cdot \mathfrak{R}_e\, dv. \tag{VII.2.64}$$

Werden noch die Gln. (VII.2.46) für die Entwicklungskoeffizienten berücksichtigt, so gilt:

$$k_\nu A_\nu - k B_\nu = k \iiint_V \mathfrak{H}_\nu^* \cdot \mathfrak{M}_e\, dv + \oiint_{A_{Hülle}} \mathfrak{H}_\nu^* \cdot \mathfrak{E}_0\, da,$$

$$k A_\nu - k_\nu B_\nu = -k \iiint_V \mathfrak{E}_\nu^* \cdot \mathfrak{R}_e\, dv. \tag{VII.2.65}$$

Wird vorausgesetzt, daß $k \neq k_\nu$ ist, so ist dieses Gleichungssystem lösbar, und für die Entwicklungskoeffizienten ergibt sich:

$$A_\nu = \frac{1}{k_\nu^2 - k^2} \left\{ k k_\nu \iiint_V \mathfrak{H}_\nu^* \cdot \mathfrak{M}_e\, dv + k_\nu \oiint_{A_{Hülle}} \mathfrak{H}_\nu^* \cdot \mathfrak{E}_0\, da + k^2 \iiint_V \mathfrak{E}_\nu^* \cdot \mathfrak{R}_e\, dv \right\},$$

$$B_\nu = \frac{1}{k_\nu^2 - k^2} \left\{ k k_\nu \iiint_V \mathfrak{E}_\nu^* \cdot \mathfrak{R}_e\, dv + k \oiint_{A_{Hülle}} \mathfrak{H}_\nu^* \cdot \mathfrak{E}_0\, da + k^2 \iiint_V \mathfrak{H}_\nu^* \cdot \mathfrak{M}_e\, dv \right\}. \tag{VII.2.66}$$

Zweitens wird angenommen, daß $\bar{\mathfrak{E}}_\nu^* = \mathfrak{M}_\nu^*$, $\bar{\mathfrak{H}}_\nu^* = \mathfrak{J}_\nu^*$ ist, dann gilt wegen der Bedingung (VII.2.26) und (VII.2.38):

206

$$\operatorname{rot} \boldsymbol{\mathfrak{H}}_\nu^* = 0 \quad , \quad \operatorname{rot} \boldsymbol{\mathfrak{f}}_\nu^* = 0 . \tag{VII.2.67}$$

Damit ergibt sich für die Entwicklungskoeffizienten a_ν , b_ν :

$$a_\nu = - \iiint\limits_V \boldsymbol{\mathfrak{H}}_\nu^* \cdot \boldsymbol{\mathfrak{R}}_e \, dv ,$$

$$b_\nu = - \iiint\limits_V \boldsymbol{\mathfrak{f}}_\nu^* \cdot \boldsymbol{\mathfrak{M}}_e \, dv - \frac{1}{k} \oiint\limits_{A_{H\ddot{u}lle}} \boldsymbol{\mathfrak{f}}_\nu^* \cdot \boldsymbol{\mathfrak{L}}_o \, da . \tag{VII.68}$$

Das heißt, die Felder $\boldsymbol{\mathfrak{E}}$, $\boldsymbol{\mathfrak{H}}$ des inhomogenen Randwertproblems nach Gl. (VII.2.60) und Gl. (VII.2.61) können durch

$$\boldsymbol{\mathfrak{E}} \approx \sum_{\nu=1}^{N} \left[\frac{1}{k_\nu^2 - k^2} \left\{ k^2 \iiint\limits_V \boldsymbol{\mathfrak{E}}_\nu^* \cdot \boldsymbol{\mathfrak{R}}_e \, dv + k k_\nu \iiint\limits_V \boldsymbol{\mathfrak{H}}_\nu^* \cdot \boldsymbol{\mathfrak{M}}_e \, dv + k_\nu \oiint\limits_{A_{H\ddot{u}lle}} \boldsymbol{\mathfrak{H}}_\nu^* \cdot \boldsymbol{\mathfrak{L}}_o \, da \right\} \cdot \boldsymbol{\mathfrak{E}}_\nu \right] -$$

$$- \sum_{\nu=1}^{N'} \left[\left\{ \iiint\limits_V \boldsymbol{\mathfrak{H}}_\nu^* \cdot \boldsymbol{\mathfrak{R}}_e \, dv \right\} \cdot \boldsymbol{\mathfrak{H}}_\nu \right] , \tag{VII.2.69}$$

$$\boldsymbol{\mathfrak{H}} \approx \sum_{\nu=1}^{M} \left[\frac{1}{k_\nu^2 - k^2} \left\{ k k_\nu \iiint\limits_V \boldsymbol{\mathfrak{E}}_\nu^* \cdot \boldsymbol{\mathfrak{R}}_e \, dv + k^2 \iiint\limits_V \boldsymbol{\mathfrak{H}}_\nu^* \cdot \boldsymbol{\mathfrak{M}}_e \, dv + k \oiint\limits_{A_{H\ddot{u}lle}} \boldsymbol{\mathfrak{f}}_\nu^* \cdot \boldsymbol{\mathfrak{L}}_o \, da \right\} \cdot \boldsymbol{\mathfrak{H}}_\nu \right] -$$

$$- \sum_{\nu=1}^{M'} \left[\left\{ \iiint\limits_V \boldsymbol{\mathfrak{f}}_\nu^* \cdot \boldsymbol{\mathfrak{M}}_e \, dv + \frac{1}{k} \oiint\limits_{A_{H\ddot{u}lle}} \boldsymbol{\mathfrak{f}}_\nu^* \cdot \boldsymbol{\mathfrak{L}}_o \, da \right\} \cdot \boldsymbol{\mathfrak{f}}_\nu \right] \tag{VII.2.70}$$

dargestellt werden. Wird der Fall $k = k_\nu$ betrachtet, so ist die Determinante des Gleichungssystems (VII.2.65) Null und es existiert nur eine Lösung, falls die beiden Gleichungen linear abhängig sind, das heißt es muß die Lösbarkeitsbedingung

$$\iiint\limits_V \boldsymbol{\mathfrak{E}}_\nu^* \cdot \boldsymbol{\mathfrak{R}}_e \, dv + \iiint\limits_V \boldsymbol{\mathfrak{H}}_\nu^* \cdot \boldsymbol{\mathfrak{M}}_e \, dv + \frac{1}{k_\nu} \oiint\limits_{A_{H\ddot{u}lle}} \boldsymbol{\mathfrak{H}}_\nu^* \cdot \boldsymbol{\mathfrak{L}}_o \, da = 0 \tag{VII.2.71}$$

gelten. Dann errechnen sich die Entwicklungskoeffizienten A_ν , B_ν aus den Beziehungen /469/ :

$$A_\nu = C - \frac{1}{2} \iiint\limits_V \boldsymbol{\mathfrak{E}}_\nu^* \cdot \boldsymbol{\mathfrak{R}}_e \, dv ,$$

$$B_\nu = C - \frac{1}{2} \left\{ \iiint\limits_V \boldsymbol{\mathfrak{H}}_\nu^* \cdot \boldsymbol{\mathfrak{M}}_e \, dv + \frac{1}{k_\nu} \oiint\limits_{A_{H\ddot{u}lle}} \boldsymbol{\mathfrak{H}}_\nu^* \cdot \boldsymbol{\mathfrak{L}}_o \, da \right\} . \tag{VII.2.72}$$

Hierin ist C eine willkürliche Konstante.

VII.2.5 STÖRUNGSRECHNUNG IM FERRITRESONATOR

Auf Grund der abgeleiteten Beziehungen für die Eigenfunktionen der elektrischen und magnetischen Felder im ferritgefüllten, allseits abgeschlossenen Hohlraumresonator kann, wie für den Resonator mit isotropem Medium, eine Störungsrechnung entwickelt werden, die es gestattet, Feldzustände im Resonator zu berechnen, die nur wenig vom ungestörten Zustand abweichen. Da diese Berechnungen wegen der Ähnlichkeit der abgeleiteten Beziehungen mit denen im Resonator mit isotropem Medium weitgehend identisch sind, soll hier auf die entsprechende Literatur für den isotropen Resonator (z.B./469/) verwiesen werden. Hier sollen nur einige Probleme aufgegriffen werden, die vom isotropen Resonator her nicht bekannt sind, z.B. die Berechnung der Abstimmsteilheit, oder die unter etwas anderen Voraussetzungen durchgeführt werden müssen, wie z.B. die Berechnung des Einflusses eines Luftspaltes zwischen Ferritmaterial und leitender Wand.

VII.2.5.1 DIE ABSTIMMSTEILHEIT DER RESONATOREN

Es werde vorausgesetzt, daß das den Resonator füllende Ferritmaterial verlustfrei ist und daß der Permeabilitätstensor nach den in Kapitel I. abgeleiteten Beziehungen von der Frequenz abhängt. Das heißt, die Voraussetzung des vorigen Kapitels, daß der Tensor frequenzunabhängig sein soll, wird wieder fallengelassen. Werden die Gleichungen (VII.2.41) des Kapitels VII.2.2 betrachtet, so lassen sich aus ihnen die die Eigenfrequenzen bestimmenden Wellenzahlen k_ν^2 zu [1].

$$k_\nu^2 \;=\; \frac{\iiint_V \operatorname{rot}\boldsymbol{\mathcal{E}}_\nu^{*}\cdot\overset{\leftrightarrow}{\mu}{}^{-1}\cdot\operatorname{rot}\boldsymbol{\mathcal{E}}_\nu\,dv}{\iiint_V \boldsymbol{\mathcal{E}}_\nu^{*}\cdot\boldsymbol{\mathcal{E}}_\nu\,dv}\;, \tag{VII.2.73}$$

$$k_\nu^2 \;=\; \frac{\iiint_V \operatorname{rot}\boldsymbol{\mathcal{H}}_\nu^{*}\cdot\operatorname{rot}\boldsymbol{\mathcal{H}}_\nu\,dv}{\iiint_V \boldsymbol{\mathcal{H}}_\nu^{*}\cdot\overset{\leftrightarrow}{\mu}\cdot\boldsymbol{\mathcal{H}}_\nu\,dv} \tag{VII.2.74}$$

---

[1] Diese Gleichungen lassen sich auch, wie leicht nachgeprüft werden kann, für eine beliebige Frequenzabhängigkeit des Tensors beweisen. Das heißt, daß die in Kapitel VII.2.2 gemachte Voraussetzung zur Ableitung dieser Beziehungen nicht gebraucht wurde.

ableiten. Aus diesen Gleichungen ist zu erkennen, daß die Eigenfrequenzen Funktionen des Permeabilitätstensors $\overleftrightarrow{\mu}$ und damit der Größe der Vormagnetisierungsfeldstärke sind. Für viele Anwendungen, bei denen die Eigenfrequenzen nur in kleinen Bereichen geändert werden sollen, ist die Kenntnis der Abstimmsteilheit der Resonatoren, das heißt die Größe der einer Gleich- Magnetfeldänderung zugeordeneten Änderung der Eigenfrequenzen, von Interesse. Aus diesem Grund soll hier für die untersuchten Resonatoren mit Hilfe einer Störungsrechnung ein Ausdruck für diese Abstimmsteilheit $\partial\omega/\partial H_o^i$ abgeleitet werden /434/ [1]. Dazu wird wieder von den Maxwellschen Gleichungen für die Eigenlösungen $\mathfrak{E}_\nu, \mathfrak{H}_\nu$ ausgegangen. Wird das konjugiert komplexe System der Maxwellschen Gleichungen skalar mit $\mathfrak{E}_\nu$, das Originalsystem mit $\mathfrak{H}_\nu^*$ multipliziert, so kann durch Subtraktion einmal der so erhaltenen ersten und der so erhaltenen zweiten Gleichung der verschiedenen Systeme der Zusammenhang

$$\mathfrak{H}_\nu^* \cdot \mathrm{rot}\, \mathfrak{E}_\nu + \mathfrak{E}_\nu \cdot \mathrm{rot}\, \mathfrak{H}_\nu^* = -div\,(\mathfrak{E}_\nu \times \mathfrak{H}_\nu^*) =$$
$$= k_\nu\,(\mathfrak{E}_\nu^* \cdot \mathfrak{E}_\nu - \mathfrak{H}_\nu^* \cdot \overleftrightarrow{\mu} \cdot \mathfrak{H}_\nu)$$

$$(VII.2.75)$$

angegeben werden. Hierbei wurde berücksichtigt, daß k_ν nach den Überlegungen des Kapitels VII.2.2 immer reell ist. Wird diese Identität über das Hohlraumvolumen integriert, so kann die schon vorne in ähnlicher Form ermittelte Beziehung

$$k_\nu \iiint\limits_V \mathfrak{E}_\nu^* \cdot \mathfrak{E}_\nu\, dv - k_\nu \iiint\limits_V \mathfrak{H}_\nu^* \cdot \overleftrightarrow{\mu} \cdot \mathfrak{H}_\nu\, dv = 0 \qquad (VII.2.76)$$

abgeleitet werden.

Es wird angenommen, daß der Resonator durch eine Änderung der vormagnetisierenden Gleichfeldstärke δH_o^i in seinem Zustand gestört wird, das heißt, der Eigenwert k_ν wird sich um den Wert δk_ν ändern [2]. Entsprechend wird sich eine neue Feldverteilung einstellen, deren Eigenfunktionen sich um den Wert $\delta\mathfrak{E}_\nu$ und $\delta\mathfrak{H}_\nu$ von denen des ursprünglichen Resonators unterscheiden. Für die auftretenden Änderungen gelten die Beziehungen :

---

1) Wie von Godtmann /434/ gezeigt wurde, gelten diese Überlegungen auch noch für offene, nicht abstrahlende Resonatoren.

2) Diese Annahme bedeutet, daß nur Störungen erster Ordnung berücksichtigt werden.

$$\operatorname{rot} \delta \vec{\mathcal{H}}_\nu = \delta k_\nu \vec{\mathcal{E}}_\nu + k_\nu \delta \vec{\mathcal{E}}_\nu ,$$
$$\operatorname{rot} \delta \vec{\mathcal{E}}_\nu = \delta k_\nu (\overleftrightarrow{\mu} \cdot \vec{\mathcal{H}}_\nu) + k_\nu \delta (\overleftrightarrow{\mu} \cdot \vec{\mathcal{H}}_\nu) . \tag{VII.2.77}$$

Der konjugiert komplexe Wert der ersten Gleichung des Systems Gl. (VII.2.77) wird skalar mit $\vec{\mathcal{E}}_\nu$ multipliziert, die zweite Gleichung wird skalar mit $\vec{\mathcal{H}}_\nu^*$ multipliziert. Der konjugiert komplexe Wert der ersten Maxwellschen Gleichung wird skalar mit $\delta \vec{\mathcal{E}}_\nu$, die zweite Maxwellsche Gleichung mit $\delta \vec{\mathcal{H}}_\nu^*$ multipliziert. Mit Hilfe des gleichen Rechengangs, wie er zur Bestimmung der Gl. (VII.2.76) verwendet wurde, folgt dann die Beziehung :

$$\delta k_\nu \iiint_V [\, \vec{\mathcal{E}}_\nu^* \cdot \vec{\mathcal{E}}_\nu - \vec{\mathcal{H}}_\nu^* \cdot \overleftrightarrow{\mu} \cdot \vec{\mathcal{H}}_\nu \,] \, dv +$$

$$+ k_\nu \iiint_V [\, \delta \vec{\mathcal{E}}_\nu^* \cdot \vec{\mathcal{E}}_\nu + \vec{\mathcal{E}}_\nu^* \cdot \delta \vec{\mathcal{E}}_\nu - \delta \vec{\mathcal{H}}_\nu^* \cdot (\overleftrightarrow{\mu} \cdot \vec{\mathcal{H}}_\nu) - \vec{\mathcal{H}}_\nu^* \cdot \delta (\overleftrightarrow{\mu} \cdot \vec{\mathcal{H}}_\nu) \,] \, dv = 0 . \tag{VII.2.78}$$

Unter Verwendung der Maxwellschen Gleichungen und Gl. (VII.2.77) kann diese Gleichung in der Form

$$\delta k_\nu \iiint_V [\, \vec{\mathcal{H}}_\nu^* \cdot \overleftrightarrow{\mu} \cdot \vec{\mathcal{H}}_\nu + \vec{\mathcal{E}}_\nu^* \cdot \vec{\mathcal{E}}_\nu \,] \, dv = \tag{VII.2.79}$$

$$= \iiint_V [\, \vec{\mathcal{E}}_\nu \cdot \operatorname{rot} \delta \vec{\mathcal{H}}_\nu^* + \vec{\mathcal{E}}_\nu^* \cdot \operatorname{rot} \delta \vec{\mathcal{H}}_\nu - \delta \vec{\mathcal{H}}_\nu^* \cdot \operatorname{rot} \vec{\mathcal{E}}_\nu - k_\nu \vec{\mathcal{H}}_\nu^* \cdot \delta (\overleftrightarrow{\mu} \cdot \vec{\mathcal{H}}_\nu) \,] \, dv$$

geschrieben werden. Auf Gl. (VII.2.79) wird die Vektoridentität für die Divergenz eines Kreuzproduktes angewandt, auf das Volumenintegral über die Divergenzfunktion der Gaußsche Satz angewendet und die Grenzbedingungen berücksichtigt. Um Gl. (VII.2.79) weiter auszuwerten, wird die Schreibweise für den Zusammenhang zwischen magnetischer Induktion und magnetischer Feldstärke nach Gl. (III.1.3)

$$\vec{\mathcal{B}} = \overleftrightarrow{\mu} \cdot \vec{\mathcal{H}} = \mu_1 \vec{\mathcal{H}}_t + j \mu_2 (\vec{n}_z \times \vec{\mathcal{H}}_t) + H_z \vec{n}_z$$

eingeführt. $\vec{n}_z$ ist ein Einheitsvektor in Richtung der Vormagnetisierungsfeldstärke, $\vec{\mathcal{H}}_t$ ist der magnetische Feldvektor transversal zur Vormagnetisierungsrichtung. Damit gilt :

$$\delta k_\nu \iiint_V [\, \vec{\mathcal{H}}_\nu^* \cdot \overleftrightarrow{\mu} \cdot \vec{\mathcal{H}}_\nu + \vec{\mathcal{E}}_\nu^* \cdot \vec{\mathcal{E}}_\nu \,] \, dv =$$

$$= -k_\nu \iiint_V [\, \delta \mu_1 (\vec{\mathcal{H}}_{t\nu}^* \cdot \vec{\mathcal{H}}_{t\nu}) + j \delta \mu_2 \vec{\mathcal{H}}_{t\nu}^* \cdot (\vec{n}_z \times \vec{\mathcal{H}}_{t\nu}) \,] \, dv . \tag{VII.2.80}$$

Werden die Änderungen der Elemente des Permeabilitätstensors unter dem Einfluß einer Änderung der Vormagnetisierungsfeldstärke nach Gl.(I.3.4) und Gl.(I.3.5) berechnet, so gilt mit der normierten Frequenz w und der normierten magnetischen Gleichfeldstärke h_o^i nach Kapitel I.3:

$$\delta \mu_1 = \frac{1}{(h_o^{i\,2}-w_\nu^2)^2}\left[-(h_o^{i\,2}+w_\nu^2)\,\delta h_o^i + 2\,h_o^i\,w_\nu\,\delta w_\nu \right],$$

$$\text{(VII.2.81)}$$

$$\delta \mu_2 = \frac{1}{(h_o^{i\,2}-w_\nu^2)^2}\left[2\,h_o^i\,w_\nu\,\delta h_o^i -(h_o^{i\,2}+w_\nu^2)\,\delta w_\nu \right].$$

$$\text{(VII.2.82)}$$

Werden diese Beziehungen in Gl.(VII.2.80) eingesetzt, werden ferner δk_ν und k_ν durch Multiplikation der gesamten Gleichung mit dem Faktor

$$\alpha = -\frac{1}{\gamma \cdot M_S \sqrt{\varepsilon_r \varepsilon_o \mu_o}}$$

zu δw_ν und w_ν normiert, so gilt für die Änderung der normierten Eigenfrequenz bezogen auf die Änderung der normierten Vormagnetisierungsfeldstärke:

$$\frac{\delta w_\nu}{\delta h_o^i} = \frac{w_\nu \iiint_V \left[(h_o^{i\,2}+w_\nu^2)\,\underline{\mathfrak{H}}_{tv}^* \cdot \underline{\mathfrak{H}}_{tv} - 2j h_o^i w_\nu\, \underline{\mathfrak{H}}_{tv}^* \cdot (\vec{n}_z \times \underline{\mathfrak{H}}_{tv}) \right] dv}{2(h_o^{i\,2}-w_\nu^2)^2 + w_\nu \iiint_V \left[2 h_o^i w_\nu\, \underline{\mathfrak{H}}_{tv}^* \cdot \underline{\mathfrak{H}}_{tv} - j(h_o^{i\,2}+w_\nu^2)\,\underline{\mathfrak{H}}_{tv}^* \cdot (\vec{n}_z \times \underline{\mathfrak{H}}_{tv}) \right] dv}.$$

$$\text{(VII.2.83)}$$

Hierbei wurde von der Beziehung (VII.2.76) sowie der Normierung (VII.2.44) Gebrauch gemacht. Gl.(VII.2.83) ermöglicht es, für einen Ferritresonator bei bekanntem magnetischem Arbeitspunkt und bekannter Feldkonfiguration die Verschiebung der Eigenfrequenz durch eine kleine Änderung der Vormagnetisierungsfeldstärke zu berechnen. Eine Verschiebung tritt nur auf, wenn im Ferritmaterial eine zur Richtung des Vormagnetisierungsfeldes transversale, magnetische Wechselfeldstärke vorhanden ist.

VII.2.5.2 BEULENFORMEL

Betrachtet wird ein vollständig mit Ferritmaterial gefüllter Hohlraumresonator, der von einer unendlich gut leitenden Hülle abgeschlossen ist; es wird angenommen, daß das Ferritmaterial verlustfrei ist, daß also der Permeabilitätstensor hermitesch ist. Die leitende

Berandung des Resonators besitze an einer Stelle eine "Beule", so daß sich ein luftgefüllter Zwischenraum zwischen Ferritmaterial und leitender Berandung ergibt. Es soll für diesen Fall eine Störungsrechnung zur Berechnung der auftretenden Abweichung der Resonanzfrequenz von der Eigenfrequenz des ungestörten Resonators angegeben werden. Dabei wird im wesentlichen von den bei Müller /469/ skizzierten Gedankengängen ausgegangen. Bei den durchgeführten Betrachtungen wird der Permeabilitätstensor wieder als frequenzabhängig zugelassen.

Auf der Hülle des Resonators wird ein krummliniges, orthogonales Kurvennetz u = const., w = const. eingeführt. Betrachtet wird zunächst der ungestörte Resonator. Es wird vorausgesetzt, daß die Eigenschwingungen des vollständig ferritgefüllten, ungestörten Resonators bekannt sind. Die zu untersuchende Deformation der Hülle [1] wird als "sanft" vorausgesetzt, so daß der Abstand δh zwischen Ferritmaterial und leitender Oberfläche als eine stetige Funktion der Ortskoordinaten angesehen werden kann. Es werden zwei Bilder als Schnitte durch die Koordinatenlinien u = const. und w = const. gezeichnet (Bild VII.2.1), (Bild VII.2.2) und die Deformation der Hülle darin eingetragen. Die Änderung des Ab-

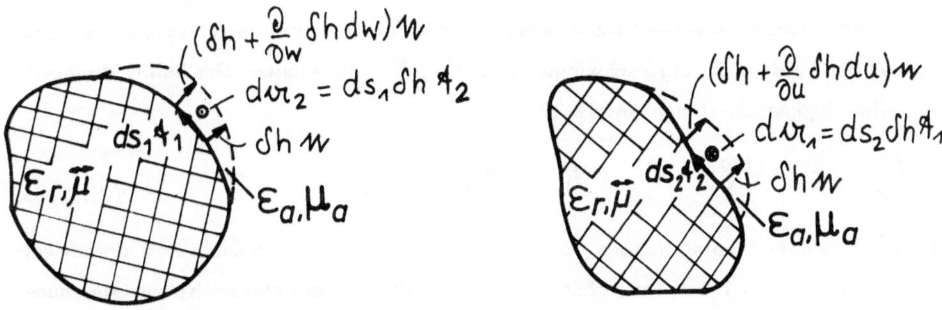

Bild VII.2.1: Schnitt durch den Resonator   Bild VII.2.2: Schnitt durch den Resonator

standes δh zwischen Ferritmaterial und leitender Wand wird durch das erste Glied einer Taylorreihenentwicklung dargestellt, was wegen der vorausgesetzten Stetigkeit, aus der wegen der vorausgesetzten "sanften" Deformation auch die Differenzierbarkeit folgt, immer möglich ist. Auf der unendlich gut leitenden, deformierten Hülle verschwindet die tangentiale elektrische Feldstärke, so daß im luftgefüllten Bereich (ε_a, μ_a) an der leitenden Hülle $\mathfrak{E}_{tg} = 0$ gilt.

---

[1] Die Hülle wird weiterhin als unendlich gut leitend angesehen.

212

Nach einer modifizierten Rechnung, wie sie in entsprechender Form bei Müller /469/ angegeben wurde, kann für die auf der Grenzfläche Ferrit-Luft auftretende tangentiale elektrische Feldstärke der Ausdruck

$$\mathcal{E}_\nu \times \mathcal{W} = \mu_a k_\nu \, \delta h \, (\mathcal{W} \times \mathcal{H}_\nu) \times \mathcal{W} - \frac{\varepsilon_r}{\varepsilon_a} \, \mathrm{grad} \left[\delta h \, (\mathcal{E}_\nu \cdot \mathcal{W}) \right] \times \mathcal{W}$$

(VII.2.84)

angegeben werden. ε_r ist die relative Dielektrizitätskonstante des Ferritmaterials, ε_a die relative Dielektrizitätskonstante des Luftbereichs, μ_a entsprechend die Permeabilität des Luftbereichs. Damit ist das Problem des Luftspalts zwischen Ferritmaterial und "ausgebeulter" Hohlraumwand auf die Berechnung eines Resonators zurückgeführt, dessen Felder nicht mehr die Bedingung $\mathcal{E}_\nu \times \mathcal{W} = 0$ auf der gesamten Hülle erfüllen, sondern in einem bestimmten Bereich (Bereich der Deformation der Wand) tritt eine tangentiale elektrische Feldstärke auf. Mit Hilfe einer Störungsrechnung kann die Änderung der Resonanzfrequenz gegenüber der Eigenfrequenz des ungestörten Resonators (das ist der Resonator, für den $\mathcal{E}_\nu \times \mathcal{W} = 0$ auf der gesamten Hülle gilt) berechnet werden.

Es soll angenommen werden, daß auf Grund der Störung der Randbedingungen durch die auftretende, tangentiale elektrische Feldstärke die Felder im Hohlraumresonator geringfügig von den Feldern der Eigenschwingungen : $\mathcal{E}_\nu$, $\mathcal{H}_\nu$ abweichen. Das heißt, die gestörten Felder können durch den Ansatz

$$\mathcal{E}_\nu^{\,\prime} = \mathcal{E}_\nu + \delta \mathcal{E}_\nu \,, \quad \mathcal{H}_\nu^{\,\prime} = \mathcal{H}_\nu + \delta \mathcal{H}_\nu$$

(VII.2.85)

dargestellt werden. Feldstörungen, die von zweiter Ordnung klein sind, sind hierbei vernachlässigt worden. Werden die oben stehenden Ansätze in die Maxwellschen Gleichungen eingesetzt, so ergibt sich mit dem gestörten Eigenwert

$$k_\nu^{\,\prime} = k_\nu + \delta k_\nu$$

(VII.2.86)

für die Feldabweichungen $\delta \mathcal{E}_\nu$ und $\delta \mathcal{H}_\nu$ das folgende System von Bestimmungsgleichungen:

$$\mathrm{rot} \, \delta \mathcal{E}_\nu = \delta k_\nu \, \overset{\leftrightarrow}{\mu} \cdot \mathcal{H}_\nu + k_\nu \overset{\leftrightarrow}{\mu} \cdot \delta \mathcal{H}_\nu + k_\nu (\delta \overset{\leftrightarrow}{\mu}) \cdot \mathcal{H}_\nu ,$$

$$\mathrm{rot} \, \delta \mathcal{H}_\nu = \delta k_\nu \mathcal{E}_\nu + k_\nu \, \delta \mathcal{E}_\nu$$

(VII.2.87)

sowie die Randbedingung auf der Hülle des Resonators:

$$\delta \mathcal{E}_\nu \times \mathcal{W} = \mathcal{E}_{tg} \,.$$

(VII.2.88)

$\vec{\mathcal{E}}_{tg}$ ist die durch G.(VII.2.84) beschriebene Feldstärke. Werden die Gln.(VII.2.87) in der Form

$$\operatorname{rot}\delta\vec{\mathcal{E}}_\nu - k_\nu\,\overset{\leftrightarrow}{\mu}\cdot\delta\vec{\mathcal{H}}_\nu = \delta k_\nu\,\overset{\leftrightarrow}{\mu}\cdot\vec{\mathcal{H}}_\nu + k_\nu(\delta\overset{\leftrightarrow}{\mu})\cdot\vec{\mathcal{H}}_\nu\,,$$

$$\operatorname{rot}\delta\vec{\mathcal{H}}_\nu - k_\nu\,\delta\vec{\mathcal{E}}_\nu = \delta k_\nu\,\vec{\mathcal{E}}_\nu$$

$$\text{(VII.2.89)}$$

geschrieben, so ist zu erkennen, daß die Störfelder $\delta\vec{\mathcal{E}}_\nu$, $\delta\vec{\mathcal{H}}_\nu$ aus einem inhomogenen Randwertproblem bestimmt werden müssen. Da dieses Randwertproblem für $k = k_\nu$ gelöst werden soll, muß nach den Überlegungen des Kapitels VII.2.4 die Lösbarkeitsbedingung (vgl. Gl.(VII.2.71))

$$\frac{\delta k_\nu}{k_\nu}\iiint_V \vec{\mathcal{E}}_\nu^{*}\cdot\vec{\mathcal{E}}_\nu\,dv + \frac{\delta k_\nu}{k_\nu}\iiint_V \vec{\mathcal{H}}_\nu^{*}\cdot\overset{\leftrightarrow}{\mu}\cdot\vec{\mathcal{H}}_\nu\,dv + \iiint_V \vec{\mathcal{H}}_\nu^{*}\cdot(\delta\overset{\leftrightarrow}{\mu})\cdot\vec{\mathcal{H}}_\nu\,dv +$$

$$+ \frac{1}{k_\nu}\oiint_{A_{\text{Hülle}}} \vec{\mathcal{H}}_\nu^{*}\cdot\Big\{\mu_a k_\nu\,\delta h\,(\boldsymbol{\mathit{n}}\times\vec{\mathcal{H}}_\nu)\times\boldsymbol{\mathit{n}} - \frac{\varepsilon_r}{\varepsilon_a}\operatorname{grad}\big[\delta h\,(\vec{\mathcal{E}}_\nu\cdot\boldsymbol{\mathit{n}})\big]\times\boldsymbol{\mathit{n}}\Big\}\,da = 0$$

$$\text{(VII.2.90)}$$

erfüllt sein. Wird die Änderung der Elemente des Permeabilitätstensors nach Gl.(VII.2.81) und Gl.(VII.2.82) für konstante Werte von $h_o^{\,i}$ ($\delta h_o^{\,i} = 0$) in Abhängigkeit von der Frequenz eingeführt, so kann nach entsprechenden Überlegungen, wie sie bei Müller /469/ durchgeführt wurden, die Abweichung der Frequenz δw_ν von der Eigenfrequenz w_ν zu

$$\delta w_\nu = \frac{w_\nu\,\oiint_{A_{\text{Hülle}}}\delta h\,\Big[\frac{\varepsilon_r}{\varepsilon_a}\vec{\mathcal{E}}_\nu^{*}\cdot\vec{\mathcal{E}}_\nu + \mu_a(\vec{\mathcal{H}}_\nu^{*}\cdot\boldsymbol{\mathit{n}})(\vec{\mathcal{H}}_\nu\cdot\boldsymbol{\mathit{n}}) - \mu_a(\vec{\mathcal{H}}_\nu^{*}\cdot\vec{\mathcal{H}}_\nu)\Big]da}{2 + \iiint_V\Big[\frac{2w_\nu h_o^{\,i}}{(h_o^{\,i\,2}-w_\nu^{2})^2}\vec{\mathcal{H}}_{t\nu}^{*}\cdot\vec{\mathcal{H}}_{t\nu} - j\,\frac{h_o^{\,i\,2}+w_\nu^{2}}{(h_o^{\,i\,2}-w_\nu^{2})^2}\vec{\mathcal{H}}_{t\nu}^{*}(\boldsymbol{\mathit{n}}_z\times\vec{\mathcal{H}}_{t\nu})\Big]dv}$$

$$\text{(VII.2.91)}$$

berechnet werden. Im Gegensatz zu den Überlegungen im isotropen Resonator /469/ verschwindet hier die Normalkomponente der magnetischen Eigenfunktionen auf der Hülle nicht, das heißt, das Produkt ($\vec{\mathcal{H}}_\nu\cdot\boldsymbol{\mathit{n}}$) muß hier berücksichtigt werden.

VII.2.6 VARIATIONSMETHODE ZUR BERECHNUNG FERRITGEFÜLLTER RESONATOREN

Die die Feldverhältnisse im ferritgefüllten Mikrowellenresonator beschreibenden Maxwellschen Gleichungen sind (vgl. Kapitel I.2) lineare Differentialgleichungen, die unter Berücksichtigung bestimmter Randbedingungen für die Felder auf der Berandung des Resonators
gelöst werden müssen. Eine Lösung der Differentialgleichungen kann für spezielle Beispiele nicht immer gefunden werden. So kann z.B. für das einfach erscheinende Beispiel des
quaderförmigen, vollkommen abgeschlossenen Resonators eine Lösung in Form von bekannten,
geschlossenen Funktionen nicht angegeben werden, wenn die Felder mit einer Ortsabhängig-
keit von der Koordinate, die in Richtung der Vormagnetisierungsfeldstärke weist, betrachtet
werden. Andererseits genügt es in vielen Fällen, wenn eine näherungsweise Berechnung
der Eigenfrequenzen des Resonators in Abhängigkeit von der Vormagnetisierungsfeldstärke
durchgeführt werden kann. Eine Bestimmung der Eigenfrequenzen eines Resonators in Abhängigkeit von der Vormagnetisierungsfeldstärke kann näherungsweise ohne genaue Kenntnis der Lösungen der Maxwellschen Gleichungen mit Hilfe der sogenannten Variationsmethode vorgenommen werden. Das Verfahren der Variationsmethode soll hier grundsätzlich
als bekannt vorausgesetzt werden (z.B. /7/), es soll nur eine kurze Zusammenfassung des
Prinzips und eine Beschreibung der speziellen Probleme bei der Berechnung gyrotroper Mikrowellenstrukturen angegeben werden.

Die Variationsrechnung geht von bestimmten Beziehungen für die zu berechnenden Grös-
sen (z.B. die Eigenfrequenzen des Resonators) in Abhängigkeit von bestimmenden Parametern (z.B. den elektromagnetischen Feldern innerhalb des Resonators) aus. Damit die Variationsmethode angewendet werden kann, müssen diese Beziehungen unempfindlich gegenüber einer Änderung der bestimmenden Parameter sein. Unter diesen Voraussetzungen können die gesuchten Größen mit guter Näherung aus den aufgestellten Beziehungen berechnet
werden, selbst wenn die bestimmenden Parameter nur sehr ungenau angegeben werden können. Das heißt, es wird z.B. eine willkürliche Feldverteilung, die als "vernünftig" erscheint (und die unter Umständen die Randbedingungen erfüllen muß), in eine die oben
beschriebenen Bedingungen erfüllende Beziehung für die Eigenfrequenzen eingesetzt, und
aus der Auswertung dieser Beziehung ergibt sich eine gute Näherungslösung für die Eigenfrequenzen. Unter einer "vernünftigen" Feldverteilung wird z.B. eine solche verstanden,

die die Grenzbedingungen erfüllt, die aber nicht den Maxwellschen Gleichungen genügt oder diese nur näherungsweise erfüllt.

Das oben angegebene Verfahren soll etwas präzisiert werden, es soll vor allem geklärt werden, was unter einer Beziehung, die unempfindlich gegenüber einer Änderung der bestimmenden Parameter ist, verstanden werden soll. Dies läßt sich z.B. leicht am Beispiel einer Funktion von zwei Veränderlichen /27/ erklären. Es wird die Funktion $f(x,y)$ betrachtet und an der Stelle x_0, y_0 in eine Potenzreihe

$$f(x,y) = f(x_0, y_0) + \frac{\partial f}{\partial x}\bigg|_{\substack{x=x_0 \\ y=y_0}} \cdot (x-x_0) + \frac{\partial f}{\partial y}\bigg|_{\substack{x=x_0 \\ y=y_0}} \cdot (y-y_0) +$$

$$+ \frac{1}{2}\frac{\partial^2 f}{\partial x^2}\bigg|_{\substack{x=x_0 \\ y=y_0}} (x-x_0)^2 + \frac{1}{2}\frac{\partial^2 f}{\partial y^2}\bigg|_{\substack{x=x_0 \\ y=y_0}} (y-y_0)^2 + \frac{\partial^2 f}{\partial x \partial y}\bigg|_{\substack{x=x_0 \\ y=y_0}} (x-x_0)(y-y_0) + \cdots \qquad \text{(VII.2.92)}$$

entwickelt. Soll diese Funktion $f(x,y)$ unempfindlich gegenüber einer kleinen Variation der Veränderlichen $(x-x_0), (y-y_0)$ sein, so muß die erste Ableitung der Funktion nach x und y an der Stelle x_0, y_0 verschwinden. Unter dieser Voraussetzung wird sich der Funktionswert $f(x,y)$ nur um Beträge ändern, die von höherer Ordnung in $(x-x_0)$ und $(y-y_0)$ klein sind. Das heißt, die Funktion $f(x,y)$ muß an der Stelle x_0, y_0 entweder ein Extremum oder einen Sattelpunkt besitzen. Diese Eigenschaft der Funktion, daß sie unempfindlich gegenüber einer Variation der Parameter ist, wird als Stationarität bezeichnet, die Funktion $f(x,y)$ wird an der Stelle x_0, y_0 stationär genannt.

Wird nicht eine Funktion von zwei Veränderlichen, sondern eine allgemeinere Beziehung, die von mehreren Parametern abhängig ist, betrachtet, so wird diese Beziehung entsprechend als stationär bezeichnet, wenn die erste Ableitung der Beziehung nach allen Parametern an der Stelle des richtigen Werts der Parameter den Wert Null annimmt. Unter dieser Voraussetzung wird die sogenannte erste Variation der Beziehung bei einer kleinen, sonst aber beliebigen Änderung der bestimmenden Parameter verschwinden.

Wie bereits in Kapitel VII.2.5.1 gezeigt wurde, können für die Eigenfrequenzen der ferritgefüllten, mit einer unendlich gut leitenden Hülle abgeschlossenen Resonatoren in Abhängigkeit von den elektromagnetischen Feldern im Resonator die Beziehungen:

$$k_\nu^2 = \frac{\iiint_V \operatorname{rot} \mathcal{E}_\nu^* \cdot \underline{\mu}^{-1} \cdot \operatorname{rot} \mathcal{E}_\nu \, dv}{\iiint_V \mathcal{E}_\nu^* \cdot \mathcal{E}_\nu \, dv}, \qquad \text{(VII.2.93)}$$

216

$$k_\nu^2 = \frac{\iiint_V \mathrm{rot}\,\mathfrak{H}_\nu^* \cdot \mathrm{rot}\,\mathfrak{H}_\nu \, dv}{\iiint_V \mathfrak{H}_\nu^* \cdot \overset{\leftrightarrow}{\mu} \cdot \mathfrak{H}_\nu \, dv} \qquad\qquad (VII.2.94)$$

angegeben werden. Diese Ausdrücke gestatten, die Eigenfrequenzen $\omega_\nu = k_\nu / \sqrt{\varepsilon_0 \varepsilon_r \mu_0}$ exakt zu berechnen, falls die Feldverteilungen $\mathfrak{E}_\nu$ oder $\mathfrak{H}_\nu$ des zugehörigen Schwingungstyps bekannt sind. Hier soll jedoch gezeigt werden, daß die angegebenen Beziehungen stationär in bezug auf eine Variation der elektromagnetischen Felder sind, so daß sie zur näherungsweisen Berechnung der Eigenfrequenzen mit Hilfe der Variationsmethode benutzt werden können. Um dies nachzuweisen, wird eine kleine Änderung des elektrischen bzw. magnetischen Feldes so eingeführt, daß die gewählte Probefunktion sich als

$$\mathfrak{E}_{p\nu} = \mathfrak{E}_\nu + \delta\mathfrak{E}_\nu \, , \quad \mathfrak{H}_{p\nu} = \mathfrak{H}_\nu + \delta\mathfrak{H}_\nu \qquad\qquad (VII.2.95)$$

darstellen läßt. Für die Felder sollen folgende Voraussetzungen gemacht werden: Ist der Hohlraumbereich als homogen anzusehen, d.h. existieren keine Unstetigkeitsflächen, auf denen die Materialparameter (ε_r, $\overset{\leftrightarrow}{\mu}$) unstetig sind, so sollen die Felder im gesamten Hohlraum mitsamt ihrer ersten Ableitung stetig sein und die zweite Ableitung der Felder soll existieren. Auf eventuellen Unstetigkeitsflächen sei vorausgesetzt, daß die tangentiale elektrische Feldkomponente $\mathfrak{n} \times \mathfrak{E}_{p\nu}$ bzw. der Ausdruck $\mathfrak{n} \times \mathrm{rot}\,\mathfrak{H}_{p\nu}$ und die tangentiale magnetische Feldkomponente $\mathfrak{n} \times \mathfrak{H}_{p\nu}$ bzw. der Ausdruck $\mathfrak{n} \times \overset{\leftrightarrow}{\mu}{}^{-1} \mathrm{rot}\,\mathfrak{E}_{p\nu}$ stetig sind.

Wird das Probefeld nach Gl.(VII.2.95) in die Beziehungen Gl.(VII.2.93) und Gl.(VII.2.94) eingesetzt, so errechnet sich entsprechend eine Änderung der Eigenwerte $(k_\nu^2 + \delta k_\nu^2)$. Es soll gezeigt werden, daß die erste Variation der Eigenwerte δk_ν^2 verschwindet, falls nur die Änderung der Felder als klein angesehen werden kann und falls die Felder eventuell die Randbedingungen $\mathfrak{E}_{p\nu} \times \mathfrak{n} = 0$ auf der Hülle erfüllen. Betrachtet wird zunächst Gl.(VII.2.93): Es wird für die folgenden Betrachtungen vorausgesetzt, daß der Permeabilitätstensor hermitesch ist, das heißt, das betrachtete Material wird als verlustfrei angesehen. Unter diesen Voraussetzungen kann aus der Beziehung (VII.2.93) unter Vernachlässigung der kleinen Anteile höherer Ordnung der folgende Ausdruck abgeleitet werden /391/:

$$\delta k_\nu^2 \iiint_V \mathcal{E}_\nu^* \cdot \mathcal{E}_\nu \, dv + k_\nu^2 \iiint_V [\, \delta \mathcal{E}_\nu^* \cdot \mathcal{E}_\nu + \mathcal{E}_\nu^* \cdot \delta \mathcal{E}_\nu \,] \, dv =$$

$$= \iiint_V [\, \mathrm{rot}\, \delta \mathcal{E}_\nu^* \cdot \overset{\leftrightarrow}{\mu}{}^{-1} \cdot \mathrm{rot}\, \mathcal{E}_\nu + \mathrm{rot}\, \mathcal{E}_\nu^* \cdot \overset{\leftrightarrow}{\mu}{}^{-1} \cdot \mathrm{rot}\, \delta \mathcal{E}_\nu \,] \, dv . \qquad \text{(VII.2.96)}$$

Wird von der Vektoridentität für die Divergenz eines Kreuzproduktes Gebrauch gemacht, wird ferner die Hermitizität des Tensors berücksichtigt und der Gaußsche Satz angewendet, so ergibt sich

$$\delta k_\nu^2 \iiint_V \mathcal{E}_\nu^* \cdot \mathcal{E}_\nu \, dv = \iiint_V \delta \mathcal{E}_\nu^* [\, \mathrm{rot}\, (\overset{\leftrightarrow}{\mu}{}^{-1} \cdot \mathrm{rot}\, \mathcal{E}_\nu) - k_\nu^2 \mathcal{E}_\nu \,] dv +$$

$$+ \oiint_{A_{\text{Hülle}}} [\, \delta \mathcal{E}_\nu^* \times \overset{\leftrightarrow}{\mu}{}^{-1} \cdot \mathrm{rot}\, \mathcal{E}_\nu \,] \cdot \mathbf{n} \, da + \iiint_V \delta \mathcal{E}_\nu [\, \mathrm{rot}\, (\overset{\leftrightarrow}{\mu}{}^{-1*} \cdot \mathrm{rot}\, \mathcal{E}_\nu^*) - k_\nu^2 \mathcal{E}_\nu^* \,] dv +$$

$$+ \oiint_{A_{\text{Hülle}}} [\, \delta \mathcal{E}_\nu \times \overset{\leftrightarrow}{\mu}{}^{-1*} \cdot \mathrm{rot}\, \mathcal{E}_\nu^* \,] \cdot \mathbf{n} \, da .$$

$$\text{(VII.2.97)}$$

Auf Grund der Maxwellschen Gleichungen gilt für die elektrische Feldstärke die Beziehung (vgl. Gl.(VII.2.6)):

$$\mathrm{rot}\, (\overset{\leftrightarrow}{\mu}{}^{-1} \cdot \mathrm{rot}\, \mathcal{E}_\nu) - k_\nu^2 \, \mathcal{E}_\nu = 0 ,$$

so daß die Volumenintegrale verschwinden. Damit die Oberflächenintegrale über die Hülle des Resonators verschwinden, muß die tangentiale elektrische Feldstärke auf der Hülle Null werden. Das Kreuzprodukt $\mathbf{n} \times \overset{\leftrightarrow}{\mu}{}^{-1} \cdot \mathrm{rot}\, \mathcal{E}_\nu$ ist gleich dem tangentialen Anteil der magnetischen Feldstärke auf der Hülle des Resonators, dieser Anteil ist auf der Hülle des Resonators nicht Null [1]. Wird also vorausgesetzt, daß die elektrische Probefunktion auf der Hülle des Resonators in ihrer Tangentialkomponente verschwindet, so wird die erste Variation δk_ν^2 gleich Null. Die angegebene Beziehung zur Berechnung der Eigenfrequenzen ist damit stationär in bezug auf eine Variation der elektrischen Feldstärke.

---

[1] Werden offene Resonatoren betrachtet, so kann als Hülle des Resonators eine Kugel mit unendlich großem Durchmesser gewählt werden. Strahlen die Resonatoren keine Leistung ab (vgl. Kapitel VII.1 und Kapitel VIII.2.2, Gl.(VIII.2.2.1), sowie Anmerkung 2 zu dieser Gleichung), so verschwindet das Hüllenintegral über diese Hülle. Damit können die hier abgeleiteten Beziehungen auf offene, nicht abstrahlende Resonatoren erweitert werden, falls entsprechende Probefelder gewählt werden.

218

Besitzt die elektrische Probefunktion keine verschwindende Tangentialkomponente auf der Hülle des Resonators, so kann nach einer allgemeinen Methode /7/ die Beziehung (VII.2.93) so erweitert werden /391/, daß wieder stationäre Ausdrücke für die Eigenfrequenzen erhalten werden (vgl. Kapitel VIII.1.2.2b). Dasselbe gilt, falls die tangentiale Komponente der elektrischen Feldstärke an eventuellen Unstetigkeitsflächen ($\varepsilon_r, \overleftrightarrow{\mu}$) innerhalb des Resonators nicht stetig ist.

Mit einer Überlegung, die der vorangegangenen Untersuchung vollkommen gleicht, kann gezeigt werden, daß die Beziehung (VII.2.94) ebenfalls stationär in bezug auf eine Variation der magnetischen Feldstärke ist. Wird die Probefunktion $\mathcal{H}_{p\nu} = \mathcal{H}_\nu + \delta\mathcal{H}_\nu$ hierin eingesetzt, so läßt sich für die erste Variation der Eigenwerte der Ausdruck

$$\delta k_\nu^2 \iiint_V \mathcal{H}_\nu^* \cdot \overleftrightarrow{\mu} \cdot \mathcal{H}_\nu \, dv = \iiint_V \delta\mathcal{H}_\nu^* \cdot \left[\operatorname{rot} \operatorname{rot} \mathcal{H}_\nu - k_\nu^2 \overleftrightarrow{\mu} \cdot \mathcal{H}_\nu \right] dv +$$

$$+ \oiint_{A_{H\ddot{u}lle}} (\delta\mathcal{H}_\nu^* \times \operatorname{rot} \mathcal{H}_\nu) \cdot \mathcal{N} \, da + \iiint_V \delta\mathcal{H}_\nu \cdot \left[\operatorname{rot} \operatorname{rot} \mathcal{H}_\nu^* - k_\nu^2 \overleftrightarrow{\mu}^* \cdot \mathcal{H}_\nu^* \right] dv +$$

$$+ \oiint_{A_{H\ddot{u}lle}} (\delta\mathcal{H}_\nu \times \operatorname{rot} \mathcal{H}_\nu^*) \cdot \mathcal{N} \, da$$

$$(VII.2.98)$$

ableiten. Die Volumenintegrale verschwinden, da die Eigenfunktionen $\mathcal{H}_\nu$ nach Gl. (VII.2.3) die auftretenden Differentialgleichungen erfüllen. Da der Ausdruck $\operatorname{rot} \mathcal{H}_\nu$ in den Oberflächenintegralen proportional der elektrischen Eigenfunktion $\mathcal{E}_\nu$, die die Grenzbedingungen $\mathcal{E}_\nu \times \mathcal{N} = 0$ auf der Hülle erfüllt, ist, brauchen die Feldanteile $\delta\mathcal{H}_{\partial\nu}$ damit aber auch die Probefelder $\mathcal{H}_{p\nu}$ keine besonderen Randbedingungen zu erfüllen.

Unter den diskutierten Voraussetzungen können also die Eigenfrequenzen der Resonatoren näherungsweise aus den beiden Gleichungen berechnet werden:

$$k_\nu^2 \approx \frac{\iiint_V \operatorname{rot} \mathcal{H}_{p\nu}^* \cdot \operatorname{rot} \mathcal{H}_{p\nu} \, dv}{\iiint_V \mathcal{H}_{p\nu}^* \cdot \overleftrightarrow{\mu} \cdot \mathcal{H}_{p\nu} \, dv} , \qquad (VII.2.99)$$

$$k_\nu^2 \approx \frac{\iiint_V \operatorname{rot} \mathcal{E}_{p\nu}^* \cdot \overleftrightarrow{\mu}^{-1} \cdot \operatorname{rot} \mathcal{E}_{p\nu} \, dv}{\iiint_V \mathcal{E}_{p\nu}^* \cdot \mathcal{E}_{p\nu} \, dv} . \qquad (VII.2.100)$$

VIII. SPEZIELLE STRUKTUREN

In den folgenden Kapiteln sollen die bisher allgemein abgeleiteten Zusammenhänge für die elektromagnetischen Felder in gyrotropen Mikrowellenstrukturen angewendet werden, um spezielle, für die Technik interessante Systeme zu untersuchen. Dabei soll zunächst eine ausführliche Diskussion des jeweils vorliegenden Eigenwertproblems und seiner Lösungen vorgenommen werden. Ein besonderes Anliegen der folgenden Kapitel ist es auch, die physikalische Natur der elektromagnetischen Felder und ihre Abhängigkeit von der Größe der Vormagnetisierungsfeldstärke zu untersuchen. So ist ein Teil der folgenden Ausführungen der Diskussion der Existenzfähigkeit der einzelnen Wellen- bzw. Schwingungstypen sowie der Diskussion des Feldaufbaus, dargestellt mit Hilfe des Feldlinienverlaufes, gewidmet.

Bei der Behandlung der speziellen Mikrowellenstrukturen stellt sich grundsätzlich die Frage, ob die Untersuchungen für die Wellenleiter und Resonatoren getrennt durchgeführt werden sollen. Bei der Ableitung der Bestimmunggleichungen für ferritgefüllte, zylindrische Wellenleiter und zylindrische Resonatoren zeigt sich, daß die Feld- und Eigenwertgleichungen in beiden Systemen (bis auf eine Phasenverschiebung der transversalen elektrischen Feldstärke um neunzig Grad) identisch sind. Es erscheint deshalb als nicht sinnvoll, beide Systeme getrennt zu behandeln, da dies zu doppeltem Aufwand ohne zusätzlichen Nutzen führt. Da außerdem in den Resonatorstrukturen Schwingungstypen existenzfähig sind, die in Wellenleitersystemen als Wellentypen nicht auftreten oder nicht von praktischem Interesse sind (z.B. kugelförmige Systeme, z-unabhängige Feldtypen in zylindrischen Systemen), wurden hier die Mikrowellenresonatoren bevorzugt behandelt. Das bedeutet, daß die numerische Auswertung der auftretenden Gleichungen immer so vorgenommen wurde, daß nicht die Ausbreitungsmaße sondern die Eigenfrequenzen bestimmt wurden. Da die Ausbreitungsmaße und die Eigenfrequenzen eines zylindrischen Systems eng miteinander verknüpft sind, lassen sich auch die numerischen Ergebnisse leicht auf die Lösungen für Wellenleiterprobleme umdeuten. Dasselbe gilt für die berechneten Feldlinienverläufe der einzelnen Strukturen.

VIII.1 ABGESCHLOSSENE MIKROWELLENSYSTEME

VIII.1.1 ZYLINDRISCHE RESONATOREN

Eine wichtige Klasse von Hohlraumresonatoren ergibt sich, wenn aus einem zylindrischen Wellenleiter kreisförmigen Querschnitts ein Stück der endlichen Länge l durch zwei leitende Ebenen senkrecht zur Wellenleiterachse herausgeschnitten wird. Es soll vorausgesetzt werden, daß alle Wände eines solchen Hohlraumresonators, also sowohl die Zylinderwand des ehemaligen Wellenleiters als auch die zwei eingeführten Kurzschlußebenen, unendlich gut leitend sind. Das im Innern der Hohlraumresonatoren befindliche Medium sei verlustfrei und gyrotrop. Die Vormagnetisierungsrichtung sei die Richtung der Zylinderachse. Unter diesen Voraussetzungen sind die Lösungen der Maxwellschen Gleichungen in diesem System zu bestimmen. Es soll versucht werden, die Felder der auftretenden Eigenschwingungen durch Reflexion an den eingeführten Kurzschlußebenen aus den bekannten Feldern im zylindrischen Wellenleiter (siehe Kapitel III.1) abzuleiten.

Die Felder im kreiszylindrischen Wellenleiter mit gyrotropem Medium sind auf Grund der komplexen Feldgleichungen (vgl. Kapitel III.1) Drehfelder (siehe auch Kapitel VI. 2.3), mit einer Polarisationsrichtung sowohl positiv als auch negativ in bezug auf die Vormagnetisierungsrichtung. Es kann leicht gezeigt werden, daß das Phasenmaß β für eine Welle mit positiver Polarisationsrichtung in bezug auf die Vormagnetisierungsrichtung, die sich in positiver z-Richtung ausbreitet, identisch ist mit dem Phasenmaß einer Welle, die sich in negativer z-Richtung ausbreitet und die positiv polarisiert in bezug auf die Vormagnetisierungsrichtung bzw. negativ polarisiert in bezug auf die Ausbreitungsrichtung ist (vgl. auch Kapitel VI.2.3a). Die Überlagerung der beiden Wellen ergibt somit eine stehende Welle mit in z-Richtung örtlich festen Ebenen, auf denen die transversale elektrische Feldstärke verschwindet. Durch entsprechende Wahl der Resonatorlängen bzw. bei fest vorgegebener Resonatorlänge durch entsprechende Wahl der Frequenz kann also erreicht werden, daß die Felder der zwei überlagerten Wellen die Grenzbedingungen an den Kurzschlußebenen senkrecht zur Wellenleiterachse im Resonator erfüllen.

Aus diesen Überlegungen folgt, daß für die z-Abhängigkeit der Felder im kreiszylindrischen Resonator gleich ein spezieller Ansatz in Form von Sinus- und Cosinusfunktionen gemacht werden kann, so daß die Grenzbedingungen an den Deckelflächen der Resonatoren sofort erfüllt werden. Die Felder werden (vgl. Kapitel III.1) nach Longitudinal- und Transversalkomponenten zerlegt. Auf Grund der Forderung nach Verschwinden der tangentialen elektrischen Feldstärke an den unendlich gut leitenden Deckelflächen (gekennzeichnet durch die Koordinaten $z = 0$ und $z = 1$) der Resonatoren wird von dem Ansatz

$$E_z = F_z(r,\varphi)\cos(\beta z), \quad \mathcal{E}_t = \mathcal{F}_t(r,\varphi)\sin(\beta z),$$

$$H_z = G_z(r,\varphi)\sin(\beta z), \quad \mathcal{H}_t = \mathcal{G}_t(r,\varphi)\cos(\beta z)$$

$$(\text{VIII.1.1.1})$$

Gebrauch gemacht. Dabei sind r, φ die zwei Koordinaten in der Ebene senkrecht zur Wellenleiterachse. Mit diesem speziellen Ansatz für die z-Abhängigkeit der Felder können aus den Maxwellschen Gleichungen, entsprechend den Rechnungen, die in Kapitel III.1 für die z-Abhängigkeit in Form einer e-Funktion durchgeführt wurden, zwei verkoppelte Differentialgleichungen für die longitudinalen Feldkomponenten F_z und G_z abgeleitet werden, die für die hier gewählte z-Abhängigkeit die Form

$$\nabla_t^2 G_z + a\,G_z + j\,\frac{k\beta\mu_2}{\mu_1}\,F_z = 0, \qquad (\text{VIII.1.1.2})$$

$$\nabla_t^2 F_z + b\,F_z - j\,\frac{k\beta\mu_2}{\mu_1}\,G_z = 0 \qquad (\text{VIII.1.1.3})$$

annehmen, (vgl. auch Gl.(III.1.20) und Gl.(III.1.21)). Dabei sind a, b die schon in Kapitel III.1, Gl.(III.1.22) angegebenen Größen:

$$a = \frac{K^2}{\mu_1} = \frac{k^2\mu_1 - \beta^2}{\mu_1}, \quad b = K^2 - \frac{k_2^2\mu_2}{\mu_1} = k^2\mu_1 - \beta^2 - \frac{k^2\mu_2^2}{\mu_1}. \quad (\text{VIII.1.1.4})$$

Werden diese beiden Differentialgleichungen wiederum entkoppelt (siehe Kapitel III.1), so führen sie wie im Fall der Wellenleiterfelder auf die voneinander unabhängigen Differentialgleichungen (III.1.41) mit den Eigenwerten nach Gl.(III.1.40). Wird von diesen Gleichungen Gebrauch gemacht, so läßt sich mit Hilfe des Differentialgleichungssystems Gl.(VIII.1.1.2), Gl.(VIII.1.1.3) zeigen, daß zwischen der longitudinalen Feldkomponente F_z und der longitudinalen Feldkomponente G_z der Zusammenhang

$$F_z = j \frac{\mu_1}{\beta k \mu_2} \left[\frac{K^2}{\mu_1} - \chi_{1,2}^2 \right] G_z = j K_2 G_z , \qquad \text{(VIII.1.1.5)}$$

$$G_z = -j \frac{\mu_1}{\beta k \mu_2} \left[K^2 - \frac{k^2 \mu_2^2}{\mu_1} - \chi_{1,2}^2 \right] F_z = -j K_1 F_z \qquad \text{(VIII.1.1.6)}$$

mit $K^2 = k^2 \mu_1 - \beta^2$ besteht. Gegenüber Gl.(III.1.42) tritt hier zwischen den beiden

Feldkomponenten F_z und G_z eine Phasenverschiebung von neunzig Grad auf (es sei da-

rauf hingewiesen, daß es sich hier, wie bei allen Feldanteilen, um reduzierte Feldgrößen

handelt, vgl. Kapitel II). Aus den Feldkomponenten F_z und G_z lassen sich entsprechend

den Berechnungen im Kapitel III.1 auch die restlichen, transversalen Feldanteile bestim-

men. Es ergibt sich:

$$\mathfrak{F}_t = \begin{pmatrix} A & -jB \\ jB & A \end{pmatrix} \cdot \nabla_t F_z = -j \overleftrightarrow{V} \cdot \mathrm{grad}_t F_z , \qquad \text{(VIII.1.1.7)}$$

mit den Elementen A und B nach Gl.(III.1.46) und

$$\mathfrak{G}_t = \begin{pmatrix} jC & D \\ -D & jC \end{pmatrix} \cdot \nabla_t F_z = \overleftrightarrow{W} \cdot \mathrm{grad}_t F_z , \qquad \text{(VIII.1.1.8)}$$

mit den Elementen C und D ebenfalls nach Gl. (III.1.46).

Die Feldkomponenten F_z und G_z können in diesen Gleichungen jeweils mit Hilfe von
Gl.(VIII.1.1.5) bzw. Gl.(VIII.1.1.6) durcheinander ersetzt werden. Es zeigt sich, daß
im Resonator das transversale Feld der elektrischen Feldstärke gegenüber dem Feld im Wellenleiter um -90° phasenverschoben ist (Multiplikation mit dem Faktor $-j$ in Gl.(VIII.1.1.7)
gegenüber Gl.(III.1.44)).

VIII.1.1.1 DER FERRITGEFÜLLTE KOAXIALE RESONATOR

Es sollen die Eigenschwingungen eines ferritgefüllten Hohlraumresonators untersucht werden, der von einer beiderseits kurzgeschlossenen, konzentrischen Koaxialleitung mit kreisförmigem Querschnitt gebildet wird. Der Raum zwischen dem Innen- und Außenleiter des ehemaligen Wellenleiters sei mit verlustlosem, in Achsenrichtung vormagnetisiertem Ferritmaterial gefüllt. Die Wände des Leiters sowie die Kurzschlußflächen werden als unendlich gut leitend angesehen. In einem solchen Resonator können drei verschiedene Gruppen von Schwingungstypen auftreten: Der von der z-Richtung unabhängige Schwingungstyp, der ein reiner E-Typ (bezogen auf die z-Richtung) ist, die von der z-Richtung abhängigen EH- bzw. HE-Typen, die im isotropen Grenzfall in die E- bzw. H-Typen des isotropen Resonators übergehen und der Grenz-TEM-Typ, ein von der z-Richtung abhängiger Schwingungstyp, der im isotropen Grenzfall in den rein transversalen TEM-Typ (Lecher-Typ) im koaxialen, isotropen Resonator übergeht. Sowohl die EH- bzw. HE-Typen als auch der Grenz-TEM-Typ (GTEM-Typ) treten im koaxialen Wellenleiter als Wellentypen auf. Ein reiner E-Typ tritt im gyrotropen Wellenleiter nur bei der Grenzfrequenz auf. Im Resonator stellen die E-Typen jedoch die einfachsten Schwingungstypen dar, die zudem bei geeigneter Dimensionierung der Resonatoren als Grundtypen auftreten können.

VIII.1.1.1a DIE Z-UNABHÄNGIGEN SCHWINGUNGSTYPEN

Betrachtet werde ein koaxialer Resonator mit dem Radius des Innenleiters r_i und dem Innenradius des Außenleiters r_a. Die Länge des Resonators ist bei den hier durchgeführten Überlegungen uninteressant, sie sei so gewählt, daß sie kleiner als eine halbe Wellenlänge der Resonatorschwingung ist. In diesem Resonator werden die von der z-Richtung unabhängigen Schwingungstypen untersucht. Wird vorausgesetzt, daß die Felder der Eigenschwingungen von der z-Richtung unabhängig sind, so kann auf Grund der Grenzbedingungen an den Kurzschlußebenen senkrecht zur Zylinderachse im Resonator keine transversale elektrische Feldstärke und damit keine z-Komponente der magnetischen Feldstärke auftreten. Das Feld innerhalb des Resonators besitzt also nur eine E_z-Komponente und

ein rein transversales magnetische Feld. Damit folgt aus Gl.(VIII.1.1.3) unter Berücksichtigung der z-Unabhängigkeit der Felder (ß = 0) die Differentialgleichung:

$$\nabla_t^2 E_z + k^2 \mu_{eff1} E_z = 0.$$

(VIII.1.1.9)

Mit Hilfe von Gl.(VIII.1.1.8) und unter Berücksichtigung der Bedingung ß = 0 läßt
sich dann das transversale magnetische Feld aus der E_z-Komponente bestimmen:

$$\mathfrak{H}_t = \frac{1}{k\,\mu_{eff1}} \nabla_t \times (E_z \cdot \mathfrak{n}_z) - j\,\frac{1}{k\,\mu_{eff2}} \nabla_t E_z.$$

(VIII.1.1.10)

μ_{eff2} ist die effektive Permeabilität zweiter Art, μ_{eff1} die effektive Permeabilität
erster Art (siehe Kapitel I.2 und I.3).

Zur Lösung der oben stehenden Differentialgleichung für die elektrische Feldkomponente kann ein Produktansatz in Zylinderkoordinaten gemacht werden, mit dessen Hilfe die
Differentialgleichung in zwei Einzeldifferentialgleichungen separiert werden kann. Diese
beiden Differentialgleichungen hängen nur noch von der Koordinate r (Abstand von der
Zylinderachse) einerseits und dem Azimutwinkel andererseits ab. Die Differentialgleichung für den vom Azimutwinkel φ abhängigen Teil der Lösung kann durch eine e-Funktion bzw. durch die Sinus- oder Cosinusfunktion erfüllt werden. Der Produktansatz führt
ferner auf eine Besselsche Differentialgleichung für den r-abhängigen Faktor der Lösung,
so daß sich schließlich als Gesamtlösung ein Ausdruck der Form

$$E_z = \left[A_n Z_n(k_1 r) + B_n Y_n(k_1 r) \right] \begin{Bmatrix} \cos(n\varphi) \\ \sin(n\varphi) \end{Bmatrix}$$

(VIII.1.1.11)

ergibt. Z_n ist die Zylinderfunktion erster Art (Besselfunktion) $J_n(x)$, falls μ_{eff1} größer
als Null ist, Z_n ist die modifizierte Zylinderfunktion erster Art $I_n(x)$, falls μ_{eff1}
kleiner als Null ist. Y_n ist die Zylinderfunktion zweiter Art (Neumannfunktion) $N_n(x)$,
falls μ_{eff1} größer als Null ist und Y_n ist die modifizierte Zylinderfunktion zweiter Art
$K_n(x)$, falls μ_{eff1} kleiner als Null ist. Es gilt: $k_1 = k \cdot (\,|\mu_{eff1}|\,)^{1/2}$.

Die Grenzbedingungen für die Felder des Resonators fordern, daß die elektrische Feldkomponente E_z am Innen- und Außenrand des Querschnitts senkrecht zur Zylinderachse
Null wird. Das bedeutet, daß die Eigenwertgleichung des Resonators

$$Z_n(v) \cdot Y_n\left(\frac{r_a}{r_i}v\right) - Y_n(v) \cdot Z_n\left(\frac{r_a}{r_i}v\right) = 0, \quad v = k_1 r_i \qquad \text{(VIII.1.1.12)}$$

lautet. Einige Nulstellen der oben stehenden Eigenwertgleichung sind für den Bereich $\mu_{eff1} > 0$ bei Jahnke-Emde /12/ tabelliert und gestatten eine einfache Auswertung der Eigenwertgleichung. Wird mit v_{nm} die m-te Nullstelle der Eigenwertgleichung bezeichnet, so lautet die Resonanzbedingung für den Resonator:

$$v_{nm} = r_i k \sqrt{|\mu_{eff1}|} = \omega r_i \sqrt{\varepsilon_r \varepsilon_0 \mu_0 |\mu_{eff1}|} \quad . \qquad \text{(VIII.1.1.13)}$$

Es werden die Normierungen

$$x = \frac{f}{f_I} \quad , \quad x_m = \frac{f_m}{f_I} \quad , \quad y = -\frac{\gamma H_0^i}{2\pi f_I} \qquad \text{(VIII.1.1.14)}$$

mit der Bezugsfrequenz

$$f_I = \frac{v_{nm}}{2\pi r_i \sqrt{\varepsilon_r \varepsilon_0 \mu_0}} \qquad \text{(VIII.1.1.15)}$$

und der bezogenen Sättigungsmagnetisierung /404/

$$f_m = -\frac{\gamma M_s}{2\pi} \qquad \text{(VIII.1.1.16)}$$

eingeführt. f_I ist, falls v_{nm} eine Nullstelle der Eigenwertgleichung im Bereich μ_{eff1} größer als Null ist, gleichzeitig die Eigenfrequenz im isotropen Grenzfall, das heißt für unendlich große Vormagnetisierungsfeldstärke (isotrope Grenzfrequenz). Die Größen x und y werden als normierte Frequenz und normierte magnetische Feldstärke bezeichnet. Mit diesen Beziehungen und Bezeichnungen läßt sich aus der Resonanzbedingung (VIII.1.1.13) eine biquadratische Gleichung für x und y ableiten, aus der der Zusammenhang zwischen der normierten Feldstärke und der normierten Frequenz zu

$$y = x_m \left[\frac{1}{2(1 \mp x^2)} - 1 \right] + \sqrt{x_m^2 \left[\frac{1}{2(1 \mp x^2)} \right]^2 + x^2} \qquad \text{(VIII.1.1.17)}$$

bestimmt werden kann. Dabei gilt das negative Vorzeichen in dem Ausdruck $(1 \mp x^2)$ für den Bereich $\mu_{eff1} > 0$, das positive Vorzeichen entsprechend für den Bereich $\mu_{eff1} < 0$. Bild VIII.1.1.1 zeigt den prinzipiellen Verlauf der Abstimmkurven für zwei

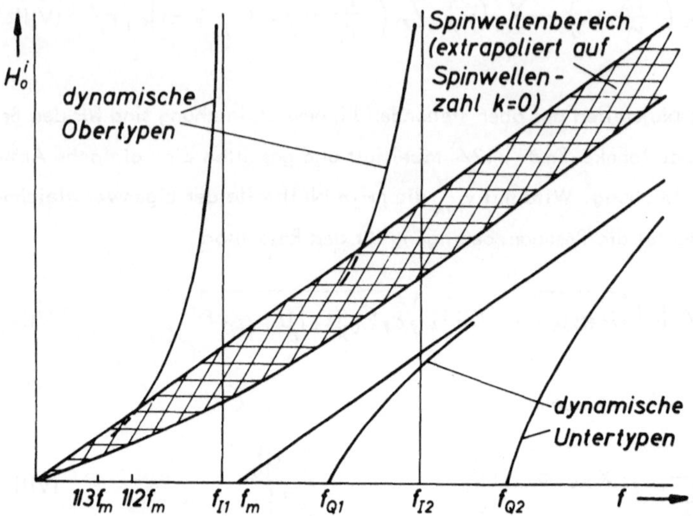

Bild VIII.1.1.1: Prinzipieller Verlauf der Abstimmkurven eines z-unabhängigen
Schwingungstyps im koaxialen Hohlraumresonator, der vollständig mit Ferritmaterial gefüllt ist.

Schwingungstypen. Die Abstimmkurven der Resonatoren, das heißt, die Abhängigkeit der

Eigenfrequenzen von der Vormagnetisierungsfeldstärke, besitzen zwei charakteristi-

sche Bereiche, den "Obertyp" und den "Untertyp". Die Durchstimmkurven der Oberty-

pen liegen in der H_o^i - f - Ebene (Vormagnetisierungsfeldstärke-Frequenz-Ebene) oberhalb

der Kurve μ_1 = 0 und nähern sich ihr mit fallender Vormagnetisierungsfeldstärke. Für

unendlich große Vormagnetisierungsfeldstärken erreichen die Obertypen jeweils

eine höchste Frequenz (die sogenannte isotrope Grenzfrequenz f_I). Mit kleiner

werdender Vormagnetisierungsfeldstärke werden die Eigenfrequenzen des Resonators mo-

noton kleiner. Wird vorausgesetzt, daß der Resonator auch bei verschwindender Vormag-

netisierungsfeldstärke noch gesättigt ist, so gelten die Abstimmkurven bis zur Feldstärke

H_o^i = 0, hier besitzen die Resonatoren ihre kleinste Eigenfrequenz. Oberhalb der isotro-

pen Grenzfrequenz sind die z-unabhängigen E-Schwingungstypen zunächst nicht schwin-

gungsfähig, bis bei der Quellfrequenz f_Q und verschwindendem Vormagnetisierungsfeld

(wieder unter der Voraussetzung, daß das Material trotzdem magnetisch gesättigt ist)

der Untertyp auftritt. Die Eigenfrequenzen der Untertypen werden monoton mit der Vormag-

netisierungsfeldstärke größer. Die Abstimmkurven nähern sich für große Vormagnetisie-

rungsfeldstärken asymptotisch der Geraden H_o^i = $-(\omega/\gamma + M_s)$.

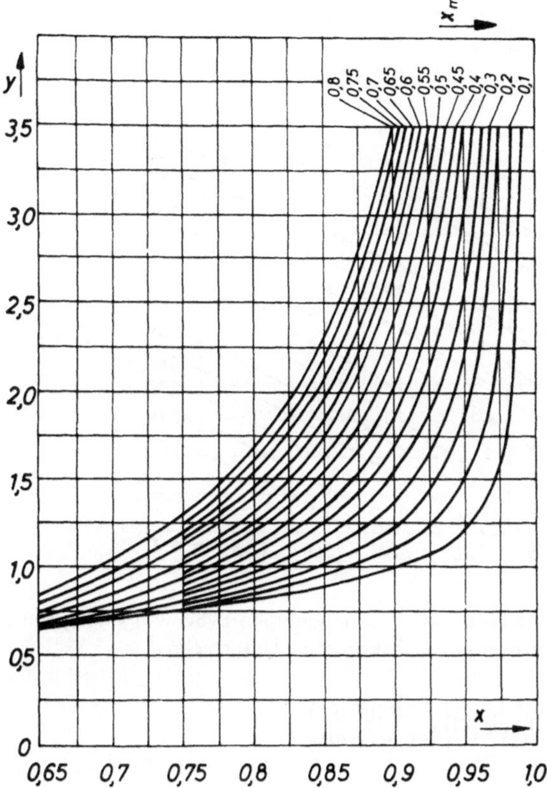

Bild VIII.1.1.2: Normierte Abstimmkurven der z-unabhängigen Schwingungstypen des koaxialen, ferritgefüllten Resonators, Obertypen.

Die Bilder VIII.1.1.2 und VIII.1.1.3 zeigen die Auswertung von Gl.(VIII.1.1.17) für den Bereich $\mu_{eff1} > 0$. Für normierte Frequenzen x, die kleiner als eins sind, ergeben sich Abstimmkurven mit Obertypverhalten. Die einzelnen Kurven sind nach x_m parametriert. Der Parameter x_m beinhaltet die Materialparameter Sättigungsmagnetisierung und Landé-Faktor. Die einzelnen, parametrierten Kurven gelten also für verschiedene Materialien und können z.B. zur Messung der Materialparameter ausgenutzt werden /428/,/515/. Oberhalb der isotropen Grenzfrequenz (x > 1) tritt bei der normierten Quellfrequenz x_q

$$X_q = \sqrt{1 + x_m^2}$$

(VIII.1.1.18)

und nicht vorhandenem magnetischen Gleichfeld (unter oben angeführten Bedingungen) der Untertyp auf (Bild VIII.1.1.3). Für große Werte von x zeigt der Untertyp, wie schon erwähnt, asymptotisches Verhalten. Die Abstimmkurven nähern sich der Geraden $y = x - x_m$ und erreichen sie für unendlich große x-Werte.

Die Feldgleichungen der Nulltypen des koaxialen Resonators lauten unter Berücksichtigung der aufgestellten Eigenwertgleichung:

$$E_z = A_n \left\{ Z_n(k_1 r) - \frac{Z_n(k_1 r_i)}{Y_n(k_1 r_i)} Y_n(k_1 r) \right\} \begin{Bmatrix} \cos(n\varphi) \\ \sin(n\varphi) \end{Bmatrix},$$

(VIII.1.1.19)

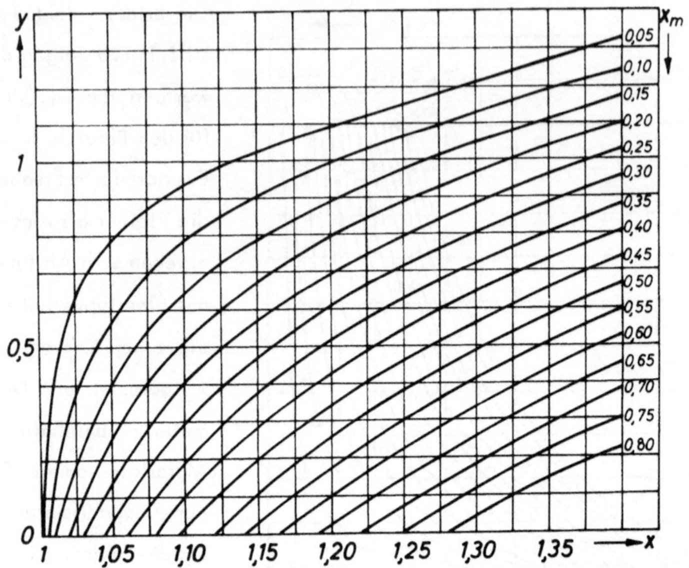

Bild VIII.1.1.3: Normierte Abstimmkurven der z-unabhängigen E-Schwingungstypen des koaxialen, ferritgefüllten Resonators, Untertypen.

$$\vec{\mathfrak{H}}_t = A_n \left\{ Z_n'(k_1 r) - \frac{Z_n(k_1 r_i)}{Y_n(k_1 r_i)} Y_n'(k_1 r) \right\} \left\{ \begin{array}{c} \cos(n\varphi) \\ \sin(n\varphi) \end{array} \right\} \cdot$$

$$\text{(VIII.1.1.20)}$$

$$\cdot \left\{ - \frac{\sqrt{|\mu_{eff1}|}}{\mu_{eff1}} \vec{n}_\varphi - j \frac{\sqrt{|\mu_{eff1}|}}{\mu_{eff2}} \vec{n}_r \right\} +$$

$$+ A_n \left\{ Z_n(k_1 r) - \frac{Z_n(k_1 r_i)}{Y_n(k_1 r_i)} Y_n(k_1 r) \right\} \left\{ \begin{array}{c} -\sin(n\varphi) \\ \cos(n\varphi) \end{array} \right\} \left\{ \frac{n}{k r \mu_{eff1}} \vec{n}_r - j \frac{n}{k r \mu_{eff2}} \vec{n}_\varphi \right\}.$$

Die durch den Strich angegebenen Ableitungen der Zylinderfunktionen sind jeweils die Ableitungen nach dem gesamten Argument der Funktionen. In Bild VIII.1.1.4 ist die Abhängigkeit der reduzierten Feldkomponenten vom Radius r und der magnetischen Gleichfeldstärke für den z-unabhängigen Schwingungstyp kleinster Ordnung aufgetragen. Der Fall unendlich großen Vormagnetisierungsfeldes entspricht der Feldverteilung im isotropen, koaxialen Resonator /402/, es tritt nur eine E_z- und eine H_φ-Komponente auf. Mit kleiner werdendem magnetischen Gleichfeld wird die H_φ-Komponente kleiner und es tritt zusätzlich eine H_r-Komponente auf, die mit kleiner werdendem magnetischen Gleichfeld wächst und die zeitlich um neunzig Grad phasenverschoben gegenüber der

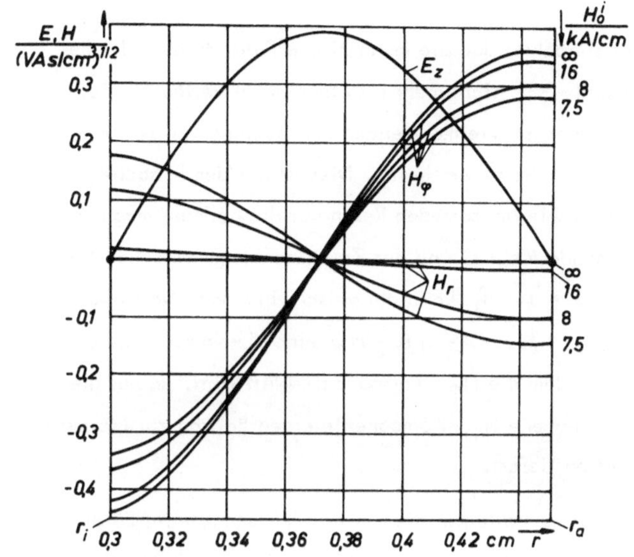

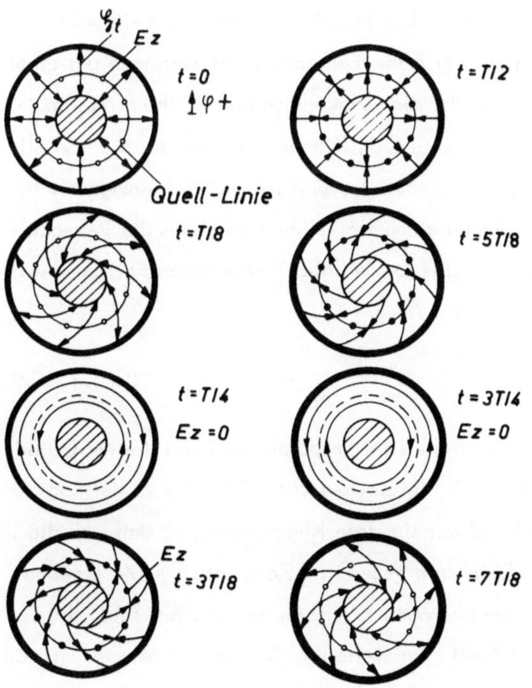

Bild VIII.1.1.4: Abhängigkeit der reduzierten Feldkomponenten vom Radius r und der magnetischen Gleichfeldstärke. Material R5, $\varepsilon_r = 11,5$, $M_s = 1030$ A/cm, $g = 1,98$. E_{010}-Obertyp.

Bild VIII.1.1.5: Feldlinienverlauf der elektrischen und der magnetischen Feldstärke des E_{010}-Typs im ferritgefüllten, koaxialen Resonator, Obertyp.

H_φ -Komponente ist. Das bedeutet zunächst, daß die magnetische Feldstärke an der Berandung des Querschnitts für $r = r_i$ und $r = r_a$ nicht mehr rein tangential verläuft, wie dies vom isotropen Grenzfall her bekannt ist; vielmehr enden und beginnen zu bestimmten Zeitpunkten Feldlinien auf dem Rand des Querschnitts. Dies ist aus der Tatsache zu erklären, daß auf dem Rand nicht mehr wie im isotropen Resonator die normale magnetische Feldstärke verschwinden muß, sondern auf Grund des Zusammenhangs zwischen Induktion und magnetischer Feldstärke $\vec{\mathfrak{B}} = \overset{\leftrightarrow}{\mu} \cdot \vec{\mathfrak{H}}$ kann bei verschwindender Normalkomponente der magnetischen Induktion $B_r = \mu_1 H_r - j \mu_2 H_\varphi$ eine H_r-Komponente auftreten. Dies gilt selbst in dem Fall, in dem die H_φ -Komponente Null wird, da nur die um neunzig Grad zeitlich phasenverschobene H_φ -Komponente einen Beitrag zur Normalkomponente der magnetischen Induktion liefert.

Um die Verhältnisse anschaulicher zu gestalten, wurden in Bild VIII.1.1.5 die Feldlinien des E_{010}-Typs in verschiedenen Zeitpunkten aufgezeichnet. Die gewählten acht Zeitpunkte zeigen die charakteristischen Feldlinienbilder, die sich auf Grund der vorhandenen Wechselmagnetisierung ausbilden. Im ersten Bild besitzen die Feldlinien der magnetischen Feldstärke rein radialen Verlauf. Die Feldlinien enden im Zeitpunkt $t = 0$ sowohl auf der Innen- als auch auf der Außenberandung, sie beginnen auf einer "Quellinie", die an der Stelle auftritt, an der die Feldkomponente E_z ihren Maximalwert annimmt (im räumlichen Resonator tritt eine Quellfläche auf, von der die "Quellinie" der Querschnitt ist). Dies ist aus der Tatsache zu erklären, daß die magnetische Feldstärke in der Transversalebene auf Grund des tensoriellen Verhaltens der Permeabilität nicht mehr divergenzfrei ist, vielmehr gilt für den hier betrachteten Fall der Nulltypen (z-unabhängige Typen) nach Gl.(III.1.19):

$$\text{div}_t \, \vec{\mathfrak{H}}_t = j \, \frac{\mu_2}{\mu_1} \, k \, E_z \, . \tag{VIII.1.1.21}$$

Die Felder der magnetischen Feldstärke sind elliptisch polarisiert, aus diesem Grund sind die Feldlinienbilder Funktionen der Zeit. Im Zeitpunkt $t = T/8$ tritt zu der Radialkomponente der magnetischen Feldstärke eine azimutale Komponente, so daß sich die im zweiten Bild gezeigten gekrümmten Feldlinien ergeben. Im Zeitpunkt $t = T/4$ ergeben sich geschlossene Feldlinien, wie sie vom isotropen Resonator her bekannt sind, die E_z-Komponente ist in diesem Zeitpunkt Null. Für Zeiten größer als $T/4$ beginnt sich der eben aufgezeigte Vorgang rückwärts zu entwickeln, wie aus den folgenden Bildern zu ersehen ist.

VIII.1.1.1b DER Z-ABHÄNGIGE GRENZ-TEM-TYP

Die Forderung nach z-Unabhängigkeit der Felder soll jetzt fallengelassen werden und die allgemeinen, z-abhängigen Lösungen der Feldgleichungen für den koaxialen Resonator bestimmt werden. Für die z-Abhängigkeit der Felder wird, wie bereits in Kapitel VIII.1.1 beschrieben, ein Ansatz gemacht, der die Grenzbedingungen am oberen und unteren Deckel des Resonators (z = 0 und z = l) erfüllt (vgl. Gl.(VIII.1.1.1)). Zur Bestimmung der Eigenwertgleichung und der Feldgleichungen wird von den Differentialgleichungen (III.1.41) für die Feldkomponenten F_z und G_z ausgegangen. Aus den in den Gln.(VIII.1.1.7) und (VIII.1.1.8) angegebenen Feldgleichungen lassen sich dann die restlichen Feldkomponenten bestimmen. Für die Feldanteile der elektrischen Feldstärke ergeben sich die Gleichungen:

$$E_z = \left\{ A_n Z_n(s_1 r) + B_n Y_n(s_1 r) + C_n K_2 Z_n(s_2 r) + D_n K_2 Y_n(s_2 r) \right\} e^{jn\varphi} \cos\beta z,$$

$$E_\varphi = \left\{ j\beta \left[A_n s_1 Z_n'(s_1 r) + B_n s_1 Y_n'(s_1 r) + C_n K_2 s_2 Z_n'(s_2 r) + D_n s_2 K_2 Y_n'(s_2 r) \right] + \right.$$
$$\left. + j\frac{nA}{r} \left[A_n Z_n(s_1 r) + B_n Y_n(s_1 r) + C_n K_2 Z_n(s_2 r) + D_n K_2 Y_n(s_2 r) \right] \right\} e^{jn\varphi} \sin\beta z,$$

$$E_r = \left\{ A \left[A_n s_1 Z_n'(s_1 r) + B_n s_1 Y_n'(s_1 r) + C_n K_2 s_2 Z_n'(s_2 r) + D_n K_2 s_2 Y_n'(s_2 r) \right] + \right.$$
$$\left. + \frac{nB}{r} \left[A_n Z_n(s_1 r) + B_n Y_n(s_1 r) + C_n K_2 Z_n(s_2 r) + D_n K_2 Y_n(s_2 r) \right] \right\} e^{jn\varphi} \sin\beta z.$$

$$(VIII.1.1.22)$$

Für die Komponenten der magnetischen Feldstärke gilt:

$$H_z = \left\{ -j K_1 \left[A_n Z_n(s_1 r) + B_n Y_n(s_1 r) \right] - j \left[C_n Z_n(s_2 r) + D_n Y_n(s_2 r) \right] \right\} e^{jn\varphi} \sin\beta z,$$

$$H_\varphi = \left\{ -D \left[A_n s_1 Z_n'(s_1 r) + B_n s_1 Y_n'(s_1 r) + C_n K_2 s_2 Z_n'(s_2 r) + D_n K_2 s_2 Y_n'(s_2 r) \right] - \right.$$
$$\left. - \frac{nC}{r} \left[A_n Z_n(s_1 r) + B_n Y_n(s_1 r) + C_n K_2 Z_n(s_2 r) + D_n K_2 Y_n(s_2 r) \right] \right\} e^{jn\varphi} \cos\beta z,$$

$$H_r = \left\{ jC\left[A_n s_1 Z'_n(s_1 r) + B_n s_1 Y'_n(s_1 r) + C_n K_2 s_2 Z'_n(s_2 r) + D_n K_2 s_2 Y'_n(s_2 r)\right] + \right.$$

$$\left. + j\,\frac{nD}{r}\left[A_n Z_n(s_1 r) + B_n Y_n(s_1 r) + C_n K_2 Z_n(s_2 r) + D_n K_2 Y_n(s_2 r)\right]\right\} e^{jn\varphi}\cos\beta z \;.$$

$$(VIII.1.1.23)$$

Die Größen A, B, C, D haben die in Gl. (III.1.46) angegebene Bedeutung. Es muß darauf hingewiesen werden, daß diese Größen je nach Eigenwert $x^2_{1,2}$ verschiedene Werte annehmen, in diesem Sinn stellen die Gln. (VIII.1.1.22) und (VIII.1.1.23) eine abgekürzte Schreibweise der eigentlichen Gleichungen dar. A_n, B_n, C_n, D_n sind Amplitudenkonstanten, die noch frei wählbar sind. Die Konstanten K_1 und K_2 sind durch Gl. (VIII.1.1.5) und Gl. (VIII.1.1.6) bestimmt, auch sie können jeweils zwei verschiedene Werte annehmen. Die Eigenwerte x^2_1 und x^2_2 folgen aus Gl. (III.1.40). Es gilt $s_{1,2} = (|\,x^2_{1,2}|)^{1/2}$. Unter der Voraussetzung unendlich gut leitender Berandung des Resonators muß die tangentiale Feldkomponente der elektrischen Feldstärke an der Resonatorwand Null werden. Hieraus folgt zunächst die Größe

$$\beta = \frac{p\cdot\pi}{\ell} \quad,\quad p = 1,2,3,\cdots \quad, \tag{VIII.1.1.24}$$

falls l die Länge des Resonators ist. Weiterhin ergibt sich die Eigenwertgleichung des Problems in der Form einer vierreihigen Determinante

$$det\,(A_{ij})\Big|_{\substack{i=1,4 \\ j=1,4}} = 0. \tag{VIII.1.1.25}$$

Die Elemente A_{ij} dieser Determinante haben die Form:

$$A_{11} = Z_n(s_1 r_i)\,,\quad A_{13} = Z_n(s_2 r_i)\,,\quad A_{21} = Z_n(s_1 r_a),\quad A_{23} = Z_n(s_2 r_a),$$

$$A_{12} = Y_n(s_1 r_i),\quad A_{14} = Y_n(s_2 r_i),\quad A_{22} = Y_n(s_1 r_a),\quad A_{24} = Y_n(s_2 r_a),$$

$$A_{31} = b_1 Z'_n(s_1 r_i) + \frac{n\beta}{r_i x^2_1} Z_n(s_1 r_i),\quad A_{32} = b_1 Y'_n(s_1 r_i) + \frac{n\beta}{r_i x^2_1} Y_n(s_1 r_i),$$

$$A_{33} = b_2 Z'_n(s_2 r_i) + \frac{n\beta}{r_i x^2_2} Z_n(s_2 r_i),\quad A_{34} = b_2 Y'_n(s_2 r_i) + \frac{n\beta}{r_i x^2_2} Y_n(s_2 r_i),$$

$$A_{41} = b_1 Z'_n(s_1 r_a) + \frac{n\beta}{r_a x^2_1} Z_n(s_1 r_a),\quad A_{42} = b_1 Y'_n(s_1 r_a) + \frac{n\beta}{r_a x^2_1} Y_n(s_1 r_a),$$

$$A_{43} = b_2 Z'_n(s_2 r_a) + \frac{n\beta}{r_a x^2_2} Z_n(s_2 r_a),\quad A_{44} = b_2 Y'_n(s_2 r_a) + \frac{n\beta}{r_a x^2_2} Y_n(s_2 r_a).$$

$$(VIII.1.1.26)$$

Es wurde die Abkürzung

$$b_{1,2} = \frac{\mu_1 s_{1,2}}{\mu_2 \beta}\left(1 - \frac{K^2 - k_2^2 \frac{\mu_2}{\mu_1}}{x_{1,2}^2}\right) \qquad \text{(VIII.1.1.27)}$$

eingeführt. Die Funktion Z_n ist wieder gleich der Zylinderfunktion erster Art (Bessel-funktion), falls $s_{1,2}$ reelle Größen, das heißt $x_{1,2}^2$ positive Größen sind. Z_n ist gleich der modifizierten Zylinderfunktion erster Art, falls $s_{1,2}$ imaginär, das heißt $x_{1,2}^2$ negativ ist. Y_n ist die Zylinderfunktion zweiter Art (Neumannfunktion) für reelle Werte $s_{1,2}$ und die modifizierte Zylinderfunktion zweiter Art für imaginäre Werte $s_{1,2}$ [1].

Alle Schwingungstypen, die von der z-Koordinate abhängen, damit aber alle Schwingungstypen, deren Eigenfrequenzen der Eigenwertgleichung nach Gl.(VIII.1.1.25) im Zusammenhang mit Gl.(VIII.1.1.26) genügen, sind Schwingungstypen vom EH- bzw. HE-Typ. Das heißt, die Feldtypen besitzen gleichzeitig eine E_z- und eine H_z-Komponente. Unter den z-abhängigen Schwingungstypen gibt es eine ausgezeichnete Klasse von Feldtypen, die nur im koaxialen Resonator (genauer im Resonator mit mehrfach zusammenhängender Oberfläche) auftritt. Diese Klasse von Schwingungstypen soll hier zunächst betrachtet werden.

Im isotropen, koaxialen Resonator sind Schwingungstypen existenzfähig, die sich durch eine rein transversale Feldverteilung auszeichnen. Sie werden als TEM-Typen (Transversal-Elektro-Magnetische Feldtypen) oder als Lecher-Typen bezeichnet. Rein transversale Feldverteilungen können im ferritgefüllten Resonator nicht auftreten. Wird angenommen, daß ein in Bezug auf die Vormagnetisierungsrichtung rein transversales, elektromagnetisches Feld auftritt, so wird wegen $E_z = 0$ und $H_z = 0$ aus Gl.(III.1.14) und Gl.(III.1.15) sofort die Bedingung $(K^4 - k_2^4)\,\mathcal{E}_t = 0$ und $(K^4 - k_2^4)\,\mathcal{H}_t = 0$ folgen. Diese Bedingung kann entweder durch $(K^4 - k_2^4) = 0$ oder aber durch $\mathcal{E}_t = 0$ ($\mathcal{H}_t = 0$) erfüllt werden. Da der zweite Fall nur die triviale Lösung ergibt, soll die Bedingung $(K^4 - k_2^4) = 0$ näher untersucht werden. Wird diese Bedingung als gültig angesehen, so kann aus Gl.(III.1.11) und Gl.(III.1.12) für die transversale elektrische und magnetische Feldstärke der Zusammenhang

$$\mathcal{E}_t = \pm j\,\vec{n}_z \times \mathcal{E}_t \;,\quad \mathcal{H}_t = \pm j\,\vec{n}_z \times \mathcal{H}_t \qquad \text{(VIII.1.1.28)}$$

---

[1] Moderne elektronische Rechner gestatten die Berechnung komplexwertiger Besselfunktionen komplexwertiger Argumente. Unter diesen Voraussetzungen braucht die obige Unterscheidung nicht durchgeführt werden.

234

angegeben werden. Wird die Lösung für die elektrische Feldstärke in Zylinderkoordinaten
zu

$$\mathcal{E}_t = E_r e^{j\varphi_1} \mathbf{n}_r + E_\varphi e^{j\varphi_2} \mathbf{n}_\varphi \qquad \text{(VIII.1.1.29)}$$

mit reellem E_r und E_φ angenommen, so ist

$$\pm j \, \mathbf{n}_z \times \mathcal{E}_t = [- E_\varphi e^{j\varphi_2} \mathbf{n}_r + E_r e^{j\varphi_1} \mathbf{n}_\varphi] e^{\pm j \pi/2}. \qquad \text{(VIII.1.1.30)}$$

Da beide Ausdrücke gleich groß sein müssen, folgt:

$$E_r = E_\varphi \, , \; \varphi_2 = \varphi_1 \pm \pi/2 \, . \qquad \text{(VIII.1.1.31)}$$

Das heißt, die Felder eines möglichen TEM-Typs sind zirkular polarisiert (vgl. Kapitel
V.5.1). Da aber die Grenzbedingungen für die elektrische Feldstärke fordern, daß auf
der Berandung des Resonators der tangentiale Anteil der elektrischen Feldstärke Null
wird, ergibt sich unter Berücksichtigung der zirkularen Polarisation der Felder, daß auch
der Normalanteil der Felder auf der Hülle Null wird. Das aber bedeutet, daß die elektrische Feldstärke, damit aber auch die magnetische Feldstärke, im gesamten Hohlraum identisch verschwindet, selbst wenn die Oberfläche des betrachteten Resonators mehrfach zusammenhängend ist.

Eine weitere Eigenschaft des TEM-Typs im koaxialen Wellenleiter, der mit isotropem
Medium gefüllt ist, ist, daß die untere Grenzfrequenz für die Wellenausbreitung die
Frequenz Null ist. Da aber auch der ferritgefüllte, koaxiale Wellenleiter in der Lage
sein muß, bei der Frequenz Null eine Energieübertragung zu gewährleisten, liegt die
Vermutung nahe, daß die Feldtypen, die im isotropen Grenzfall in die TEM-Typen konvergieren, durch die Bedingung einer verschwindenden Determinante $K^4 - k_2^4 = 0$
(vgl. Gl.(III.1.14) und Gl.(III.1.15)) bei gleichzeitiger Existenz der longitudinalen
Feldkomponente beschrieben werden. Unter Berücksichtigung der longitudinalen Feldkomponenten führt diese Bedingung aber auf die von Chambers /166/ als isoforme Feldtypen bezeichneten Feldverteilungen, die nach einer Untersuchung von Gerosa /202/
nur die triviale Lösung verschwindender Felder zulassen.

Aus den oben diskutierten Gründen müssen die Lösungen für die Grenz-TEM-Typen als
Lösungen in der Eigenwertgleichung (VIII.1.1.25) enthalten sein. Die Lösungen müssen
einige Forderungen erfüllen, die hier zusammengestellt werden sollen:

1. Die Feldverteilungen des Grenz-TEM-Typs müssen vom Azimutwinkel φ unabhängig sein.

2. Die Eigenwerte $x_{1,2}^2$ des Grenz-TEM-Typs müssen im isotropen Grenzfall gegen Null konvergieren. Der Grenz-TEM-Typ darf keine untere Grenzfrequenz besitzen.

3. Die E_z- und die H_z-, sowie die E_φ- und die H_r-Komponente müssen im isotropen Grenzfall verschwinden.

Es zeigt sich, daß der axialsymmetrische Schwingungstyp mit der kleinsten Eigenfrequenz (das ist der $GTEM_1$-Typ, der Index 1 bezieht sich auf p = 1 , vgl. Gl.(VIII.1.1.24)) die geforderten Bedingungen erfüllt. Bei der Auswertung der Eigenwertgleichung ergibt sich, daß ausgehend vom isotropen Grenzfall der Eigenwert x_1^2 zunächst positive, der Eigenwert x_2^2 negative Werte annimmt. Beide Eigenwerte konvergieren für $H_o^i \rightarrow \infty$ gegen den Wert Null. Bild VIII.1.1.6 zeigt den Verlauf der Feldkomponenten der elektrischen und der magnetische Feldstärke in Abhängigkeit vom Achsenabstand r für eine Vormagnetisierungsfeldstärke H_o^i = 4 kA/cm und einen Resonator mit den Abmessungen r_i = 0.5 cm, r_a = 1.0 cm, l = 0.5 cm. Es zeigt sich deutlich, daß die E_z-, H_z-, E_φ- und H_r-Komponente wesentlich kleiner als die H_φ- und E_r-Komponente sind. Es läßt sich auch zeigen, daß die genannten vier Feldkomponenten für größere Vormagnetisierungsfeldstärken verschwinden und daß im isotropen Grenzfall nur die H_φ- und die E_r-Komponente auftreten [1].

Wie aus den Feldgleichungen Gl.(VIII.1.1.22) und Gl.(VIII.1.1.23) zu erkennen ist, sind die Felder des Grenz-TEM-Typs wie die magnetischen Felder des E-Typs elliptisch polarisiert. In Bild VIII.1.1.7 ist der Einfluß der E_z- und der E_φ-Komponente auf die Feldlinienbilder der elektrischen Feldstärke für einen Wert der Vormagnetisierungsfeldstärke H_o^i = 600 A/cm zu erkennen. Zur Zeit t = 0 (t = T) ergibt sich in der Transversalebene das vom isotropen Grenzfall her gewohnte Bild des radialen elektrischen Feldes, da in diesem Augenblick die E_φ-Komponente Null ist. Zusätzlich tritt allerdings eine E_z-Komponente auf. Zur Zeit t = T/8 ergibt sich ein Einfluß der E_φ-Komponente auf den transversalen Feldverlauf, so daß sich die gekrümmten Feldlinien ergeben. Die Feldlinien stehen aber weiterhin, wie im isotropen Resonator, senkrecht auf der Wand-

---

[1] In allen Bildern, die die Feldverläufe über dem Radius darstellen, sind die bezogenen Feldgrößen ohne Berücksichtigung der gegenseitigen Phasenlage aufgetragen. Die Verläufe ergeben deshalb nur einen Amplitudenvergleich für die einzelnen Feldanteile in einem bestimmten Achsenabstand r.

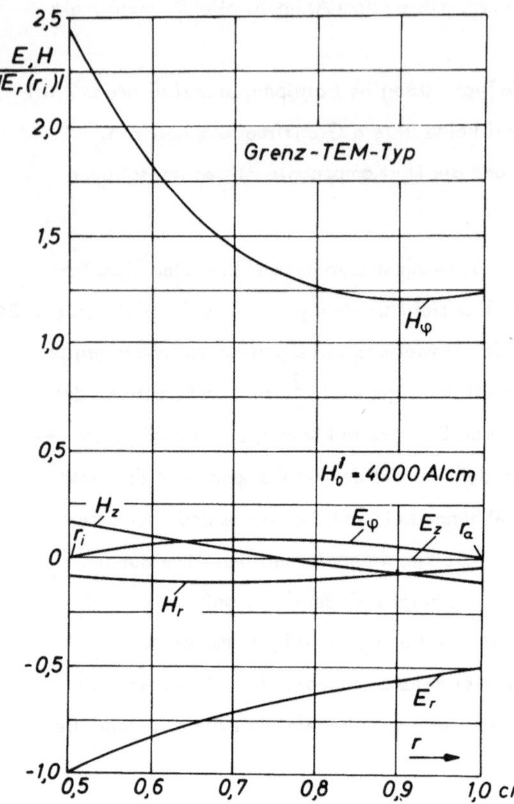

Bild VIII.1.1.6: Verlauf der Feldanteile des Grenz-TEM-Typs eines ferritgefüllten, koaxialen Resonators in Abhängigkeit vom Achsenabstand r, Obertyp, Material R5.

oberfläche. Zur Zeit $t = T/4$ verschwindet die radiale elektrische Feldkomponente und das elektrische Feld hat rein azimutale Richtung. Im Übergang von der radialen zur azimutalen Richtung ziehen sich die Feldlinien um den Innenleiter herum und können sich spiralförmig mehrmals um den Innenleiter winden. In den folgenden Zeitpunkten bildet sich die besprochene Feldverteilung mit entgegengesetztem Vorzeichen zurück.

Werden die Feldlinien der magnetischen Feldstärke in Bild VIII.1.1.8 betrachtet, so weichen sie stark vom Feldlinienbild im isotropen Resonator ab. Im Zeitpunkt $t = 0$ ($t = T$) besitzt die magnetische Feldstärke eine H_z- und eine H_r-Komponente. Die H_z-Komponente ist von gleicher Größenordnung wie die H_r-Komponente, so daß die Felder keine transversale Charakteristik mehr haben, es ergibt sich ein starker Einfluß der H_z-Komponente auf den Feldverlauf. Zur Zeit $t = T/8$ tritt die überwiegende H_φ-Komponente in den Vordergrund, die Felder verlaufen in der Projektion auf die Deckelflächen des Resonators spiralförmig vom Innen- zum Außenleiter. Der gesamte Feldverlauf aber ist wesentlich komplizierter und läßt sich im Schnitt nur sehr schlecht darstellen. Bild

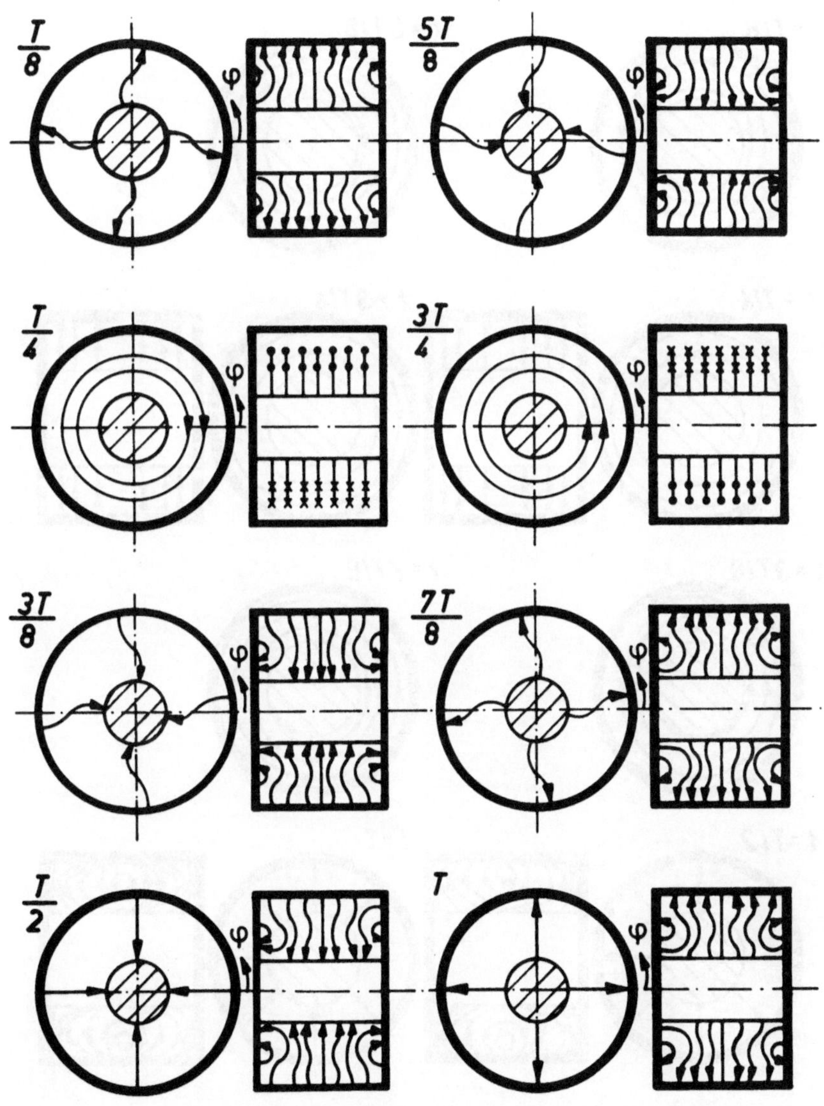

Bild VIII.1.1.7: Feldlinienbilder der elektrischen Feldstärke des GTEM-Typs in einem koaxialen Resonator als Funktion der Zeit t. Untertyp.

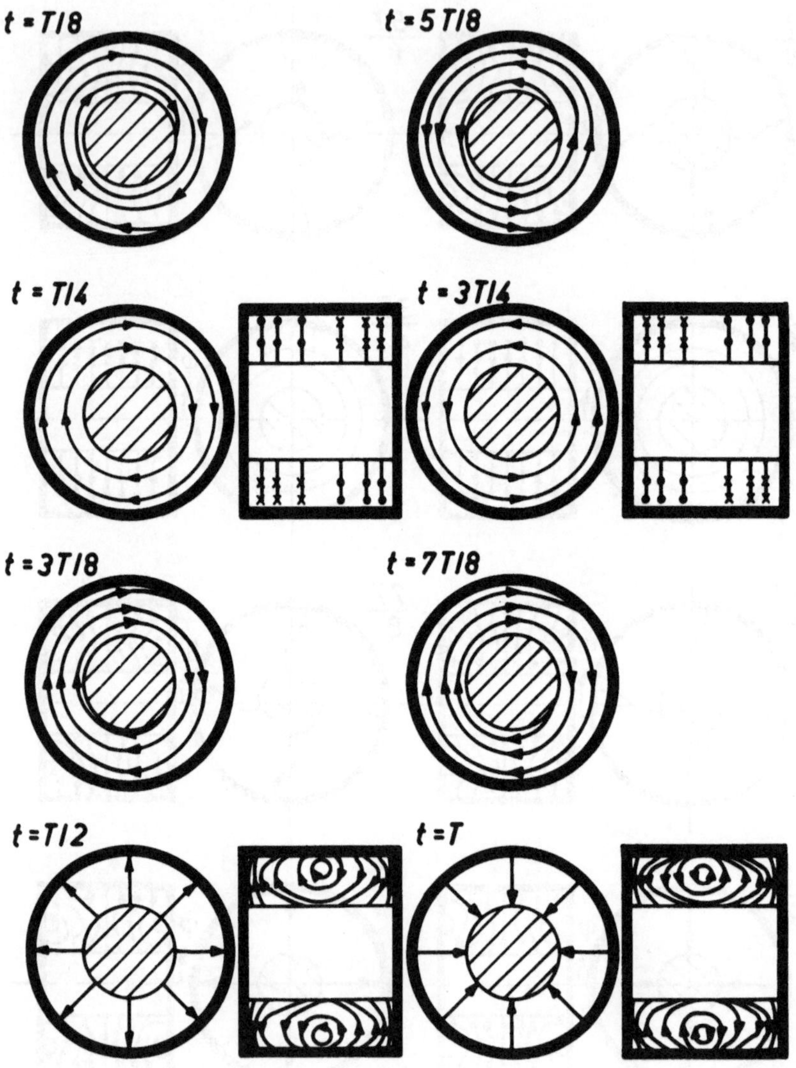

Bild VIII.1.1.8: Feldlinienbilder der magnetischen Feldstärke des GTEM-Typs in einem koaxialen Resonator als Funktion der Zeit t. Untertyp.

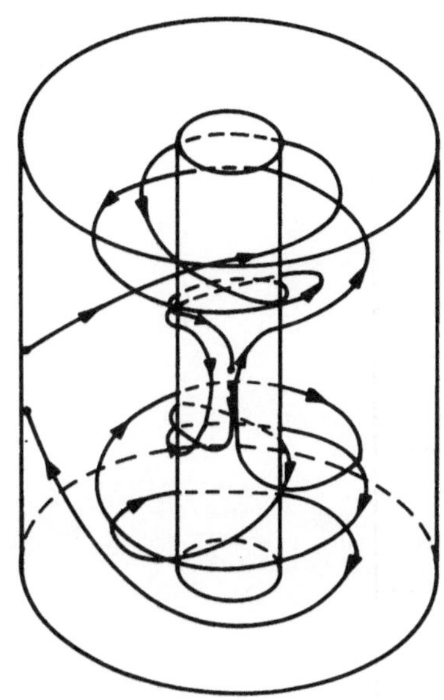

Bild VIII.1.1.9: Perspektivische Darstellung des
Feldlinienverlaufs der magnetischen
Feldstärke in einem koaxialen Reso-
nator, GTEM-Untertyp zur Zeit
$t = T/8$.

VIII.1.1.9 zeigt einige charakteristische Feldlinienverläufe.

Im Grenzfall kleinen Radius' r_i zeigt sich, daß das Feld konzentriert am Innenleiter auftritt. Wird dagegen der Grenzfall betrachtet, daß der Innenradius von der Grössenordnung des Außenradius ist, so zeigt sich, daß die auftretenden Feldkomponenten fast konstant über dem gesamten Feldbereich ($r_i \leq r \leq r_a$) bleiben (Bild VIII.1.1.10)). Es ist ferner zu erkennen, daß die Feldkomponenten E_φ, E_z und H_z sowie H_r verschwindend klein gegenüber den restlichen Feldkomponenten E_r und H_φ sind. Der schwache Abfall der Felder mit dem Radius

gehorcht fast exakt der Proportionalität zu $1/r$. Das bedeutet: Im Grenzfall verschwindender Differenz zwischen Innen- und Außenleiter können die Felder im Innern des Resonators (für den GTEM-Typ) durch einen TEM-Typ angenähert werden. Damit kann der GTEM-Typ für kleine Werte der Differenz von Außen- und Innenradius durch die von Suhl und Walker /337/ angegebene Lösung eines Quasi-TEM-Typs zwischen zwei ebenen, unendlich ausgedehnten Platten angenähert werden. Diese Aussage gilt unter der oben gemachten Voraussetzung für die Radien für beliebige Werte der Vormagnetisierungsfeldstärke außerhalb der gyromagnetischen Resonanz des Ferritmaterials. Von derselben Lösung kann bei beliebigen Radien Gebrauch gemacht werden, falls der isotrope Grenzfall angenähert wird. Notwendige und hinreichende Bedingung dafür, daß der GTEM-Typ durch den Quasi-TEM-Typ nach Suhl und Walker /337/ ersetzt werden darf, ist, daß

$$|S_1||r_a - r_i| \ll 1, \quad |S_2||r_a - r_i| \ll 1 \qquad \text{(VIII.1.1.32)}$$

ist (vgl. die Diskussion in /150/, /151/, /380/, /381/ und die Ergebnisse in Ta-

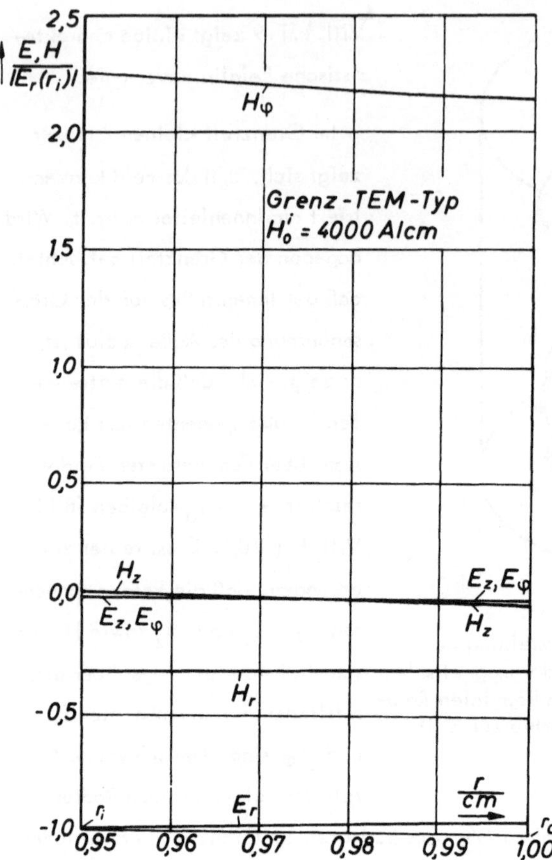

Bild VIII.1.1.10: Verlauf der Feldanteile des GTEM-Typs in einem koaxialen Resonator in Abhängigkeit vom Achsenabstand r. Obertyp.

belle VIII.1.1.1). In Tabelle VIII.1.1.1 ist die Größenordnung des Fehlers, der bei Verwendung dieses Näherungsverfahrens gemacht wird, aufgetragen und zwar für zwei Werte der Vormagnetisierungsfeldstärke sowie verschiedene Radienverhältnisse. Es zeigt sich, daß für eine relativ große Vormagnetisierungsfeldstärke (H_o^i = 4 kA/cm) der Fehler bei der Berechnung trotz großer Differenz von Innen- und Außendurchmesser klein bleibt (isotroper Grenzfall), daß er aber bei kleineren Vormagnetisierungsfeldstärken groß werden kann. Der Fehler bleibt aber bei kleinen Leiterabständen für beliebige Werte der Vormagnetisierungsfeldstärke klein. Die angegebenen Fehler beziehen sich auf die Berechnung der Eigenfrequenzen. Trotz guter Annäherung der Eigenfrequenzen durch die Theorie der ebenen Wellen kann nicht immer erwartet werden, daß die Feldverteilungen im Resonator eine ähnlich gute Annäherung erfahren (vgl. Kapitel VII.2.6).

r_i/cm	r_a/cm	l/cm	$H_o^i/\mathrm{kA/cm}$	$s_1 r_a$	$s_2 r_a$	μ_{eff1}	Fehler/%
0.1	1.0	0.5	4.0	2.056	j2.309	1.326	1.240
0.5	1.0	0.5	4.0	2.178	j2.226	1.327	0.595
0.9	1.0	0.5	4.0	2.280	j2.151	1.328	0.029
0.93	1.0	0.5	4.0	2.283	j2.149	1.328	0.017
0.95	1.0	0.5	4.0	2.284	j2.148	1.328	0.011
0.98	1.0	0.5	4.0	2.285	j2.148	1.328	0.006
0.1	1.0	0.5	0.4	3.125	j5.047	0.746	18.210
0.5	1.0	0.5	0.4	3.872	j4.460	0.779	8.520
0.9	1.0	0.5	0.4	4.546	j3.731	0.807	0.275
0.93	1.0	0.5	0.4	4.559	j3.713	0.807	0.151
0.95	1.0	0.5	0.4	4.566	j3.710	0.807	0.093
0.98	1.0	0.5	0.4	4.571	j3.698	0.807	0.040

Tabelle VIII.1.1.1: Prozentualer Fehler, der bei der Berechnung der Eigenfrequenzen auftritt, falls die Theorie des Quasi-TEM-Typs nach Suhl und Walker /337/ benutzt wird.

VIII.1.1.1c DIE Z-ABHÄNGIGEN EH- UND HE-TYPEN

Neben dem GTEM-Typ existieren weitere von der z-Koordinate abhängige Schwingungstypen vom EH- bzw. HE-Typ. Die Eigenfrequenzen dieser Feldtypen bestimmen sich aus der Eigenwertgleichung (VIII.1.1.25), die Feldanteile gehorchen Gl.(VIII.1.1.22) und Gl.(VIII.1.1.23). Bild VIII.1.1.11 zeigt die Auswertung der Eigenwertgleichung für einenen Resonator mit dem Innenradius $r_i = 0,3$ cm, dem Außenradius $r_a = 0,45$ cm und einer Länge $l = 0,5$ cm. Die Materialparameter des verwendeten Materials (R5 der Firma Indiana General, USA) waren $M_s = 1030$ A/cm, $\varepsilon_r = 11,3$ und $g = 1,97$. Für diesen Resonator ist der Grundtyp aller Schwingungstypen der GTEM$_1$-Typ (siehe Kapitel VIII.1.1.1b), also der niedrigste, axialsymmetrische, z-abhängige Schwingungstyp. Je nach Dimensionierung des Resonators (z.B. sehr kleine Länge l) kann aber auch der z-unabhängige Grundtyp E_{010} (Reihenfolge der Indizes φ-, r-, z-Abhängigkeit) als Grundtyp des Resonators auftreten. Der Schwingungstyp mit der nach dem GTEM$_1$-Typ nächsthöheren Eigenfrequenz ist der HE$_{-111}$- bzw. HE$_{+111}$- Typ, also der Schwingungstyp, der im isotropen Grenzfall in den H$_{111}$-Typ konvergiert. Wie aus Bild VIII.1.1.11

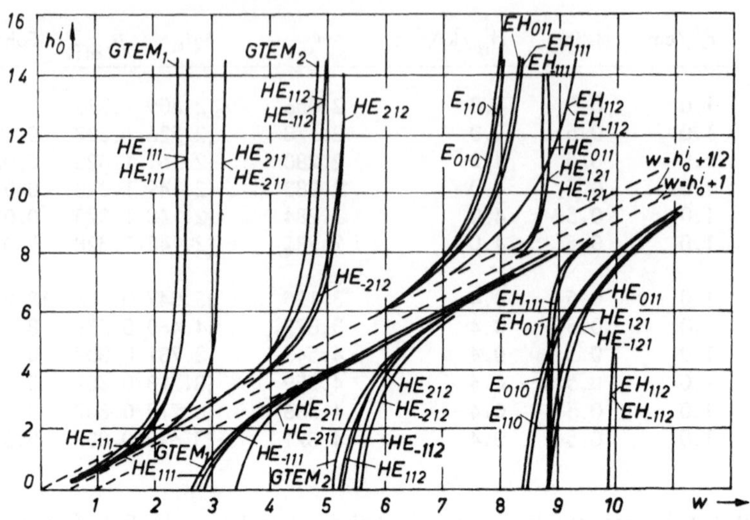

Bild VIII.1.1.11: Abstimmkurven für den koaxialen, ferritgefüllten Resonator. Aufgetragen ist die normierte Vormagnetisierungsfeldstärke h_o^i über der normierten Frequenz w (vgl. Gl.(I.3.1) und Gl.(I.3.3)). Resonatorabmessungen: r_i = 0,3 cm, r_a = 0,45 cm, l = 0,5 cm. Material R5.

zu erkennen ist, spaltet die Eigenfrequenz des H_{111}-Typs des isotropen Resonators in die Eigenfrequenzen des HE_{+111}- und des HE_{-111}-Typs auf, falls die Vormagnetisierungsfeldstärke ausgehend vom isotropen Grenzfall ($H_o^i \to \infty$) erniedrigt wird. Eine derartige Aufspaltung der Eigenfrequenz kann für alle vom Azimutwinkel abhängigen Schwingungstypen festgestellt werden, wenn sie gleichzeitig von der z-Koordinate abhängig sind. Die physikalische Bedeutung dieser Aufspaltung soll weiter unten diskutiert werden. Alle Abstimmkurven der verschiedenen Schwingungstypen haben zwei Bereiche, die Ober- und die Untertypen, wie dies bereits in Kapitel VII.1 angedeutet wurde. Die Abstimmkurven sowohl der Unter- als auch der Obertypen verlaufen weitgehend außerhalb des Spinwellenspektrums, doch muß beachtet werden, daß in den Bereichen außerhalb des Spinwellenspektrums die Steilheit der Abstimmkurven im Feldstärke-Frequenz-Diagramm sehr groß ist. Das bedeutet, mit einer großen Änderung der Vormagnetisierungsfeldstärke kann nur eine kleine Änderung der Eigenfrequenz erreicht werden. Neben den Ober- und Untertypen tritt noch eine weitere Gruppe von Eigenlösungen auf, für die die Eigenwerte x_1^2 und x_2^2 jeweils negativ sind. Diese Gruppe der QM-Typen (quasimagnetostatische Typen, vgl. z.B./435/,/436/) ist technisch uninteressant, da sie im Bereich bzw. nahe dem

Bereich der Spinwellenentartung liegen. Diese Schwingungstypen sind deshalb stark bedämpft und können nur schwer angeregt werden.

Da der GTEM-Typ bereits im vorigen Kapitel ausführlich behandelt wurde, soll jetzt auf die Eigenschaften des HE_{+111}- bzw. HE_{-111}-Typs etwas näher eingegangen werden. Dieser Schwingungstyp ist, abgesehen vom GTEM-Typ, der z-abhängige Schwingungstyp mit der kleinsten Eigenfrequenz. Tritt der GTEM-Typ nicht auf, z.B. im kreiszylindrischen Resonator ohne Innenleiter (siehe Kapitel VIII.1.1.2), so ist er der Grundtyp der z-abhängigen Schwingungen. Betrachtet werden also die Schwingungstypen, die im isotropen Grenzfall in den H_{111}-Typ konvergieren. Wie bereits oben angedeutet, beschreiben die Indizes 111 die φ-, r- z-Abhängigkeit der Felder. Der erste Index 1 gibt also an, daß sich die Felder in azimutaler Richtung mit einer Winkelperiode von 2π wiederholen. Das heißt, die Winkelabhängigkeit der Felder im isotropen Resonator wird durch eine Cosinus- bzw. Sinusfunktion mit der Periode 2π beschrieben. Nun lassen sich solche Feldverteilungen im isotropen Resonator aus der Überlagerung zweier Felder darstellen, die dieselbe räumliche Verteilung wie der H_{111}-Typ besitzen, deren Feldlinienbild sich aber mit einer konstanten Winkelgeschwindigkeit einmal im mathematisch positiven und zum andern im mathematisch negativen Sinn um die z-Achse dreht. Die Überlagerung dieser beiden Drehfelder ergibt im isotropen Resonator immer ein stehendes Feldlinienbild. Das heißt, daß sich in einem isotropen Medium aus der Überlagerung zweier in azimutaler Richtung fortschreitender Wellen eine stehende Welle ergibt. Im anisotropen Medium finden die beiden in azimutaler Richtung fortschreitenden Wellen aber je nach ihrer Ausbreitungsrichtung (positive oder negative φ-Richtung) verschiedene Materialverhältnisse vor, so daß sich für die in positiver und negativer Azimutwinkelrichtung fortschreitenden Wellen jeweils verschiedene Feldverhältnisse ergeben. Das bedeutet: Im anisotropen Medium ist die Überlagerung der fortschreitenden Wellen zu einer stehenden Welle nicht mehr möglich. Das heißt, daß das Feld des H_{111}-Typs, wie es vom isotropen, koaxialen Resonator her bekannt ist, bei endlicher Größe der Vormagnetisierungsfeldstärke in die Felder zweier verschiedener, sich in azimutaler Richtung ausbreitender Wellen aufspaltet. Diese beiden, in azimutaler Richtung fortschreitenden Wellen werden durch den Faktor $e^{in\varphi} \cdot e^{i\omega t}$ in Gl. (VIII.1.1.22) und Gl. (VIII.1.1.23) beschrieben. Je nach Vorzeichen von n ergibt sich eine in positiver $(-|n|)$ oder negativer $(+|n|)$ φ-Richtung umlaufende Welle. Die Umlaufwinkelgeschwindigkeit ist konstant gleich $\omega/(\pm|n|)$.

Wie die angegebenen Feldgleichungen weiterhin zeigen, ergeben sich in z-Richtung, wie im isotropen Resonator, stehende Wellen. Entsprechend der Aufspaltung der Felder ergibt sich auch die schon oben beschriebene Aufspaltung der Eigenfrequenzen des Resonators. Die isotrope Grenzfrequenz des H_{111}-Typs spaltet bei Erniedrigung der Vormagnetisierungsfeldstärke in die zwei Eigenfrequenzen der verschiedenen Schwingungs- (besser Wellen-) Typen HE_{+111} und HE_{-111} auf.

In Bild VIII.1.1.12 und Bild VIII.1.1.13 sind die Feldverteilungen und in Bild VIII.1.1.14 und Bild VIII.1.1.15 die Feldlinienverläufe des HE_{+111}- und des HE_{-111}-Typs aufgezeichnet, wie sich sich für eine Vormagnetisierungsfeldstärke von 4 kA/cm und einen fest gewählten Zeitpunkt t = 0 ergeben [1]. Die wirklichen Feldverteilungen ergeben sich aus den Feldlinienbildern, wenn man sich die gesamte Feldkonfiguration mit konstanter Winkelgeschwindigkeit um die z-Achse drehend denkt.

Die transversale Feldverteilung der elektrischen Feldstärke entspricht näherungsweise der Feldverteilung im isotropen Resonator, doch besitzt die elektrische Feldstärke hier eine z-Komponente, die sich besonders an den Enden des Resonators bemerkbar macht. Dort sind die Felder der elektrischen Feldstärke nicht mehr transversal. Der HE_{+111}- und der HE_{-111}-Typ unterscheiden sich in der elektrischen Feldstärke durch entgegengesetztes Vorzeichen in der transversalen Ebene und einen unterschiedlichen Verlauf an den Enden des Resonators. Die transversale Feldverteilung der magnetischen Feldstärke ist für die beiden Feldtypen deutlich unterschiedlich. Gegenüber dem Feldlinienverlauf im isotropen Resonator enden bei beiden Schwingungstypen magnetische Feldlinien auf dem Mantel des Resonators, da dort die magnetische Feldkomponente H_r nicht mehr verschwindet. Die Ursache dieser Eigenschaft wurde bereits im Kapitel VIII.1.1.1a untersucht. Der HE_{-111}-Typ besitzt im Gegensatz zum HE_{+111}-Typ zwei Nullstellen für die H_r-Komponente in Abhängigkeit vom Achsenabstand r (siehe Bild VIII.1.1.13). Das bedeutet, daß sich in der Transversalebene wieder zwei Quellinien ergeben, an denen die Feldlinien jetzt entgegen dem vorher untersuchten Fall des E-Typs (Kapitel VIII.1.1.1a) entweder in eine z-Richtung übergehen können oder neu erzeugt oder vernichtet werden.

---

[1] Wie bereits weiter vorne angegeben wurde, sind die Feldverteilungen die Darstellungen der reduzierten Feldgrößen ohne besondere Berücksichtigung der Phasenbeziehungen zwischen den einzelnen Anteilen. Die Feldlinienbilder stellen dagegen den Verlauf der wirklichen, physikalischen Felder dar.

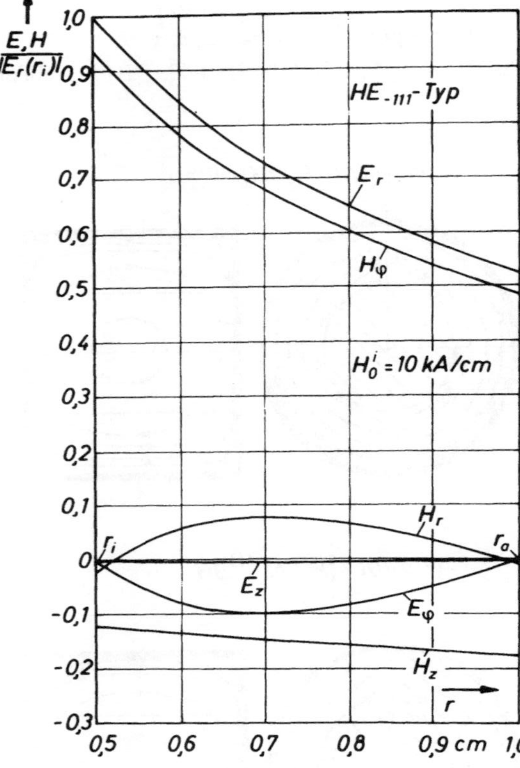

Bild VIII.1.1.12: Radiale Abhängigkeit der Feldkomponenten des HE_{+111}-Typs im koaxialen Resonator. Material R5.

Bild VIII.1.1.13: Radiale Abhängigkeit der Feldkomponenten des HE_{-111}-Typs im koaxialen Resonator. Material R5.

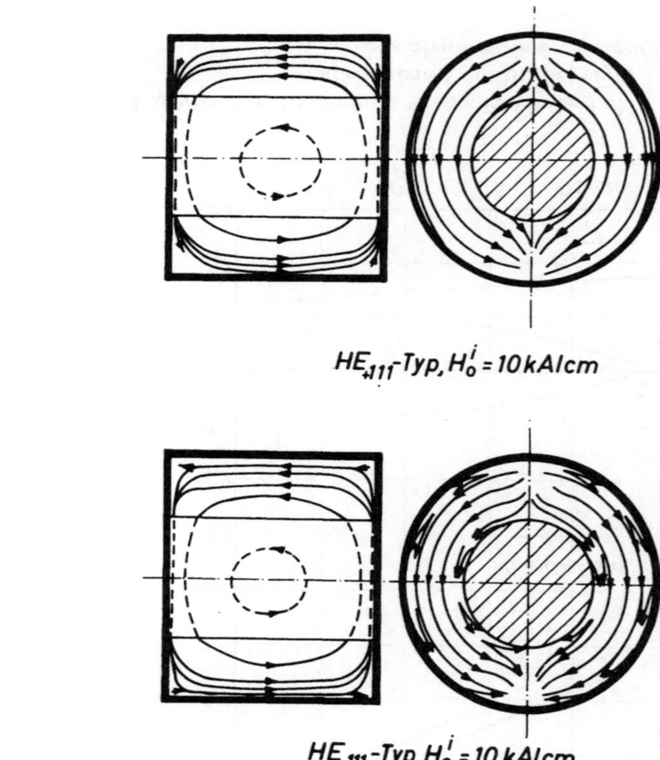

Bild VIII.1.1.14: Feldlinienbild der elektrischen Feldstärke des HE_{+111}- und HE_{-111}-Typs, Obertyp.

Bild VIII.1.1.15: Feldlinienbild der magnetischen Feldstärke des HE_{+111}- und HE_{-111}-Typs, Obertyp.

Wie entsteht aus den angegebenen Feldlinienbildern der in φ-Richtung umlaufenden Wellen im isotropen Grenzfall wieder das stehende Feldlinienbild des H_{111}-Typs? Es fällt auf, daß die Feldlinien der magnetischen Feldstärke im isotropen Grenzfall um neunzig Grad örtlich phasenverschoben gegenüber dem hier gezeigten Feldlinienverlauf auftreten. Das heißt, das Gebiet der transversalen Quellpunkte, an denen die transversalen magnetischen Felder in die z-Richtung übergehen, liegt im isotropen Resonator an der Stelle, an der die radiale elektrische Feldstärke verschwindet, z.B. /402/. Denkt man sich die durch die Anisotropie des Materials hervorgerufenen Feldänderungen (Bild VIII.1.1.14 und Bild VIII.1.1.15) beim Übergang zu größeren Feldstärken als nicht mehr vorhanden, so stimmt das Feldlinienbild des HE_{+111}- und des HE_{-111}-Typs bis auf die Richtung der Feldvektoren vollkommen überein. Werden zum Zeitpunkt $t = 0$, der bei der Darstellung der Feldlinienbilder gewählt wurde, die Felder überlagert, so verschwindet im isotropen Grenzfall die elektrische Feldstärke und die magnetischen Feldstärken addieren sich. Für größere Zeiten ($t > 0$) drehen sich die beiden Feldlinienbilder der Feldtypen in entgegengesetzter Richtung. Nach einer Zeit $t = T/4$, wenn T die Zeit für eine Winkeländerung von 2π ist, heben sich die magnetischen Felder auf und die elektrischen Felder addieren sich. Das heißt, die Felder im isotropen Grenzfall haben damit die räumliche und zeitliche Phasenverschiebung von neunzig Grad, wie sie vom Feldlinienbild des H_{111}-Typs im isotropen Resonator her bekannt sind.

Wird die magnetische Vormagnetisierungsfeldstärke erniedrigt, so nimmt die Anisotropie des Materials zu, dementsprechend treten die eben schon angedeuteten Änderungen in den Feldlinienbildern stärker in Erscheinung. Die Quellen des magnetischen Feldes machen sich stärker bemerkbar, d.h. es beginnen und enden mehr Feldlinien auf der Mantelfläche des Resonators und die Quellinien schieben sich mehr in das Innere des Resonatorbereichs. Der HE_{+111}-Typ und der HE_{-111}-Typ unterscheiden sich bezüglich der elektrischen Feldstärke dadurch, daß der HE_{+111}-Typ eine E_φ-Komponente besitzt, die mit kleiner werdender Vormagnetisierungsfeldstärke stetig kleiner wird und bei einer bestimmten Vormagnetisierungsfeldstärke oberhalb der gyromagnetischen Resonanz einen Vorzeichenwechsel durchläuft. Die E_φ-Komponente des HE_{-111}-Typs wird dagegen mit fallender Vormagnetisierungsfeldstärke größer.

Unterhalb der gyromagnetischen Resonanz sind die Feldverteilungen relativ kompliziert. Zunächst haben die Komponenten der elektrischen Feldstärke ihr Vorzeichen so geändert, daß das Feldlinienbild des HE_{+111}-Typs unterhalb der gyromagnetischen Resonanz in etwa dem Feldlinienbild des HE_{-111}-Typs oberhalb der Resonanz entspricht und

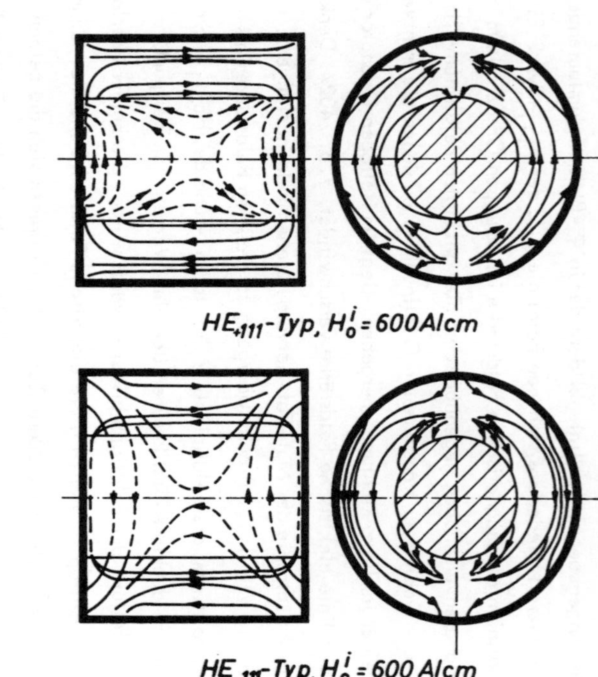

Bild VIII.1.1.16: Feldlinienbilder der elektrischen Feldstärke des HE_{+111}- und HE_{-111}-Typs, Untertyp.

Bild VIII.1.1.17: Feldlinienbilder der magnetischen Feldstärke des HE_{+111}- und HE_{-111}-Typs, Untertyp.

umgekehrt. Außerdem kann festgestellt werden, daß die magnetische Feldkomponente H_r für beide Feldtypen zwei Nulldurchgänge in Abhängigkeit vom Achsenabstand r annimmt. Zusätzlich hat aber auch die z-Komponente der magnetischen Feldstärke einen Nulldurchgang, so daß die Feldlinienbilder der magnetischen Feldstärke relativ kompliziert werden (Bild VIII.1.1.16 und Bild VIII.1.1.17). Der dargestellte Feldlinienverlauf bleibt unterhalb der gyromagnetischen Resonanz in Abhängigkeit von der Vormagnetisierungsfeldstärke im wesentlichen erhalten.

VIII.1.1.1d DIE QUASIISOTROPE NÄHERUNG

Für die einzelnen Schwingungstypen können Näherungslösungen gefunden werden, wenn von dem Verfahren der quasiisotropen Approximation Gebrauch gemacht wird. Wie schon in Kapitel III.1d gezeigt wurde, ergeben sich in der Umgebung der isotropen Grenzfrequenz, das heißt, für große magnetische Gleichfeldstärken, für die Eigenwerte $x_{1,2}^2$ die Näherungen nach den Gln.(III.1.60) und (III.1.61). Ferner wurde in Kapitel III.1d gezeigt, daß der Eigenwert x_1^2 sinnvoll den EH-Typen zugeordnet werden kann, während der Eigenwert x_2^2 den HE-Typen zugehört. Außerdem wurde bereits in Kapitel IV.2 darauf hingewiesen, daß im isotropen Grenzfall die Differentialgleichungen für die E_z- und H_z- (bzw. F_z- und G_z-) Komponenten entkoppelt werden. Nach Gl.(IV.2.3) und Gl.(IV.2.4) lassen sich die Feldkomponenten für große Werte der Vormagnetisierungsfeldstärke aus

$$\nabla_t^2 G_z + \left(k^2 - \frac{1}{\mu_1}\beta^2\right)G_z = 0,$$
$$\nabla_t^2 F_z + \left(k^2\mu_{eff1} - \beta^2\right)F_z = 0 \qquad (VIII.1.1.33)$$

bestimmen. Das bedeutet zunächst einmal, daß die F_z- und die G_z-Komponenten unabhängig voneinander auftreten. Die Felder der quasiisotropen Approximation sind also nicht mehr vom EH- oder HE-Typ, sondern nur noch vom E- bzw. H-Typ.

Aus den F_z- und G_z-Komponenten können die restlichen Feldanteile der E-Typen näherungsweise mit Hilfe der Gleichungen (vgl. Gl.(III.1.64) bzw. Gl.(III.1.67) sowie Gl.(VIII.1.1.7) und Gl.(VIII.1.1.8)):

$$\mathfrak{F}_t = -j\,\vec{\overleftrightarrow{V}}_\infty \cdot \mathrm{grad}_t\, F_z , \qquad\qquad\qquad \text{(VIII.1.1.34)}$$

$$\mathfrak{J}_t = \vec{\overleftrightarrow{W}}_\infty \cdot \mathrm{grad}_t\, F_z$$

und für die H-Typen mit Hilfe der Gleichungen:

$$\mathfrak{F}_t = \vec{\overleftrightarrow{U}}_\infty \cdot \mathrm{grad}_t\, G_z , \qquad\qquad\qquad \text{(VIII.1.1.35)}$$

$$\mathfrak{J}_t = j\,\vec{\overleftrightarrow{S}}_\infty \cdot \mathrm{grad}_t\, G_z$$

berechnet werden. Die Matrizen haben die in Gl.(III.1.65) und Gl.(III.1.66) sowie Gl.(III.1.68) und Gl.(III.1.69) angegebene Bedeutung. Die Differentialgleichungen (VIII.1.1.33) haben die Lösungen:

$$G_z = \left\{ A_n Z_n\left(\sqrt{|a|}\cdot r\right) + B_n Y_n\left(\sqrt{|a|}\, r\right)\right\} \left\{ \begin{matrix} \cos(n\varphi) \\ \sin(n\varphi) \end{matrix} \right\} ,$$

$$\text{(VIII.1.1.36)}$$

$$F_z = \left\{ C_n Z_n\left(\sqrt{|b|}\, r\right) + D_n Y_n\left(\sqrt{|b|}\, r\right)\right\} \left\{ \begin{matrix} \cos(n\varphi) \\ \sin(n\varphi) \end{matrix} \right\} .$$

a und b sind die Größen:

$$a = \left(k^2 - \frac{1}{\mu_1}\beta^2 \right), \quad b = \left(k^2 \mu_{eff\,1} - \beta^2 \right) . \qquad \text{(VIII.1.1.37)}$$

Aus der Winkelabhängigkeit der Lösungen nach Gl.(VIII.1.1.36) ist zu erkennen, daß die quasiisotrope Näherung keine Unterscheidung zwischen rechts- und linksdrehenden Feldtypen mehr gestattet. Die Gleichungen beschreiben hier, wie im isotropen Material, stehende Feldverteilungen. Werden aus den Lösungen für die Komponenten F_z und G_z nach Gl.(VIII.1.1.36) mit Hilfe von Gl.(VIII.1.1.34) und Gl.(VIII.1.1.35) die restlichen Feldanteile bestimmt und die Grenzbedingungen eingesetzt, so ergibt sich die Eigenwertgleichung dieser Näherung für die E-Typen (als Näherung für die EH-Typen) zu:

$$Z_n\left(\sqrt{|b|}\, r_i\right) Y_n\left(\sqrt{|b|}\, r_a\right) - Z_n\left(\sqrt{|b|}\, r_a\right) Y_n\left(\sqrt{|b|}\, r_i\right) = 0 \quad \text{(VIII.1.1.38)}$$

und für die H-Typen (als Näherung für die HE-Typen) zu:

$$Z'_n(\sqrt{|a|}\, r_i)\, Y'_n(\sqrt{|a|}\, r_a) - Z'_n(\sqrt{|a|}\, r_a)\, Y'_n(\sqrt{|a|}\, r_i) = 0. \qquad \text{(VIII.1.1.39)}$$

Diese Näherung für die Eigenwertgleichung ist wesentlich einfacher auszuwerten als die exakte Eigenwertgleichung (VIII.1.1.25). Es zeigt sich, daß die Näherungslösungen für die Eigenfrequenzen weitgehend gut mit den exakten Lösungen übereinstimmen. Diese Aussage gilt sowohl für die Obertypen, für die die quasiisotrope Approximation auf Grund der oben gemachten Voraussetzungen gerechtfertigt ist, als auch für die Untertypen. Die Näherung kann noch verbessert werden, wenn an Stelle der Werte a und b nach Gl. Gl.(VIII.1.1.37) die Eigenwerte x_1^2 bzw. x_2^2 eingesetzt werden. Die gemachte Näherung liefert nur für die Eigenfrequenzen des Resonators eine gute Übereinstimmung mit den Lösungen der vollständigen, exakten Eigenwertgleichung. Es kann nicht erwartet werden, daß die Feldverteilungen der quasiisotropen Approximation eine ähnlich gute Übereinstimmung mit den exakten Lösungen liefern, was schon daraus zu ersehen ist, daß die Eigenschaft der Drehfelder nicht beschrieben wird.

VIII.1.1.2 DER ABGESCHLOSSENE KREISZYLINDRISCHE RESONATOR

Der abgeschlossene, kreiszylindrische Resonator, der vollständig mit Ferritmaterial gefüllt ist, kann nicht als Spezialfall des koaxialen Resonators betrachtet werden. Für den Fall eines verschwindenden Durchmessers des Innenleiters geht der koaxiale Resonator nicht in den kreiszylindrischen Resonator über, da für diesen Grenzfall an der Stelle $r = 0$ keine elektrische Feldstärke in z-Richtung existieren kann. Der Grenzübergang $r_i \rightarrow 0$ kann nicht in den Gleichungen des Kapitels VIII.1.1.1 vorgenommen werden, da im Grenzfall $r_i \rightarrow 0$ die Zylinderfunktion zweiter Art (Neumannfunktion) eine Polstelle besitzt. Das bedeutet, daß bei verschwindendem Innenleiter diese Funktion als Lösung ausgeschlossen werden muß. Damit gelten andere Feldgleichungen für den Resonator ohne Innenleiter, als sie aus der Grenzwertbetrachtung des koaxialen Resonators erhalten werden. Da aber doch eine große Ähnlichkeit der auftretenden Feldgleichungen vorhanden ist, sollen die Zusammenhänge hier nur kurz zusammengestellt werden.

VIII.1.1.2a DIE Z-UNABHÄNGIGEN SCHWINGUNGSTYPEN

Betrachtet wird ein kreiszylindrischer Resonator vom Radius r_o, der vollständig mit Ferritmaterial gefüllt ist. Das verlustlose Ferritmaterial sei in Zylinderachsenrichtung (z-Richtung) vormagnetisiert. Werden für diesen Resonator die Feldgleichungen der z-unabhängigen Schwingungstypen untersucht, so ergibt sich wie beim koaxialen Resonator der Zusammenhang Gl.(VIII.1.1.9) und Gl.(VIII.1.1.10) für die auftretende E_z-Komponente und die transversale magnetische Feldstärke. Außer dem elektrischen Feld in z-Richtung und dem transversalen magnetischen Feld treten keine weiteren Feldkomponenten auf, die Felder sind also wieder nur vom E-Typ. Ein H-Typ kann auf Grund der z-Unabhängigkeit der Felder nicht existieren. Lösung der Differentialgleichung (VIII.1.1.9) ist für den kreiszylindrischen Resonator die Funktion

$$E_z = A_n Z_n(k_1 r) \left\{ \begin{matrix} \cos(n\varphi) \\ \sin(n\varphi) \end{matrix} \right\} . \qquad \text{(VIII.1.1.40)}$$

Z_n ist für positive Werte von μ_{eff1} wieder die Zylinderfunktion erster Art und für negative Werte von μ_{eff1} die modifizierte Zylinderfunktion erster Art. k_1 wird durch $k_1 = k(|\mu_{eff1}|)^{1/2}$ beschrieben. Die Eigenwertgleichung des Resonators ergibt sich sofort aus der Grenzbedingung für die E_z-Komponente am Außenrand ($r = r_o$) des Resonators zu:

$$J_n(k_1 r_0) = 0 \, , \quad \mu_{eff1} > 0 \, . \qquad \text{(VIII.1.1.41)}$$

Die Lösungen für negative Werte von μ_{eff1} können ausgeschlossen werden, da die modifizierte Zylinderfunktion erster Art keine Nullstellen besitzt. Lösungen des betrachteten Eigenwertproblems liegen also immer im Bereich positiver Werte von μ_{eff1}. Wird mit y_{nm} die m-te Nullstelle der Bessel-Funktion n-ter Ordnung bezeichnet, so können entsprechend den Berechnungen der Gln.(VIII.1.1.13) bis (VIII.1.1.16) auch für den kreiszylindrischen Resonator die Abstimmkurven durch die Beziehung

$$y = x_m \left[\frac{1}{2(1-x^2)} - 1 \right] + \sqrt{ x_m^2 \left[\frac{1}{2(1-x^2)} \right]^2 + x^2 } \qquad \text{(VIII.1.1.42)}$$

beschrieben werden. Da die Abstimmkurven nur im Bereich positiver μ_{eff1}-Werte liegen können, fällt das doppelte Vorzeichen, das in Gl.(VIII.1.1.17) für die beiden möglichen Bereiche $\mu_{eff1} > 0$ und $\mu_{eff1} < 0$ angegeben wurde, hier fort. Der Verlauf der Abstimmkurven wurde bereits in den Bildern VIII.1.1.2 und VIII.1.1.3 mit x_m als Parameter dargestellt, wobei x_m eine die Materialparameter beschreibende Größe ist.

In Bild VIII.1.1.18 ist der Feldverlauf des E_{010}-Typs für eine Vormagnetisierungsfeldstärke von H_o^i = 10 kA/cm, also einen Obertyp (Resonanzfrequenz 10 GHz), aufgezeichnet. Die Feldverteilung in Abhängigkeit von der Zeit t entspricht im wesentlichen derjenigen des E_{010}-Typs im koaxialen Resonator. Auf Grund des nicht vorhandenen Innenleiters nimmt die elektrische Feldstärke ihr Maximum in der Achse des Zylinders an. Damit verschiebt sich auch die beim koaxialen Resonator auftretende Quellinie der magnetischen Feldstärke. Die Quellinie schrumpft in der transversalen Ebene zu einem Quellpunkt zusammen. In allen anderen Einzelheiten entspricht der Feldverlauf dem in Bild VIII.1.1.5 gezeigten Verlauf im koaxialen Resonator, so daß hier nicht näher darauf eingegangen zu werden braucht. Unterhalb der gyromagnetischen Resonanz (Untertyp) ändert sich das Feldlinienbild nur insofern, als die H_r-Komponente ihr Vorzeichen ändert. Dies bedeutet lediglich, daß die Krümmung der Feldlinien ihr Vorzeichen ändert.

Die winkelabhängigen, z-unabhängigen Schwingungstypen sind wie im koaxialen Resonator entartete Feldtypen, der E_{010}-Typ dagegen ist nicht entartet.

VIII.1.1.2b DIE Z-ABHÄNGIGEN EH- UND HE-TYPEN

Auch die Feldverteilungen sowie die Eigenwertgleichung der z-abhängigen EH- und HE-Typen lassen sich sofort aus den schon diskutierten Zusammenhängen für die Felder des koaxialen Resonators ableiten, wenn berücksichtigt wird, daß der Innenradius gleich Null wird und damit die Zylinderfunktion zweiter Art als Lösung der auftretenden Differentialgleichungen nicht mehr zulässig ist. So kann aus den Gln.(VIII.1.1.22) und (VIII.1.1.23) für die Komponenten der elektrischen Feldstärke sofort der Zusammenhang

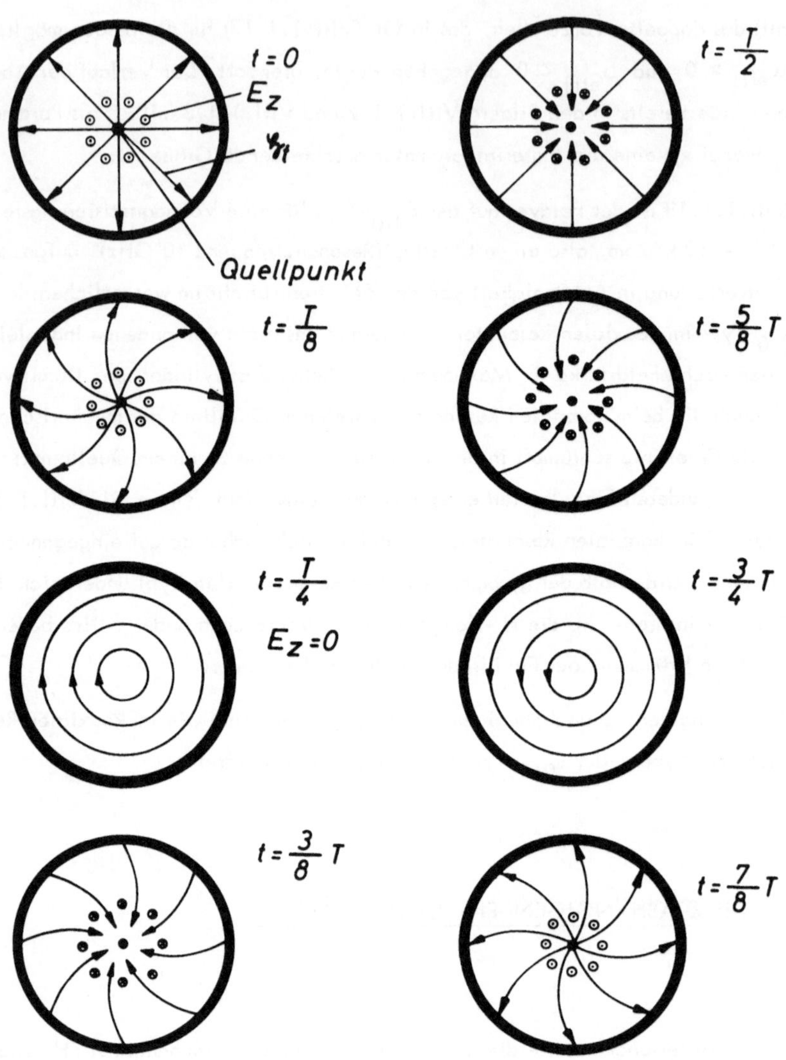

Bild VIII.1.1.18: Feldlinienbild des E_{010}-Typs im kreiszylindrischen, ferritgefüllten Resonator in Abhängigkeit von der Zeit t. Obertyp.

$$E_z = \left\{ A_n Z_n(s_1 r) + B_n K_2 Z_n(s_2 r) \right\} e^{jn\varphi} \cos(\beta z),$$

$$E_\varphi = \left\{ jB \left[A_n s_1 Z_n'(s_1 r) + B_n K_2 s_2 Z_n'(s_2 r) \right] + \right.$$

$$\left. + j\,\frac{nA}{r} \left[A_n Z_n(s_1 r) + B_n K_2 Z_n(s_2 r) \right] \right\} e^{jn\varphi} \sin(\beta z),$$

$$E_r = \left\{ A \left[A_n s_1 Z_n'(s_1 r) + B_n K_2 s_2 Z_n'(s_2 r) \right] + \right.$$

$$\left. + \frac{nB}{r} \left[A_n Z_n(s_1 r) + B_n K_2 Z_n(s_2 r) \right] \right\} e^{jn\varphi} \sin(\beta z)$$

$$(\text{VIII}.1.1.43)$$

angegeben werden. Entsprechend folgt für die Feldanteile der magnetischen Feldstärke:

$$H_z = \left\{ -jK_1 A_n Z_n(s_1 r) - j B_n Z_n(s_2 r) \right\} e^{jn\varphi} \sin(\beta z),$$

$$H_\varphi = \left\{ -D \left[A_n s_1 Z_n'(s_1 r) + B_n K_2 s_2 Z_n'(s_2 r) \right] - \right.$$

$$\left. - \frac{nC}{r} \left[A_n Z_n(s_1 r) + B_n K_2 Z_n(s_2 r) \right] \right\} e^{jn\varphi} \cos(\beta z),$$

$$H_r = \left\{ jC \left[A_n s_1 Z_n'(s_1 r) + B_n K_2 s_2 Z_n'(s_2 r) \right] + \right.$$

$$\left. + j\,\frac{nD}{r} \left[A_n Z_n(s_1 r) + B_n K_2 Z_n(s_2 r) \right] \right\} e^{jn\varphi} \cos(\beta z).$$

$$(\text{VIII}.1.1.44)$$

Unter Berücksichtigung der Grenzbedingungen für die tangentiale elektrische Feldstärke auf der leitenden Berandung ($r = r_o$) des Resonators kann die Eigenwertgleichung in der Form

$$x_2^2 s_1 \left(x_1^2 - K^2 + k_2^2\,\frac{\mu_2}{\mu_1} \right) Z_n'(s_1 r_0) Z_n(s_2 r_0) -$$

$$- x_1^2 s_2 \left(x_2^2 - K^2 + k_2^2\,\frac{\mu_2}{\mu_1} \right) Z_n'(s_2 r_0) Z_n(s_1 r_0) +$$

$$+ \frac{n\,\beta^2\mu_2}{\mu_1\,r_0}\left(x_2^2 - x_1^2\right) Z_n(s_1 r_0)\, Z_n(s_2 r_0) = 0 \qquad\qquad \text{(VIII.1.1.45)}$$

angegeben werden. Die Bedeutung der einzelnen, in diesen Gleichungen auftretenden Größen wurde bereits im Kapitel VIII.1.1 bzw. III.1 angegeben, so daß hier nur auf diese Stellen verwiesen wird. Z_n ist die Zylinderfunktion erster Art (Besselfunktion), falls $x_{1,2}^2 > 0$ ist, und die modifizierte Zylinderfunktion erster Art, falls $x_{1,2}^2 > 0$ ist. $Z_n'(s_{1,2}\cdot r)$ ist die Ableitung der Funktion nach ihrem gesamten Argument und $s_{1,2} = (|\,x_{1,2}^2\,|)^{1/2}$.

Die Eigenwertgleichung (VIII.1.1.45) des vollständig mit Ferritmaterial gefüllten, kreiszylindrischen Resonators stimmt mit der Eigenwertgleichung des vollständig mit Ferrit gefüllten, kreiszylindrischen Hohlleiters, der in Achsenrichtung vormagnetisiert ist, überein /230/, /231/.

In den Bildern VIII.1.1.19 und VIII.1.1.20 sind die Auswertungen der Eigenwertgleichung für die Grundtypen des Resonators eingezeichnet /435/ und zwar für einen Resonat mit den Abmessungen $r_0 = 0,3$ cm, $l = 1$ cm (Material R5). Für diesen Resonator ist der Grundtyp der HE_{-111}- bzw. HE_{+111}-Typ. Der nächsthöhere Schwingungstyp ist der E_{010}-Typ, also der z-unabhängige Grundtyp, der hier ebenfalls mit eingezeichnet wurde.

Wie die Bilder VIII.1.1.21 und VIII.1.1.22 zeigen, sind die Feldlinienverläufe des HE_{+111}-Typs und des HE_{-111}-Typs weitgehend identisch mit denen der entsprechenden Schwingungstypen im koaxialen Resonator, so daß hier auf eine weitergehende Diskussion verzichtet werden kann. Die Felder sind auch hier Drehfelder, so daß sich die wirkliche Feldverteilung aus den Darstellungen in den Bildern VIII.1.1.21 und VIII.1.1.22 ergibt, wenn man sich die gezeigten Feldlinienverläufe mit konstanter Winkelgeschwindigkeit um die z-Achse rotierend denkt.

Aus Bild VIII.1.1.19 ist zu erkennen, daß der EH-Typ mit der niedrigsten isotropen Grenzfrequenz der EH_{011}-Schwingungstyp ist. Dieser Schwingungstyp ist ein vom Azimutwinkel unabhängiger Schwingungstyp, der aber eine z-Abhängigkeit besitzt. Da für diesen Schwingungstyp keine Winkelabhängigkeit vorhanden ist, spaltet die Abstimmkurve auch nicht in zwei verschiedene Äste auf. Dagegen ist die Aufspaltung der Eigenfrequenz von der isotropen Grenzfrequenz ausgehend für die vom Azimutwinkel abhängigen Schwingungstypen vom HE-Typ im berechneten Beispiel besonders gut zu erkennen. Es

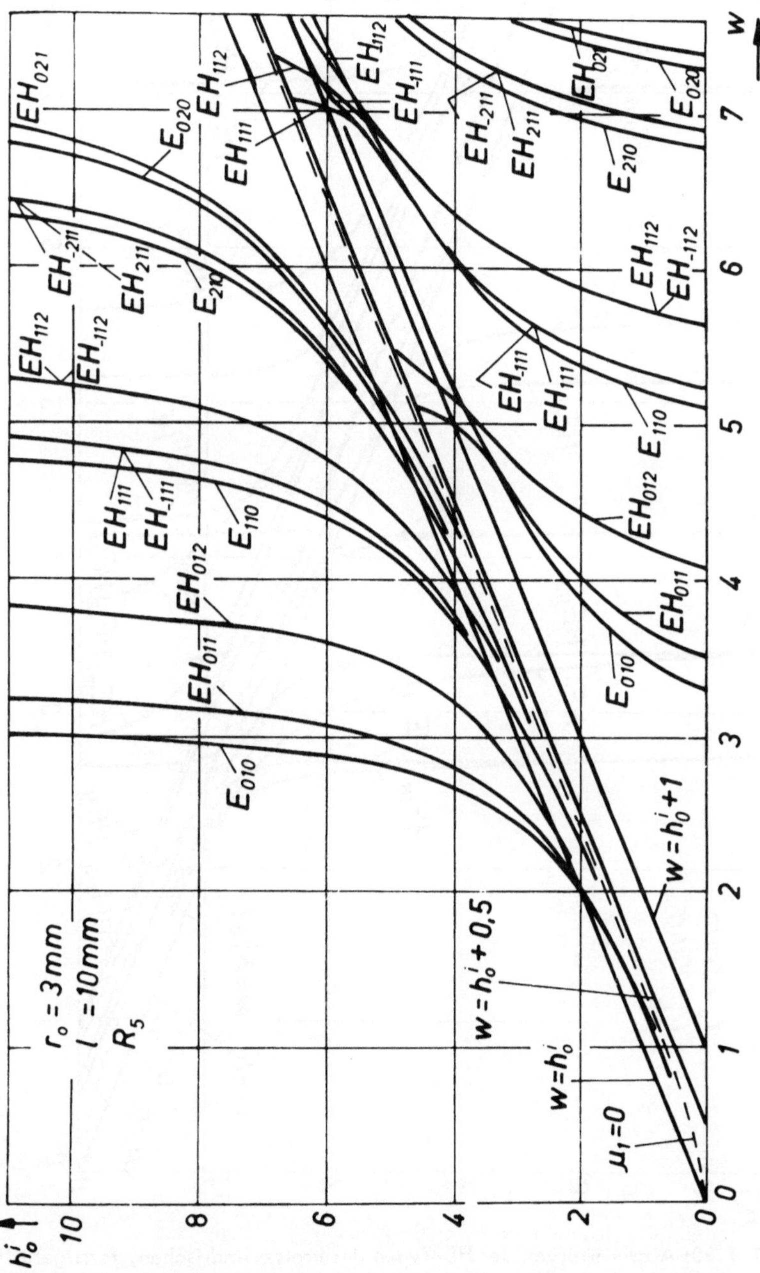

Bild VIII.1.1.19: Abstimmkurven der E- und EH-Typen eines kreiszylindrischen, ferritgefüllten Resonators /435/. Aufgetragen ist die normierte Vormagnetisierungsfeldstärke h_o^i über der normierten Frequenz w (vgl.
Gl.(I.3.1) und Gl.(I.3.3)). Resonatorabmessungen $r_o = 0.3$ cm,
$l = 1.0$ cm. Material R5.

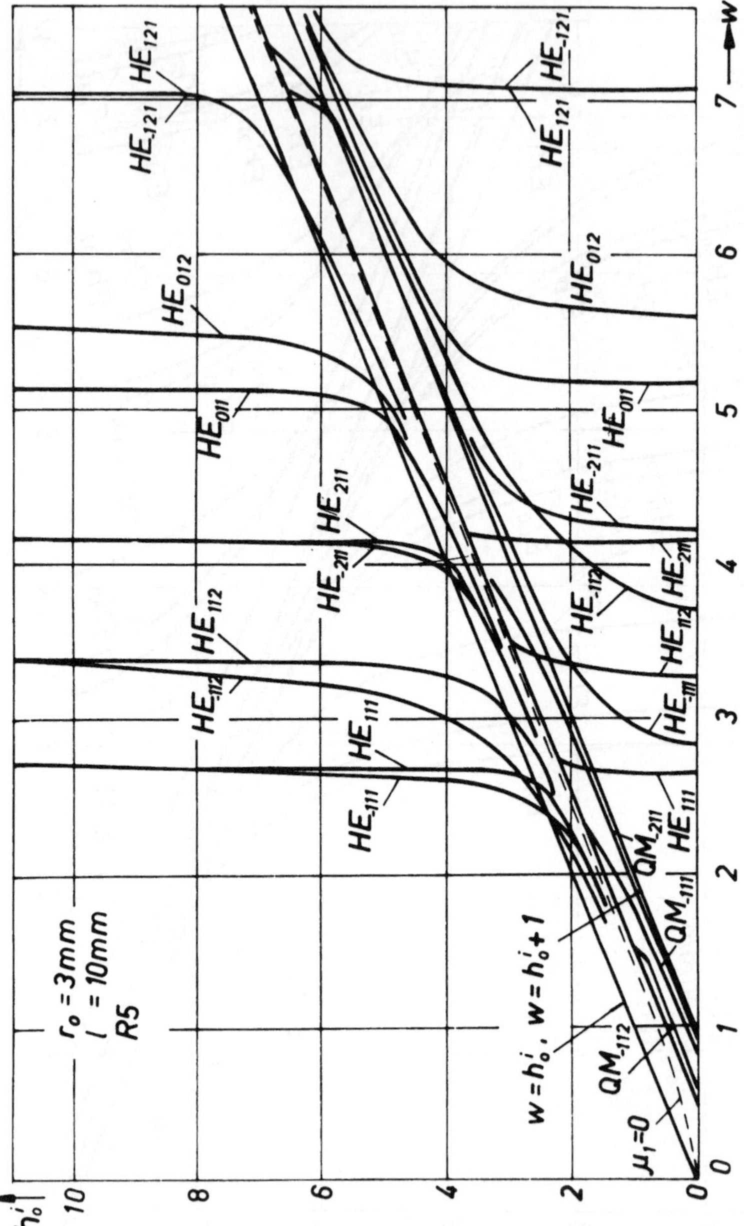

Bild VIII.1.1.20: Abstimmkurven der HE-Typen des kreiszylindrischen, ferritgefüllten Resonators /435/. Aufgetragen ist die normierte Vormagnetisierungsfeldstärke h_o^i über der normierten Frequenz w (vgl. Gl.(I.3.1) und Gl.(I.3.3)). Resonatorabmessungen: $r_o = 0.3$ cm, $l = 1.0$ cm, Material R5.

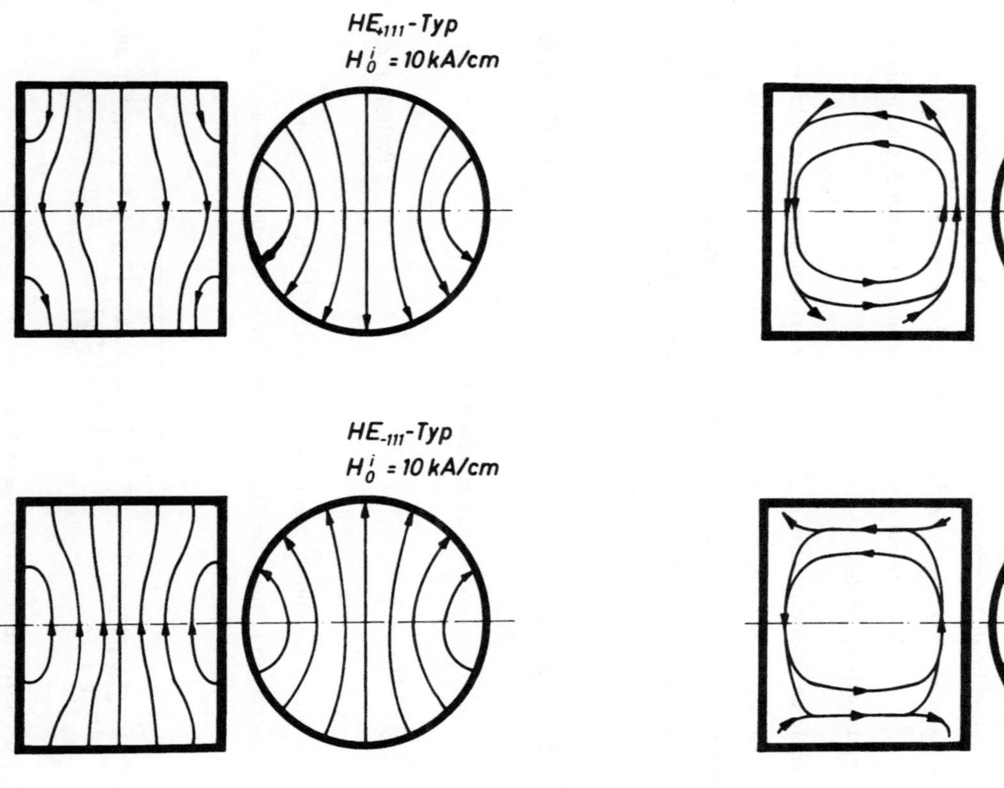

Bild VIII.1.1.21: Feldlinienbilder der elektrischen Feldstärke des HE$_{+111}$- und des HE$_{-111}$-Typs im kreiszylindrischen Resonator.

Bild VIII.1.1.22: Feldlinienbild der magnetischen Feldstärke des HE$_{+111}$- und des HE$_{-111}$-Typs im kreiszylindrischen Resonator.

zeigt sich, daß die Aufspaltung der Eigenfrequenz mit wachsender Abhängigkeit der Feldstruktur von der z-Richtung größer wird (vgl. HE_{+111}- und HE_{-111}-Typ mit HE_{+112}- und HE_{-112}-Typ in Bild VIII.1.1.20). Für die EH-Typen ist die Aufspaltung der Eigenfrequenzen nicht so groß (Bild VIII.1.1.19), doch muß bei dieser Diskussion beachtet werden, daß der erste winkelabhängige EH-Typ (EH_{-111}- und EH_{+111}-Typ, Bild VIII.1.1.19) erst bei höheren Frequenzen auftritt. Allgemein ist die Tendenz festzustellen, daß die Aufspaltung für die Schwingungstypen höherer Ordnung kleiner wird. In Bild VIII.1.1.20 sind weiterhin einige Schwingungstypen eingezeichnet, die als QM-Typen bezeichnet werden (Quasi-Magnetostatische Typen). Diese Eigenschwingungen treten im Bereich negativer x_1^2- und x_2^2-Werte auf und können näherungsweise durch eine magnetostatische Rechnung berechnet werden .

Wie für den koaxialen Resonator kann auch für den kreiszylindrischen Resonator eine quasiisotrope Approximation angegeben werden, indem jeweils nur die Eigenwerte x_1^2 oder x_2^2 zur Berechnung der Felder berücksichtigt werden (vgl. Kapitel VIII.1.1.1d). Die aus einer solchen Näherungsrechnung bestimmten Eigenwertgleichungen lauten für die E-Typen (als Näherung für die EH-Typen):

$$\mathfrak{J}_n \left(\sqrt{|x_1^2|} \; r_0 \right) = 0 \qquad\qquad\text{(VIII.1.1.46)}$$

und für die H-Typen (als Näherung für die HE-Typen):

$$\mathfrak{J}_n' \left(\sqrt{|x_2^2|} \; r_0 \right) = 0. \qquad\qquad\text{(VIII.1.1.47)}$$

Werden für die Eigenwerte x_1^2 und x_2^2 die Grenzwerte nach Gl.(III.1.60) und Gl.(III.1.61) eingesetzt, so können die Abstimmkurven der so näherungsweise ermittelten Eigenfrequenzen in der Form /435/:

$$h_0^i = \frac{1}{2\left[1-\left(\frac{w}{w_I^E}\right)^2\right]} - 1 + \sqrt{\frac{1}{4}\left[\frac{1}{1-\left(\frac{w}{w_I^E}\right)^2}\right]^2 + w^2} \qquad\text{(VIII.1.1.48)}$$

für die E-Typen (vgl. Gl.(VIII.1.1.17)) und in der Form

$$h_0^i = -\frac{G^2 - \left(\frac{w}{w_I^H}\right)^2}{2\left[1 - \left(\frac{w}{w_I^H}\right)^2\right]} + \sqrt{\frac{1}{4}\left[\frac{G^2 - (w/w_I^H)^2}{1 - (w/w_I^H)^2}\right]^2 + w^2} \qquad \text{(VIII.1.1.49)}$$

für die H-Typen angegeben werden. In diesen Gleichungen ist w die normierte Frequenz nach Gl.(I.3.3) und w_I^E bzw. w_I^H sind die normierten isotropen Grenzfrequenzen nach

$$W_I^E = \frac{f_I^E}{f_m} \; , \quad W_I^H = \frac{f_I^H}{f_m} \; , \qquad\qquad \text{(VIII.1.1.50)}$$

worin f_m die Bezugsfrequenz nach Gl.(I.3.2) ist. Die isotropen Grenzfrequenzen sind durch

$$f_I^E = \frac{c_0}{2\pi\sqrt{\varepsilon_r}} \sqrt{\left(\frac{y_{nm}}{r_0}\right)^2 + \beta^2} \; , \; c_0 = 3 \cdot 10^{10} \, m/s \qquad \text{(VIII.1.1.51)}$$

und

$$f_I^H = \frac{c_0}{2\pi\sqrt{\varepsilon_r}} \sqrt{\left(\frac{y_{nm}'}{r_0}\right)^2 + \beta^2} \qquad\qquad \text{(VIII.1.1.52)}$$

durch die Abmessungen des Resonators und den Schwingungstyp festgelegt. y_{nm} ist die m-te Nullstelle des Besselfunktion n-ter Ordnung. y_{nm}' ist die m-te Nullstelle der einmal differenzierten Besselfunktion n-ter Ordnung. Die Größe G^2 in Gl.(VIII.1.1.49) ist durch

$$G^2 = \frac{y_{nm}'}{(\beta r_0)^2 + y_{nm}'^{\,2}} \qquad\qquad \text{(VIII.1.1.53)}$$

bestimmt.

Bild VIII.1.1.23 und Bild VIII.1.1.24 zeigen, wie gut die Übereinstimmung zwischen den exakten Lösungen der Eigenwertgleichung sowie den nach der quasiisotropen Näherung bestimmten Eigenfrequenzen ist. Es ist zu erkennen, daß auf Grund des Näherungsverfahrens die Aufspaltung der Felder in links- und rechtsdrehende Feldtypen nicht erfaßt wird, doch stimmen die Abstimmkurven der quasiisotropen Approximation so gut mit den Lösungen der vollständigen Eigenwertgleichung überein, daß sie für die Praxis immer hinreichend

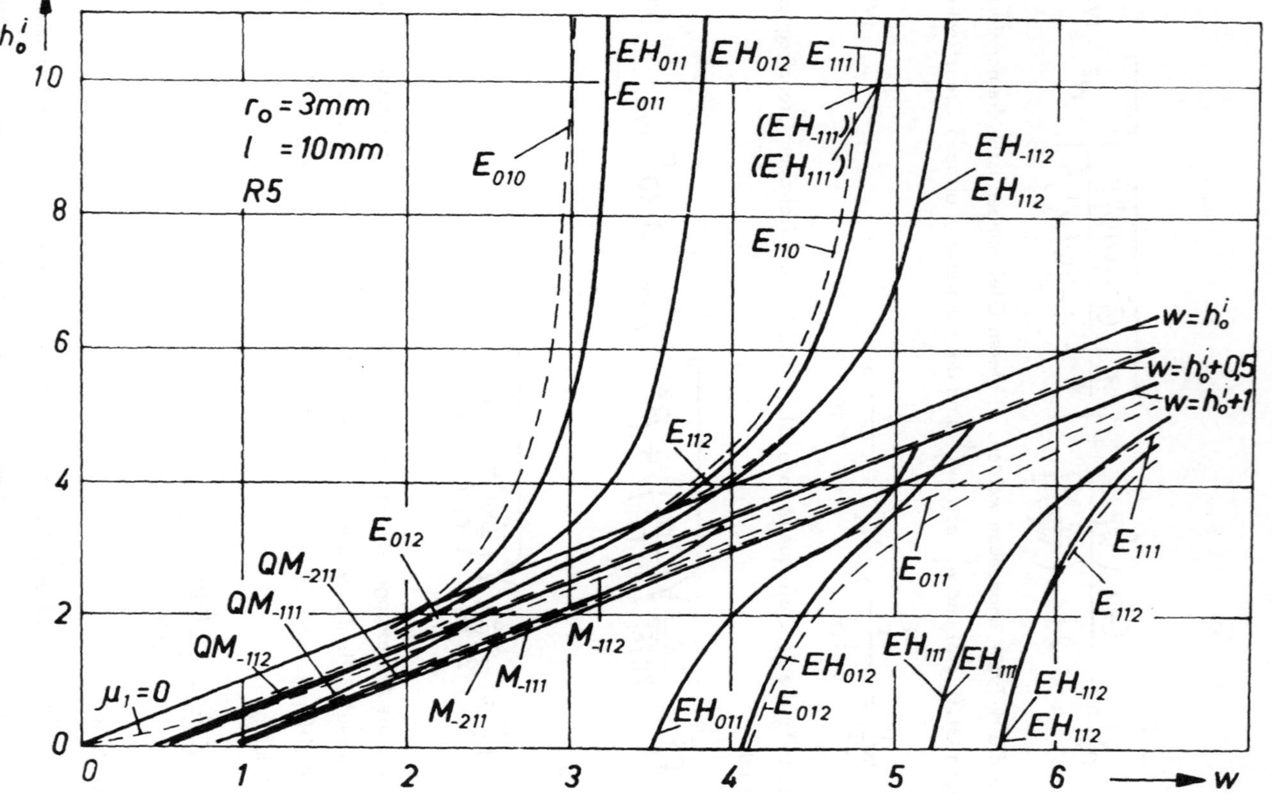

Bild VIII.1.1.24: Vergleich der Abstimmkurven aus der exakten Auswertung der Eigenwertgleichung (HE-Typen) und der Auswertung der quasiisotropen
Näherung (H-Typen) für die HE-Typen in einem kreiszylindrischen
ferritgefüllten Resonator. Resonatorabmessungen: $r_o = 0.3$ cm,
$l = 1.0$ cm, Material R5. Nach /435/.

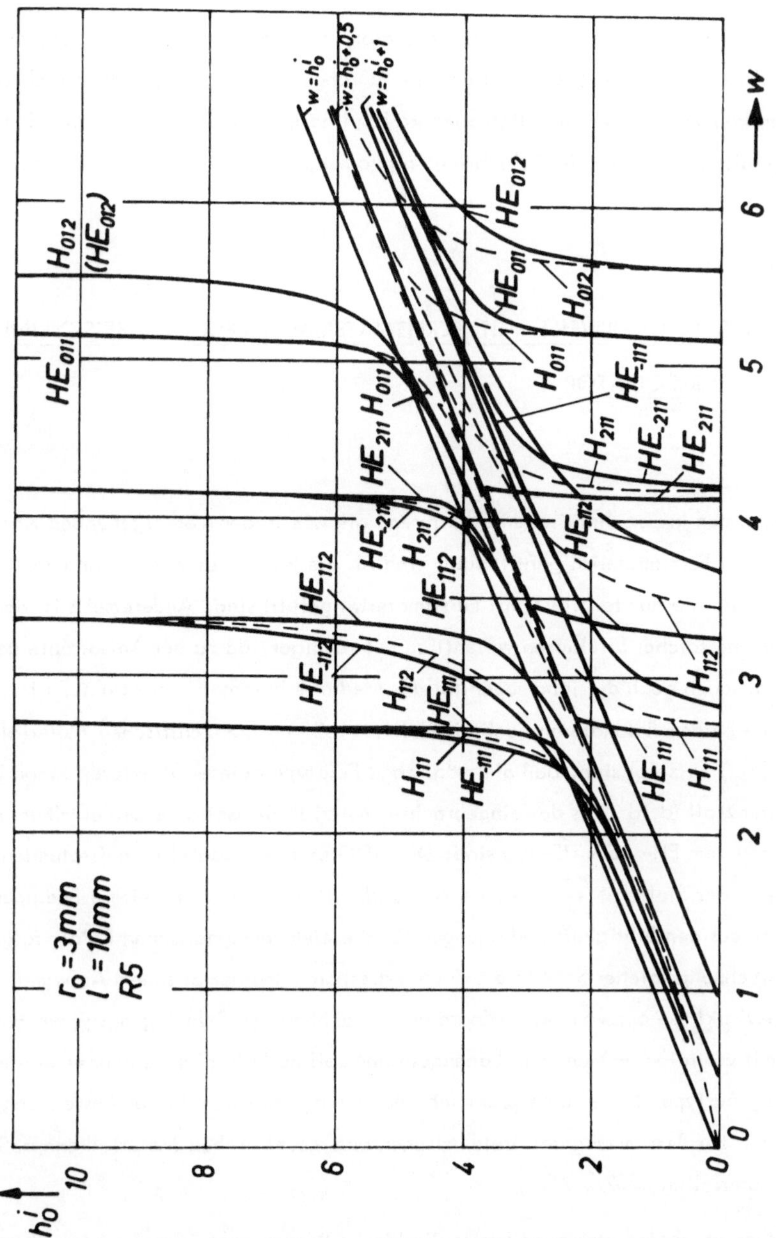

Bild VIII.1.1.23: Vergleich der Abstimmkurven aus der exakten Auswertung der Eigenwertgleichung (EH-Typen) und der Auswertung der quasiisotropen
Näherung (E-Typen) für die EH-Typen in einem kreiszylindrischen
ferritgefüllten Resonator. Resonatorabmessungen: $r_o = 0.3$ cm,
$l = 1.0$ cm, Material R5. Nach /435/.

sind. Dies gilt, wie beim koaxialen Resonator, nicht nur für die Obertypen, sondern ebenfalls für die Untertypen. Mit den hier durchgeführten quasiisotropen Näherungsrechnungen können selbstverständlich auch kreiszylindrische Wellenleiter, die mit Ferritmaterial gefüllt sind und die in Achsenrichtung vormagnetisiert sind, berechnet werden.

VIII.1.1.3 DER TEILWEISE MIT FERRITMATERIAL GEFÜLLTE KREISZYLINDRISCHE RESONATOR

Neben den kreiszylindrischen Strukturen, die wie in den vorhergehenden Kapiteln vollständig mit Ferritmaterial gefüllt sind, sind für die Praxis Resonatoren und Wellenleiter interessant, die nur teilweise mit Ferritmaterial gefüllt sind. Andererseits ist aber die Berechnung solcher Strukturen wesentlich aufwendiger, da zu der Anisotropie des Ferritmaterials auch noch die Inhomogenität des Mediums innerhalb der Struktur tritt. Werden z.B. die beiden Resonatoren nach Bild VIII.1.1.25 mit konzentrischen Materialeinsätzen betrachtet, so zeigt sich, daß die möglichen Feldtypen dieser Strukturen schon im isotropen Grenzfall (d.h. falls das eingebrachte Material ein isotropes Dielektrikum ist) im allgemeinen vom EH- oder HE-Typ sind. Da auf Grund der zusätzlich auftretenden Grenzfläche an der Stelle $r = r_1$ bzw. $r = r_2$ (Bild VIII.1.1.25) vier weitere Bedingungsgleichungen aus den Stetigkeitsbedingungen für die elektromagnetischen Felder folgen, führt die Berechnung solcher Strukturen zu unvertretbarem mathematischem Aufwand. Lediglich die Spezialklasse der von der z-Koordinate unabhängigen Schwingungstypen läßt sich noch mit vertretbarem Aufwand behandeln und soll deshalb hier berechnet werden. Diese Schwingungstypen haben eine praktische Bedeutung vor allem in der Anwendung in Meßverfahren zur Bestimmung der dielektrischen und magnetischen Materialkenngrößen der Ferritmaterialien /562/, /575/.

Betrachtet werden also zwei kreiszylindrische Resonatoren, deren Außenwände unendlich gut leitend sind und in die konzentrische Ferriteinsätze nach Bild VIII.1.1.25 aus verlustlosem oder auch verlustbehaftetem Material eingebracht werden. Das Ferritmaterial sei in Richtung der Zylinderachse vormagnetisiert. Für diese Resonatoren sollen die von der z-Koordinate unabhängigen Schwingungstypen, die nach den Untersuchungen in

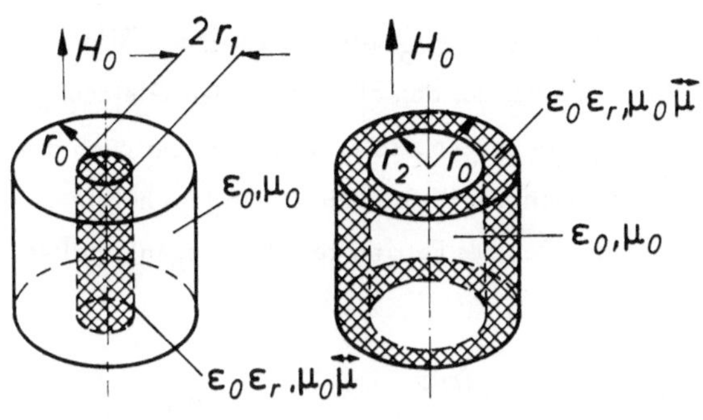

Bild VIII.1.1.25: Teilweise mit Ferritmaterial gefüllter Resonator. a. Resonator mit konzentrischem Ferritzylinder, b. Resonator mit konzentrischem Ferritrohr.

Kapitel VIII.1.1.1 nur eine longitudinale E_z-Komponente und ein rein transversales magnetisches Feld besitzen können, berechnet werden. Wie bereits die Untersuchungen in Kapitel VIII.1.1.1 gezeigt haben, gehorcht die longitudinale elektrische Feldkomponente E_z der im Ferritbereich geltenden Wellengleichung Gl.(VIII.1.1.9). Aus der E_z-Komponente läßt sich das transversale magnetische Feld mit Hilfe der Beziehung Gl.(VIII.1.1.10) bestimmen. Eine allgemeine Lösung dieser Gleichungen kann in der Form

$$E_z = [A_n Z_n(k_1 r) + B_n Y_n(k_1 r)] e^{jn\varphi} \tag{VIII.1.1.54}$$

und daraus resultierend für das transversale magnetische Feld die Lösung

$$H_r = \frac{jn}{kr\mu_{eff1}} [A_n Z_n(k_1 r) + B_n Y_n(k_1 r)] e^{jn\varphi} -$$
$$- \frac{jk_1}{k\mu_{eff2}} [A_n Z_n'(k_1 r) + B_n Y_n'(k_1 r)] e^{jn\varphi}, \tag{VIII.1.1.55}$$

$$H_\varphi = - \frac{k_1}{k\mu_{eff1}} [A_n Z_n'(k_1 r) + B_n Y_n'(k_1 r)] e^{jn\varphi} +$$
$$+ \frac{n}{kr\mu_{eff2}} [A_n Z_n(k_1 r) + B_n Y_n(k_1 r)] e^{jn\varphi} \tag{VIII.1.1.56}$$

angegeben werden. k_1 ist durch

$$k_1 = k \sqrt{|\mu_{eff1}|} \tag{VIII.1.1.57}$$

definiert. Z_n ist wieder gleich der Zylinderfunktion erster Art für positive Werte von μ_{eff1} bzw. gleich der modifizierten Zylinderfunktion erster Art für negative Werte von μ_{eff1}. Entsprechend ist Y_n gleich der Zylinderfunktion zweiter Art falls $\mu_{eff1} > 0$ ist und gleich der modifizierten Zylinderfunktion zweiter Art, falls $\mu_{eff1} < 0$ ist. Der

Strich (Z'_n , Y'_n) bedeutet, daß die Ableitungen der Funktionen nach dem gesamten Argument zu bilden sind. Im Bereich des Vakuums $r_1 \leq r \leq r_0$ bzw. $0 \leq r \leq r_2$ (Bild VIII.1.1.25) lassen sich die Lösungen für die Felder aus den oben stehenden Gleichungen ableiten, wenn $\mu_{eff1} = 1$, $\varepsilon_r = 1$ und $\mu_{eff2} \to \infty$ eingesetzt wird. Da aber auch die Felder des Vakuumbereichs bezogene Größen nach Gl.(II.13) sein sollen (das heißt, die Felder werden auch auf die Materialkenngrößen des Ferritmaterials bezogen), gelten im Bereich des Vakuums die Lösungen:

$$E_z = [C_n J_n(k_0 r) + D_n N_n(k_0 r)] e^{jn\varphi}, \qquad \text{(VIII.1.1.58)}$$

$$H_r = \frac{jn}{k_0 \sqrt{\varepsilon_r} \cdot r} [C_n J_n(k_0 r) + D_n N_n(k_0 r)] e^{jn\varphi}, \qquad \text{(VIII.1.1.59)}$$

$$H_\varphi = - \frac{1}{\sqrt{\varepsilon_r}} [C_n J_n'(k_0 r) + D_n N_n'(k_0 r)] e^{jn\varphi}. \qquad \text{(VIII.1.1.60)}$$

Da das Argument $k_0 \cdot r = \omega (\varepsilon_0 \mu_0)^{1/2} \cdot r$ nur rein reell sein kann, treten hier die modifizierten Zylinderfunktionen nicht als Lösungen auf.

Im Gegensatz zu den Lösungen für die Feldkomponenten in Kapitel VIII.1.1.1a bzw. VIII.1.1.2a wurde die Winkelabhängigkeit (φ -Abhängigkeit) der Felder hier durch eine e-Funktion beschrieben. Es läßt sich leicht zeigen, daß mit einem Ansatz in Form von Cosinus- bzw. Sinusfunktionen für die φ-Abhängigkeit für die hier betrachteten Resonatoren die Grenzbedingungen nicht mehr erfüllt werden können.

Wird als erstes der Resonator nach Bild VIII.1.1.25a betrachtet, so kann im Bereich $0 \leq r \leq r_1$ (Ferritbereich) die Lösung in Form der Zylinderfunktion zweiter Art (Y_n-Funktion) nicht existieren, da die Y_n-Funktion für $r \to 0$ divergiert. Es wird also $B_n = 0$ gewählt. Damit gilt für die Felder dieses Resonators in den beiden Bereichen:

1. Bereich: $0 \leq r \leq r_1$

$$E_z = A_n Z_n(k_1 r) e^{jn\varphi}, \qquad \text{(VIII.1.1.61)}$$

$$H_r = \left\{ \frac{jn}{k r \mu_{eff1}} A_n Z_n(k_1 r) - j \frac{k_1}{k \mu_{eff2}} A_n Z_n'(k_1 r) \right\} e^{jn\varphi}, \qquad \text{(VIII.1.1.62)}$$

$$H\varphi = \left\{ -\frac{k_1}{k\mu_{eff1}} A_n Z_n'(k_1 r) + \frac{n}{kr\mu_{eff2}} A_n Z_n(k_1 r) \right\} e^{jn\varphi}. \qquad \text{(VIII.1.1.63)}$$

2. Bereich: $r_1 \leq r \leq r_0$

$$E_z = [C_n J_n(k_0 r) + D_n N_n(k_0 r)] e^{jn\varphi}, \qquad \text{(VIII.1.1.64)}$$

$$H_r = \frac{jn}{\sqrt{\varepsilon_r}\, k_0 r} [C_n J_n(k_0 r) + D_n N_n(k_0 r)] e^{jn\varphi}, \qquad \text{(VIII.1.1.65)}$$

$$H\varphi = -\frac{1}{\sqrt{\varepsilon_r}} [C_n J_n'(k_0 r) + D_n N_n'(k_0 r)] e^{jn\varphi}. \qquad \text{(VIII.1.1.66)}$$

Da die longitudinale Feldkomponente $E_z \sim w_z$ als tangentiale elektrische Feldstärke auf dem Mantel des Zylinders ($r = r_0$) verschwinden muß, kann die Konstante D_n durch C_n ersetzt werden:

$$D_n = -\frac{J_n(k_0 r_0)}{N_n(k_0 r_0)} C_n. \qquad \text{(VIII.1.1.67)}$$

Werden noch die Stetigkeitsbedingungen an der Grenzschicht Ferrit-Luft erfüllt, so kann die Eigenwertgleichung des Resonators nach Bild VIII.1.1.25a durch die Determinante

$$\begin{vmatrix} A_{11} & A_{12} \\ A_{21} & A_{22} \end{vmatrix} = 0 \qquad \text{(VIII.1.1.68)}$$

mit den Elementen

$$A_{11} = J_n(k_0 r_1) - \frac{J_n(k_0 r_0)}{N_n(k_0 r_0)} N_n(k_0 r_1),$$

$$A_{12} = -Z_n(k_1 r_1),$$

$$A_{21} = -\frac{1}{\sqrt{\varepsilon_r}} \left[J_n'(k_0 r_1) - \frac{J_n(k_0 r_0)}{N_n(k_0 r_0)} N_n'(k_0 r_1) \right], \qquad \text{(VIII.1.1.69)}$$

$$H_{22} = \frac{k_1}{k\mu_{eff1}} Z_n'(k_1 r_1) - \frac{n}{kr_1\mu_{eff2}} Z_n(k_1 r_1)$$

beschrieben werden. In den Bildern VIII.1.1.26 und VIII.1.1.27 sind die Feldkomponenten des elektromagnetischen Feldes als Funktion des Radius für den Schwingungstyp niedrigster Ordnung (E_{010}-Typ) sowie das Feldlinienbild dieses Schwingungstyps aufgetragen. Auffallend ist, daß für diesen Schwingungstyp im Bereich des Vakuums keine radiale magnetische Feldkomponente auftritt, daß diese aber sehr wohl im Bereich des Ferritmaterials vorhanden ist. Das heißt, auf der Mantelfläche des Ferritzylinders enden und beginnen Feldlinien. Oder anders ausgedrückt: Die Mantelfläche ist Sitz einer magnetischen Flächenladungsdichte.

Mit entsprechenden Überlegungen, wie sie für den Resonator nach Bild VIII.1.1.25a durchgeführt wurden, kann auch der Resonator nach Bild VIII.1.1.25b berechnet werden. Für ihn gelten die Feldgleichungen in den beiden zu unterscheidenden Bereichen:

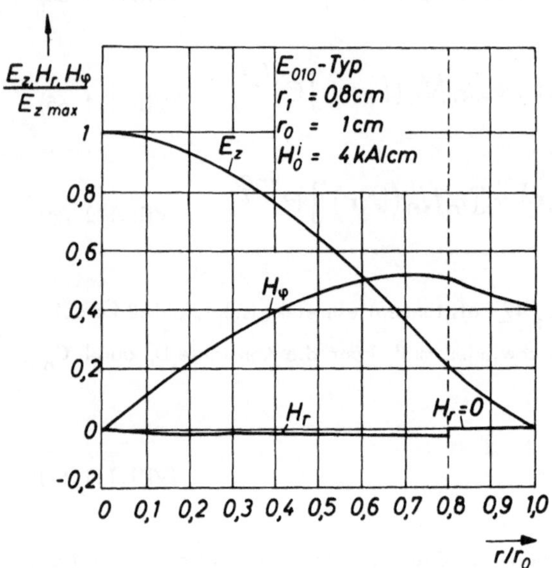

Bild VIII.1.1.26: Abhängigkeit der Feldkomponenten des E_{010}-Typs in einem teilweise mit Ferritmaterial gefüllten Resonator nach Bild VIII.1.1.25a von der Koordinate r. Obertyp.

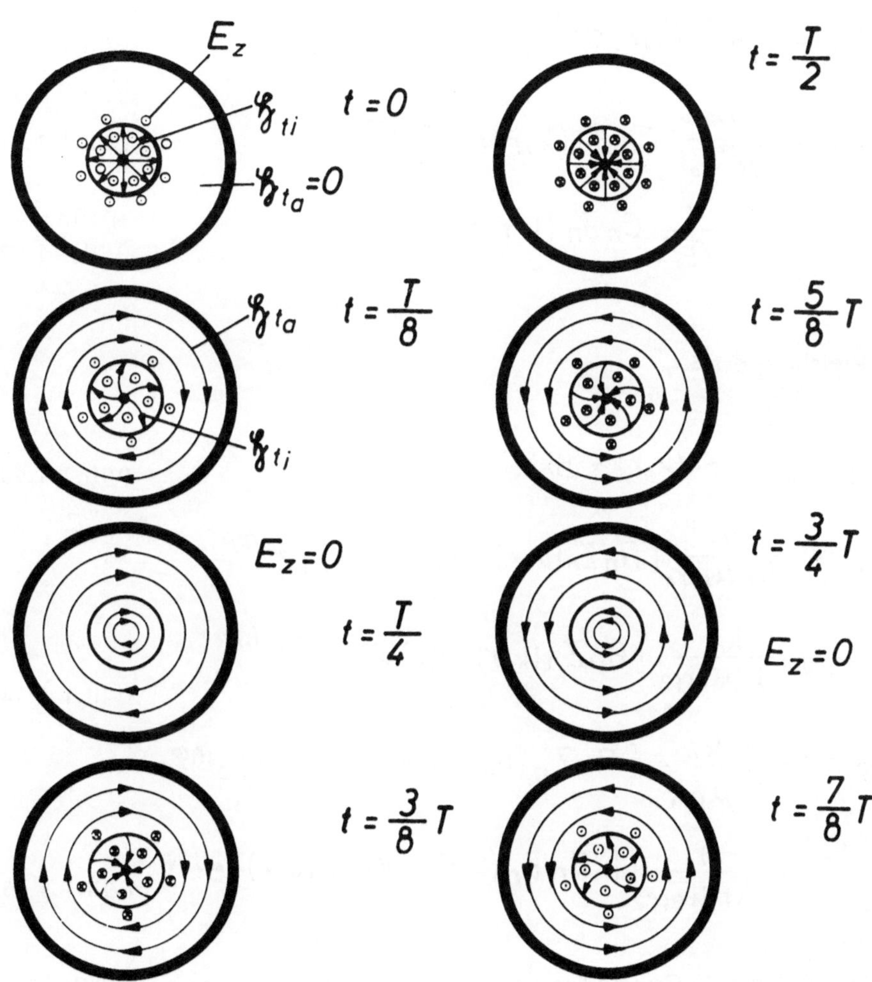

Bild VIII.1.1.27: Feldlinienbilder des E_{010}-Schwingungstyps in einem teilweise mit Ferritmaterial gefüllten Resonator nach Bild VIII.1.1.25a in Abhängigkeit von der Zeit t.

270

1. Bereich: $0 \leq r \leq r_2$

$$E_z = C_n \mathfrak{J}_n(k_0 r)\, e^{jn\varphi}, \qquad\qquad\qquad \text{(VIII.1.1.70)}$$

$$H_r = \frac{jn}{\sqrt{\varepsilon_r}\, k_0 r}\, C_n \mathfrak{J}_n(k_0 r)\, e^{jn\varphi}, \qquad \text{(VIII.1.1.71)}$$

$$H_\varphi = -\frac{1}{\sqrt{\varepsilon_r}}\, C_n \mathfrak{J}_n'(k_0 r)\, e^{jn\varphi}. \qquad \text{(VIII.1.1.72)}$$

2. Bereich: $r_2 \leq r \leq r_0$

$$E_z = \left[A_n Z_n(k_1 r) + B_n Y_n(k_1 r) \right] e^{jn\varphi}, \qquad \text{(VIII.1.1.73)}$$

$$H_r = \frac{jn}{k r \mu_{eff1}} \left[A_n Z_n(k_1 r) + B_n Y_n(k_1 r) \right] e^{jn\varphi} -$$

$$- j\, \frac{k_1}{k \mu_{eff2}} \left[A_n Z_n'(k_1 r) + B_n Y_n'(k_1 r) \right] e^{jn\varphi}, \qquad \text{(VIII.1.1.74)}$$

$$H_\varphi = -\frac{k_1}{k \mu_{eff1}} \left[A_n Z_n'(k_1 r) + B_n Y_n'(k_1 r) \right] e^{jn\varphi} +$$

$$+ \frac{n}{k r \mu_{eff2}} \left[A_n Z_n(k_1 r) + B_n Y_n(k_1 r) \right] e^{jn\varphi}. \qquad \text{(VIII.1.1.75)}$$

Werden wieder die Grenzbedingungen auf der Resonatorwand ($r = r_0$) und an der Grenzschicht Ferrit-Luft ($r = r_2$) berücksichtigt, so kann die Eigenwertgleichung des Resonators ebenfalls in der Form einer vierreihigen Determinante (vgl. Gl. (VIII.1.1.68)) angegeben werden. Die Elemente $A_{\nu\mu}$ haben die Form:

$$A_{11} = Z_n(k_1 r_2) - Z_n(k_1 r_0)\, \frac{Y_n(k_1 r_2)}{Y_n(k_1 r_0)},$$

$$A_{12} = -\mathfrak{J}_n(k_0 r_2),$$

$$A_{21} = -\frac{k_1}{k\mu_{eff1}}\left[Z_n'(k_1 r_2) - Z_n(k_1 r_0)\frac{Y_n'(k_1 r_2)}{Y_n(k_1 r_0)}\right]+$$

$$+\frac{n}{k r_2 \mu_{eff2}}\left[Z_n(k_1 r_2) - \frac{Y_n(k_1 r_2)}{Y_n(k_1 r_0)}Z_n(k_1 r_0)\right],$$

$$A_{22} = +\frac{1}{\sqrt{\varepsilon_r}}\,J_n'(k_0 r_2).$$

(VIII.1.1.76)

Da der Resonator nach Bild VIII.1.1.25b vollkommen duale Eigenschaften zu dem Resonator nach Bild VIII.1.1.25a besitzt, soll hier nicht weiter auf ihn eingegangen werden.

VIII.1.2 FERRITGEFÜLLTE ZYLINDRISCHE STRUKTUREN MIT RECHTECKFÖRMIGEN QUERSCHNITTEN

Ferritgefüllte, zylindrische Mikrowellensyteme mit rechteckigem Querschnitt unterscheiden sich grundsätzlich von den bisher behandelten Strukturen, die kreisrunden Querschnitt besitzen. Der Unterschied liegt nicht so sehr im physikalischen Verhalten der beiden Strukturen, sondern im Zugang zur mathematischen Lösung der auftretenden Randwertprobleme. Lassen sich die elektromagnetischen Felder der bisher behandelten Resonatoren bzw. Wellenleiter exakt berechnen, so lassen sich z.B. die Felder des longitudinal vormagnetisierten, ferritgefüllten Wellenleiters mit rechteckigem Querschnitt nicht mehr in geschlossener Darstellung angeben. Es ist nicht möglich, eine Lösung der Feldgleichungen zu finden, die die Randbedingungen erfüllt. Eine Lösung läßt sich in Form einer Reihenentwicklung /135/ angeben. Läßt sich das Problem des transversal zur Wellenausbreitungsrichtung vormagnetisierten Wellenleiters, wie unten gezeigt wird, noch exakt lösen, so kann für die Felder des quaderförmigen Resonators (außer für den Spezialfall der von der Richtung der Vormagnetisierung unabhängigen Schwingungstypen) wiederum keine exakte Lösung gefunden werden.

Im folgenden soll das Problem des transversal zur Wellenausbreitungsrichtung vormagnetisierten Wellenleiters mit rechteckigem Querschnitt berechnet werden. Dieses Problem ist zwar in der Literatur schon mehrfach behandelt worden (z.B. /268/, /253/), doch sind die Feldgleichungen zumeist nur näherungsweise ausgewertet worden. Hier sollen einige Ergebnisse mitgeteilt werden, die aus Auswertungen der vollständigen, exakten Feldgleichungen gewonnen wurden. Außerdem soll das Problem des quaderförmigen Resonators, das bisher nur sehr wenig behandelt wurde (z.B. /401/, /404/, /428/), soweit wie möglich exakt bzw. mit Hilfe der quasiisotropen Approximation und mit Hilfe der Variationsmethode (vgl. Kapitel VII.2.6) untersucht werden.

VIII.1.2.1 DER TRANSVERSAL VORMAGNETISIERTE WELLENLEITER MIT RECHTECKFÖRMIGEM QUERSCHNITT

Betrachtet werde ein Wellenleiter mit rechteckigem Querschnitt und den Seitenkanten a, b (Bild VIII.1.2.1). Der Wellenleiter sei vollständig mit einem verlustlosen Ferritmaterial gefüllt und sei unendlich lang. Ein von außen aufgebrachtes magnetisches Gleichfeld habe die Richtung der x-Koordinate (Bild VIII.1.2.1). Unter diesen Voraussetzungen werden die elektromagnetischen Felder der möglichen Wellen durch die in Kapitel III.2.1, speziell in Kapitel III.2.1c abgeleiteten Differentialgleichungen bestimmt. Für die Felder wird also eine z-Abhängigkeit in Form einer e-Funktion (Wellenausbreitung) und eine x-Abhängigkeit in Form von Sinus- oder Cosinusfunktionen nach Gl. (III.2.18) bzw. Gl. (III.2.19) angesetzt:

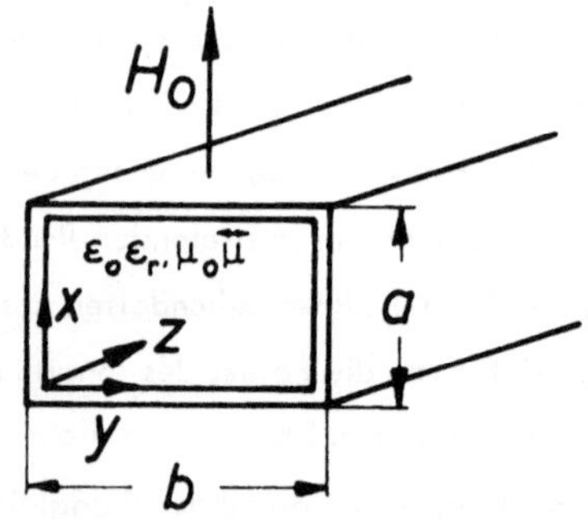

Bild VIII.1.2.1: Ferritgefüllter Wellenleiter

$$E_x = \overline{F}_x(y) \cos(k_x x) e^{-j\beta z}, \quad E_Y = \overline{F}_Y(y) \sin(k_x x) e^{-j\beta z}, \quad (VIII.1.2.1)$$

$$E_z = \overline{F}_z(y) \sin(k_x x) e^{-j\beta z}$$

und

$$H_x = \bar{G}_x(y)\sin(k_x x)e^{-j\beta z}, \quad H_y = \bar{G}_y(y)\cos(k_x x)e^{-j\beta z},$$
$$H_z = \bar{G}_z(y)\cos(k_x x)e^{-j\beta z}. \tag{VIII.1.2.2}$$

Die Komponenten $\bar{F}_x(y)$ und $\bar{G}_x(y)$ gehorchen den Differentialgleichungen Gl.(III.2.20) und Gl.(III.2.21):

$$\left[\frac{\partial^2}{\partial y^2} + \left(k^2 - \frac{k_x^2}{\mu_1} - \beta^2\right)\right]\bar{G}_x + jkk_x\frac{\mu_2}{\mu_1}\bar{F}_x = 0,$$
$$\left[\frac{\partial^2}{\partial y^2} + \left(k^2\mu_{eff1} - k_x^2 - \beta^2\right)\right]\bar{F}_x - jkk_x\frac{\mu_2}{\mu_1}\bar{G}_x = 0, \tag{VIII.1.2.3}$$

bzw. den auf Hauptachse transformierten Gln.(III.2.23) und (III.2.24) mit den Eigenwerten $\lambda_{1,2}^2$ nach Gl.(III.2.22).

Die bezüglich der Vormagnetisierungsfeldstärke transversalen Feldanteile $\bar{F}_y$, $\bar{F}_z$ und $\bar{G}_y$, $\bar{G}_z$ lassen sich aus den Komponenten $\bar{F}_x$, $\bar{G}_x$ mit Hilfe der Gln.(III.2.27) bis (III.2.36) bestimmen. Wird gefordert, daß die Wände des Wellenleiters unendlich gut leitend sein sollen, so kann aus den Randbedingungen für die tangentiale elektrische Feldstärke die Größe k_x des Lösungsansatzes nach Gl.(VIII.1.2.1) bzw. Gl.(VIII.1.2.2) zu

$$k_x = \frac{m\cdot\pi}{a}, \quad m = 0,1,2,\ldots \tag{VIII.1.2.4}$$

angegeben werden. Darin ist a die Länge der Hohlleiterseite in x-Richtung und m eine ganze Zahl.

Da die beiden Feldanteile $\bar{G}_x$ und $\bar{F}_x$ nach Gl.(III.2.25) bzw. Gl.(III.2.26) miteinander verkoppelt sind, kann eine Lösung der Feldgleichungen gefunden werden, falls nur eine Lösung für z.B. $\bar{F}_x$ bekannt ist. Eine solche Lösung kann in der Form:

$$\bar{F}_x = C_1 f_1(\sigma_1 y) + C_2 f_2(\sigma_1 y) + C_3 f_1(\sigma_2 y) + C_4 f_2(\sigma_2 y)$$

$$\tag{VIII.1.2.5}$$

angegeben werden. Die Funktionen $f_1(\sigma_{1,2}\cdot y)$ bzw. $f_2(\sigma_{1,2}\cdot y)$ haben für positive Werte der Eigenwerte $\lambda_{1,2}^2$ die Form von Sinus- bzw. Cosinusfunktionen:

274

$$f_1(\sigma_{1,2}\,y) = \sin(\sigma_{1,2}\,y)$$
$$f_2(\sigma_{1,2}\,y) = \cos(\sigma_{1,2}\,y) \Bigg\} \quad \text{für } \lambda_{1,2}^2 > 0 \,,$$

$$\text{mit} \qquad \sigma_{1,2} = \sqrt{|\lambda_{1,2}^2|} \qquad\qquad\qquad\qquad \text{(VIII.1.2.6)}$$

und die Form von hyperbolischen Funktionen, falls $\lambda_{1,2}^2$ negativ wird:

$$f_1(\sigma_{1,2}\,y) = \sinh(\sigma_{1,2}\,y)$$
$$f_2(\sigma_{1,2}\,y) = \cosh(\sigma_{1,2}\,y) \Bigg\} \quad \text{für } \lambda_{1,2}^2 < 0 \,,$$

$$\text{mit} \qquad \sigma_{1,2} = \sqrt{|\lambda_{1,2}^2|} \;. \qquad\qquad\qquad\qquad \text{(VIII.1.2.7)}$$

Aus dem Feldanteil $\overline{F}_x$ folgen mit den oben angegebenen Beziehungen des Kapitels III.2 die restlichen Feldanteile. Werden die Randbedingungen auf der unendlich gut leitenden Berandung des Wellenleiters erfüllt, so ergibt sich ein lineares, homogenes Gleichungssystem mit vier Gleichungen. Damit dieses System eine nichttriviale Lösung besitzt, muß seine vierreihige Determinante verschwinden. Diese Determinante hat die Elemente:

$$A_{11} = 0, \; A_{12} = 1, \; A_{13} = 0, \; A_{14} = 1,$$

$$A_{21} = f_1(\sigma_1 b), \; A_{22} = f_2(\sigma_1 b), \; A_{23} = f_1(\sigma_2 b), \; A_{24} = f_2(\sigma_2 b),$$

$$A_{31} = -\delta_{1,1}\,\sigma_1\,f_1'(0), \; A_{32} = -j\beta\gamma_{1,1},$$

$$A_{33} = -\delta_{1,2}\,\sigma_2\,f_1'(0), \; A_{34} = -j\beta\gamma_{1,2},$$

$$A_{41} = -\delta_{1,1}\,\sigma_1\,f_1'(\sigma_1 b) - j\beta\gamma_{1,1}\,f_1(\sigma_1 b),$$

$$A_{42} = -\delta_{1,1}\,\sigma_1\,f_2'(\sigma_1 b) - j\beta\gamma_{1,1}\,f_2(\sigma_1 b),$$

$$A_{43} = -\delta_{1,2}\,\sigma_2\,f_1'(\sigma_2 b) - j\beta\gamma_{1,2}\,f_1(\sigma_2 b),$$

$$A_{44} = -\delta_{1,2}\,\sigma_2\,f_2'(\sigma_2 b) - j\beta\gamma_{1,2}\,f_2(\sigma_2 b), \qquad \text{(VIII.1.2.8)}$$

mit den Elementen γ_1 und δ_1 nach Gl. (III.2.31) und Gl. (III.2.32).

Werden zunächst nur die von der x-Koordinate (Vormagnetisierungsrichtung) unabhängigen Wellentypen ($k_x = 0$) betrachtet, so besitzen diese Wellen auf Grund der Randbedingungen nach Gl. (VIII.1.2.1) und Gl. (VIII.1.2.2) nur die Feldkomponenten E_x, H_y

und H_z, wie dies auch vom isotropen Wellenleiter her bekannt ist. Der auftretende Wellentyp ist also vom H-Typ. Die E_x- bzw. $\overline{F}_x$-Komponente gehorcht der Differentialgleichung:

$$\left[\frac{\partial^2}{\partial y^2} + k^2 \mu_{eff1} - \beta^2\right]\overline{F}_x = 0, \quad \overline{F}_x = C_1 f_1(\lambda y) + C_2 f_2(\lambda y) \tag{VIII.1.2.9}$$

mit dem vereinfachten Eigenwert $\lambda^2 = k^2 \mu_{eff1} - \beta^2$. Aus den Lösungen dieser Differentialgleichung lassen sich die Feldkomponenten der magnetischen Feldstärke berechnen, wenn berücksichtigt wird, daß nach Gl.(III.2.31) bzw. Gl.(III.2.32) δ_1 und γ_1 für den oben angegebenen Eigenwert λ^2 verschwinden und daß α_1 und β_1 (Gl.(III.2.29), Gl.(III.2.30)) auf den Wert

$$\alpha_1 = -j\frac{1}{k\mu_{eff2}}, \quad \beta_1 = \frac{1}{k\mu_{eff1}} \tag{VIII.1.2.10}$$

reduziert werden (vgl. auch die Darstellung in Gl.(VIII.1.1.10)). Da die Feldkomponente E_x an der Stelle $y = 0$ und $y = b$ auf Grund der Randbedingungen verschinden muß, kann nur die Funktion $f_1(\lambda \cdot y)$ mit positivem Wert von λ^2:

$$\lambda^2 = k^2 \mu_{eff1} - \beta^2 = \left(\frac{n \cdot \pi}{b}\right)^2, \quad n = 1, 2, 3, \ldots \tag{VIII.1.2.11}$$

Lösung des Problems sein. Damit wird $C_2 = 0$ gewählt und die endgültige Lösung des Problems lautet:

$$E_x = C_1 \sin\left(\frac{n\pi}{b}y\right)e^{-j\beta z}, \tag{VIII.1.2.12}$$

$$H_y = \left[-j\frac{n\pi}{kb\mu_{eff2}}C_1 \cos\left(\frac{n\pi}{b}y\right) - j\frac{\beta}{k\mu_{eff1}}C_1 \sin\left(\frac{n\pi}{b}y\right)\right]e^{-j\beta z}, \tag{VIII.1.2.13}$$

$$H_z = \left[-\frac{n\pi}{kb\mu_{eff1}}C_1 \cos\left(\frac{n\pi}{b}y\right) - \frac{\beta}{k\mu_{eff2}}C_1 \sin\left(\frac{n\pi}{b}y\right)\right]e^{-j\beta z}. \tag{VIII.1.2.14}$$

Das Phasenmaß β errechnet sich nach Gl.(VIII.1.2.11) aus der einfachen Eigenwertgleichung

$$\beta = \pm\sqrt{k^2 \mu_{eff1} - \left(\frac{n\pi}{b}\right)^2} \; . \tag{VIII.1.2.15}$$

Eine Wellenausbreitung ist nur möglich, falls der Ausdruck unter der Wurzel positiv ist. In Bild VIII.1.2.2 ist die Auswertung der Eigenwertgleichung in Abhängigkeit von der Vormagnetisierungsfeldstärke H_o^i für verschiedene Werte von n und zwei konstante Frequenzen (f = 8 GHz, f = 12,4 GHz) aufgetragen. Während bei 12,4 GHz im isotropen

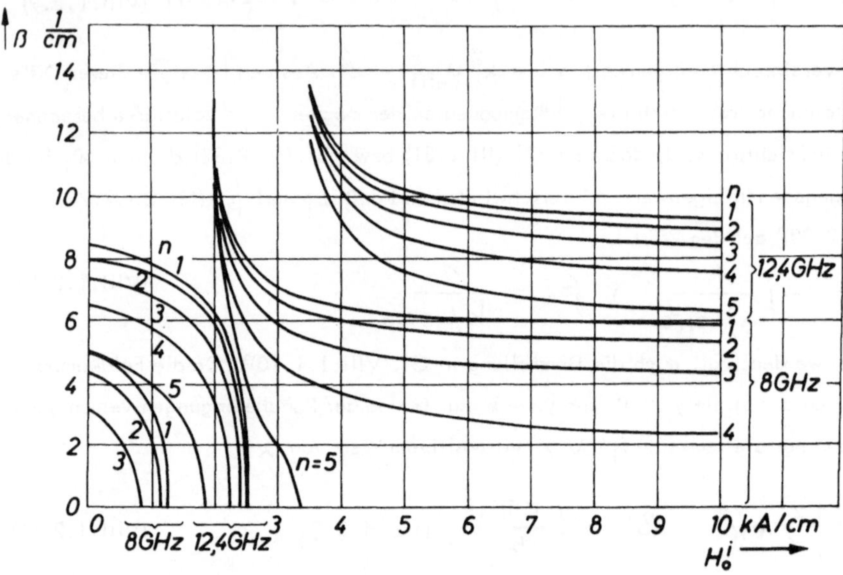

Bild VIII.1.2.2: Phasenmaß ß der H_{0n}-Wellentypen im transversal zur Wellenausbreitungsrichtung vormagnetisierten Wellenleiter mit rechteckförmigem Querschnitt. Hohlleiterabmessungen: a = 1.016 cm, b = 2.286 cm. Material R5.

Grenzfall bei den gewählten Hohlleiterabmessungen (X-Band-Normhohlleiter für die H_{01}-Welle (man beachte das eingeführte Koordinatensystem, Bild VIII.1.2.1) mit Luftfüllung) die ersten fünf Wellentypen (n = 1 bis n = 5) ausbreitungsfähig sind, sind bei 12,4 GHz zunächst nur die ersten vier Wellentypen ausbreitungsfähig, der fünfte Wellentyp (n = 5) wird erst in der Umgebung der gyromagnetischen Resonanz, wenn μ_{eff1} wachsende Werte annimmt, ausbreitungsfähig. Unterhalb der gyromagnetischen Resonanz sind die Wellentypen H_{04} und H_{05} für f = 8 GHz nicht ausbreitungsfähig (vgl. Ober- und Untertypen bei den Resonatoren).

Die Bilder VIII.1.2.3 und VIII.1.2.4 zeigen die Abhängigkeit der Feldkomponenten H_y und H_z von der Koordinate y für verschiedene Vormagnetisierungsfeldstärken. Es ist deutlich zu erkennen, daß auch hier, wie schon bei den kreiszylindrischen Strukturen diskutiert, die Normalkomponente der magnetischen Feldstärke auf den Seitenflächen

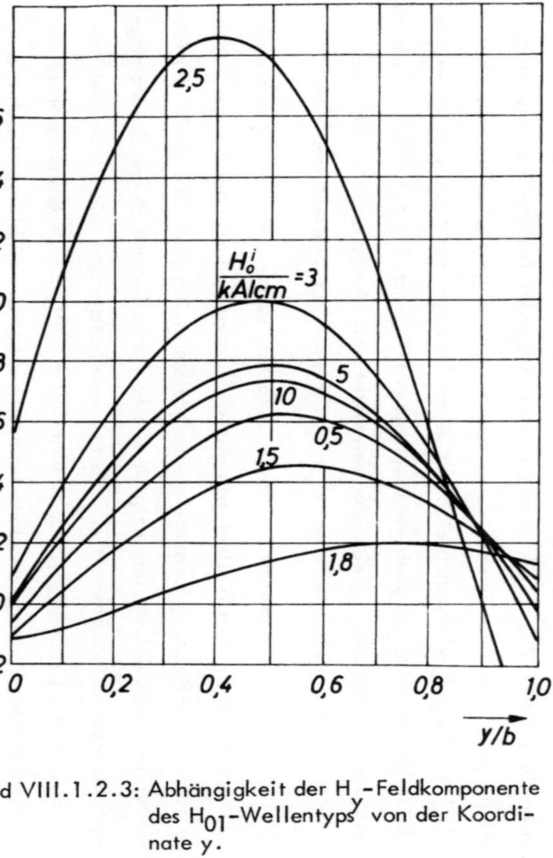

Bild VIII.1.2.3: Abhängigkeit der H_y-Feldkomponente des H_{01}-Wellentyps von der Koordinate y.

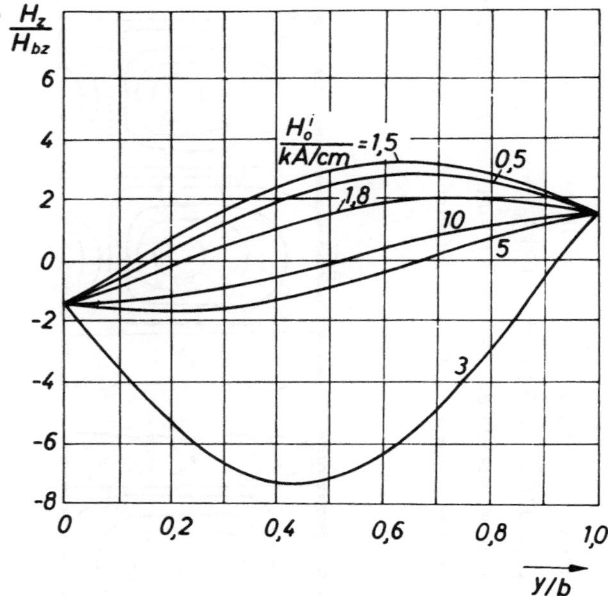

Bild VIII.1.2.4: Abhängigkeit der H_z-Feldkomponente des H_{01}-Wellentyps von der Koordinate y.

des Wellenleiters nicht verschwindet. Im isotropen Grenzfall verschwindet die Normalkomponente wieder, wie aus Bild VIII.1.2.3 für H_o^i = 10 kA/cm zu erkennen ist. In
Bild VIII.1.2.5 ist schließlich der Verlauf der Feldlinien für die magnetische Feldstärke
des H_{01}-Wellentyps aufgezeichnet, wie er bereits von Gurevich /10/ angegeben wurde.

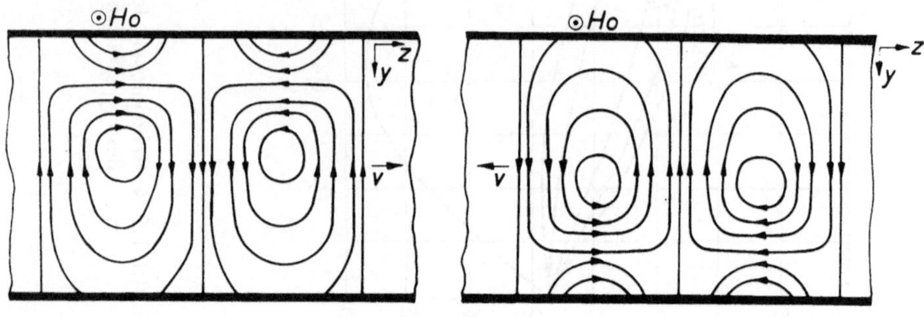

Bild VIII.1.2.5: Feldlinienbilder der magnetischen Feldstärke des H_{01}-Wellentyps
im transversal zur Wellenausbreitungsrichtung vormagnetisierten
Wellenleiter mit rechteckförmigem Querschnitt.

Wie schon aus Bild VIII.1.2.3 zu erkennen ist, besitzt H_y eine Nullstelle und damit spal-
ten die Feldlinien in zwei Bereiche auf. Unterhalb der gyromagnetischen Resonanz hat
sich die Nullstelle der H_y-Komponente bis zur gegenüberliegenden Wand verschoben, so
daß hier die Feldlinienbilder für positives und negatives ß gegenüber dem Verlauf oberhalb
der gyromagnetischen Resonanz miteinander vertauscht sind. Ausgehend vom isotropen
Grenzfall schiebt sich die Nullstelle von H_y immer mehr in den Wellenleiterbereich.

Gl.(VIII.1.2.15) für das Phasenmaß ß zeigt zunächst, daß in dem hier betrachteten
Spezialfall der x-unabhängigen Wellentypen die Ausbreitungsbedingungen für die in positiver und negativer z-Richtung fortschreitenden Wellen gleich sind. Das heißt, der hier
betrachtete Wellenleiter verhält sich reziprok. Da bei Umkehr der Richtung der Vormagnetisierungsfeldstärke nur das Element μ_2 des Permeabilitätstensors sein Vorzeichen ändert, dieses aber in der Größe μ_{eff1} nur quadratisch auftritt, bleibt das Phasenmaß
auch bei Umkehrung der Vormagnetisierungsfeldstärke erhalten. Wohl ändert sich die
Feldverteilung der magnetischen Feldstärke, da mit der Richtung der Vormagnetisierungsfeldstärke das Element μ_{eff2} sein Vorzeichen ändert. Ebenso ändert sich die Feldvertei-

lung der magnetischen Feldstärke, wenn die Wellenausbreitungsrichtung ihr Vorzeichen ändert (Bild VIII.1.2.5). Bei gleichzeitiger Umkehr der Vormagnetisierungsfeldstärke und der Wellenausbreitungsrichtung bleiben sowohl das Phasenmaß als auch die Feldverteilung der Welle erhalten (siehe auch Kapitel V.3).

Da die Verteilung der elektrischen Feldstärke über der y-Koordinate einer zur Wellenleiterachse symmetrischen Funktion $(\sin(\lambda \cdot y))$ gehorcht, ist der Wellenleiter auch reflexionssymmetrisch. Das heißt, wird der Wellenleiter an einer Stelle $z = z_o$ kurzgeschlossen, so bildet sich im Wellenleiter eine stehende Welle mit örtlich festen Nullstellen der elektrischen Feldstärke aus. Durch Anbringen einer weiteren Kurzschlußplatte ist es also für diesen Spezialfall, in dem die Felder von der Koordinate x (Richtung der Vormagnetisierungsfeldstärke) unabhängig sind, möglich, einen Resonator aufzubauen, in dem durch einfache Lösungsfunktionen die Randbedingungen erfüllt werden können (vgl. Kapitel VIII.1.2.2a).

Wird für die elektromagnetischen Felder eine Abhängigkeit von der x-Koordinate zugelassen, so werden alle sechs Feldkomponenten auftreten. Die Felder sind vom EH- oder HE-Typ. Als Eigenwertgleichung muß die vierreihige Determinante mit den Elementen nach Gl.(VIII.1.2.8) verschwinden. Wird aus dieser Eigenwertgleichung mit Hilfe numerischer Verfahren das Phasenmaß ß bestimmt, so ergibt sich in Abhängigkeit von der Vormagnetisierungsfeldstärke der Verlauf nach Bild VIII.1.2.6. Der Grundtyp der x-ab-

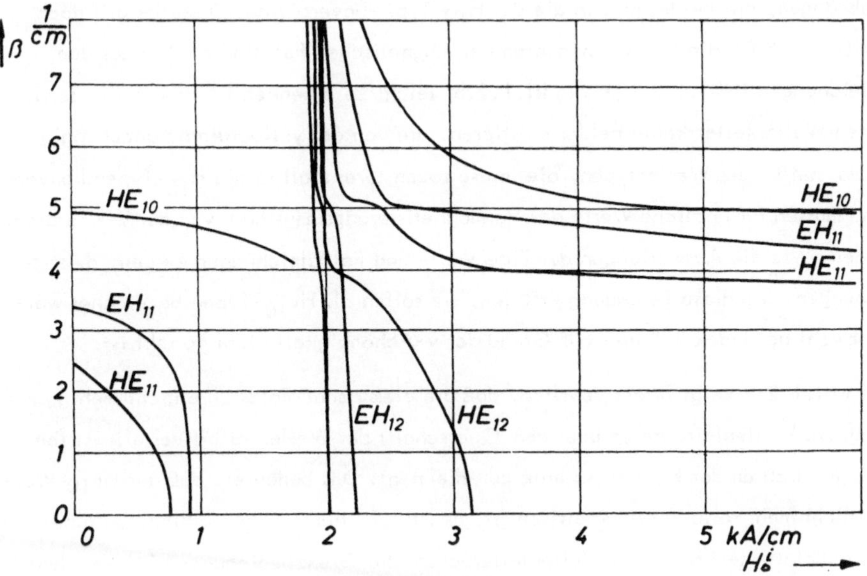

Bild VIII.1.2.6: Phasenmaß der von der x-Koordinate abhängigen Wellentypen.

hängigen Wellentypen ist der HE_{10}-Typ (zur Bezeichnung dieses Typs siehe die Bemer-
kungen weiter unten), es folgen der EH_{11}- und der HE_{11}-Typ (im Wellenleiter mit den
gewählten Abmessungen a = 1 cm, b = 1 cm). Im isotropen Grenzfall sind im hier betrachteten Beispiel der H_{10}-, E_{11}- und H_{11}-Typ ausbreitungsfähig. Der E_{11}- und der H_{11}-Typ
sind entartet. Die Entartung der Wellentypen wird für endliche Werte der Vormagnetisierungsfeldstärke aufgehoben, die EH_{11}- und HE_{11}-Wellentypen haben verschiedene Eigenwerte. Werden die Feldverteilungen des EH_{11}- und des HE_{11}-Wellentyps betrachtet, so
gehen sie auf Grund des hier gewählten Lösungsansatzes (vgl. Gl.(VIII.1.2.5) bzw.
Kapitel III.2.1c), der von der E_x-Komponente der Felder ausgeht, im isotropen Grenzfall in Längsschnitt-Typen mit verschwindender E_x- bzw. H_x-Komponente über. Diese
Längsschnitttypen sind für entartete Eigenwerte Eigenlösungen im isotropen Wellenleiter,
die sich aus je einem H-Typ und einem E-Typ zusammensetzen lassen. Die Feldverteilungen derjenigen Wellentypen, die im isotropen Grenzfall nicht entartet sind, gehen
wie gewohnt in die E- oder H-Typen über.

In den Bildern VIII.1.2.7 und VIII.1.2.8 ist der Verlauf der Feldkomponenten des
HE_{10}-Typs über der Koordinate y für eine in positiver z-Richtung fortschreitende Welle
aufgetragen. Parameter ist die Vormagnetisierungsfeldstärke H_o^i. Bild VIII.1.2.7 zeigt
deutlich, daß die Feldkomponenten der elektrischen Feldstärke im isotropen Grenzfall
(vgl. Verlauf der Feldkomponenten für H_o^i = 10 kA/cm) nicht mehr von der y-Koordinate abhängen, die Felder also in die des H_{10}-Typs konvergieren. Dasselbe gilt nach
Bild VIII.1.2.8 für die Feldkomponenten der magnetischen Feldstärke. Wie aus den
Feldgleichungen (VIII.1.2.1) bis (VIII.1.2.3) leicht zu erkennen ist, können im ferritgefüllten Wellenleiter keine Felder existieren, die von der y-Koordinate unabhängig
sind. Das heißt, die Wellentypen, die im isotropen Grenzfall in die H_{10}-Typen konvergieren, müssen für endliche Werte der Vormagnetisierungsfeldstärke von der y-Koordinate
abhängen. Wie die Auswertungen der Eigenwert- und Feldgleichungen zeigen, existieren Lösungen, die diese Bedingung erfüllen, sie sollen als HE_{10}-Typen bezeichnet werden, obwohl der Index "0" hier auf Grund der y-Abhängigkeit nicht korrekt ist.

Bild VIII.1.2.7 zeigt ferner deutlich, daß die elektrische Feldstärke nicht mehr symmetrisch zur Wellenleiterachse über dem Querschnitt des Wellenleiters verteilt ist (besonders deutlich an der E_y-Komponente zu erkennen). Das bedeutet, daß der HE_{10}-Wel-
lentyp nicht mehr reflexionssymmetrisch ist. Es ist z.B. nicht mehr möglich, an einer
Kurzschlußplatte senkrecht zur Wellenleiterachse die Grenzbedingungen für die elektrische Feldstärke zu erfüllen, da die Feldverteilung einer in negativer z-Richtung fort-

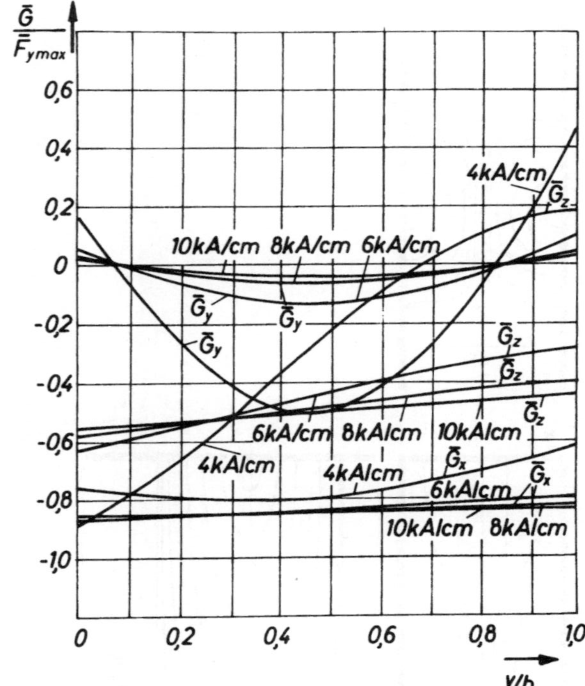

Bild VIII.1.2.7: Verlauf der elektrischen Feldkomponenten des HE_{10}-Wellentyps im rechteckigen Wellenleiter.

Bild VIII.1.2.8: Verlauf der magnetischen Feldkomponenten des HE_{10}-Wellentyps im rechteckigen Wellenleiter.

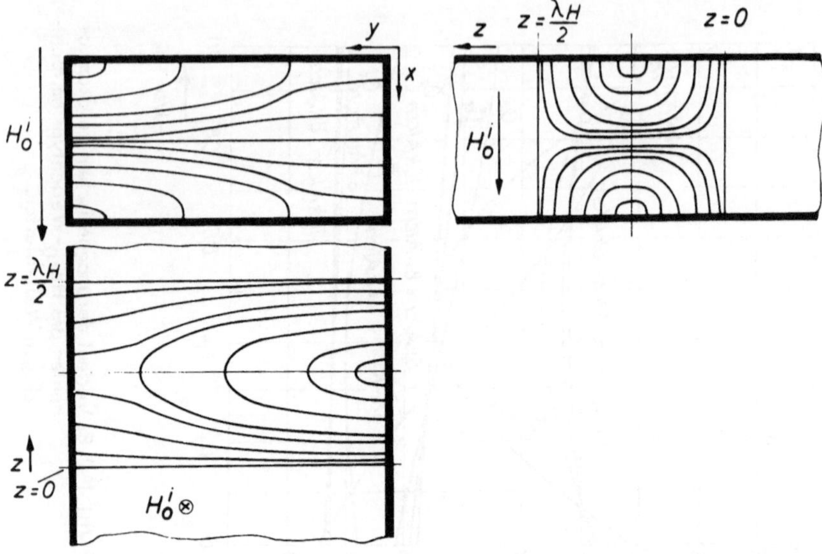

Bild VIII.1.2.9: Feldlinienbild der elektrischen Feldstärke des HE_{10}-Wellentyps im rechteckförmigen Wellenleiter.

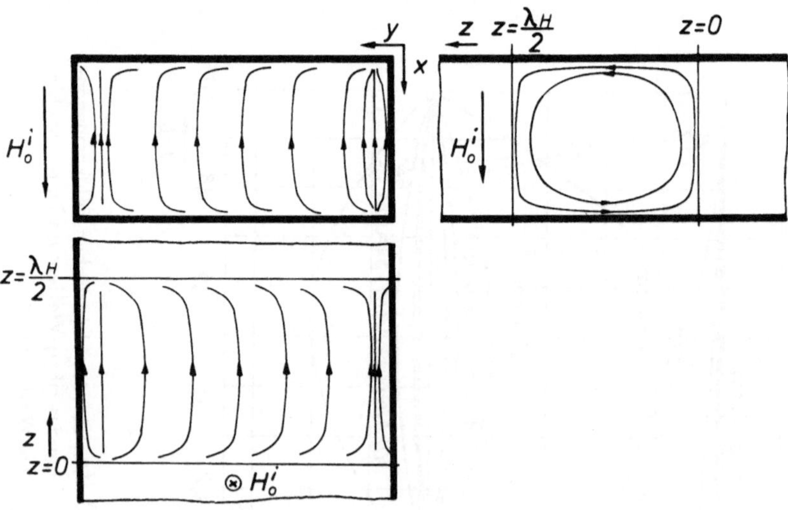

Bild VIII.1.2.10: Feldlinienbild der magnetischen Feldstärke des HE_{10}-Wellentyps im rechteckförmigen Wellenleiter.

schreitenden Welle spiegelbildlich zu Bild VIII.1.2.7 verläuft. Wie Bild VIII.1.2.8 zeigt, ist der Aufbau der magnetischen Feldstärke relativ kompliziert, da bei niedrigen Werten der Vormagnetisierungsfeldstärke sowohl die H_y- als auch die H_z-Komponente Nullstellen im Verlauf der y-Koordinate annehmen.

In den Bildern VIII.1.2.9 und VIII.1.2.10 sind schließlich die Feldlinienbilder der elektrischen und der magnetischen Feldstärke für einen großen Wert der Vormagnetisierungsfeldstärke $H_o^i = 8 \, kA/cm$ und einen festen Zeitpunkt $t = 0$ aufgetragen. Auch hier ist aus Bild VIII.1.2.9 noch einmal deutlich die Unsymmetrie der Feldverteilung der elektrischen Feldstärke zu erkennen. Diese Unsymmetrie führt dazu, daß im quaderförmigen Resonator (vgl. Kapitel VIII.1.2.2) die Grenzbedingungen an der leitenden Berandung nicht mehr ohne weiteres erfüllt werden können.

VIII.1.2.2 DER QUADERFÖRMIGE ABGESCHLOSSENE RESONATOR

VIII.1.2.2a DIE Z-UNABHÄNGIGEN SCHWINGUNGSTYPEN

Wie bereits im vorhergehenden Kapitel angedeutet, stößt die Berechnung des vollständig abgeschlossenen, quaderförmigen Resonators, der mit Ferritmaterial gefüllt ist, auf erhebliche Schwierigkeiten. Mögliche Lösungen der Differentialgleichungen, die die Felder bestimmen, erfüllen die Grenzbedingungen auf der als unendlich gut leitend angesehenen Berandung nicht. Ausnahmen bilden die Schwingungstypen, deren Felder nicht von der z-Koordinate abhängen, wenn vorausgesetzt wird, daß die Richtung der z-Koordinate gleich der Richtung der Vormagnetisierungsfeldstärke ist. Die z-unabhängigen Feldtypen lassen sich weiterhin exakt berechnen und sollen hier kurz behandelt werden.

Bei der Berechnung der Felder im quaderförmigen Resonator wird ein Koordinatensystem nach Bild VIII.1.2.11 so eingeführt, daß die Richtung der Vormagnetisierungsfeldstärke mit der z-Richtung übereinstimmt. Die Seitenkanten des Resonators seien a, b, c. Der Resonator ist vollständig mit einem verlustlosen Ferritmaterial gefüllt. Unter diesen Voraussetzungen werden die elektromagnetischen Felder, die von der z-Koordinate un-

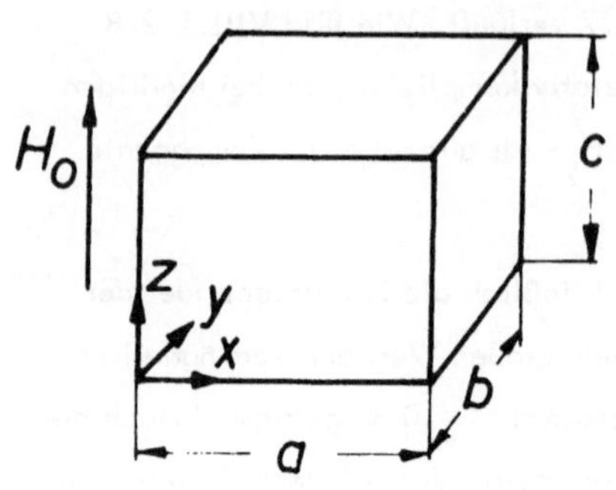

abhängig sind, vom E-Typ [1] sein, das heißt, die Felder besitzen eine E_z-Komponente der elektrischen Feldstärke [2] und magnetische Feldanteile in x- und y-Richtung. Nach den Überlegungen in Kapitel VIII.1.1.1a wird die E_z-Komponente durch die Differentialgleichung Gl.(VIII.1.1.9) bestimmt, und die magnetischen Feldanteile berechnen sich nach Gl.(VIII.1.1.10).

Bild VIII.1.2.11: Quaderförmiger Resonator

Die Lösungen der Gl.(VIII.1.1.9) im kartesischen Koordinatensystem können für positive Werte von μ_{eff1} als Sinus- oder Cosinusfunktionen dargestellt werden. Da die Randbedingungen ein Verschwinden der E_z-Komponente auf den Flächen $x = 0$, $x = a$, $y = 0$ und $y = b$ fordern, ist sofort zu erkennen, daß die hyperbolischen Funktionen als Lösung ($\mu_{eff1} < 0$) nicht in Betracht kommen. Unter Berücksichtigung der Randbedingungen kann deshalb die E_z-Komponente durch

$$E_z = A \sin\left(\frac{m\pi}{a}x\right)\sin\left(\frac{n\pi}{b}y\right) \qquad (VIII.1.2.16)$$

dargestellt werden. Aus Gl.(VIII.1.1.10) kann dann die magnetische Feldstärke

$$H_x = A\left\{\frac{n\pi}{bk\mu_{eff1}}\sin\left(\frac{m\pi}{a}x\right)\cos\left(\frac{n\pi}{b}y\right) - j\frac{m\pi}{ak\mu_{eff2}}\cos\left(\frac{m\pi}{a}x\right)\sin\left(\frac{n\pi}{b}y\right)\right\},$$

$$H_y = A\left\{-\frac{m\pi}{ak\mu_{eff1}}\cos\left(\frac{m\pi}{a}x\right)\sin\left(\frac{n\pi}{b}y\right) - j\frac{n\pi}{bk\mu_{eff2}}\sin\left(\frac{m\pi}{a}x\right)\cos\left(\frac{n\pi}{b}y\right)\right\}$$

$$(VIII.1.2.17)$$

berechnet werden. Die Eigenwertgleichung des Resonators lautet entsprechend Gl.(VIII.1.1.9) und Gl.(VIII.1.2.16):

$$\left(\frac{m\pi}{a}\right)^2 + \left(\frac{n\pi}{b}\right)^2 = k^2\mu_{eff1}, \qquad (VIII.1.2.18)$$

---

[1] Alle Feldtyp-Angaben sollen sich auf die z-Richtung beziehen.

[2] Im Gegensatz zum Verfahren bei der Berechnung der Wellenleiter wird hier wieder von den z-Komponenten der Felder ausgegangen.

sie hat nur für positive Werte von $\mu_{\text{eff}1}$ Lösungen. Bild VIII.1.2.12 zeigt die Auswertung dieser Eigenwertgleichung für verschiedene Werte von n und m und Resonatorabmessungen a = 1,0 cm, b = 0,55 cm, c = 2,5 cm und das Ferritmaterial R5. Einge-

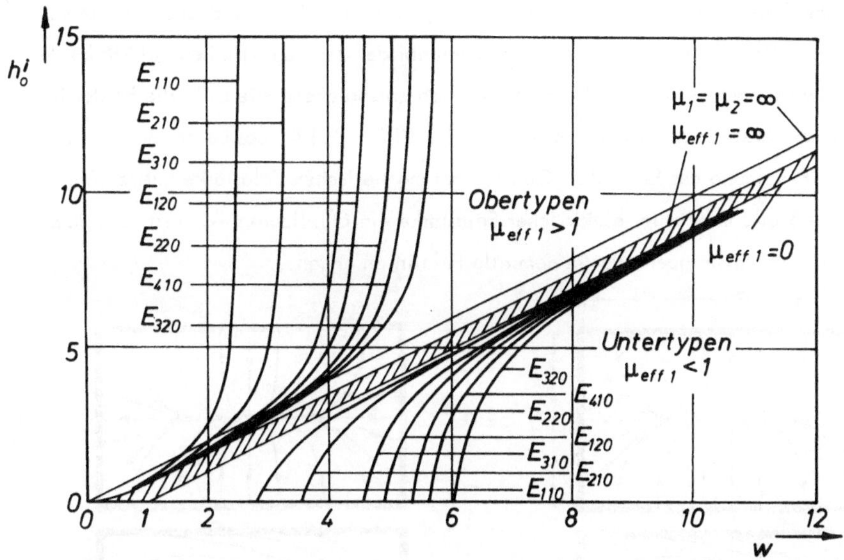

Bild VIII.1.2.12: Abstimmkurven der z-unabhängigen Schwingungstypen im quaderförmigen Resonator. Resonatorabmessungen: a = 1,0 cm, b = 0,55 cm, Material R5. Aufgetragen ist die normierte Vormagnetisierungsfeldstärke über der normierten Eigenfrequenz (vgl. Gl.(I.3.1) und Gl.(I.3.3)).

zeichnet sind ferner die den einzelnen Schwingungstypen zugeordneten isotropen Grenzfrequenzen.

Der Grundtyp der z-unabhängigen Schwingungen ist der E_{110}-Typ, es folgen der E_{210}-, E_{310}-Typ wie im Resonator mit isotropem Medium. Wie für den koaxialen Resonator und den Resonator mit kreisrundem Querschnitt lassen sich die Abstimmkurven der z-unabhängigen Schwingungstypen des Quaderresonators in normierter Form darstellen. Wird die isotrope Grenzfrequenz

$$f_{\text{I}} = \frac{c_o}{2\sqrt{\varepsilon_r}}\sqrt{\left(\frac{m}{a}\right)^2 + \left(\frac{n}{b}\right)^2} \qquad \text{(VIII.1.2.19)}$$

benutzt, um die normierte Frequenz x, die normierte Vormagnetisierungsfeldstärke y und die normierte Sättigungsmagnetisierung nach Gl.(VIII.1.1.14) zu berechnen, so lassen sich die Abstimmkurven des quaderförmigen Resonators in der Form der in den Bildern VIII.1.1.2 und VIII.1.1.3 dargestellten Funktionen $y = y(x, x_m)$ angeben.

Wie aus den Feldgleichungen (VIII.1.2.16) und (VIII.1.2.17) zu erkennen ist, ist die elektrische Feldstärke linear polarisiert, die magnetische Feldstärke dagegen elliptisch polarisiert. Bild VIII.1.2.13 zeigt die Feldlinienbilder der magnetischen Feldstärke des E_{110}-Schwingungstyps. Die Felder verhalten sich entsprechend wie z.B. die Felder im Resonator mit kreisrundem Querschnitt (vgl. Bild VIII.1.1.18), das heißt, daß auf der leitenden Berandung des Resonators Quellen der magnetischen Feldstärke auftreten und daß an der Stelle maximaler elektrischer Feldstärke ein Quellpunkt existiert, aus dem alle Feldlinien entspringen oder in dem alle Feldlinien enden.

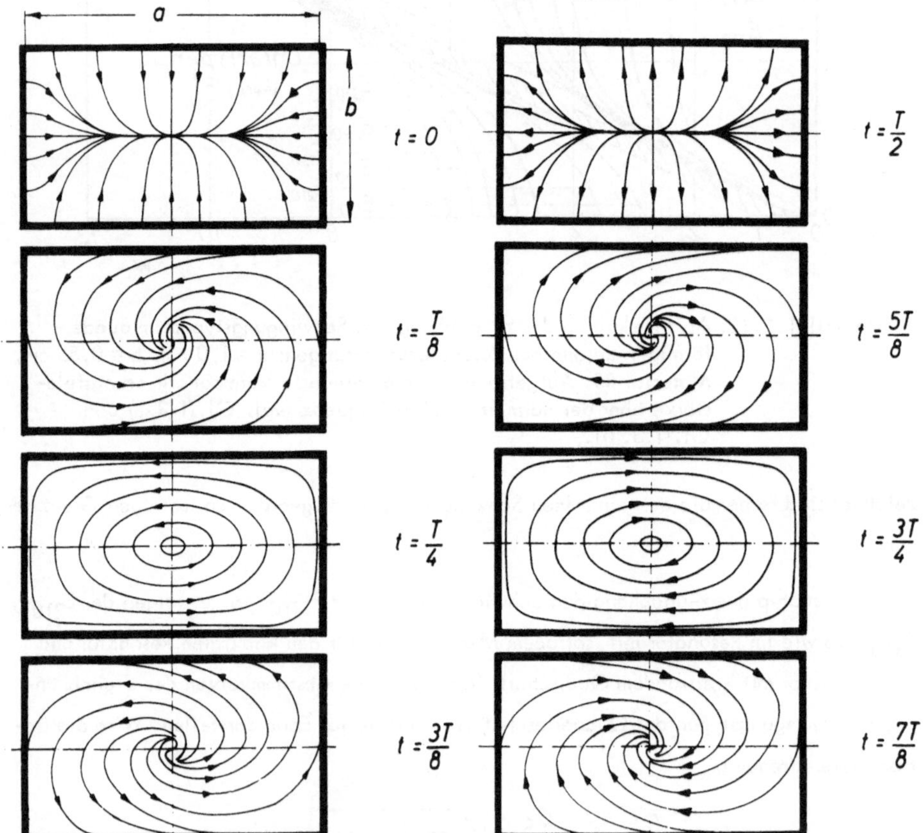

Bild VIII.1.2.13: Feldlinienbilder der magnetischen Feldstärke des E_{110}-Schwingungstyps im quaderförmigen, ferritgefüllten Resonator zu verschiedenen Zeitpunkten, Untertyp.

VIII.1.2.2b NÄHERUNGSWEISE BERECHNUNG DER Z-ABHÄNGIGEN

EIGENSCHWINGUNGEN

In einem quaderförmigen Resonator nach Bild VIII.1.2.11, der mit einem isotropen Material gefüllt ist, treten E_{mnp}- und H_{mnp}-Schwingungstypen [1] mit den Eigenfrequenzen:

$$f_I = \frac{c_0}{2\sqrt{\varepsilon_r}} \sqrt{\left(\frac{m}{a}\right)^2 + \left(\frac{n}{b}\right)^2 + \left(\frac{p}{c}\right)^2}, \quad m,n = 0,1,2,\cdots, \; p = 1,2,3,\cdots \quad \text{(VIII.1.2.20)}$$

auf. Wie bereits die Diskussion der vorangegangenen Kapitel zeigt, können im Resonator mit gyrotropen Material die E- und H-Typen nicht mehr existieren, falls die Felder von der Koordinate z abhängen. Das bedeutet, zur Lösung des Randwertproblems eines quaderförmigen Resonators muß von den verkoppelten Differentialgleichungen (VIII.1.1.2) und (VIII.1.1.3) für die Feldkomponenten F_z (E_z) und G_z (H_z) ausgegangen werden, falls die elektromagnetischen Felder berechnet werden sollen. Es läßt sich leicht zeigen, daß eine Lösung z.B. der Differentialgleichungen, die gleichzeitig die Randbedingungen in einem Resonator nach Bild VIII.1.2.11 erfüllt, in der Form

$$F_z(x,y) = C_1 \sin(\xi_1 x)\sin(\eta_1 y) + C_2 \sin(\xi_2 x)\sin(\eta_2 y) \quad \text{(VIII.1.2.21)}$$

geschrieben werden kann (Voraussetzung $\xi_{1,2}^2 > 0, \eta_{1,2}^2 > 0$). $\xi_{1,2}^2$ bzw. $\eta_{1,2}^2$ sind Separationskonstanten, die über

$$\xi_1^2 + \eta_1^2 = x_1^2 \qquad \text{und} \qquad \xi_2^2 + \eta_2^2 = x_2^2$$

mit den Eigenwerten x_1^2 und x_2^2 der entkoppelten Differentialgleichungen (III.1.41) verbunden sind. Werden aus der F_z-Komponente nach Gl.(VIII.1.2.21) die zugehörigen Feldanteile der elektrischen Feldstärke F_x, F_y mit Hilfe der Beziehungen (VIII.1.1.7) berechnet, so kann nach Einsetzen der Randbedingungen an der Stelle x = 0 und y = 0 erkannt werden, daß die Lösung identisch verschwindet. Das heißt, mit den angegebenen Lösungen der Differentialgleichungen läßt sich das zu untersuchende Problem nicht be-

---

[1] Alle Feldtypenangaben sollen sich auf die z-Richtung beziehen.

schreiben.

Aus diesem Grund soll versucht werden, eine Näherungslösung für die Abstimmkurven des quaderförmigen Resonators anzugeben. Es werden zwei Näherungsverfahren verwendet, erstens das Verfahren der quasiisotropen Approximation (vgl. Kapitel IV.2) und zweitens die Variationsmethode (vgl. Kapitel VII.2.6 und /401/).

Nach Kapitel IV.2 lassen sich unter der Voraussetzung großer Vormagnetisierungsfeldstärke (d.h. $|\mu_2| \ll \mu_1$) die Differentialgleichungen für die Feldkomponenten F_z und G_z entkoppeln und in der Form

$$\nabla_t^2 F_z + (k^2 \mu_{eff1} - \beta^2) F_z = 0,$$
$$\nabla_t^2 G_z + (k^2 - \frac{\beta^2}{\mu_1}) G_z = 0 \qquad \text{(VIII.1.2.22)}$$

angeben. Das heißt, die quasiisotrope Approximation liefert (falls die Randbedingungen erfüllt werden können) Lösungen in Form von E- oder H-Typen, wie im isotropen Medium. Wie sich leicht mit Hilfe der Gln.(VIII.1.1.5) bis (VIII.1.1.8) unter der Voraussetzung $|\mu_2| \ll \mu_1$ zeigen läßt, genügen die Feldkomponenten der quasiisotropen E-Typen den Gleichungen:

$$E_x = -C_1 \frac{\beta \cdot \xi}{k^2 \mu_1 - \beta^2} \cos(\xi x) \sin(\eta y) \sin(\beta z),$$

$$E_Y = -C_1 \frac{\eta \cdot \beta}{k^2 \mu_1 - \beta^2} \sin(\xi x) \cos(\eta y) \sin(\beta z),$$

$$E_z = C_1 \sin(\xi x) \sin(\eta y) \cos(\beta z),$$

$$\qquad \text{(VIII.1.2.23)}$$

$$H_x = C_1 \frac{k \eta}{k^2 \mu_1 - \beta^2} \sin(\xi x) \cos(\eta y) \cos(\beta z),$$

$$H_Y = -C_1 \frac{k \xi}{k^2 \mu_1 - \beta^2} \cos(\xi x) \sin(\eta y) \cos(\beta z),$$

$$H_z = 0$$

und der quasiisotropen H-Typen den Gleichungen:

$$E_x = -C_2 \frac{k \mu_1 \eta}{k^2 \mu_1 - \beta^2} \cos(\xi x) \sin(\eta y) \sin(\beta z),$$

$$E_Y = C_2 \frac{k \mu_1 \xi}{k^2 \mu_1 - \beta^2} \sin(\xi x) \cos(\eta y) \sin(\beta z),$$

$$E_z = 0,$$

$$H_x = -C_2 \frac{\xi \beta}{k^2 \mu_1 - \beta^2} \sin(\xi x)\cos(\eta y)\cos(\beta z),$$

$$H_y = -C_2 \frac{\eta \beta}{k^2 \mu_1 - \beta^2} \cos(\xi x)\sin(\eta y)\cos(\beta z),$$

$$H_z = C_2 \cos(\xi x)\cos(\eta y)\sin(\beta z).$$

(VIII.1.2.24)

Die Separationskonstanten ξ^2, η^2, β^2 nehmen die Werte

$$\xi^2 = \left(\frac{m\pi}{a}\right)^2, \eta^2 = \left(\frac{n\pi}{b}\right)^2, \beta^2 = \left(\frac{p\pi}{c}\right)^2, \quad m,n = 0,1,\cdots; \ p = 1,2,\ldots \quad \text{(VIII.1.2.25)}$$

an. Werden die so bestimmten Lösungen in die Differentialgleichungen (VIII.1.2.22) eingesetzt, so können die Eigenwertgleichungen der quasiisotropen Approximation

$$\left(\frac{m\pi}{a}\right)^2 + \left(\frac{n\pi}{b}\right)^2 + \left(\frac{p\pi}{c}\right)^2 = k^2 \mu_{eff_1} \qquad \text{(VIII.1.2.26)}$$

für die E-Typen und

$$\left(\frac{m\pi}{a}\right)^2 + \left(\frac{n\pi}{b}\right)^2 + \frac{1}{\mu_1}\left(\frac{p\pi}{c}\right)^2 = k^2 \qquad \text{(VIII.1.2.27)}$$

für die H-Typen angegeben werden. Wenn von der Tatsache ausgegangen wird, daß der Eigenwert x_1^2 nach Gl.(III.1.40) den EH-Typ und der Eigenwert x_2^2 nach Gl.(III.1.40) den HE-Typ charakterisiert, kann diese Näherungslösung weiter verbessert werden. Wird von diesen Eigenwerten und nicht nur wie in Gl.(VIII.1.2.22) von den Näherungen nach Gl.(IV.2.1) bzw. Gl.(IV.2.2) Gebrauch gemacht, so kann die Eigenwertgleichung für die quasiisotropen E-Typen als

$$\left(\frac{m\pi}{a}\right)^2 + \left(\frac{n\pi}{b}\right)^2 = x_1^2 \qquad \text{(VIII.1.2.28)}$$

und für die quasiisotropen H-Typen als

$$\left(\frac{m\pi}{a}\right)^2 + \left(\frac{n\pi}{b}\right)^2 = x_2^2 \qquad \text{(VIII.1.2.29)}$$

angegeben werden. Bild VIII.1.2.14 zeigt die Auswertung der Gln. (VIII.1.2.26) und (VIII.1.2.27), Bild VIII.1.2.15 die Auswertung der Gln. (VIII.1.2.28) und (VIII.1.2.29).

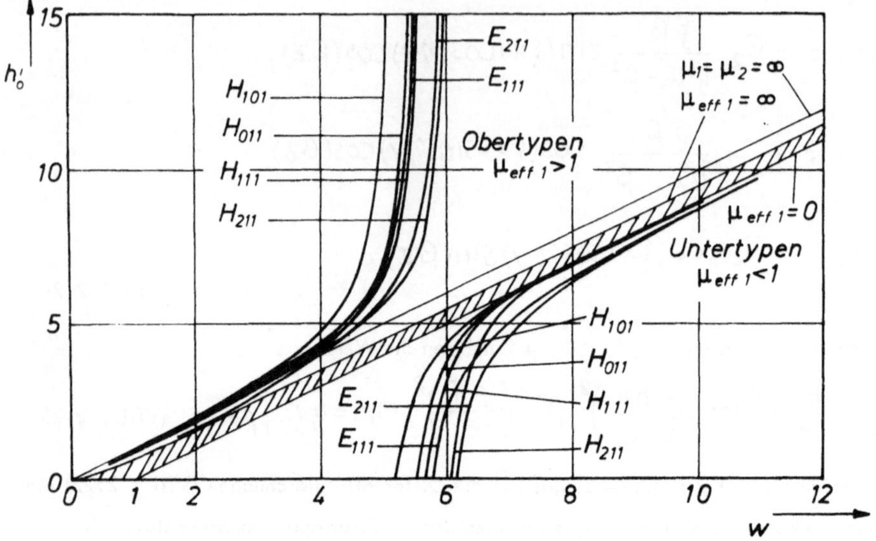

Bild VIII.1.2.14: Abstimmkurven des quaderförmigen, ferritgefüllten Resonators. Quasiisotrope Näherung nach Gl. (VIII.1.2.26) und Gl. (VIII.1.2.27). Resonatorabmessungen: a = 1 cm, b = 0,55 cm, c = 2,5 cm. Material R5.

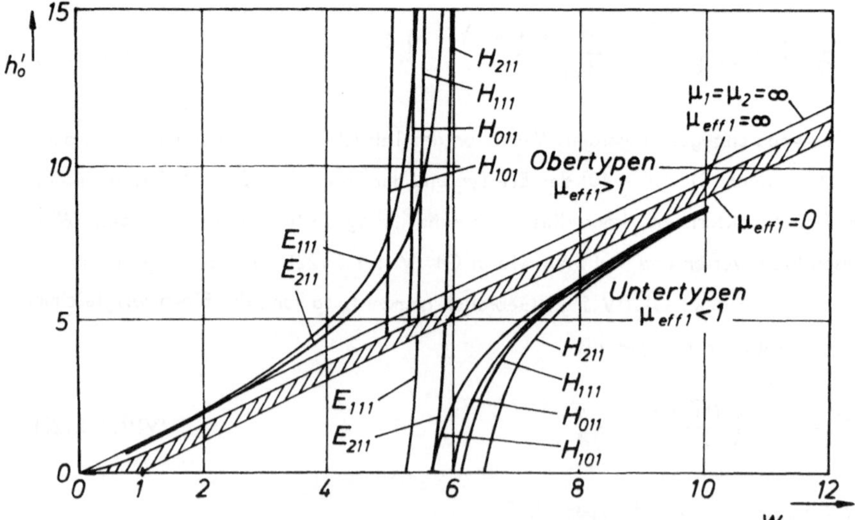

Bild VIII.1.2.15: Quasiisotrope Näherung der Abstimmkurven des quaderförmigen Resonators nach Gl. (VIII.1.2.28) und Gl. (VIII.1.2.29).

Ein Unterschied zwischen beiden Näherungslösungen ist insbesondere für die Obertypen der H-Typen und die Untertypen der E-Typen zu erkennen. Die Abstimmkurven der Obertypen nach Gl. (VIII.1.2.29) und die Untertypen nach Gl. (VIII.1.2.29) verlaufen im h_o^i -w-Diagramm wesentlich steiler als nach Gl. (VIII.1.2.27).

In einem zweiten Näherungsverfahren soll versucht werden, ob die Lösung des Eigenwertproblems für die z-abhängigen Eigenschwingungen des quaderförmigen Resonators mit Hilfe der Variationsmethode zu besseren Ergebnissen führt, als die quasiisotrope Approximation. Dazu wird von dem in Kapitel VII.2.6 abgeleiteten Ausdruck

$$k_\nu^2 \approx \frac{\iiint\limits_V \mathrm{rot}\, \mathfrak{E}_{p\nu}^* \cdot \overleftrightarrow{\mu}^{-1} \cdot \mathrm{rot}\, \mathfrak{E}_{p\nu}\, dv}{\iiint\limits_V \mathfrak{E}_{p\nu}^* \cdot \mathfrak{E}_{p\nu}\, dv} \qquad \text{(VIII.1.2.30)}$$

ausgegangen, der nach den Untersuchungen des Kapitels VII.2.6 stationär in bezug auf eine Variation des elektrischen Probefeldes $\mathfrak{E}_p$ ist. Für $\mathfrak{E}_p$ muß gefordert werden, daß es die Randbedingungen für die elektrische Feldstärke auf der unendlich gut leitenden Berandung erfüllt. Können keine Probefelder gefunden werden, die die Randbedingungen erfüllen, so kann nach den Berechnungen des Kapitels VII.2.6 für k_ν^2 der Ausdruck

$$k_\nu^2 \approx \frac{\iiint\limits_V \mathrm{rot}\, \mathfrak{E}_{p\nu}^* \cdot \overleftrightarrow{\mu}^{-1} \cdot \mathrm{rot}\, \mathfrak{E}_{p\nu}\, dv - \oiint\limits_{H\ddot{u}lle} \mathfrak{n} \cdot (\mathfrak{E}_{p\nu}^* \times \overleftrightarrow{\mu}^{-1} \cdot \mathrm{rot}\, \mathfrak{E}_{p\nu})\, da}{\iiint\limits_V \mathfrak{E}_{p\nu}^* \cdot \mathfrak{E}_{p\nu}\, dv} -$$

$$- \frac{\oiint\limits_{H\ddot{u}lle} \mathfrak{n} \cdot (\mathfrak{E}_{p\nu} \times \overleftrightarrow{\mu}^{-1*} \cdot \mathrm{rot}\, \mathfrak{E}_{p\nu}^*)\, da}{\iiint\limits_V \mathfrak{E}_{p\nu}^* \cdot \mathfrak{E}_{p\nu}\, dv} \qquad \text{(VIII.1.2.31)}$$

angegeben werden (vgl. auch /391/). Mit Hilfe bekannter Vektoridentitäten und mit Hilfe des Gaußschen Satzes läßt sich der oben stehende Ausdruck noch zu

$$k_\nu^2 \approx \frac{\iiint\limits_V \mathfrak{E}_{p\nu}^* \cdot \mathrm{rot}\,(\overleftrightarrow{\mu}^{-1} \cdot \mathrm{rot}\, \mathfrak{E}_{p\nu})\, dv - \oiint\limits_{H\ddot{u}lle} \overleftrightarrow{\mu}^{-1*} \cdot \mathrm{rot}\, \mathfrak{E}_{p\nu}^* \cdot (\mathfrak{n} \times \mathfrak{E}_{p\nu})\, da}{\iiint\limits_V \mathfrak{E}_{p\nu}^* \cdot \mathfrak{E}_{p\nu}\, dv}$$

$$\text{(VIII.1.2.32)}$$

umformen.

Zur Auswertung der mit Hilfe der Variationsmethode gefundenen Zusammenhänge wird ein Probefeld $\ell_{p\nu}$ benötigt, daß möglichst "sinnvoll" ist. Wird von Gl.(VIII.1.2.32) Gebrauch gemacht, so braucht das Probefeld die Randbedingungen $\ell_{p\nu} \times \mathcal{N} = 0$ auf der Hülle nicht zu erfüllen.

Wird angenommen, daß die Lösung der quasiisotropen Approximation für die E_z-Komponente nach Gl.(VIII.1.2.23) den Verlauf der E_z-Komponente hinreichend exakt beschreibt, so können mit Hilfe von Gl.(VIII.1.1.7) die restlichen Feldkomponenten der elektrischen Feldstärke bestimmt werden (man beachte den Unterschied zur quasiisotropen Approximation, hier werden E_x und E_y aus der exakten Gl.(VIII.1.1.7) berechnet):

$$E_z = C_1 \sin(\xi x)\sin(\eta y)\cos(\beta z),$$

$$E_x = [C_1 A_1 \xi \cos(\xi x)\sin(\eta y) - jC_1 B_1 \eta \sin(\xi x)\cos(\eta y)]\sin(\beta z),$$

$$E_y = [C_1 A_1 \eta \sin(\xi x)\cos(\eta y) + jC_1 B_1 \xi \cos(\xi x)\sin(\eta y)]\sin(\beta z).$$

$$(VIII.1.2.33)$$

Wird

$$\xi = \left(\frac{m\pi}{a}\right), \quad \eta = \left(\frac{n\pi}{b}\right), \quad \beta = \left(\frac{p\pi}{c}\right) \qquad (VIII.1.2.34)$$

festgesetzt, so erfüllt zwar die E_z-Komponente die Randbedingungen, die E_x- und E_y-Komponente aber nicht. Die Feldverteilung nach Gl.(VIII.1.2.33), die von der quasiisotropen Approximation für die E_z-Komponente als Näherung für die E-Typen ausgeht, soll verwendet werden, um mit Hilfe von Gl.(VIII.1.2.32) eine Näherungslösung für die Eigenfrequenzen der EH-Typen zu erhalten. Entsprechend wird bei der Berechnung der Eigenfrequenzen der HE-Typen von der quasiisotropen Approximation nach Gl.(VIII.1.2.24) ausgegangen, und aus der H_z-Komponente dieser Feldverteilung werden mit Hilfe von Gl.(VIII.1.1.5) und Gl.(VIII.1.1.7) die Feldkomponenten

$$E_x = jK_{2,2}[C_2 A_2 \xi \cos(\xi x)\sin(\eta y) - jC_2 B_2 \eta \sin(\xi x)\cos(\eta y)]\sin(\beta z),$$

$$E_y = jK_{2,2}[C_2 A_2 \eta \sin(\xi x)\cos(\eta y) + jC_2 B_2 \xi \cos(\xi x)\sin(\eta y)]\sin(\beta z),$$

$$E_z = j \, K_{2,2} \, C_2 \cos(\xi x) \cos(\eta y) \cos(\beta z)$$

$$(\text{VIII}.1.2.35)$$

mit ξ, η, β nach Gl.(VIII.1.2.34) berechnet. Das Probefeld nach Gl.(VIII.1.2.35) erfüllt die Grenzbedingungen nicht, auch die tangentiale E_z-Komponente wird auf der Berandung nicht mehr Null.

Werden diese Ansätze für das Probefeld $\mathcal{E}_p$ in die stationäre Beziehung Gl.(VIII.1.2.32) eingesetzt, so ergeben sich erstaunlicherweise für die Abstimmkurven Lösungen, die nur sehr unwesentlich von denen der quasiisotropen Approximation nach Gl.(VIII.1.2.28) und Gl.(VIII.1.2.29) abweichen, obwohl zu erwarten gewesen wäre, daß die nach Gl.(VIII.1.2.33) und Gl.(VIII.1.2.35) angesetzten Felder bessere Näherungen liefern. Ursache hierfür mag die Tatsache sein, daß in der quasiisotropen Approximation nach Gl. (VIII.1.2.28) bzw. Gl.(VIII.1.2.29) das Element μ_2 nicht vollständig vernachlässigt wurde. Weitergehende Untersuchungen können so durchgeführt werden, daß die Verkopplung der E_z- und der H_z-Komponente näherungsweise berücksichtigt wird. Wird z.B. für G_z der Ansatz

$$G_z = -j \, \frac{\mu_2}{\mu_1} \, C_2 \sin(\xi x) \sin(\eta y) + C_2 \cos(\xi x) \cos(\eta y) \qquad (\text{VIII}.1.2.36)$$

gemacht und werden hieraus die restlichen Feldkomponenten berechnet, so können Näherungslösungen für die Abstimmkurven der HE-Typen abgeleitet werden, die vor allem im Bereich des Spinwellenspektrums besser mit gemessenen Abstimmkurven übereinstimmen. Die Abstimmkurven der EH-Typen können durch einen entsprechenden Ansatz nicht verbessert werden. Hier zeigt sich, daß die Abstimmkurven der quasiisotropen Approximation eine hinreichend genaue Lösung darstellt. In Bild VIII.1.2.16 ist die verbesserte Lösung der Abstimmkurven für den HE_{111}-Typ als Auswertung der Gl.(VIII.1.2.32) unter Berücksichtigung eines Feldansatzes nach Gl.(VIII.1.2.36) für die G_z-Komponente aufgetragen. Mit eingezeichnet ist die quasiisotrope Näherung nach Gl.(VIII.1.2.28) für den EH_{111}-Typ. Der EH_{111}- und HE_{111}-Schwingungstyp sind im isotropen Grenzfall entartet. Das bedeutet, daß ausgehend vom isotropen Grenzfall die Abstimmkurven der beiden Schwingungstypen von einer gemeinsamen isotropen Grenzfrequenz aufspalten, wie dies bereits von den rechts- und linksdrehenden Feldtypen des kreiszylindrischen Resonators bekannt ist.

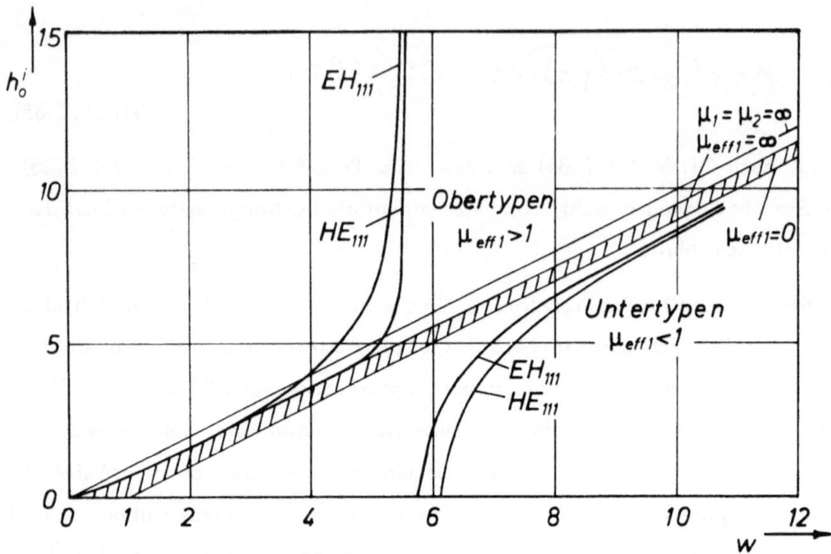

Bild VIII.1.2.16: Näherungslösung der Abstimmkurven des EH_{111}- und des HE_{111}-Schwingungstyps im ferritgefüllten, quaderförmigen Resonator. Quasiisotrope Approximation nach Gl.(VIII.1.2.28) für den EH_{111}-Typ und Anwendung der Variationsmethode für den HE_{111}-Typ. Resonatorabmessungen und Material wie in Bild VIII.1.2.14.

VIII.1.3 DER ABGESCHLOSSENE KUGELFÖRMIGE RESONATOR

Bereits im Kapitel III.3 wurden für den Fall, daß die Vormagnetisierungsfeldstärke in z-Richtung weist, die Feldgleichungen für die Felder im Kugelkoordinatensystem abgeleitet. Wie schon dort erwähnt wurde, führen die allgemeinen Gleichungen im Kugelkoordinatensystem auf die zwei Gleichungen Gl.(III.3.13) und Gl.(III.3.14), in denen alle Feldkomponenten miteinander verkoppelt sind. Eine Lösung dieser Gleichungen unter Zuhilfenahme der übrigen Feldgleichungen erscheint aussichtslos, so daß hier nur ein Spezialfall behandelt werden soll. Wie schon im Kapitel III.3 gezeigt wurde, lassen sich die Feldgleichungen erheblich vereinfachen, falls nur die vom Azimuthwinkel φ unabhängigen Felder untersucht werden. Unter dieser Voraussetzung reduzieren sich die Gln.(III.3.13) und (III.3.14) auf zwei verkoppelte Differentialgleichungen für die Feldkomponenten E_φ und H_φ von der Form:

$$r \frac{\partial^2}{\partial r^2} (r E_\varphi) + \frac{\partial}{\partial \vartheta} \left[\frac{1}{\sin \vartheta} \frac{\partial}{\partial \vartheta} (\sin \vartheta\, E_\varphi) \right] + k^2 r^2 E_\varphi =$$

$$= -jkr \left\{ \frac{\partial}{\partial r} \left[r\, G(H_\varphi) \right] \cos \vartheta - \frac{\partial}{\partial \vartheta} \left[\sin \vartheta\, G(H_\varphi) \right] \right\}$$

$$\text{(VIII.1.3.1)}$$

und

$$r \frac{\partial^2}{\partial r^2} (r H_\varphi) + \frac{\partial}{\partial \vartheta} \left[\frac{1}{\sin \vartheta} \frac{\partial}{\partial \vartheta} (\sin \vartheta\, H_\varphi) \right] + k^2 \left(\mu_1 - \frac{\mu_2^2}{\mu_1} \right) r^2 H_\varphi =$$

$$= -j \frac{\mu_2}{\mu_1} kr \left\{ \frac{\partial}{\partial \vartheta} (\sin \vartheta\, E_\varphi) - \frac{\partial}{\partial r} (r E_\varphi) \cos \vartheta \right\} .$$

$$\text{(VIII.1.3.2)}$$

In diesem System von Differentialgleichungen stellt $G(H_\varphi)$ eine Funktion dar, die nur von der Feldkomponente H_φ abhängig ist, sie lautet nach den Ausführungen in Kapitel III.3:

$$G(H_\varphi) = \frac{\mu_1 - 1}{\mu_2 k^2 r^2} \left\{ r \frac{\partial}{\partial r^2} (r H_\varphi) + \frac{\partial}{\partial \vartheta} \left[\frac{1}{\sin \vartheta} \frac{\partial}{\partial \vartheta} (\sin \vartheta\, H_\varphi) \right] + \right.$$

$$\left. + k^2 r^2 \left(\mu_1 - \frac{\mu_2^2}{\mu_1 - 1} \right) H_\varphi \right\} .$$

$$\text{(VIII.1.3.3)}$$

Aus den Gln.(VIII.1.3.1) und (VIII.1.3.2) können, falls es gelingt das System zu entkoppeln, die Feldkomponenten E_φ und H_φ berechnet werden. Die restlichen vier Feldkomponenten lassen sich dann aus diesen beiden Feldanteilen berechnen, und zwar ergibt sich, wiederum nach Kapitel III.3:

$$E_r = \frac{1}{kr} \frac{1}{\sin \vartheta} \frac{\partial}{\partial \vartheta} (\sin \vartheta\, H_\varphi), \qquad \text{(VIII.1.3.4)}$$

$$E_\vartheta = -\frac{1}{kr} \frac{\partial}{\partial r} (r H_\varphi) \qquad \text{(VIII.1.3.5)}$$

und

$$H_r = \frac{1}{k\,r\sin\vartheta}\,\frac{\partial}{\partial\vartheta}\,(\sin\vartheta\,E_\varphi) - j\sin\vartheta\,G(H_\varphi), \qquad \text{(VIII.1.3.6)}$$

$$H_\vartheta = -\frac{1}{k\,r}\,\frac{\partial}{\partial r}\,(r\,E_\varphi) - j\cos\vartheta\,G(H_\varphi). \qquad \text{(VIII.1.3.7)}$$

VIII.1.3.1 QUASIISOTROPE NÄHERUNG

Unter der Voraussetzung, daß $|\mu_2|$ sehr viel kleiner als μ_1 wird, was für große Vormagnetisierungsfeldstärken der Fall ist, spaltet das betrachtete Differentialgleichungssystem in zwei Einzeldifferentialgleichungen für H_φ und E_φ auf, die Verkopplung zwischen den beiden Feldkomponenten wird aufgehoben. Die Differentialgleichungen lauten:

$$r^2\frac{\partial^2}{\partial r^2}(r\,E_\varphi) + \frac{\partial}{\partial\vartheta}\left[\frac{1}{\sin\vartheta}\,\frac{\partial}{\partial\vartheta}(\sin\vartheta\,E_\varphi)\right] + k^2 r^2 E_\varphi = 0 \qquad \text{(VIII.1.3.8)}$$

und

$$r\frac{\partial^2}{\partial r^2}(r\,H_\varphi) + \frac{\partial}{\partial\vartheta}\left[\frac{1}{\sin\vartheta}\,\frac{\partial}{\partial\vartheta}(\sin\vartheta\,H_\varphi)\right] + k^2\mu_{eff1}\,r^2 H_\varphi = 0\,. \qquad \text{(VIII.1.3.9)}$$

Während die Differentialgleichung (VIII.1.3.8) für E_φ nicht mit μ_{eff1}, der feldabhängigen Permeabilität, verknüpft ist, tritt diese Größe in der Differentialgleichung für H_φ auf.

Eine Lösung der Differentialgleichung (VIII.1.3.9) kann in der Form

$$H_\varphi = A_n\,j_n(k_1 r)\,P_n^1(\cos\vartheta), \quad k_1 = k\sqrt{|\mu_{eff1}|} \qquad \text{(VIII.1.3.10)}$$

mit j_n der Kugel-Besselfunktion und P_n^1 dem zugeordneten Legendre Polynom n-ter Ordnung gefunden werden. Aus der magnetischen Feldkomponente H_φ lassen sich die zwei auftretenden Komponenten des elektrischen Feldes E_r und E_ϑ mit Hilfe der Maxwellschen Gleichungen (VIII.1.3.4) und (VIII.1.3.5) berechnen. Es wird:

$$E_r = \frac{A_n}{k\cdot r}\,n(n+1)\,P_n^0(\cos\vartheta)\,j_n(k_1 r), \qquad \text{(VIII.1.3.11)}$$

$$E_{\vartheta} = -\frac{A_n}{kr} \frac{\partial}{\partial r}\left[r\, j_n(k_1 r)\right] P_n^1(\cos\vartheta). \qquad \text{(VIII.1.3.12)}$$

Alle anderen Feldkomponenten, also H_r, H_{ϑ} und E_{φ} werden in dieser ersten Näherung gleich Null. Zur Erfüllung der Grenzbedingungen an der Kugeloberflächen ($r = r_o$) muß die tangentiale E_{ϑ}-Komponente an dieser Stelle verschwinden, falls auch hier wieder, wie allgemein bei den abgeschlossenen Resonatoren vorausgesetzt, angenommen wird, daß die Berandung unendlich gut leitend ist. Das heißt, es muß

$$k_1 \cdot r_o = x_{mn} \qquad \text{(VIII.1.3.13)}$$

sein, wobei x_{mn} die m-te Nullstelle von $\partial/\partial\, r(r \cdot j_n)$ bedeutet. Sie ergibt sich für $n = 1$ und $m = 1$ zu $x_{11} = 2,744$ /12/. Damit lautet die Eigenwertgleichung zur Bestimmung der Eigenfrequenzen des E_{110}-Typs (vgl. /469/) in erster Näherung zu:

$$k_1 \cdot r_o = 2,744 . \qquad \text{(VIII.1.3.14)}$$

Wie ein Vergleich mit den Eigenwertgleichungen der zylindrischen und des quaderförmigen, abgeschlossenen Resonators zeigt, stimmt diese erste Näherung für die Eigenwertgleichung des kugelförmigen Resonators mit der exakten Lösung für die Schwingungstypen überein, die im zylindrischen und quaderförmigen Resonator von der Richtung der Vormagnetisierungsfeldstärke unabhängig sind. Werden dieselben Normierungen wie beim zylindrischen und quaderförmigen Resonator eingeführt, so läßt sich die Eigenwertgleichung in der normierten Schreibweise von Gl.(VIII.1.1.17) schreiben.

Die Berechnung dieser quasiisotropen Approximation liefert einen Feldzustand, in dem entweder die E_{φ}-Komponente (wie bei den oben durchgeführten Betrachtungen) oder aber, falls von Gl.(VIII.1.3.8) ausgegangen wird, die H_{φ}-Komponente Null wird. Die Feldverteilung dieser Näherung entspricht, wie aus den Gln.(VIII.1.3.10) bis (VIII.1.3.12) ersehen werden kann (vgl. auch /469/), im wesentlichen der Feldverteilung im isotropen Resonator, lediglich die E_{ϑ}-Komponente (im Beispiel der der oben betrachteten E-Typen) ändert sich auf Grund der durchzuführenden Differentiation nach r (Gl.(VIII.1.3.12)) mit der Größe der Vormagnetisierungsfeldstärke in ihrer Amplitude.

Mit kleiner werdendem magnetischen Gleichfeld H_o^i wird der Anteil μ_2, der bei der quasiisotropen Approximation teilweise vernachlässigt wurde, Einfluß gegenüber dem

Hauptdiagonalelement gewinnen, so daß auf Grund der verkoppelten Differentialgleichungen (VIII.1.3.1) und (VIII.1.3.2) beim vorne behandelten E-Typ auch eine E_φ-Komponente auftritt. Damit geht der E-Typ in einen EH-Typ über. Es kann jedoch angenommen werden, daß die E_φ-Komponente zunächst klein gegenüber der H_φ-Komponente sein wird, so daß trotz des Auftretens der E_φ-Komponente die gesamte Zusammensetzung des Feldes noch E-Typ-Verhalten zeigt. Eine solche Näherung des wirklichen Feldzustandes soll als Quasi-E-Typ bezeichnet werden. In der gesuchten Näherung werden alle sechs Feldkomponenten von Null verschieden sein.

Wird die Lösung für die H_φ-Komponente in die Bestimmungsgleichung (VIII.1.3.3) für die Funktion $G(H_\varphi)$ eingesetzt, so kann gezeigt werden, daß auch diese Funktion (für $n = m = 1$) eine r-Abhängigkeit in Form einer Kugelbesselfunktion besitzt:

$$G(H_\varphi) = -\frac{\mu_2}{\mu_1} A_1 \cdot j_1(k_1 r)\sin\vartheta\,. \qquad \text{(VIII.1.3.15)}$$

Mit dieser Funktion wird in die Differentialgleichung (VIII.1.3.1) eingegangen. Wird die Differentialgleichung mit oben stehendem Ausdruck (VIII.1.3.15) betrachtet, so zeigt sich, daß für die E_φ-Komponente ein Ansatz von der Form

$$E_\varphi = B_2 \cdot f(r)\sin\vartheta\cos\vartheta \qquad \text{(VIII.1.3.16)}$$

gemacht werden muß. Im Ansatz für die Funktion E_φ wird $f(r) = j_2(hr)$ gewählt. Wird dieser Ansatz in die Differentialgleichung eingeführt und werden die Kugel-Besselfunktionen nach Sinus- und Cosinusfunktionen zerlegt /12/, so ergibt sich eine Gleichung der Form:

$$(k^2 - h^2)\, r^2 B_2 \sqrt{\frac{2}{\pi}} \left\{ 3\,\frac{\sin(hr)}{h^3 r^3} - 3\,\frac{\cos(hr)}{h^2 r^2} - \frac{\sin(hr)}{hr} \right\} =$$

$$= -j\,\frac{\mu_2}{\mu_1}\,\frac{k}{k_1}\, A_1 \sqrt{\frac{2}{\pi}} \left\{ 3\,\frac{\sin(k_1 r)}{k_1 r} - 3\cos(k_1 r) - k_1 r \sin(k_1 r) \right\}.$$

$$\text{(VIII.1.3.17)}$$

Wird im Ansatz der Wert h zu k_1 gewählt, so ergibt sich ein Zusammenhang zwischen dem Amplitudenfaktor A und dem Amplitudenfaktor B zu:

$$B_2 = -j\,\frac{\mu_2}{\mu_1}\,\frac{k}{k_1}\,\frac{k_1^2}{k^2 - k_1^2}\, A_1 = -j\alpha A_1. \qquad \text{(VIII.1.3.18)}$$

Damit lautet die E_φ-Komponente endgültig:

$$E_\varphi = -j\, \frac{\mu_2}{\mu_1 - \mu_1^2 + \mu_2^2} \sqrt{\frac{\mu_1^2 - \mu_2^2}{\mu_1}}\; A_1 j_2(k_1 r)\sin\vartheta\cos\vartheta. \qquad \text{(VIII.1.3.19)}$$

Das heißt, der Quasi-E-Typ besitzt die folgenden Feldkomponenten (n = 1):

$$H_\varphi = A_1 j_1(k_1 r)\sin\vartheta, \qquad\qquad \text{(VIII.1.3.20)}$$

$$E_r = \frac{2A_1}{k\,r}\, j_1(k_1 r)\cos\vartheta, \qquad\qquad \text{(VIII.1.3.21)}$$

$$E_\vartheta = -\frac{A_1}{k\,r}\, \frac{\partial}{\partial r}\left[r\, j_1(k_1 r)\right]\sin\vartheta, \qquad\qquad \text{(VIII.1.3.22)}$$

$$E_\varphi = -j\alpha\, A_1 j_2(k_1 r)\sin\vartheta\cos\vartheta, \qquad\qquad \text{(VIII.1.3.23)}$$

$$H_r = -j\,\frac{\alpha A_1}{k\,r}\, j_2(k_1 r)\left[2\cos^2\vartheta - \sin^2\vartheta\right] + j\,\frac{\mu_2}{\mu_1}\, A_1 j_1(k_1 r)\sin^2\vartheta,$$
$$\text{(VIII.1.3.24)}$$

$$H_\vartheta = j\,\frac{\alpha A_1}{k\,r}\, \frac{\partial}{\partial r}\left(r\, j_2(k_1 r)\right)\sin\vartheta\cos\vartheta + j\,\frac{\mu_2}{\mu_1}\, A_1 j_1(k_1 r)\sin\vartheta\cos\vartheta.$$
$$\text{(VIII.1.3.25)}$$

In Bild VIII.1.3.1 ist die Abhängigkeit der Feldkomponenten von der radialen Koordinate r für große Vormagnetisierungsfeldstärken aufgetragen. Wie die Darstellung zeigt, werden in dieser zweiten Näherung die Grenzbedingungen von der Komponente E_φ nicht voll erfüllt, es existiert am Rande des Resonators eine, wenn auch kleine, Tangentialkomponente der elektrischen Feldstärke.

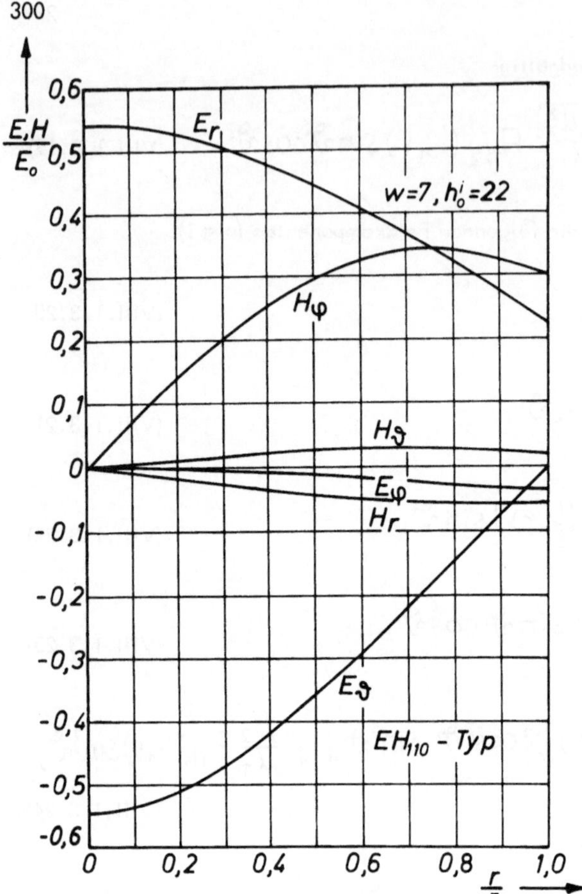

Bild VIII.1.3.1: Radiale Abhängigkeit der sechs Feldkomponenten des Quasi-E-Typs im Kugelresonator.

VIII.1.3.2 DIE VOLLSTÄNDIGE UND EXAKTE LÖSUNG

Die bisher abgeleiteten Näherungslösungen haben den Nachteil, daß die Grenzbedingungen am Kugelrand, der als unendlich gut leitend angesehen wird, nicht exakt erfüllt werden können. In diesem Kapitel soll nun gezeigt werden, wie aufbauend auf den abgeleiteten Näherungslösungen ein Lösungsansatz gefunden werden kann, der es erlaubt, die Grenzbedingungen beliebig genau zu erfüllen und der außerdem auch die Abstimmkurven für alle Schwingungstypen, die vom Azimutwinkel unabhängig sind, liefert.

Auf Grund der Verkopplung der Differentialgleichungen (VIII.1.3.1) und (VIII.1.3.2), die in den bisherigen Kapiteln nur näherungsweise berücksichtigt worden ist, ist zu erkennen, daß im ferritgefüllten Kugelresonator kein E- oder H-Typ auftreten kann (zur Definition der E- und H-Typen im isotropen Kugelresonator siehe z.B. /469/), sondern es müssen immer gleichzeitig eine E_φ - und eine H_φ -Komponente vorhanden sein. Das bedeutet aber, daß auch immer eine E_r- und eine H_r-Komponente gleichzeitig auftreten. Die Schwingungstypen in der Kugel sind vom EH- oder HE-Typ. In der Ferritkugel sind die EH- und die HE-Typen verschiedener Ordnung miteinander verkoppelt, wie weiter unten dargestellt wird. Für große Vormagnetisierungsfeldstärken wird die Verkopplung der Typen untereinander gelöst, es ergeben sich getrennt die Schwingungstypen vom E- und vom H-Typ, die jetzt wieder unabhängig voneinander auftreten.

Zur Lösung des Differentialgleichungssystems (VIII.1.3.1) und (VIII.1.3.2) unter Berücksichtigung von Gl.(VIII.1.3.3) soll folgender Ansatz gemacht werden: Sowohl für die elektrische Feldkomponente E_φ als auch für die magnetische Feldkomponente H_φ wird ein Ansatz in Form einer Reihenentwicklung gemacht. Auf Grund der Überlegungen des vorangegangenen Kapitels soll in den Reihen, die angesetzt werden, die ϑ-Abhängigkeit aller in der isotropen Kugel möglichen Schwingungstypen berücksichtigt werden, das heißt es werden die Ansätze /469/

$$E_\varphi = \sum_{\mu=1}^{\infty} B_\mu f_\mu(r) \, P_\mu^1(\cos\vartheta), \qquad\qquad \text{(VIII.1.3.26)}$$

$$H_\varphi = \sum_{\nu=1}^{\infty} A_\nu g_\nu(r) \, P_\nu^1(\cos\vartheta) \qquad\qquad \text{(VIII.1.3.27)}$$

eingeführt. In diesen beiden Reihen sollen die Funktionen $f_\mu(r)$ und $g_\nu(r)$ nur von der radialen Koordinate r abhängen. Werden die beiden Reihenansätze in die Differentialgleichungen (VIII.1.3.1) und (VIII.1.3.2) eingeführt und innerhalb der einzelnen Differentialgleichungen die auftretenden Terme nach den zugehörigen Legendre'schen Polynomen geordnet, so ergeben sich zwei Differentialgleichungen für die Funktionen $f_\mu(r)$ und $g_\nu(r)$:

$$r \frac{\partial^2}{\partial r^2}(r B_n f_n) + [k^2 r^2 - n(n+1)] B_n f_n =$$

$$= -jkr \left\{ \frac{n-1}{2n-1} \left[\frac{\partial}{\partial r} (r\, h_{n-1}) - n\, h_{n-1} \right] + \right.$$

$$\left. + \frac{n+2}{2n+3} \left[\frac{\partial}{\partial r} (r h_{n+1}) + (n+1)\, h_{n+1} \right] \right\}, \qquad \text{(VIII.1.3.28)}$$

und

$$r \frac{\partial^2}{\partial r^2} (r A_m g_m) + \left[k_1^2 r^2 - m(m+1) \right] A_m g_m =$$

$$= j \frac{\mu_2}{\mu_1} kr \left\{ \frac{m-1}{2m-1} \left[\frac{\partial}{\partial r} (r B_{m-1} f_{m-1}) - m B_{m-1} f_{m-1} \right] + \right.$$

$$\left. + \frac{m+2}{2m+3} \left[\frac{\partial}{\partial r} (r B_{m+1} f_{m+1}) + (m+1) B_{m+1} f_{m+1} \right] \right\}. \qquad \text{(VIII.1.3.29)}$$

Die Funktion $h_n(r)$ ist der durch die Gl. (VIII.1.3.3) definierte Faktor der Funktion $G(H_\varphi)$, der nur von der radialen Koordinate r abhängt:

$$h_n(r) = \frac{\mu_1 - 1}{\mu_2 k^2 r^2} A_n \left\{ r \frac{\partial^2}{\partial r^2} (r g_n) + \left[k^2 r^2 \left(\mu_1 - \frac{\mu_2^2}{\mu_1 - 1} \right) - n(n+1) \right] g_n \right\}.$$

$$\text{(VIII.1.3.30)}$$

Werden die beiden Gleichungen Gl. (VIII.1.3.28) und Gl. (VIII.1.3.29) für die Zahlen $m = 1$, $m = 3$ und $n = 2$ angeschrieben, so ergibt sich ein System von Differentialgleichungen zur näherungsweisen Berechnung der Funktionen $f_2(r)$, $g_1(r)$ und $g_3(r)$ von der Form:

$$A_1 \left[r(r g_1)'' + (k_1^2 r^2 - 2) g_1 \right] = j \frac{\mu_2}{\mu_1} \frac{3}{5} kr B_2 \left[(r f_2)' + 2 f_2 \right],$$

$$\text{(VIII.1.3.31)}$$

$$B_2 \left[r(r f_2)'' + (k^2 r^2 - 6) f_2 \right] = -jkr \left\{ \frac{1}{3} \left[(r h_1)' - 2 h_1 \right] + \frac{4}{7} \left[(r h_3)' + 3 h_3 \right] \right\},$$

$$A_3 \left[r(r g_3)'' + (k_1^2 r^2 - 12) g_3 \right] = \qquad\qquad \text{(VIII.1.3.32)}$$

$$= j \frac{\mu_2}{\mu_1} kr \left\{ \frac{2}{5} B_2 \left[(r f_2)' - 3 f_2 \right] + \frac{5}{9} B_4 \left[(r f_4)' + 4 f_4 \right] \right\}.$$

$$\text{(VIII.1.3.33)}$$

Hierin bedeuten g' und g" bzw. f' und f" die erste und die zweite Ableitung der Funktionen nach r.

Zur vollständigen und exakten Berechnung der Funktionen müssen unendlich viele Gleichungen angeschrieben werden. Die Gln.(VIII.1.3.31) bis (VIII.1.3.33) zeigen zunächst einmal deutlich die folgende Eigenschaft der Lösungen: Während die Lösung der ersten Differentialgleichung $g_1(r)$ über die Differentialgleichung (VIII.1.3.31) nur mit der Funktion $f_2(r)$ verknüpft ist, ist die Funktion $f_2(r)$ schon gleichzeitig mit der Funktion $h_1(r)$ und der Funktion $h_3(r)$ verkoppelt, wie Gl.(VIII.1.3.32) zeigt. Da die $h_n(r)$-Funktionen aber über Gl.(VIII.1.3.30) mit den $g_n(r)$-Funktionen verknüpft sind, zeigt sich durch Gl. (VIII.1.3.32) auch eine Verkopplung zwischen den Funktionen $g_1(r)$, $f_2(r)$ und $g_3(r)$. Diese Verkopplung der einzelnen Funktionen untereinander ist über die folgenden Differentialgleichungen weiter zu verfolgen.

Physikalisch ergibt sich die folgende Interpretation der berechneten Differentialgleichungen: Als Lösungen der Differentialgleichungen für den isotropen Kugelresonator (vgl. Gl.(VIII.1.3.8) und (VIII.1.3.9)) ergeben sich Reihenansätze der Form:

$$H_\varphi = \sum_{\nu=1}^{\infty} A_\nu j_\nu(kr) P_\nu^1(\cos\vartheta), \qquad\qquad \text{(VIII.1.3.34)}$$

$$E_\varphi = \sum_{\mu=1}^{\infty} B_\mu j_\mu(kr) P_\mu^1(\cos\vartheta), \qquad\qquad \text{(VIII.1.3.35)}$$

die als Ausdruck der auftretenden Schwingungstypen gedeutet werden können. Die einzelnen, durch die Gln.(VIII.1.3.34) und (VIII.1.3.35) beschriebenen Schwingungstypen können getrennt und selbstständig auftreten, wie dies vom Fall des isotropen Kugelresonators her bekannt ist /469/. Im Fall des ferritgefüllten Resonators tritt eine Verkopplung zwischen den einzelnen Schwingungstypen auf. Die Schwingungstypen können nicht mehr getrennt und selbständig auftreten, sondern das Verhalten des gyrotropen Mediums erfordert das gemeinsame Auftreten der einzelnen Schwingungstypen.

Die Verkopplung der Schwingungstypen untereinander wurde, wenn auch nicht in der hier beschriebenen Form, bereits von Pistol'kors /477/ und Sui len-Shen /495/ bei der Berechnung einer Näherungslösung für die kleine, offene Ferritkugel (vgl. Kapitel VIII.2.3) festgestellt. Plumier zeigte, daß eine derartige Verkopplung auch bei den magnetostatischen Walker-Typen berechnet werden kann, wenn eine zweite Näherung unter

Berücksichtigung des Verschiebungsstromes durchgerechnet wird.

Zur Lösung des Differentialgleichungssystems (VIII.1.3.28) und (VIII.1.3.29) kann ein Ansatz in Form von Kugelbesselfunktionen gemacht werden, so daß sich einmal die Reihenentwicklung

$$H_\varphi = \sum_{\nu=1,3,\cdots}^{\infty} A_\nu\, j_\nu(hr)\, P_\nu^1(\cos\vartheta),$$
(VIII.1.3.36)

$$E_\varphi = \sum_{\mu=2,4,\cdots}^{\infty} B_\mu\, j_\mu(hr)\, P_\mu^1(\cos\vartheta)$$
(VIII.1.3.37)

und zum andern die Reihenentwicklung

$$H_\varphi = \sum_{\nu=2,4,\cdots}^{\infty} A_\nu\, j_\nu(hr)\, P_\nu^1(\cos\vartheta),$$
(VIII.1.3.38)

$$E_\varphi = \sum_{\mu=1,3,\cdots}^{\infty} B_\mu\, j_\mu(hr)\, P_\mu^1(\cos\vartheta)$$
(VIII.1.3.39)

für die Feldkomponenten E_φ und H_φ ergibt. Die Koeffizienten A_ν und B_μ sind auf Grund des Differentialgleichungssystems miteinander verkoppelt. Zur Bestimmung des Zusammenhangs zwischen den einzelnen Komponenten soll der in den Gln.(VIII.1.3.36) bis (VIII.1.3.39) formulierte Ansatz in das Differentialgleichungssystem (VIII.1.3.1) und (VIII.1.3.2) bzw. unter Berücksichtigung der bereits durchgeführten Berechnungen in das Differentialgleichungssystem (VIII.1.3.28) und (VIII.1.3.29) eingesetzt werden. Zur Auswertung der so entstehenden Gleichungen werden die auftretenden Kugel-Besselfunktionen am zweckmäßigsten nach e-Funktionen /12/ zerlegt.

Werden die so bestimmten Ausdrücke /515/, /517/ für die Zahlen m = 1, m = 3 und n = 2 ausgewertet, so ergeben sich z.B. drei Gleichungen für den Zusammenhang zwischen den Koeffizienten A_1, A_3 und B_2 (unter Vernachlässigung des ebenfalls auftretenden Koeffizienten B_4) der Form:

$$\frac{k_1^2 - h^2}{h^2}\, A_1 = j\, \frac{\mu_2}{\mu_1}\, \frac{k}{h}\, \frac{3}{5}\, B_2,$$
(VIII.1.3.40)

$$\frac{k^2-h^2}{h^2}\,B_2 = -j\left(\frac{\mu_1^2-\mu_1-\mu_2^2}{\mu_2} - \frac{h^2}{k^2}\cdot\frac{\mu_1-1}{\mu_2}\right)\frac{k}{h}\left(\frac{4}{7}A_3-\frac{1}{3}A_1\right), \tag{VIII.1.3.41}$$

$$\frac{k_1^2-h^2}{h^2}\,A_3 = -j\,\frac{\mu_2}{\mu_1}\,\frac{k}{h}\,\frac{2}{5}\,B_2 + j\,\frac{\mu_2}{\mu_1}\,\frac{k}{h}\,\frac{5}{9}\,B_4\,. \tag{VIII.1.3.42}$$

Aus diesen Gleichungen kann eine Näherungslösung für die unbekannte Wellenzahl h bestimmt bestimmt werden, und zwar gilt:

$$h_{1,2}^2 = k^2\,\frac{2\mu_1^2+3\mu_1-2\mu_2^2}{4\mu_1+1} \pm$$
$$\pm k^2\sqrt{\left(\frac{2\mu_1^2+3\mu_1-2\mu_2^2}{4\mu_1+1}\right)^2 - 5\,\frac{\mu_1^2-\mu_2^2}{4\mu_1+1}}\,.$$

$$\tag{VIII.1.3.43}$$

Eine entsprechende Rechnung kann für die zweite Lösungsgruppe durchgeführt werden.

Die beiden Lösungen für die Wellenzahl erfüllen gleichermaßen die an sie zu stellenden physikalischen Forderungen. Das bedeutet, daß für das betrachtete Feldproblem unter Berücksichtigung der ersten beiden miteinander verkoppelten Schwingungstypen zwei Lösungen gefunden werden können, die trotz der Verkopplung der Schwingungstypen voneinander unabhängig sind. Das heißt, der gesamte Feldzustand ergibt sich als eine Überlagerung der Lösungen nach Gl. (VIII.1.3.36) und (VIII.1.3.37) oder Gl. (VIII.1.3.38) und Gl. (VIII.1.3.39) für die beiden Wellenzahlen h_1 und h_2. Auf Grund dieser beiden unabhängigen Lösungen des Problems kann für diese Näherung eine exakte Erfüllung der Randbedingungen für den EH_{110}- und den HE_{120}-Typ, die miteinander verkoppelt sind, angegeben werden. Der nächsthöhere, mit diesen Typen verkoppelte Schwingungstyp, der EH_{130}-Typ, erfüllt in dieser Näherung die Grenzbedingungen noch nicht. Eine ähnliche Überlegung gilt für die beiden miteinander verkoppelten Schwingungstypen HE_{110} und EH_{120}.

Da aus den Lösungen für die H_φ-Komponente und die E_φ-Komponente nach den Gln. (VIII.1.3.4) bis (VIII.1.3.7) die restlichen Feldkomponenten bestimmt werden können, läßt sich die Eigenwertgleichung dieser Näherung als

$$c_2 \frac{\partial}{\partial r}\left[r j_1(h_1 r)\right]_{r=r_0} \cdot j_2(h_2 r_0) - c_1 \frac{\partial}{\partial r}\left[r j_1(h_2 r)\right]_{r=r_0} \cdot j_2(h_1 r_0) = 0$$

(VIII.1.3.44)

für den EH_{110}-Typ und den HE_{120}-Typ, sowie als

$$d_1 \frac{\partial}{\partial r}\left[r j_2(h_1' r)\right]_{r=r_0} \cdot j_1(h_2' r_0) - d_2 \frac{\partial}{\partial r}\left[r j_2(h_2' r)\right]_{r=r_0} j_1(h_1' r_0) = 0 \quad \text{(VIII.1.3.45)}$$

für den HE_{110}-Typ und den EH_{120}-Typ angeben. $c_{1,2}$ und $d_{1,2}$ sind die beiden Proportionalitätskonstanten zwischen den verkoppelten Feldamplituden. h_1, h_2 sowie h_1', h_2' sind die Wellenzahlen der jeweils zugeordneten Lösungsgruppen. Bild VIII.1.3.2 zeigt die Auswertung dieser Eigenwertgleichungen für eine Kugel mit dem Durchmesser d = 8 mm, der Sättigungsmagnetisierung M_s = 1000 A/cm, dem g-Faktor g = 2,0 und der relativen Dielektrizitätskonstanten ε_r = 11,5.

Wird die Näherung weiter verbessert, das heißt, werden weitere verkoppelte Schwingungstypen zur Bestimmung der Eigenwertgleichung herangezogen, so zeigt sich, daß auch der Grad der Bestimmungsgleichung für die Wellenzahl h anwächst. Damit ergeben sich jeweils mehr voneinander unabhängige Lösungen zur Erfüllung der Grenzbedingungen an der Oberfläche der Kugel. Unter Berücksichtigung von unendlich vielen, miteinander verkoppelten Schwingungstypen ergeben sich unendlich viele, voneinander unabhängige Lösungen für die Wellenzahlen und damit unabhängige Lösungen zur Befriedigung der Randbedingungen. Insgesamt enthält eine Lösung also n-mal n verschiedene Lösungsanteile, wobei n eine beliebig große Zahl ist. Die Grenzbedingungen können damit bis zu jeder geforderten Genauigkeit erfüllt werden, doch erfordert die Auswertung der Eigenwertgleichung einen erheblichen Rechenaufwand, wenn n die Zahl zwei übersteigt, da zunächst die Nullstellen des Polynoms zur Bestimmung der Wellenzahl h bestimmt werden müssen und anschließend die Eigenwertgleichungen mit diesen Wellenzahlen gelöst werden müssen.

Wie die Praxis zeigt, stimmen die näherungsweise bestimmten Abstimmkurven mit den experimentell bestimmten Abstimmkurven so weitgehend überein, daß auf eine weitere Verfeinerung der Lösungen verzichtet werden kann. Die Übereinstimmung der gemessenen Abstimmkurven mit den theoretisch ermittelten Kurven ist insbesondere in der Umgebung der isotropen Grenzfrequenz sehr gut.

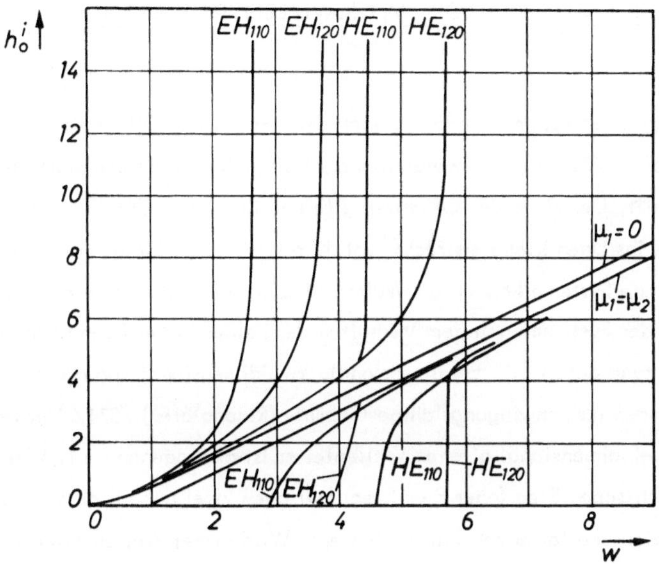

Bild VIII.1.3.2: Abstimmkurven des kugelförmigen, abgeschlossenen Ferritresonators.

VIII.2 SPEZIELLE OFFENE GYROTROPE MIKROWELLENSTRUKTUREN

Die offenen Mikrowellensysteme werden je nach dem Grad ihrer Offenheit in drei Klassen: die eindimensional offenen, die zweidimensional offenen und die dreidimensional offenen Systeme eingeteilt. Der Grad der Offenheit gibt an, in wieviel Dimensionen sich das Feld der Systeme bis ins Unendliche erstreckt (vgl. Kapitel VII.1). Eindimensional und zweidimensional offene Systeme können als Wellenleiter interessant sein (hier wird der Grad der Offenheit der Systeme nach dem Verhalten der Felder in der Ebene transversal zur Ausbreitungsrichtung definiert). Eindimensional, zweidimensional und dreidimensional offene Strukturen finden als schwingungsfähige Gebilde (Resonatoren) /574/ Verwendung. Ein Beispiel für den eindimensional offenen Wellenleiter ist der sogenannte H-Wellenleiter, der aus einem dielektrischen Steg (oder Ferritsteg) zwischen zwei unendlich ausgedehnten, ebenen, planparallelen und leitenden Platten besteht. Wird dieser Wellenleiter in zwei Ebenen senkrecht zur Wellenausbreitungsrichtung kurzgeschlossen, so entsteht der eindimensional offene Resonator nach Bild VIII.2.1.1. Ein Beispiel für die zweidimensional offene Struktur ist der dielektrische Wellenleiter (oder Ferrit-Wellenleiter) z.B. mit kreisrundem Querschnitt, aus dem durch Anbringen zweier Kurzschlußplatten wieder der zweidimensional offene Resonator gewonnen werden kann (vgl. Kapitel VIII.2.2). Ein Beispiel für dreidimensional offene Strukturen ist die dielektrische Kugel oder Ferritkugel (vgl. Kapitel VIII.2.3).

Die ein- und zweidimensional offenen Strukturen sind, wie bereits erwähnt, als Wellenleiter und als Resonatoren von Interesse. Da sich jedoch die Felder der Wellenleiter und Resonatoren nicht wesentlich voneinander unterscheiden (Phasenverschiebung der elektrischen Feldstärke um 90 Grad, vgl. Kapitel VIII.1.1) und die Eigenwertgleichungen der Systeme gleich sind, werden hier, wie bereits vorne erläutert, die Resonatorstrukturen untersucht.

VIII.2.1 DER EINDIMENSIONAL OFFENE QUADERFÖRMIGE RESONATOR

Bereits bei der Behandlung der abgeschlossenen, quaderförmigen Resonatoren (vgl. Kapitel VIII.1.2.2) traten unüberwindliche Schwierigkeiten bei der Berechnung der Felder auf, da die möglichen Lösungen der die Felder bestimmenden Differentialgleichungen die Randbedingungen nicht erfüllen. Allerdings lassen sich, wie in Kapitel VIII.1.2.2a gezeigt wurde, die von der Koordinate der Vormagnetisierungsrichtung unabhängigen Schwingungstypen noch exakt berechnen.

Wird ein eindimensional offener Ferritresonator nach Bild VIII.2.1.1 betrachtet, so zeigt sich, daß für diesen Resonator auch die z-unabhängigen Schwingungstypen (Bild VIII.2.1.1) nicht mehr exakt berechnet werden können, da mit den Lösungen der Felddifferentialgleichungen die Randbedingungen an der Grenzschicht Ferrit-Luft) ($y = -y_0$, $y = y_0$) nicht erfüllt werden können /404/. Entsprechend läßt sich auch das Eigenwertproblem für einen eindimensional offenen Wellenleiter , der aus einem Ferritsteg rechteckigen Querschnitts zwischen zwei unendlich ausgedehnten, leitenden Platten besteht (Querschnitt des Wellenleiters wie in Bild VIII.2.1.1, aber unendliche Ausdehnung in x-Richtung), nicht mehr lösen. Wie von Brand /404/ gezeigt wurde, kann für das Problem eine Lösung in geschlossener Form nur mit Hilfe einer quasiisotropen Approximation (vgl. Kapitel IV.2) angegeben werden, die ihrer Natur nach nur in der Umgebung der Quellfrequenzen (siehe Kapitel VIII.1.1.1a) und der isotropen Grenzfrequenz hinreichend genau sein kann.

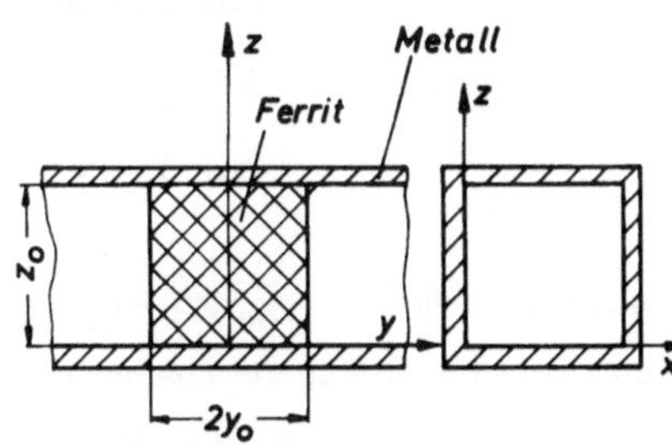

Bild VIII.2.1.1: Eindimensional offener Ferritresonator

Die Felder einer solchen quasiisotropen Näherung für die von der z-Koordinate unabhängigen Schwingungstypen können im eingeführten Koordinatensystem (Bild VIII.2.1.1) durch (vgl. auch /404/):

1. Ferritbereich: $-y_0 \leq y \leq +y_0$

$$E_z = A \sin(\xi x) \begin{Bmatrix} \sin(\eta y) \\ \cos(\eta y) \end{Bmatrix}, \tag{VIII.2.1.1}$$

$$H_x = \frac{\eta}{k\mu_{eff1}} A \sin(\xi x) \begin{Bmatrix} \cos(\eta y) \\ -\sin(\eta y) \end{Bmatrix} - j \frac{\xi}{k\mu_{eff2}} A \cos(\xi x) \begin{Bmatrix} \sin(\eta y) \\ \cos(\eta y) \end{Bmatrix}, \tag{VIII.2.1.2}$$

$$H_y = - \frac{\xi}{k\mu_{eff1}} A \cos(\xi x) \begin{Bmatrix} \sin(\eta y) \\ \cos(\eta y) \end{Bmatrix} - j \frac{\eta}{k\mu_{eff2}} A \sin(\xi x) \begin{Bmatrix} \cos(\eta y) \\ -\sin(\eta y) \end{Bmatrix} \tag{VIII.2.1.3}$$

beschrieben werden. Die Komponenten der magnetischen Feldstärke wurden unter Berücksichtigung der z-Unabhängigkeit aller Feldanteile mit Hilfe von Gl. (VIII.1.1.10) aus der E_z-Komponente, die sich als Lösung der Differentialgleichung (VIII.1.1.9) ergibt, berechnet. Da hier nur eine quasiisotrope Näherung bestimmt werden soll, wird angenommen, daß die effektive Permeabilität zweiter Art $|\mu_{eff2}|$ sehr viel größer als μ_{eff1} ist (vgl. Kapitel I.3, Gl. (I.3.19)), so daß die Felder im Ferritbereich als:

$$E_z = A \sin(\xi x) \left\{ \begin{matrix} \sin(\eta y) \\ \cos(\eta y) \end{matrix} \right\}, \tag{VIII.2.1.4}$$

$$H_x = \frac{\eta}{k\,\mu_{eff1}} A \sin(\xi x) \left\{ \begin{matrix} \cos(\eta y) \\ -\sin(\eta y) \end{matrix} \right\}, \tag{VIII.2.1.5}$$

$$H_y = - \frac{\xi}{k\,\mu_{eff1}} A \cos(\xi x) \left\{ \begin{matrix} \sin(\eta y) \\ \cos(\eta y) \end{matrix} \right\} \tag{VIII.2.1.6}$$

geschrieben werden können. Im Bereich außerhalb des Ferritmaterials ($y \leq -y_o$, $y \geq +y_o$) wird für die Felder ein Ansatz so gemacht, daß der mit Luft gefüllte Bereich des Resonators jeweils einen Hohlleiter (vgl. Bild VIII.2.1.1) darstellt, der unterhalb seiner Grenzfrequenz [1] betrieben wird. Dann gilt für die Felder:

2. Bereich: $y \leq y_o$

$$E_z = B \sin(\xi x)\, e^{\alpha y}, \quad \alpha > 0, \; reell, \tag{VIII.2.1.7}$$

$$H_x = \frac{\alpha}{\sqrt{\varepsilon_r}\, k_o} B \sin(\xi x)\, e^{\alpha y}, \tag{VIII.2.1.8}$$

$$H_y = - \frac{\xi}{\sqrt{\varepsilon_r}\, k_o} B \cos(\xi x)\, e^{\alpha y}. \tag{VIII.2.1.9}$$

3. Bereich: $y \geq y_o$

$$E_z = C \sin(\xi x)\, e^{-\alpha y}, \tag{VIII.2.1.10}$$

$$H_x = - \frac{\alpha}{\sqrt{\varepsilon_r}\, k_o} C \sin(\xi x)\, e^{-\alpha y}, \tag{VIII.2.1.11}$$

$$H_y = - \frac{\xi}{\sqrt{\varepsilon_r}\, k_o} C \cos(\xi x)\, e^{-\alpha y}. \tag{VIII.2.1.12}$$

---

[1] Würde der Hohlleiter oberhalb seiner Grenzfrequenz betrieben, so wäre der Resonator durch Abstrahlungsverluste bedämpft /574/.

Da die E_z-Komponente der elektrischen Feldstärke für die z-unabhängigen Schwingungstypen der Differentialgleichung (Gl.(VIII.1.1.9))

$$\nabla_t^2 E_z + k^2 \mu_{eff_1} E_z = 0 ,$$

(VIII.2.1.13)

im Ferritbereich $(-y_0 \leq y \leq +y_0)$ und entsprechend der Gleichung

$$\nabla_t^2 E_z + k_o^2 E_z = 0$$

(VIII.2.1.14)

im luftgefüllten Bereich $(y \leq -y_0, \ y \geq +y_0)$ des Resonators gehorcht, gelten die Separationsbedingungen:

$$k^2 \mu_{eff_1} - (\xi^2 + \eta^2) = 0 ,$$
$$k_o^2 - (\xi^2 - \alpha^2) = 0 .$$

(VIII.2.1.15)

Auf Grund der Randbedingungen für die elektrische Feldstärke auf der als unendlich gut leitend angesehenen Berandung an der Stelle $x = 0$ und $x = a$ gilt ferner:

$$\xi = \frac{m \cdot \pi}{a} .$$

(VIII.2.1.16)

Mit den so abgeleiteten Näherungsgleichungen für die Feldverteilungen lassen sich die Stetigkeitsbedingungen an der Grenzschicht Ferrit-Luft $(y = -y_0, \ y = +y_0)$ erfüllen. Wie die Gln.(VIII.2.1.1) bis (VIII.2.1.3) bzw. die Gln.(VIII.2.1.4) bis (VIII.2.1.6) zeigen, sind zwei Lösungsgruppen zugelassen, die sich dadurch unterscheiden, daß die Feldverteilung im Ferritmaterial in y-Richtung symmetrisch oder antisymmetrisch zur Symmetrieebene $(y = 0)$ verlaufen. Die zwei Lösungsgruppen sollen in Anlehnung an Brand /404/ als gerade und ungerade Feldtypen bezeichnet werden. Die Grenzbedingungen liefern für die ungeraden Feldtypen die Bedingungsgleichungen:

a) Ebene $y = -y_0$:

$$-A_u \sin(\eta y_0) - B_u e^{-\alpha y_0} = 0 ,$$
$$\frac{\eta}{k \mu_{eff_1}} A_u \cos(\eta y_0) - \frac{\alpha}{\sqrt{\varepsilon_r} k_o} B_u e^{-\alpha y_0} = 0 .$$

(VIII.2.1.17)

b) Ebene $y = +y_0$:

$$A_u \sin(\eta y_0) - C_u e^{-\alpha y_0} = 0 ,$$

(VIII.2.1.18)

$$\frac{\eta}{k\,\mu_{eff_1}}\,A_u\,\cos(\eta y_0) + \frac{\alpha}{\sqrt{\varepsilon_r}\,k_0}\,C_u\,e^{-\alpha y_0} = 0. \qquad \text{(VII.2.1.18)}$$

Die Determinante dieser Systeme wird Null, falls

$$\tan(\eta y_0) = -\frac{\eta}{\alpha\,\mu_{eff_1}} \qquad \text{(VIII.2.1.19)}$$

ist. Entsprechend gilt für die geraden Feldtypen in der Ebene $y = -y_0$:

$$A_g\,\cos(\eta y_0) - B_g\,e^{-\alpha y_0} = 0,$$
$$\frac{\eta}{k\,\mu_{eff_1}}\,A_g\,\sin(\eta y_0) - \frac{\alpha}{\sqrt{\varepsilon_r}\,k_0}\,B_g\,e^{-\alpha y_0} = 0. \qquad \text{(VIII.2.1.20)}$$

und in der Ebene $y = +y_0$:

$$A_g\,\cos(\eta y_0) - C_g\,e^{-\alpha y_0} = 0,$$
$$-\frac{\eta}{k\,\mu_{eff_1}}\,A_g\,\sin(\eta y_0) + \frac{\alpha}{\sqrt{\varepsilon_r}\,k_0}\,C_g\,e^{-\alpha y_0} = 0. \qquad \text{(VIII.2.1.21)}$$

Die Determinante beider Systeme verschwindet, falls

$$\tan(\eta y_0) = \frac{\mu_{eff_1}\,\alpha}{\eta} \qquad \text{(VIII.2.1.22)}$$

ist. Wie die Gleichungen ferner zeigen, gilt für die Amplitudengrößen der Feldansätze der Zusammenhang:

$$B_g = C_g \; , \quad B_u = -C_u \qquad \text{(VIII.2.1.23)}$$

und

$$B_g = \frac{\cos(\eta y_0)}{e^{-\alpha y_0}}\,A_g \; , \quad B_u = -\frac{\sin(\eta y_0)}{e^{-\alpha y_0}}\,A_u. \qquad \text{(VIII.2.1.24)}$$

Die Eigenwertgleichungen (VIII.2.1.19) und (VIII.2.1.22) lassen sich lösen, falls noch von den Separationsgleichungen (VIII.2.1.15) sowie der Beziehung (VIII.2.1.16) Gebrauch gemacht wird. Hiernach gilt:

$$\eta = \sqrt{k^2\,\mu_{eff_1} - \left(\frac{m\pi}{a}\right)^2} \qquad\qquad \alpha = \sqrt{\left(\frac{m\pi}{a}\right)^2 - k_0^2} \;. \qquad \text{(VIII.2.1.25)}$$

Es ist zu erkennen, daß die Eigenschwingungen, die keine Energie abstrahlen (α reell) nur für Frequenzen auftreten, die die Bedingung

$$\omega^2 < \left(\frac{m\,\overline{\pi}}{a}\right)^2 \cdot c_0^2 \; = \; \omega_c^2 \; = \; (2\pi f_c)^2 \qquad\qquad (VIII.2.1.26)$$

erfüllen. Für Frequenzen, die größer als f_c sind, tritt im luftgefüllten Hohlleiter (Bild VIII.2.1.1) Wellenausbreitung auf, es wird Energie ins Unendliche transportiert /574/. Andererseits muß

$$\omega^2 \varepsilon_0 \varepsilon_r \,\mu_0 \mu_{eff1} \; > \; \left(\frac{m\,\overline{\pi}}{a}\right)^2 \qquad\qquad (VIII.2.1.27)$$

sein, da sich für Frequenzen, die diese Bedingung nicht erfüllen, im Ferritraum keine Schwingung ausbilden kann. Die Abstimmkurven der eindimensional offenen Resonatoren stimmen grundsätzlich mit denen der bisher behandelten Resonatoren überein.

VIII.2.2 DER ZWEIDIMENSIONAL OFFENE ZYLINDRISCHE RESONATOR

Im Jahre 1959 berichteten Steier und Coleman /497/ (nach Wissen des Autors) zum ersten Mal über elektromagnetische Eigenschwingungen in einem ferritgefüllten, offenen Mikrowellenresonator; sie nannten diese Eigenschwingungen im Gegensatz zu den bis dahin bekannten magnetostatischen Eigenschwingungen kleiner Ferritproben (siehe Kapitel VII.1) magnetodynamische Eigenschwingungen. Dieser Name hat sich bis heute teilweise in der Literatur gehalten. 1960 veröffentlichten die gleichen Autoren /498/ eine erste Theorie zu diesem Resonator. Der verwendete Mikrowellenresonator hatte die Struktur nach Bild VIII.2.2.1.

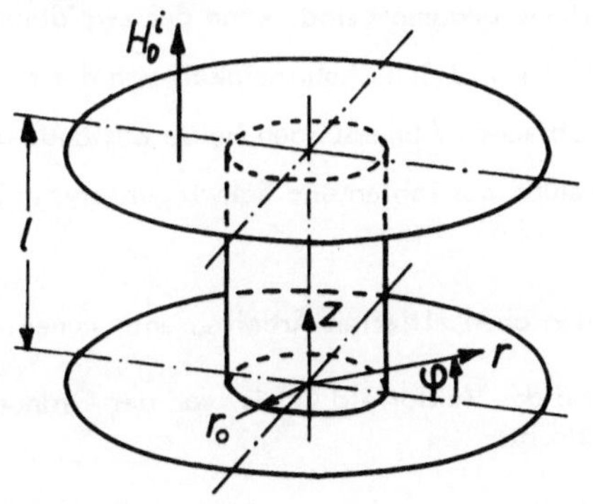

Bild VIII.2.2.1: Resonatorstruktur nach Steier und Coleman /497/,/498/.

Zwischen zwei Metallplatten großer Ausdehnung befindet sich ein in Achsenrichtung vormagnetisierter Ferritzylinder von kreisförmigem Querschnitt. Dieser Resonator kann als ein zweiseitig kurzgeschlossenes Stück eines offenen Wellenleiters aufgefaßt werden. Eine genaue Untersuchung der Eigenschwingungen dieses Resonators wurde von Godtmann und Haas vorgenommen /434/, /436/, /437/, die auch den entsprechenden

Resonator mit einem dielektrischen Pfosten zwischen zwei unendlich ausgedehnten, leitenden Platten untersucht haben /443/ [1]. Da der Resonator mit Ferritpfosten im isotropen Grenzfall in den Resonator mit dielektrischem Pfosten übergeht, sind die Ergebnisse für den dielektrischen Resonator bei der Dimensionierung eines entsprechenden Ferritresonators eine große Hilfe.

Der in Bild VIII.2.2.1 gezeigte Resonator ist zweidimensional offen, das heißt, sein Feld erstreckt sich in Richtung zweier Ortskoordinaten bis zum unendlich fernen Punkt. Für einen solchen Resonator können zwei verschiedene Feldzustände angegeben werden, die ein Kriterium für das Abklingen der Felder mit dem Abstand von der Achse des Resonators geben /574/. Wird eine Integrationshülle mit unendlich großem Durchmesser um den Resonator gelegt und das Integral über den Poynting-Vektor über diese Hülle berechnet, so kann dieses Integral entweder von Null verschieden sein, oder es nimmt den Wert Null an. Wird das Integral Null, so bedeutet dies, daß das Feld des Resonators keine Leistung durch eine unendlich ferne Hülle transportiert, der Resonator strahlt keine Leistung ab. Ist das Integral dagegen ungleich Null, so wird Leistung ins unendlich Ferne transportiert, der Resonator strahlt Leistung ab. Ein Kriterium dafür, ob das Integral über den Poyntingschen Vektor im unendlich fernen Bereich konvergiert, kann durch die Ordnung der Felder [2] angegeben werden /574/. Sind die elektromagnetischen Felder eines zweidimensional offenen Resonators von der Ordnung

$$|\mathcal{E}| = \mathcal{O}(r^{-1/2}), \quad |\mathcal{H}| = \mathcal{O}(r^{-1/2}), \qquad \text{(VIII.2.2.1)}$$

so treten keine Abstrahlungsverluste auf [3]. Im Gegensatz zum dreidimensional offenen Ferritkugel-Resonator (siehe Kapitel VIII.2.3), der immer Leistung abstrahlt, dessen Eigenschwingungen also immer durch Abstrahlungsverluste bedämpft sind, kann der zweidimensional offene, zylindrische Resonator nach Bild VIII.2.2.1 in Abhängigkeit von der Frequenz, den Schwingungstypen und seinen geometrischen Abmessungen beide Zustände annehmen. Es gibt Schwingungstypen, die nur Leistung abstrahlen, und Schwingungstypen,

---

[1] Die hier besprochenen Untersuchungen sind den oben zitierten Arbeiten entnommen.

[2] Der Absolutbetrag eines Vektorfeldes $|\mathcal{O}|$ (kurz: das Vektorfeld $\mathcal{O}$) ist von der Ordnung $|\mathcal{O}| = o(x)$, falls er stärker als x gegen Null strebt.

[3] Eine entsprechende Aussage liefert für den eindimensional offenen Resonator die Bedingung $|\mathcal{O}| = o(1)$ und für den dreidimensional offenen Resonator die Bedingung $|\mathcal{O}| = o(r^{-1})$ /574/.

die für feste geometrische Abmessungen unterhalb einer bestimmten Frequenz f_s nicht abstrahlen, oberhalb dieser Frequenz aber Abstrahlungsverluste haben. Die Grenzfrequenz f_s wird als Strahlungsgrenze bezeichnet. Da die Abstrahlungsverluste des zylindrischen Resonators, falls sie auftreten, den Resonator stark bedämpfen, sollen hier nur die nichtabstrahlenden Eigenschwingungen untersucht werden. Damit entfällt, wie anschließend gezeigt wird, die gesamte Klasse der z-unabhängigen Schwingungstypen für die Anwendung in der Praxis, da diese Schwingungstypen nur als strahlende Eigenschwingungen auftreten.

Für die Berechnung des offenen Ferritresonators nach Bild VIII.2.2.1 sollen die folgenden Voraussetzungen gemacht werden: Das Ferritmaterial wird als verlustfrei angesehen. Da nur die nichtabstrahlenden Eigenschwingungen berücksichtigt werden sollen, werden die Elemente des Permeabilitätstensors μ_1 und μ_2 rein reell sein. Die Kurzschlußplatten des Resonators seien unendlich gut leitend und unendlich ausgedehnt. Die Richtung der Vormagnetisierungsfeldstärke sei die Richtung der z-Achse eines zylindrischen Koordinatensystems, das zur Berechnung gewählt wird (Bild VIII.2.2.1).

Es werden zwei Resonatorbereiche unterschieden: 1. der Ferritbereich $0 \leqq r \leqq r_o$ (und $0 \leqq z \leqq 1$), 2. der Vakuumbereich $r \geqq r_o$ (und $0 \leqq z \leqq 1$). Im Ferritbereich werden die Felder durch die verkoppelten Differentialgleichungen (VIII.1.1.2), (VIII.1.1.3):

$$\nabla_t^2 G_z + a\, G_z + j\, \frac{k\beta\mu_2}{\mu_1}\, F_z = 0,$$
$$\nabla_t^2 F_z + b\, F_z - j\, \frac{k\beta\mu_2}{\mu_1}\, G_z = 0, \qquad\qquad \text{(VIII.2.2.2)}$$

mit den Größen a und b nach Gl.(VIII.1.1.4) beschrieben. Werden die Differentialgleichungen entkoppelt und z.B. die Differentialgleichung für die Komponente F_z gelöst, so können die restlichen Feldkomponenten mit Hilfe von Gl.(VIII.1.1.6), Gl.(VIII.1.1.7) und Gl.(VIII.1.1.8) bestimmt werden. Die Feldgleichungen haben dieselbe Form wie z.B. im vollständig abgeschlossenen, zylindrischen Resonator ohne Innenleiter (siehe Kapitel VIII.1.1.2):

$$E_z = [A_n Z_n(s_1 r) + K_2 B_n Z_n(s_2 r)]\, e^{jn\varphi} \cos(\beta z),$$
$$E_r = A[A_n s_1 Z_n'(s_1 r) + B_n K_2 s_2 Z_n'(s_2 r)]\, e^{jn\varphi} \sin(\beta z) +$$
$$+ \frac{n \cdot B}{r}[A_n Z_n(s_1 r) + K_2 B_n(s_2 r)]\, e^{jn\varphi} \sin(\beta z),$$

$$E_\varphi = jB[A_n s_1 Z'_n(s_1 r) + K_2 B_n s_2 Z'_n(s_2 r)]e^{jn\varphi}\sin(\beta z) +$$

$$+j\frac{nA}{r}[A_n Z_n(s_1 r) + K_2 B_n Z_n(s_2 r)]e^{jn\varphi}\sin(\beta z),$$

$$S_1 = \sqrt{|x_1^2|} \; , \; S_2 = \sqrt{|x_2^2|} \; , \; \beta = \frac{q\cdot\pi}{\ell}$$

$$\text{(VIII.2.2.3)}$$

sowie

$$H_z = [-jK_1 A_n Z_n(s_1 r) - jB_n Z_n(s_2 r)]e^{jn\varphi}\sin(\beta z),$$

$$H_r = jC[A_n s_1 Z'_n(s_1 r) + K_2 s_2 B_n Z'_n(s_2 r)]e^{jn\varphi}\cos(\beta z) +$$

$$+j\frac{nD}{r}[A_n Z_n(s_1 r) + K_2 B_n Z_n(s_2 r)]e^{jn\varphi}\cos(\beta z),$$

$$H_\varphi = -D[A_n s_1 Z'_n(s_1 r) + K_2 B_n s_2 Z'_n(s_2 r)]e^{jn\varphi}\cos(\beta z) -$$

$$-\frac{nC}{r}[A_n Z_n(s_1 r) + K_2 B_n Z_n(s_2 r)]e^{jn\varphi}\cos(\beta z).$$

$$\text{(VIII.2.2.4)}$$

Hierin sind die Größen K_1 und K_2 durch Gl.(VIII.1.1.5) und Gl.(VIII.1.1.6) bestimmt, und es sind jeweils die dem Eigenwert x_1^2 bzw. x_2^2 zugehörigen Werte zu wählen, also $K_{1,1}$ und $K_{2,2}$. Die Größen A, B, C, D sind durch Gl.(III.1.46) bestimmt, auch hier sind die jeweils dem Eigenwert zugeordneten Größen zu wählen. Z_n ist die Zylinderfunktion erster Art (Besselfunktion) der Ordnung n, falls $x_{1,2}^2$ positive Werte annimmt, $s_{1,2}$ also reell ist, Z_n ist die modifizierte Zylinderfunktion erster Art (I_n-Funktion), falls $x_{1,2}^2$ negative Werte annimmt. Die Zylinderfunktion zweiter Art (Neumannfunktion) sowie die modifizierte Zylinderfunktion zweiter Art (K_n-Funktion) sind wegen ihrer Polstelle bei $r = 0$ physikalisch nicht sinnvoll und werden deshalb aus der Lösungsmannigfaltigkeit ausgeschlossen. $Z'_n(s_1 r)$ ist die Ableitung der Funktion nach dem gesamten Argument $(s_1 r)$.

Die Feldgleichungen für den Vakuumbereich des Resonators ($r \geq r_o$) lassen sich aus den Gln.(VIII.2.2.2) durch Übergang zum isotropen Grenzfall ($H_o^i \rightarrow \infty$) mit Hilfe der in Kapitel III.1d angegebenen Grenzwerte aus den Differentialgleichungen

$$\nabla_t^2 F_z + (k_o^2 - \beta^2)F_z = \nabla_t^2 F_z - h^2 F_z = 0,$$

$$\nabla_t^2 G_z + (k_o^2 - \beta^2)G_z = \nabla_t^2 G_z - h^2 G_z = 0$$

$$\text{(VIII.2.2.5)}$$

mit $h^2 = \beta^2 - k_o^2$, $k_o^2 = \omega^2 \varepsilon_o \mu_o$ bestimmen. Auch die restlichen Feldkomponenten im Vakuumbereich können mit Hilfe der Grenzwertbetrachtungen des Kapitels III.1d und der Gln.(VIII.1.1.7) und (VIII.1.1.8) bestimmt werden. Es gilt im isotropen Medium (ε_o, μ_o)[1] :

$$F_r = -\frac{\beta}{k_o^2 - \beta^2}\frac{\partial F_z}{\partial r} + \frac{k_o\sqrt{\varepsilon_r}}{k_o^2 - \beta^2}\frac{1}{r}\frac{\partial G_z}{\partial \varphi} ,$$

$$F_\varphi = -\frac{\beta}{k_o^2 - \beta^2}\frac{1}{r}\frac{\partial F_z}{\partial \varphi} - \frac{k_o\sqrt{\varepsilon_r}}{k_o^2 - \beta^2}\frac{\partial G_z}{\partial r} , \qquad \text{(VIII.2.2.6)}$$

$$G_r = \frac{1}{\sqrt{\varepsilon_r}}\frac{k_o}{k_o^2 - \beta^2}\frac{1}{r}\frac{\partial F_z}{\partial \varphi} + \frac{\beta}{k_o^2 - \beta^2}\frac{\partial G_z}{\partial r} , \qquad \text{(VIII.2.2.7)}$$

$$G_\varphi = -\frac{k_o}{k_o^2 - \beta^2}\frac{1}{\sqrt{\varepsilon_r}}\frac{\partial F_z}{\partial r} + \frac{\beta}{k_o^2 - \beta^2}\frac{1}{r}\frac{\partial G_z}{\partial \varphi} .$$

In den Differentialgleichungen (VIII.2.2.5) wurde die Größe $h^2 = \beta^2 - k_o^2$ eingeführt, um eine bessere Übersicht über das Abstrahlungsverhalten der Lösungen dieser Differentialgleichungen zu erhalten. Wird vorausgesetzt, daß h^2 nur negative Werte annimmt, so folgen als Lösungen der Gl.(VIII.2.2.5) die Zylinderfunktionen erster Art (Besselfunktionen) und zweiter Art (Neumannfunktionen), die für große Argumente umgekehrt proportional zur Wurzel aus dem Argument der Funktionen konvergieren /12/. Diese Konvergenz ist aber so, daß die Bedingungen (VIII.2.2.1) nicht erfüllt werden; denn Gl.(VIII.2.2.1) fordert, daß der Absolutbetrag der Felder stärker als der Kehrwert der Wurzel aus dem Abstand von der Zylinderachse gegen Null strebt. Das heißt, ist die Größe h^2 negativ, so strahlt der Resonator Energie ins unendlich ferne Gebiet, der Resonator ist bedämpft. Hieraus folgt sofort, daß alle z-unabhängigen Schwingungstypen ($\beta = 0$) immer Abstrahlungsverluste besitzen, da der Wert h^2 für diesen Fall nur negative Werte $h^2 = -k_o^2$ annehmen kann. Aus diesem Grund werden die z-unabhängigen Schwingungstypen aus der weiteren Betrachtung ausgeschlossen.

Ist h^2 größer als Null, so ergeben sich als Lösungen der Gl.(VIII.2.2.5) die modifizierten Zylinderfunktionen erster Art (I_n-Funktionen) und zweiter Art (K_n-Funktionen). Die modifizierte Zylinderfunktion erster Art ist als Lösung auszuschließen, da sie für $r \rightarrow \infty$

---

[1] Man beachte, daß auch die Felder des Außenraums bezogene Größen nach Gl.(II.13) sind.

eine Polstelle besitzt. Die K_n-Funktionen konvergieren für $r \to \infty$ wie /12/:

$$K_n(hr) \sim \frac{1}{\sqrt{r}\,e^{hr}} \qquad\qquad \text{(VIII.2.2.8)}$$

und erfüllen damit die Bedingungen (VIII.2.2.1). Das heißt, die Felder als Lösung der Gl.(VIII.2.2.5) mit positiven Werten von h^2 beschreiben Eigenschwingungen des Resonators, die nicht durch abgestrahlte Leistung bedämpft werden. Für $h^2 = 0$, das heißt

$$\beta^2 = \omega^2 \varepsilon_0 \mu_0 ,$$

tritt die "Strahlungsgrenze" auf. Für Frequenzen

$$f < \frac{\beta}{2\pi \sqrt{\varepsilon_0 \mu_0}} = f_s \qquad\qquad \text{(VIII.2.2.9)}$$

treten keine Abstrahlungsverluste auf, für Frequenzen

$$f > \frac{\beta}{2\pi \sqrt{\varepsilon_0 \mu_0}} = f_s \qquad\qquad \text{(VIII.2.2.10)}$$

wird der Resonator durch Abstrahlungsverluste bedämpft.

Als Lösung der Differentialgleichungen (VIII.2.2.5) und daraus resultierend als Lösung der Gln.(VIII.2.2.6) und (VIII.2.2.7) ergeben sich nach den durchgeführten Überlegungen die physikalisch sinnvollen, nicht abstrahlenden Felder:

Bereich $r \geqq r_0$:

$$E_z = C_n K_n(hr)\, e^{jn\varphi} \cos(\beta z),$$

$$H_z = -j D_n K_n(hr)\, e^{jn\varphi} \sin(\beta z),$$

$$E_r = \frac{1}{h^2}\left[\beta h\, C_n K_n'(hr) - \frac{n k_0 \sqrt{\varepsilon_r}}{r} D_n K_n(hr)\right] e^{jn\varphi} \sin(\beta z),$$

$$E_\varphi = \frac{1}{h^2}\left[j\frac{n\beta}{r} C_n K_n(hr) - j k_0 h \sqrt{\varepsilon_r}\, D_n K_n'(hr)\right] e^{jn\varphi} \sin(\beta z),$$

$$H_r = \frac{1}{h^2}\left[-j\frac{k_0 n}{r\sqrt{\varepsilon_r}} C_n K_n(hr) + j\beta h\, D_n K_n'(hr)\right] e^{jn\varphi} \cos(\beta z),$$

$$H_\varphi = \frac{1}{h^2}\left[\frac{k_0 h}{\sqrt{\varepsilon_r}} C_n K_n'(hr) - \frac{n\beta}{r} D_n K_n(hr)\right] e^{jn\varphi} \cos(\beta z),$$

$$K_n'(hr) = \frac{\partial}{\partial(hr)} K_n(hr).$$

$$\text{(VIII.2.2.11)}$$

Werden auf der Mantelfläche des Ferritzylinders mit dem Radius r_0 die Tangentialkomponenten der elektrischen und magnetischen Feldstärke als stetig angesetzt, so ergibt sich zunächst aus der Stetigkeit der z-Komponenten:

$$C_n \cdot K_n(h r_0) = A_n Z_n(S_1 r_0) + K_2 B_n Z_n(S_2 r_0),$$

$$D_n \cdot K_n(h r_0) = K_1 A_n Z_n(S_1 r_0) + B_n Z_n(S_2 r_0).$$

$$(VIII.2.2.12)$$

Das heißt, die Amplitudengrößen C_n und D_n lassen sich durch die Größen A_n und B_n ausdrücken:

$$C_n = \frac{1}{K_n(h r_0)} \left[A_n Z_n(S_1 r_0) + K_2 B_n Z_n(S_2 r_0) \right],$$

$$D_n = \frac{1}{K_n(h r_0)} \left[K_1 A_n Z_n(S_1 r_0) + B_n Z_n(S_2 r_0) \right].$$

$$(VIII.2.2.13)$$

Aus der Stetigkeit der azimutalen Feldkomponenten E_φ und H_φ ergeben sich zwei weitere Bedingungsgleichungen von der Form:

$$\frac{1}{h^2} \left[\frac{n\beta}{r_0} C_n K_n(h r_0) - k_0 \sqrt{\varepsilon_r} h D_n K_n'(h r_0) \right] =$$

$$= B \left[A_n S_1 Z_n'(S_1 r_0) + K_2 B_n S_2 Z_n'(S_2 r_0) \right] +$$

$$+ \frac{n A}{r_0} \left[A_n Z_n(S_1 r_0) + K_2 B_n Z_n(S_2 r_0) \right],$$

$$(VIII.2.2.14)$$

$$\frac{1}{h^2} \left[\frac{k_0 h}{\sqrt{\varepsilon_r}} C_n K_n'(h r_0) - \frac{n\beta}{r_0} D_n K_n(h r_0) \right] =$$

$$= -D \left[A_n S_1 Z_n'(S_1 r_0) + K_2 B_n S_2 Z_n'(S_2 r_0) \right] -$$

$$- \frac{n C}{r_0} \left[A_n Z_n(S_1 r_0) + K_2 B_n Z_n(S_2 r_0) \right].$$

$$(VIII.2.2.15)$$

unter Verwendung der Gl. (VIII.2.2.13) läßt sich damit ein homogenes Gleichungssystem

$$A_{11} A_n + A_{12} B_n = 0,$$

$$A_{21} A_n + A_{22} B_n = 0$$

zur Bestimmung der Eigenfrequenzen angeben, dessen Determinante verschwinden muß, damit eine nichttriviale Lösung existiert. Das heißt, die gesuchte Eigenwertgleichung des Resonators ergibt sich zu

$$A_{11} \cdot A_{22} - A_{12} \cdot A_{21} = 0 \qquad \text{(VIII.2.2.16)}$$

mit den Elementen:

$$A_{11} = Z_n(s_1 r_0)\left[\frac{nA}{r_0} - \frac{n\beta}{h^2 r_0} + \frac{k_0}{h}\sqrt{\varepsilon_r}\,\frac{K_n'(hr_0)}{K_n(hr_0)}K_1\right] + B s_1 Z_n'(s_1 r_0),$$

$$A_{12} = Z_n(s_2 r_0)\left[\frac{nA}{r_0}K_2 - \frac{n\beta}{h^2 r_0}K_2 + \frac{k_0}{h}\sqrt{\varepsilon_r}\,\frac{K_n'(hr_0)}{K_n(hr_0)}\right] + B K_2 s_2 Z_n'(s_2 r_0),$$

$$A_{21} = Z_n(s_1 r_0)\left[-\frac{nC}{r_0} - \frac{k_0}{h\sqrt{\varepsilon_r}}\,\frac{K_n'(hr_0)}{K_n(hr_0)} + \frac{\beta n}{h^2 r_0}K_1\right] - D s_1 Z_n'(s_1 r_0),$$

$$A_{22} = Z_n(s_2 r_0)\left[-\frac{nC}{r_0}K_2 - \frac{k_0}{h\sqrt{\varepsilon_r}}K_2\,\frac{K_n'(hr_0)}{K_n(hr_0)} + \frac{\beta n}{h^2 r_0}\right] - D K_2 s_2 Z_n'(s_2 r_0).$$

$$\text{(VIII.2.2.17)}$$

Es soll zunächst der isotrope Grenzfall $H_o^i \to \infty$ diskutiert werden, da aus dieser Diskussion nützliche Ergebnisse für eine erste näherungsweise Berechnung des Ferritresonators erhalten werden. Wird von den Ergebnissen des Kapitels III.1d Gebrauch gemacht, so kann aus der Eigenwertgleichung (VIII.2.2.16) im Zusammenhang mit Gl.(VIII.2.2.17) die Eigenwertgleichung des dielektrischen Resonators mit einer Struktur nach Bild VIII.2.2.1 abgeleitet werden. Wird mit t^2 der Ausdruck

$$t^2 = \lim_{H_o^i \to \infty} x_1^2 = \lim_{H_o^i \to \infty} x_2^2 = k^2 - \beta^2 > 0 \qquad \text{(VIII.2.2.18)}$$

(vgl. Gl.(III.1.60) und Gl.(III.1.61)) bezeichnet, so kann für die Elemente A_{11} bis A_{22} nach Gl.(VIII.2.2.17) jeweils der Grenzwert:

$$A_{11} = -\frac{\beta n}{r_0} Z_n(t r_0)\left[\frac{1}{t^2} + \frac{1}{h^2}\right],$$

$$A_{12} = \frac{k_0\sqrt{\varepsilon_r}}{h}\,\frac{K_n'(hr_0)}{K_n(hr_0)} Z_n(t r_0) + \frac{k}{t} Z_n'(t r_0),$$

$$A_{21} = -\frac{k_0}{\sqrt{\varepsilon_r}\,h}\,\frac{K_n'(hr_0)}{K_n(hr_0)} Z_n(t r_0) - \frac{k}{t} Z_n'(t r_0),$$

$$A_{22} = \frac{\beta n}{r_0} Z_n(t r_0)\left[\frac{1}{t^2} + \frac{1}{h^2}\right] \qquad \text{(VIII.2.2.19)}$$

abgeleitet werden.

Eigenschwingungen treten nur für positive Werte von t^2 auf. Das heißt, die Funktion $Z_n(t \cdot r)$ ist gleich der Zylinderfunktion erster Art (Besselfunktion) $J_n(t \cdot r)$. Damit kann die Eigenwertgleichung für den isotropen Grenzfall in der Form

$$\left[\frac{n\beta}{r_0} \, J_n(t r_0)\left(\frac{1}{t^2} + \frac{1}{h^2}\right)\right]^2 =$$

$$= \left[\frac{k_0\sqrt{\varepsilon_r}}{h} \frac{K_n'(h r_0)}{K_n(h r_0)} J_n(t r_0) + \frac{k}{t} J_n'(t r_0)\right]\left[\frac{k_0}{h\sqrt{\varepsilon_r}} \frac{K_n'(h r_0)}{K_n(h r_0)} J_n(t r_0) + \frac{k}{t} J_n'(t r_0)\right]$$

$$(VIII.2.2.20)$$

geschrieben werden. Die Feldgleichungen für den isotropen Resonator, die den Feldgleichungen Gl. (VIII.2.2.4) entsprechen, können mit einer Abhängigkeit vom Azimutwinkel in Form von Sinus- und Cosinusfunktionen angegeben werden. Das heißt, die Eigenschwingungen, die vom Azimutwinkel φ abhängen ($n \neq 0$), sind auf Grund der Kreissymmetrie des dielektrischen Pfostens entartet. Alle vom Azimutwinkel abhängigen Schwingungstypen sind wie im Fall des Ferritresonators EH- oder HE-Typen. Für den Ferritresonator läßt sich damit eine Unterscheidung nach HE- oder EH-Typen nach der vorne angegebenen Definition (Kapitel III.1d) nicht mehr machen. Die Feldtypen werden deshalb durchgehend als HE-Typen bezeichnet.

Die Eigenwertgleichung der vom Azimutwinkel unabhängigen Schwingungstypen ($n = 0$) spaltet in die beiden Eigenwertgleichungen

$$\frac{k_0\sqrt{\varepsilon_r}}{h} \frac{K_n'(h r_0)}{K_n(h r_0)} J_n(t r_0) + \frac{k}{t} J_n'(t r_0) = 0 \, , \qquad (VIII.2.2.21)$$

$$\frac{k_0}{\sqrt{\varepsilon_r}\, h} \frac{K_n'(h r_0)}{K_n(h r_0)} J_n(t r_0) + \frac{k}{t} J_n'(t r_0) = 0 \qquad (VIII.2.2.22)$$

auf. Die vom Azimutwinkel unabhängigen Schwingungstypen sind entweder vom H- oder vom E-Typ, sie sind nicht entartet. Gl. (VIII.2.2.21) ist die Eigenwertgleichung der H-Typen, Gl. (VIII.2.2.22) die Eigenwertgleichung der E-Typen. Für die vom Azimutwinkel unabhängigen Schwingungstypen im Ferritresonator läßt sich damit weiterhin die eingeführte Klassifizierung (Kapitel III.1d) der EH- und HE-Typen aufrechterhalten: Die EH-Typen Typen konvergieren für $H_0^i \rightarrow \infty$ in die E-Typen, die HE-Typen in die H-Typen.

In Bild VIII.2.2.2 ist die Auswertung der gesamten Eigenwertgleichung für einen dielektrischen Resonator mit der relativen Dielektrizitätskonstanten $\varepsilon_r = 11,5$ in Abhängigkeit von den Resonatorabmessungen aufgetragen /443/, /434/. Die nichtstrahlenden Eigen-schwingungen treten für kleine r_o/l - Werte an der Strahlungsgrenze erstmals auf. Diese Strahlungsgrenze folgt aus Gl.(VIII.2.2.9) und Gl.(VIII.2.2.10) in normierter Form mit $\beta = q\,\pi/l$ als

$$\frac{r_o}{\lambda} = \frac{q}{2}\,\frac{r_o}{\ell}\ .$$

λ ist die der Eigenfrequenz f zugeordnete Wellenlänge im Vakuum. Für $r_o/l \rightarrow \infty$ erreichen die aufgetragenen Werte asymptotisch die Gerade $t = 0$, die sich nach Gl.(VIII.2.2.18) aus

$$\frac{r_o}{\lambda} = \frac{q}{2\sqrt{\varepsilon_r}}\,\frac{r_o}{\ell}$$

errechnet. Beide Geraden sind in Bild VIII.2.2.2 eingezeichnet und zwar für q = 1 gestri-

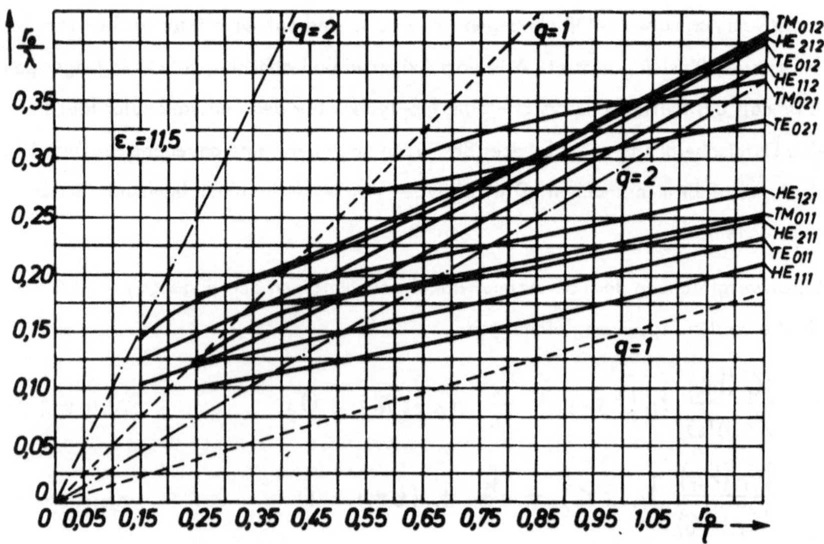

Bild VIII.2.2.2: Auswertung der Eigenwertgleichung (VIII.2.2.19) für den isotropen Grenzfall eines Resonators nach Bild VIII.2.2.1 . λ ist die der Eigenfrequenz zugeordnete Wellenlänge im Vakuum. Nach /443/,/434/.

chelt und q = 2 strichpunktiert. Bild VIII.2.2.3 zeigt das Feldlinienbild des wichtigsten Grundtyps HE_{111} des isotropen Resonators /443/,/434/.

Wird der Ferritresonator betrachtet ($H_o^i \neq \infty$), so lassen sich die Feldgleichungen für die Felder im Ferritbereich ($0 \leq r \leq r_o$) nicht mehr mit einer Abhängigkeit vom Azimut-

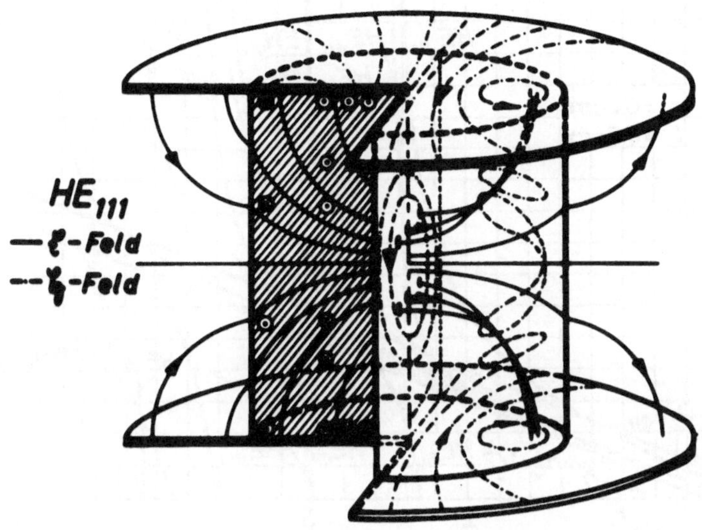

Bild VIII.2.2.3: Feldlinienbild des HE₁₁₁-Schwingungstyps in einem dielektrischen
Resonator nach Bild VIII.2.2.1. Nach /443/, /434/.

winkel φ in Form einer Sinus- oder Cosinusfunktion angeben. Die Abhängigkeit muß jetzt

durch eine e-Funktion beschrieben werden. Das heißt, die im isotropen Grenzfall auftre-

tende Entartung wird aufgehoben. Die Felder besitzen keine stehende Feldverteilung mehr,

sondern es treten Wellen in azimutaler Richtung auf. Da die Eigenschaften der Felder im

Ferritmaterial bereits ausführlich in Kapitel VIII.1.1.1 diskutiert wurden, soll hier nicht

weiter darauf eingegangen werden. Die Aufhebung der Entartung bedeutet auch hier wieder,

daß die Eigenfrequenzen der vom Azimutwinkel abhängigen Schwingungstypen vom isotropen

Grenzfall ausgehend aufspalten. Es lassen sich, wie schon in Kapitel VIII.1.1.1 beschrie-

ben, Wellen in positiver und negativer azimutaler Richtung unterscheiden. Alle Schwin-

gungstypen, auch die vom Azimutwinkel unabhängigen Feldtypen, sind vom EH- oder

HE-Typ. Während die vom Azimutwinkel unabhängigen Typen im isotropen Grenzfall in

E- oder H-Typen konvergieren, bleibt der hybride Charakter der vom Azimutwinkel

abhängigen Feldtypen auch im isotropen Grenzfall erhalten.

Die Bilder VIII.2.2.4 und VIII.2.2.5 zeigen die Auswertung der Eigenwertgleichung

des Ferritresonators für zwei spezielle Abmessungen des Ferritpfostens /443/, /434/.

In beiden Fällen ist die Aufspaltung der Eigenfrequenzen außerhalb des isotropen Grenz-

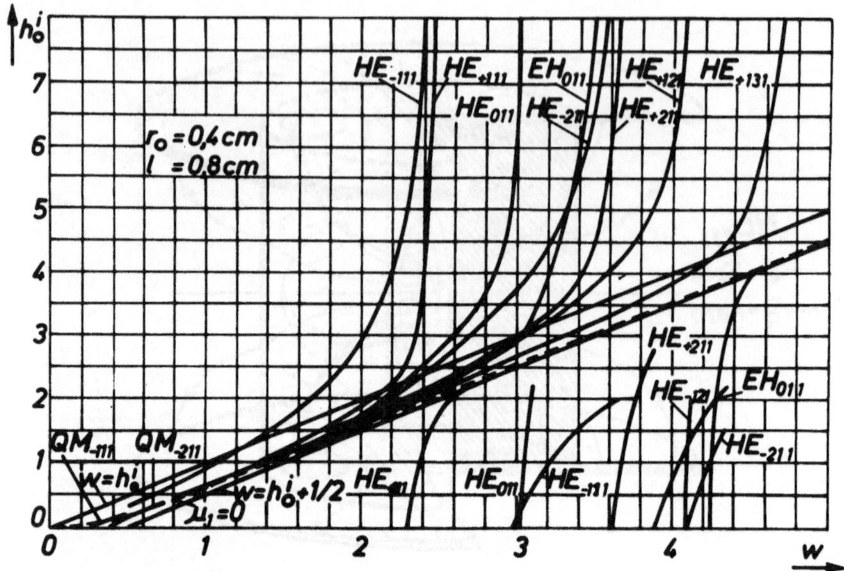

Bild VIII.2.2.4: Abstimmkurven eines Ferritresonators nach Bild VIII.2.2.1. Aufgetragen ist die normierte Vormagnetisierungsfeldstärke h_o^i über der normierten Frequenz w (vgl. Gl. (I.3.1) und Gl. (I.3.3)). Material R5. Nach /443/, /434/.

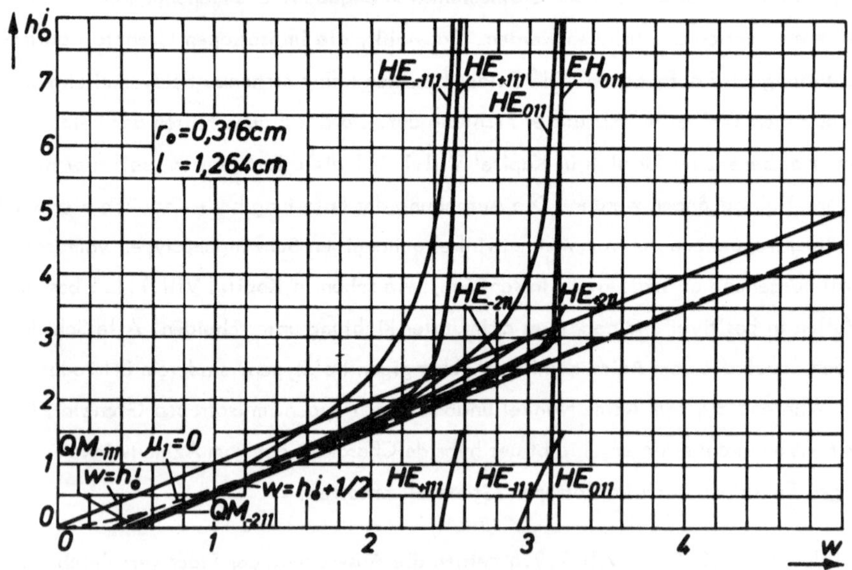

Bild VIII.2.2.5: Abstimmkurven eines Ferritresonators nach Bild VIII.2.2.1. Material R5. Nach /443/, /434/.

falles sehr gut zu erkennen (z.B. HE_{+111} - und HE_{-111} -Typ). Die Abstimmkurve spaltet,
wie bereits von den vorher untersuchten Resonatoren bekannt, auch hier in Ober- und Untertypen auf. Außerdem kann auch hier eine dritte Gruppe von Lösungen gefunden werden,
die im Bereich zwischen der Linie $\mu_1 = 0$ ($w = h_o^i (h_o^i + 1)^{1/2}$) und der Linie
$w = h_o^i + 1/2$ auftritt. Wie von Godtmann /434/ gezeigt wurde, können diese Lösungen
näherungsweise durch eine magnetostatische Rechnung bestimmt werden (vgl. Kapitel IV.1).
Aus diesem Grund sollen diese Feldtypen als quasi-magnetostatische Feldtypen (QM-Typen)
bezeichnet werden. Da diese Feldtypen immer im Bereich der Entartung mit langwelligen
Spinwellen auftreten, sind sie bei der Verwendung polykristalliner Materialien stark bedämpft und sind deshalb für die technischen Anwendungen nicht sehr interessant.

VIII.2.3 DER OFFENE KUGELFÖRMIGE RESONATOR

Bereits im Jahre 1909 stellte Debye /421/ bei der Berechnung des Lichtdrucks auf eine
dielektrische Kugel fest, daß eine im Vakuum befindliche dielektrische Kugel in der Lage
ist, elektromagnetische Eigenschwingungen auszuführen. Obwohl ein derartiger Resonator
immer mit Abstrahlungsverlusten behaftet ist /574/, nimmt er, insbesondere für große
Werte der Dielektrizitätskonstanten, vergleichbar große Eigengüten für seine Eigenschwingungen an. Aus diesem Grund ist eine solche dielektrische Kugel als Mikrowellenresonator
von hohem Interesse. Eine weitgehende und gründliche Untersuchung der von Debye abgeleiteten Eigenwertgleichung wurde von Gastine, Courtois und Dorman /432/ durchgeführt
(die bei Stratton angegebenen Ergebnisse /24/ entsprechen im wesentlichen den Untersuchungen von Debye). Ausgehend von der Überlegung, daß die dielektrische Kugel ein
Grenzfall der vormagnetisierten Ferritkugel ist, läßt sich schließen, daß auch die im Vakuum befindliche, vormagnetisierte Ferritkugel zu elektromagnetischen Eigenschwingungen
fähig sein muß, die zudem durch die Größe des Vormagnetisierungsfeldes in ihrer Eigenfrequenz beeinflußt werden können. Da diese elektromagnetischen Eigenschwingungen der
Ferritkugel für Werte der Vormagnetisierungsfeldstärke und der Frequenz auftreten, die
teilweise einen Arbeitspunkt außerhalb des Spinwellenspektrums erlauben, lassen sich
mit solchen offenen Ferritkugeln Mikrowellenresonatoren hoher Güte herstellen. Anwendungen solcher Mikrowellenresonatoren sind bekannt: Vol'man /510/ beschrieb einen

326

Y-Zirkulator, in dem die elektromagnetischen Eigenschwingungen einer offenen Ferritkugel ausgenutzt werden, Courtois /419/ benutzte eine solche Ferritkugel zur Konstruk-
tion eines Begrenzers und Rüpke /487/ berichtete über Messungen an kugelförmigen,
offenen Resonatoren und Kugelfiltern /485/.

Näherungslösungen für das Eigenwertproblem der offenen Ferritkugel als Mikrowellenresonator sind bereits seit langem bekannt. Hier seien vor allem die grundlegenden Arbeiten von Walker /513/, /514/ genannt. Walker berechnete die Eigenschwingungen ellip-
soidförmiger Ferritproben, deren lineare Abmessungen klein gegenüber der Wellenlänge
des Mikrowellenfeldes sind. Ausgehend von der Annahme, daß die magnetische Wechselfeldstärke innerhalb solcher Proben rotationsfrei ist, konnte er die Randbedingungen an
der Oberfläche der Ferritprobe, die sich im Vakuum befindet, erfüllen. Eine elektrische
Feldstärke tritt in dieser quasistatischen Lösung nicht auf (vgl. Kapitel IV.1). Ausgehend
von dieser Lösung des Eigenwertproblems konnten mehrere Autoren Verbesserungen der
Näherungslösung angeben, die in erster Näherung den Einfluß der auftretenden elektrischen Verschiebungsdichte berücksichtigen. Die Arbeiten von Mercereau /460/ und
Plumier /480/ sind in dieser Gruppe die wichtigsten. Die Lösung der vollständigen Maxwellschen Gleichungen unter Berücksichtigung der Randbedingungen für die Ferritkugel
im freien Raum wurde nach Wissen des Autors erstmals von Pistol'kors und Sui Ien-Shen [1]
/477/ versucht, diese Arbeiten wurden von Sui Ien-Shen /495/, /496/ fortgesetzt. Die
von diesen Autoren angegebenen Lösungen sind Reihenentwicklungen, die aber auch nur
für Durchmesser der Ferritkugeln, die klein gegenüber der Wellenlänge des Mikrowellenfeldes sind, eine sinnvolle Lösung darstellen.

Anschließend an die Untersuchungen, die für den geschlossenen Kugelresonator durchgeführt wurden (Kapitel VIII.1.3), soll versucht werden, die Eigenfrequenzen der axialsymmetrischen Eigenschwingungen eines offenen, kugelförmigen Resonators zu berechnen,
dessen Durchmesser nicht mehr klein gegenüber der Wellenlänge ist /520/, /522/. Es soll
gezeigt werden, daß eine exakte Lösung der Maxwellschen Gleichungen und der Randbedingungen an der Kugeloberfläche durch eine Reihenentwicklung nach Kugelbesselfunktionen angegeben werden kann.

---

[1] Die Namensschreibweise des zitierten Autors ist in den amerikanischen Übersetzungen
nicht ganz einheitlich. So finden sich Versionen Sui Ien-Shen, Siu Yen-Sheng und
Syui Yan'-Shen, /494/, /495/, /500/.

Ausgangspunkt der Überlegungen seien die folgenden Voraussetzungen: Der kugelförmige Resonator befinde sich im Vakuum. Das Ferritmaterial wird als verlustfrei angesehen. Die Vormagnetisierungsfeldstärke sei in z-Richtung eines eingeführten Koordinatensystems gegeben. Alle auftretenden Feldgrößen sind komplexe Vektorzeiger, die eine harmonische Zeitabhängigkeit der Felder beschreiben (vgl. Kapitel II). Dann wird das magnetische Verhalten des Ferritmaterials durch den Permeabilitätstensor in Kugelkoordinaten nach Gl. (1.2.16) beschrieben. Die relative Dielektrizitätskonstante des Ferritmaterials ε_r sei reell, das heißt, die auftretenden dielektrischen Verluste des Materials werden vernachlässigt.

Unter den angegebenen Voraussetzungen ergeben sich aus den Maxwellschen Gleichungen für den Außenraum des Resonators ($r \geq r_o$, falls r_o der Radius der Ferritkugel ist) zwei homogene Differentialgleichungen für die Feldkomponente E_φ der elektrischen Feldstärke und die Feldkomponente H_φ der magnetischen Feldstärke, die für den Fall der axialsymmetrischen Felder die Form

$$r \frac{\partial^2}{\partial r^2}(r H_\varphi) + \frac{\partial}{\partial \vartheta}\left[\frac{1}{\sin\vartheta}\frac{\partial}{\partial \vartheta}(\sin\vartheta\, H_\varphi)\right] + k_o^2 r^2 H_\varphi = 0,$$

$$r \frac{\partial^2}{\partial r^2}(r E_\varphi) + \frac{\partial}{\partial \vartheta}\left[\frac{1}{\sin\vartheta}\frac{\partial}{\partial \vartheta}(\sin\vartheta\, E_\varphi)\right] + k_o^2 r^2 E_\varphi = 0$$

(VIII.2.3.1)

besitzen. Hierin ist $k_o = \omega(\varepsilon_o \mu_o)^{1/2}$ die Wellenzahl im Vakuum. Wie bereits in Kapitel III.3 gezeigt wurde, gelten für den Innenraum des Resonators die zwei verkoppelten Differentialgleichungen (III.3.20) und (III.3.21) für die Feldkomponenten E_φ und H_φ, die die Form

$$r \frac{\partial^2}{\partial r^2}(r E_\varphi) + \frac{\partial}{\partial \vartheta}\left[\frac{1}{\sin\vartheta}\frac{\partial}{\partial \vartheta}(\sin\vartheta\, E_\varphi)\right] + k^2 r^2 E_\varphi =$$

$$= -j k r \left\{ \frac{\partial}{\partial r}\left[r\, G(H_\varphi)\right]\cos\vartheta - \frac{\partial}{\partial \vartheta}\left[\sin\vartheta\, G(H_\varphi)\right] \right\},$$

(VIII.2.3.2)

$$r \frac{\partial^2}{\partial r^2}(r H_\varphi) + \frac{\partial}{\partial \vartheta}\left[\frac{1}{\sin\vartheta}\frac{\partial}{\partial \vartheta}(\sin\vartheta\, H_\varphi)\right] + k^2 r^2\left(\mu_1 - \frac{\mu_2^2}{\mu_1}\right) H_\varphi =$$

$$= -j \frac{\mu_2}{\mu_1} k r \left\{ \frac{\partial}{\partial \vartheta}(\sin\vartheta\, E_\varphi) - \cos\vartheta \frac{\partial}{\partial r}(r E_\varphi) \right\}$$

(VIII.2.3.3)

haben. k ist die Wellenzahl im Ferritmaterial, $k = \omega(\varepsilon_o \varepsilon_r \mu_o)^{1/2}$. $G(H_\varphi)$ ist eine Funktion, die nur von der Feldkomponente H_φ abhängt und die durch Gl.(III.3.19)

$$G(H_\varphi) = \frac{\mu_1 - 1}{\mu_2 k^2 r^2} \left\{ r \frac{\partial^2}{\partial r^2} (r H_\varphi) + \frac{\partial}{\partial \vartheta} \left[\frac{1}{\sin \vartheta} \frac{\partial}{\partial \vartheta} (\sin \vartheta H_\varphi) \right] + \right.$$
$$\left. + k^2 r^2 \left(\mu_1 - \frac{\mu_2^2}{\mu_1 - 1} \right) H_\varphi \right\}$$

$$(VIII.2.3.4)$$

beschrieben wird. Aus den Lösungen der beiden Differentialgleichungen (VIII.2.3.1) lassen sich die restlichen Feldkomponenten für den Außenraum über die Beziehungen [1]

$$E_r = \frac{\sqrt{\varepsilon_r}}{k_0\, r \sin \vartheta} \frac{\partial}{\partial \vartheta} (\sin \vartheta\, H_\varphi),$$

$$(VIII.2.3.5)$$

$$E_\vartheta = -\frac{\sqrt{\varepsilon_r}}{k_0\, r} \frac{\partial}{\partial r} (r\, H_\varphi),$$

$$(VIII.2.3.6)$$

$$H_r = \frac{1}{\sqrt{\varepsilon_r}} \frac{1}{k_0\, r \sin \vartheta} \frac{\partial}{\partial \vartheta} (\sin \vartheta\, E_\varphi),$$

$$(VIII.2.3.7)$$

$$H_\vartheta = -\frac{1}{\sqrt{\varepsilon_r}} \frac{1}{k_0\, r} \frac{\partial}{\partial r} (r\, E_\varphi)$$

$$(VIII.2.3.8)$$

berechnen. Für den Innenraum gelten die Zusammenhänge nach den Gln. (III.3.15) bis (III.3.18):

$$E_r = \frac{1}{k\, r \sin \vartheta} \frac{\partial}{\partial \vartheta} (\sin \vartheta\, H_\varphi),$$

$$(VIII.2.3.9)$$

$$E_\vartheta = -\frac{1}{k\, r} \frac{\partial}{\partial r} (r\, H_\varphi),$$

$$(VIII.2.3.10)$$

$$H_r = \frac{1}{k\, r \sin \vartheta} \frac{\partial}{\partial \vartheta} (\sin \vartheta\, E_\varphi) - j \sin \vartheta\, G(H_\varphi),$$

$$(VIII.2.3.11)$$

$$H_\vartheta = -\frac{1}{k \cdot r} \frac{\partial}{\partial r} (r \cdot E_\varphi) - j\, G(H_\varphi) \cos \vartheta.$$

$$(VIII.2.3.12)$$

Auf der Kugeloberfläche, d.h. für $r = r_o$, müssen die Tangentialkomponenten der elektrischen und der magnetischen Feldstärke die Stetigkeitsbedingungen erfüllen.

---

[1] Man beachte, daß die eingeführten reduzierten Feldkomponenten der elektrischen Feldstärke auf die Materialparameter des Ferritmaterials bezogen wurden, siehe Gl. (II.13).

VIII.2.3.1 QUASIISOTROPE APPROXIMATION

Wie für den Fall des abgeschlossenen, ferritgefüllten Kugelresonators soll auch hier eine quasiisotrope Approximation berechnet werden (siehe auch Kapitel VIII.1.3.1), um eine erste Aussage über das Verhalten des Resonators zu erhalten. Da alle Überlegungen völlig analog zu den Berechnungen des abgeschlossenen Resonators verlaufen, sollen hier nur die wichtigsten Ergebnisse angegeben werden. Wird zunächst ausgehend von der Differential- gleichung (VIII.1.3.9) für den EH-Typ des Resonators eine quasiisotrope Näherung gesucht, so ergibt sich wiederum die Funktion

$$H_\varphi = A_n \, j_n(k_1 r) \, P_n^1(\cos\vartheta) \tag{VIII.2.3.13}$$

mit

$$k_1 = \omega \sqrt{\varepsilon_0 \varepsilon_r \mu_0 |\mu_{eff1}|} = k \sqrt{|\mu_{eff1}|} \tag{VIII.2.3.14}$$

als Lösung der Differentialgleichung. Aus dieser Feldkomponente lassen sich die zwei an- deren im Ferritbereich auftretenden Feldanteile nach Gl. (VIII.2.3.9) und Gl. (VIII.2.3.10)

$$E_r = \frac{A_n}{k\,r} n(n+1) j_n(k_1 r) P_n^0(\cos\vartheta), \tag{VIII.2.3.15}$$

$$E_\vartheta = -\frac{A_n}{k\,r} \frac{\partial}{\partial r}[r\, j_n(k_1 r)] P_n^1(\cos\vartheta) \tag{VIII.2.3.16}$$

berechnen. Im Außenraum (Vakuum, $r \geq r_0$) des Resonators ergeben sich die Feldkomponen- ten dieser ersten Näherung aus den Differentialgleichungen (VIII.2.3.1) sowie den Gln. (VIII.2.3.5) und (VIII.2.3.6) zu:

$$H_\varphi = D_m \, h_m^{(2)}(k_0 r) P_m^1(\cos\vartheta), \tag{VIII.2.3.17}$$

$$E_r = \frac{\sqrt{\varepsilon_r}}{k_0\,r} D_m \cdot m(m+1) \, h_m^{(2)}(k_0 r) P_m^0(\cos\vartheta), \tag{VIII.2.3.18}$$

$$E_\vartheta = -\frac{\sqrt{\varepsilon_r}}{k_0\,r} D_m \frac{\partial}{\partial r}[r\, h_m^{(2)}(k_0 r)] P_m^1(\cos\vartheta). \tag{VIII.2.3.19}$$

In den angegebenen Gleichungen bedeuten:

$$j_n(kr) = \frac{1}{\sqrt{kr}}\, J_{n+1/2}(kr),$$

(VIII.2.3.20)

mit $J_{n+1/2}$ der Zylinderfunktion erster Art der Ordnung $n+1/2$, ferner

$$h_n^{(2)}(kr) = \frac{1}{\sqrt{kr}}\, H_{n+1/2}^{(2)}(kr),$$

(VIII.2.3.21)

mit $H_{n+1/2}^{(2)}$ der Hankelschen Funktion zweiter Art der Ordnung $n+1/2$. P_n^1 ist das zugeordnete Legendre Polynom erster Art der Ordnung n.

Werden an der Kugeloberfläche $r = r_0$ die Grenzbedingungen für die Tangentialkomponenten der elektrischen und der magnetischen Feldstärke erfüllt, so ergibt sich zunächst $n = m$ und als Determinante des entstehenden homogenen Gleichungssystems die Eigenwertgleichung für die quasiisotrope Approximation des EH-Typs:

$$\frac{1}{\varepsilon_r}\, \frac{h_n^{(2)}(k_0 r_0)\left[(n+1)\, j_n(k_1 r_0) - k_1 r_0\, j_{n+1}(k_1 r_0)\right]}{j_n(k_1 r_0)\left[(n+1)\, h_n^{(2)}(k_0 r_0) - k_0 r_0\, h_{n+1}^{(2)}(k_0 r_0)\right]} = 1,$$

(VIII.2.3.22)

die weitgehende Übereinstimmung mit der Eigenwertgleichung für die E-Typen des isotropen Kugelresonators zeigt /421/, /432/ und im isotropen Grenzfall für unendlich große Vormagnetisierungsfeldstärke in diese übergeht. Für den HE-Typ liefert eine solche quasiisotrope Näherung nur eine Eigenwertgleichung, die von der Größe der Vormagnetisierungsfeldstärke unabhängig ist. Die Eigenwertgleichung der quasiisotropen Approximation für die HE-Typen ist mit der Eigenwertgleichung für die H-Typen einer dielektrischen Kugel gleicher Dielektrizitätskonstante identisch:

$$\frac{h_{n+1}^{(2)}(k_0 r_0)}{h_n^{(2)}(k_0 r_0)} - \sqrt{\varepsilon_r}\, \frac{j_{n+1}(k r_0)}{j_n(k r_0)} = 0\,.$$

(VIII.2.3.23)

Die Eigenwertgleichungen Gl.(VIII.2.3.22) und (VIII.2.3.23) sind gleichzeitig transzendent und komplex, so daß bereits eine Bestimmung der Nullstellen dieser ersten Näherung einige Schwierigkeiten bereitet. Die Auswertung der Gleichungen soll im Kapitel VIII.2.3.3 angegeben und diskutiert werden.

VIII.2.3.2 VOLLSTÄNDIGE LÖSUNG DER FELDGLEICHUNGEN UND ERFÜLLUNG DER RANDBEDINGUNGEN

Die bisher betrachteten Feldgleichungen und die hieraus resultierenden Eigenwertgleichungen waren Näherungslösungen für den Fall, daß die Eigenfrequenz des Resonators in der Umgebung der isotropen Grenzfrequenz liegt. Das heißt, es wurde vorausgesetzt, daß die magnetische Gleichfeldstärke sehr groß ist. Es soll hier das Verhalten der Felder für den Fall bestimmt werden, daß die magnetische Gleichfeldstärke keinen Einschränkungen mehr unterworfen ist, das heißt, es soll die allgemeingültige Lösung für die Feldgleichungen angegeben werden.

Wie schon in Kapitel VIII.1.3.2 gezeigt wurde, läßt sich für die Komponenten E_φ der elektrischen Feldstärke und H_φ der magnetischen Feldstärke im Ferritbereich des Resonators ein Reihenansatz in der Form einer unendlichen Reihe machen. Es wird auf Grund der vorangegangenen Überlegungen eine Verkopplung zwischen den einzelnen Schwingungstypen, wie sie in der isotropen, offenen dielektrischen Kugel auftreten, für die Ferritkugel angenommen. Wie die Untersuchungen des Kapitels VIII.1.3.2 zeigen, lassen sich grundsätzlich zwei verschiedene Gruppen von Lösungen unterscheiden. In der ersten Gruppe von Lösungen sind die E-Typen ungerader Ordnung des isotropen Kugelresonators mit den H-Typen gerader Ordnung (bezogen auf die Abhängigkeit vom Winkel φ)verkoppelt. In der zweiten Gruppe tritt dagegen eine Verkopplung zwischen den H-Typen ungerader Ordnung des isotropen Kugelresonators und den E-Typen gerader Ordnung auf. Die Verkopplung zwischen den einzelnen Feldtypen tritt dabei auf Grund der verkoppelten Differentialgleichungen (VIII.2.3.2) und (VIII.2.3.3) auf. Die auftretenden Felder sind also vom EH- oder HE-Typ.

Wie im Kapitel VIII.1.3.2 gezeigt wurde, erfüllt der Ansatz für die Feldkomponenten der ersten Lösungsgruppe

$$E_\varphi = \sum_{\mu = 2,4,\cdots}^{\infty} B_\mu \, j_\mu(hr) \, P_\mu^1(\cos\vartheta),$$

$$H_\varphi = \sum_{\nu = 1,3,\cdots}^{\infty} A_\nu \, j_\nu(hr) \, P_\nu^1(\cos\vartheta) \tag{VIII.2.3.24}$$

und der Ansatz

$$E_\varphi = \sum_{\mu = 1,3,\cdots}^{\infty} B_\mu \, j_\mu (hr) \, P_\mu^1 (\cos\vartheta),$$

(VIII.2.3.25)

$$H_\varphi = \sum_{\nu = 2,4,\cdots}^{\infty} A_\nu \, j_\nu (hr) \, P_\nu^1 (\cos\vartheta)$$

für die Feldkomponenten der zweiten Lösungsgruppe die Differentialgleichungen (VIII.2.3.2) und (VIII.2.3.3). Die Koeffizienten A_n und B_n sind über die Differentialgleichungen miteinander verkoppelt, stellen also keine willkürlich wählbaren Integrationskonstanten mehr dar. Nach Einsetzen des Ansatzes (VIII.2.3.24) und (VIII.2.3.25) in die Differentialgleichungen (VIII.2.3.2) und (VIII.2.3.3) ergibt sich ein unendliches, algebraisches Gleichungssystem zur Bestimmung der unbekannten Wellenzahl h. Dieses Gleichungssystem lautet, falls die Gleichungen bis n = 3 ausgewertet werden für die erste Lösungsgruppe:

$$\frac{k_1^2 - h^2}{h^2} A_1 = j \frac{\mu_2}{\mu_1} \frac{3}{5} \frac{k}{h} B_2,$$

$$\frac{k^2 - h^2}{h^2} B_2 = -j \frac{k}{h} \left[\frac{\mu_1^2 - \mu_1 - \mu_2^2}{\mu_2} - \frac{\mu_1 - 1}{\mu_2} \frac{h^2}{k^2} \right] \left[\frac{4}{7} A_3 - \frac{1}{3} A_1 \right],$$

$$\frac{k_1^2 - h^2}{h^2} A_3 = -j \frac{2}{5} \frac{\mu_2}{\mu_1} \frac{k}{h} B_2 + j \frac{5}{9} \frac{\mu_2}{\mu_1} \frac{k}{h} B_4 \; . \text{(VIII.2.3.26)}$$

Für die zweite Lösungsgruppe ergibt sich entsprechend:

$$\frac{k^2 - h^2}{h^2} B_1 = -j \frac{k}{h} \left[\frac{\mu_1^2 - \mu_1 - \mu_2^2}{\mu_2} - \frac{\mu_1 - 1}{\mu_2} \frac{h^2}{k^2} \right] \frac{3}{5} A_2,$$

$$\frac{k_1^2 - h^2}{h^2} A_2 = j \frac{\mu_2}{\mu_1} \frac{k}{h} \left[\frac{4}{7} B_3 - \frac{1}{3} B_1 \right],$$

(VIII.2.3.27)

$$\frac{k^2 - h^2}{h^2} B_3 = -j \frac{k}{h} \left[\frac{\mu_1^2 - \mu_1 - \mu_2^2}{\mu_2} - \frac{\mu_1 - 1}{\mu_2} \frac{h^2}{k^2} \right] \left[\frac{5}{9} A_4 - \frac{2}{5} A_2 \right].$$

Wird das gesamte, unendliche Gleichungssystem berücksichtigt, so ergeben sich unendlich viele Lösungen für die Wellenzahl h und damit unendlich viele, voneinander unabhängige Lösungen für die Differentialgleichungen (VIII.2.3.2) und (VIII.2.3.3) von der Form:

$$E\varphi = \sum_{\ell=1}^{\infty} \sum_{\mu=2,4,\cdots}^{\infty} B_{\mu e}\, j_\mu(h_e r)\, P_\mu^1(\cos\vartheta),$$

$$H\varphi = \sum_{\ell=1}^{\infty} \sum_{\nu=1,3,\cdots}^{\infty} A_{\nu e}\, j_\nu(h_e r)\, P_\nu^1(\cos\vartheta),$$

(VIII.2.3.28)

bzw.

$$E\varphi = \sum_{\ell=1}^{\infty} \sum_{\mu=1,3,\cdots}^{\infty} B_{\mu e}\, j_\mu(h_e r)\, P_\mu^1(\cos\vartheta),$$

$$H\varphi = \sum_{\ell=1}^{\infty} \sum_{\nu=2,4,\cdots}^{\infty} A_{\nu e}\, j_\nu(h_e r)\, P_\nu^1(\cos\vartheta).$$

(VIII.2.3.29)

Diese Ausdrücke werden zur Berechnung der restlichen Feldkomponenten in die Gln. (VIII.2.3.9) bis (VIII.2.3.12) eingesetzt, und mit den so bestimmten Feldanteilen werden die Grenzbedingungen erfüllt. Es ergeben sich vier Gleichungen mit zweimal unendlich vielen Summanden. Werden in den Bedingungsgleichungen für die Grenzbedingungen die auftretenden Terme nach den Winkelabhängigkeiten geordnet, so lassen sich viermal unendlich viele Gleichungen für die Zusammenhänge der Amplitudenkoeffizienten angeben. Die Gleichungen lauten für einen festen Wert von ν und μ:

$$\sum_{\ell=1}^{\infty} \frac{h_e}{k} \frac{A_{\nu e}}{2\nu+1} \left[\nu\, j_{\nu+1}(h_e r_0) - (\nu+1)\, j_{\nu-1}(h_e r_0) \right] =$$

$$= \frac{\sqrt{\varepsilon_r}}{2\nu+1} D_\nu \left[\nu\, h_{\nu+1}(k_0 r_0) - (\nu+1) h_{\nu-1}(k_0 r_0) \right],$$

(VIII.2.3.30)

$$\sum_{\ell=1}^{\infty} B_{\mu e}\, j_\mu(h_e r_0) = C_\mu\, h_\mu(k_0 r_0),$$

(VIII.2.3.31)

$$\sum_{\ell=1}^{\infty} \frac{B_{\mu e}}{2\mu+1} \left[\mu\, j_{\mu+1}(h_e r_0) - (\mu+1)\, j_{\mu-1}(h_e r_0) \right] -$$

$$- \sum_{\ell=1}^{\infty} \left\{ j\, \frac{\mu_1-1}{\mu_2} \left(\frac{\mu_1^2-\mu_1-\mu_2^2}{\mu_1-1} - \frac{h_e^2}{k^2} \right) \left[\frac{\mu-1}{2\mu-1} A_{(\mu-1)e}\, j_{\mu-1}(h_e r_0) + \right. \right.$$

$$\left. \left. + \frac{\mu+2}{2\mu+3} A_{(\mu+1)e}\, j_{\mu+1}(h_e r_0) \right] \right\} = \frac{C_\mu}{2\mu+1} \frac{1}{\sqrt{\varepsilon_r}} \left[\mu\, h_{\mu+1}(k_0 r_0) - (\mu+1) h_{\mu-1}(k_0 r_0) \right],$$

(VIII.2.3.32)

$$\sum_{\ell=1}^{\infty} A_{\nu e} j_\nu(h_e r_o) = D_\nu h_\nu(k_o r_o).$$

$$(VIII.2.3.33)$$

Diese Gleichungen sind nur sinvoll, wenn sie gleichzeitig für alle Werte von ν und μ angeschrieben werden. Die Amplitudenkoeffizienten der linken Seite der Gln.(VIII.2.3.30) bis (VIII.2.3.33) sind für einen festen Wert von I nicht unabhängig voneinander, sondern über die Gln.(VIII.2.3.2) und (VIII.2.3.3) bzw. die Gln.(VIII.2.3.26) und (VIII.2.3.27) miteinander verkoppelt. So steht auf der linken Seite des Gleichungssystems (VIII.2.3.30) bis (VIII.2.3.33) für einen Wert von I jeweils nur eine Konstante als unabhängige Amplitudengröße.

VIII.2.3.3 AUSWERTUNG UND DISKUSSION DER ERGEBNISSE

Werden die Eigenschwingungen einer dielektrischen Kugel untersucht, so zeigen die Berechnungen /421/, /24/, /432/, daß die Eigenfrequenzen eines solchen Resonators trotz der Annahme eines verlustlosen Dielektrikums komplex sind. Auf Grund der Abstrahlungsverluste besitzt der dielektrische Kugelresonator stets eine endliche Güte, selbst wenn im Idealfall im Dielektrikum keine Verluste auftreten. Da der dielektrische Resonator ein Grenzfall des hier betrachteten Problems ist, soll kurz zusammengefaßt werden, welche Ergebnisse für diesen Resonator bekannt sind.

Eine weitgehende Auswertung der Eigenwertgleichung, die bereits seit 1909 bekannt ist /421/, wurde erst im Jahr 1967 veröffentlicht /432/. Bei der Auswertung der Eigenwertgleichung kann folgendes festgestellt werden: Es können zwei verschiedene Gruppen von Schwingungstypen unterschieden werden, einmal eine Gruppe von "Volumentypen", zum andern eine Gruppe von "Oberflächentypen". Die beiden Gruppen von Schwingungstypen unterscheiden sich grundsätzlich in ihrem Abstrahlungsverhalten und in ihrer Feldverteilung für große Dielektrizitätskonstanten der Kugel. Mit wachsendem Wert der Dielektrizitätskonstanten des Dielektrikums zeigt sich, daß für die Volumentypen der Imaginärteil der komplexen Eigenfrequenz $\omega = \omega' + j\omega''$ verschwindend klein wird, die Eigenfrequenz wird also reell (Bild VIII.2.3.1) [1]. Gleichzeitig wird das elektromagnetische Feld weitgehend im

---

[1] Anmerkung siehe nächste Seite

Innern des Dielektrikums konzentriert /432/. Für unendlich große Werte der Dielektrizitätskonstanten nimmt die Eigenfrequenz des Volumentyps des offenen Kugelresonators den
Wert der Eigenfrequenz des mit einer unendlich gut leitenden Hülle abgeschlossenen Kugelresonators an /469/, /421/. Werden die Oberflächentypen betrachtet, so wächst mit stei-
gendem Wert der Dielektrizitätskonstanten auch der Imaginärteil ω'' der Eigenfrequenz, wenn
auch nicht im gleichen Maß wie der Realteil. Das elektromagnetische Feld tritt für große
Dielektrizitätskonstanten im wesentlichen im Außenraum des Resonators auf. Die beiden
Gruppen von Lösungen sollen, wie von Gastine et al. /432/ vorgeschlagen, dadurch unterschieden werden, daß die Oberflächentypen mit einem Strich als zusätzlichem Index
gekennzeichnet werden. Es kann also z.B. zwischen dem E_{101}- und dem E_{101}' - Schwingungstyp unterschieden werden. Eine entsprechende Unterscheidung ist für die H-Typen
möglich, doch besitzt der Oberflächentyp H_{101}' einen Realteil der Eigenfrequenz, der
gleich Null ist /432/, so daß dieser Schwingungstyp uninteressant ist und in Bild VIII.2.3.1
nicht berücksichtigt wurde. Da die Größe der Abstrahlungsverluste, d.h. aber auch die
Größe des Imaginärteils der Eigenfrequenz, die Güte des Resonators bestimmt /432/,
können Oberflächentypen und Volumentypen auch durch den Wert der ihnen zugeordneten Güten unterschieden werden. Bild VIII.2.3.2 zeigt das Feldlinienbild des H_{101}-
Volumentyps der dielektrischen Kugel.

Es muß ferner beachtet werden, daß die Eigenwertgleichung des isotropen Resonators
bei Berücksichtigung einer beliebigen Abhängigkeit vom Azimutwinkel φ in Form der Funktionen $\cos(m\varphi)$ und $\sin(m\varphi)$ Lösungen liefert, die m-fach entartet sind. Da hier nur
die vom Azimutwinkel unabhängigen Schwingungstypen untersucht werden, tritt eine solche
Entartung nicht auf. Da durch die Abhängigkeit der Felder vom Azimutwinkel φ auch die
Feldabhängigkeit vom Winkel ϑ beeinflußt wird (z.B. /432/), kann erwartet werden, daß
die Eigenschwingungen der Ferritkugel außerhalb des isotropen Grenzfalls nicht mehr entartet sind. Auf Grund der Anisotropie des Ferritmaterials spaltet damit die Eigenfrequenz
der Ferritkugel ausgehend vom isotropen Grenzfall in mehrere Eigenfrequenzen auf. Eine
derartige Aufspaltung der Eigenfrequenzen kann meßtechnisch nachgewiesen werden /485/,
/487/ und mit Hilfe einer Näherungsrechnung berechnet werden /569/.

---

[1] Gastine, M. et al. /432/ scheint ein Vorzeichenfehler für den Imaginärteil der Eigenfrequenzen unterlaufen zu sein. Sowohl der Real- als auch der Imaginärteil der Frequenz
müssen positive Größen sein.

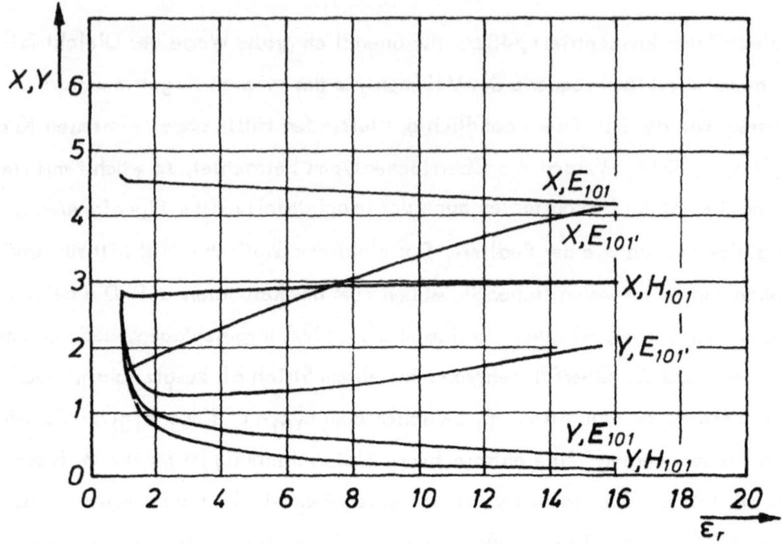

Bild VIII.2.3.1: Eigenwerte des dielektrischen Kugelresonators, $x = \omega' \sqrt{\varepsilon_o \varepsilon_r \mu_o} \cdot r_o$, $y = \omega'' \sqrt{\varepsilon_o \varepsilon_r \mu_o} \cdot r_o$.

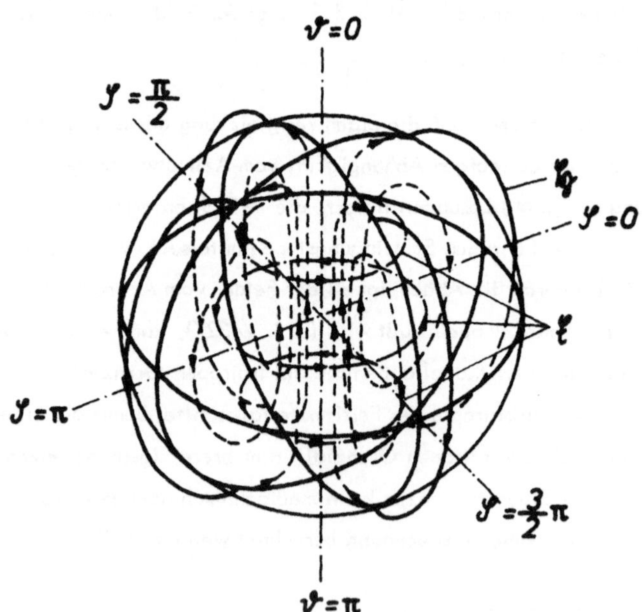

Bild VIII.2.3.2: Perspektivisches Feldlinienbild des H_{101}-Schwingungstyps im dreidimensional offenen, isotropen Kugelresonators ($\mu_r > 1$).

Bei der Auswertung der Eigenwertgleichung des Ferritresonators muß ein unendliches Gleichungssystem berücksichtigt werden. In Kapitel VIII.2.3.2 wurde gezeigt, daß auf Grund der Verkopplung der Differentialgleichungen (VIII.2.3.2) und (VIII.2.3.3) unendlich viele Schwingungstypen zur Erfüllung der Randbedingungen benötigt werden. Da die in der Eigenwertgleichung auftretenden Funktionen transzendent und komplex sind, wird der Aufwand zur Bestimmung der Eigenwertgleichungen erheblich, selbst wenn nur zwei bis drei verkoppelte Schwingungstypen berücksichtigt werden. So fordert bereits die Auswertung der Eigenwertgleichung unter Berücksichtigung von zwei verkoppelten Schwingungstypen einen Aufwand, der der Lösung des Problems nicht angemessen erscheint. Wie Vergleiche mit durchgeführten Messungen zeigen, liefert aber bereits eine erste einfache Näherung Ergebnisse, die für die Praxis hinreichend genau sind.

Auf Grund der auftretenden komplexen Eigenfrequenzen muß trotz des als verlustlos angesehenen Ferritmaterials mit komplexen Werten des Permeabilitätstensors gerechnet werden. Der Verlauf der Elemente des Permeabilitätstensors hängt entscheidend von der Größe des Imaginärteils der Eigenfrequenzen ab. Bild VIII.2.3.3 zeigt die Ortskurven der Elemente

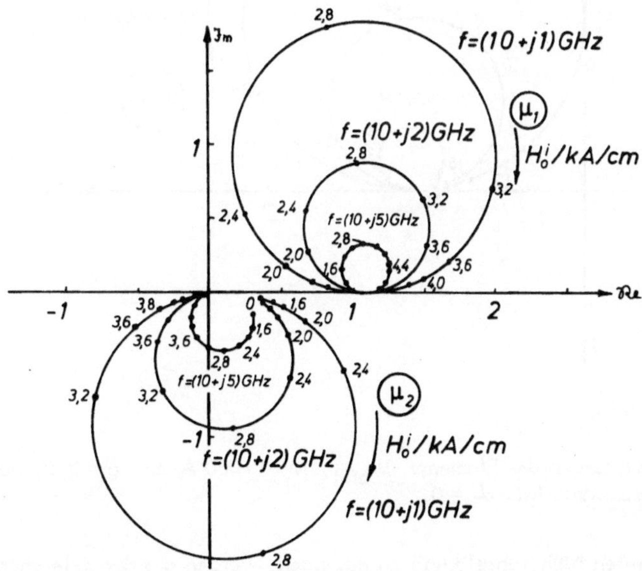

Bild VIII.2.3.3: Ortskurven der Elemente des Permeabilitätstensors, M_s = 1000 A/cm, g = 2,0, verlustfreies Material, α = 0.

des Permeabilitätstensors in Abhängigkeit von der Vormagnetisierungsfeldstärke für verschiedene Werte der komplexen Frequenz. Es zeigt sich, daß die Polstelle der gyromagnetischen Resonanz, die im verlustlosen Material für reelle Frequenzen auftritt, um so mehr ihren Einfluß verliert, je größer der Imaginärteil der Frequenz wird. Ist der Imaginärteil der Frequenz etwa halb so groß wie der Realteil, so ist der Wertebereich der Elemente μ_1 und μ_2 bereits erheblich eingeschränkt. μ_1 nähert sich mit wachsender Abstrahlung immer mehr dem Wert eins, μ_2 dem Wert Null. Diese Tatsache macht sich entscheidend im Verlauf der Abstimmkurven des Volumen- und Oberflächentyps bemerkbar. Eine entsprechende Ortskurve, wie sie für μ_1 angegeben wurde, kann z.B. für das Eelement μ_{eff1}, das in der Eigenwertgleichung der quasiisotropen Approximation für die EH-Typen auftritt, angegeben werden (Bild VIII.2.3.4). Die Lösung von Gl.(VIII.2.3.22) liefert dann eine erste Näherung für die Abstimmkurven der EH-Typen.

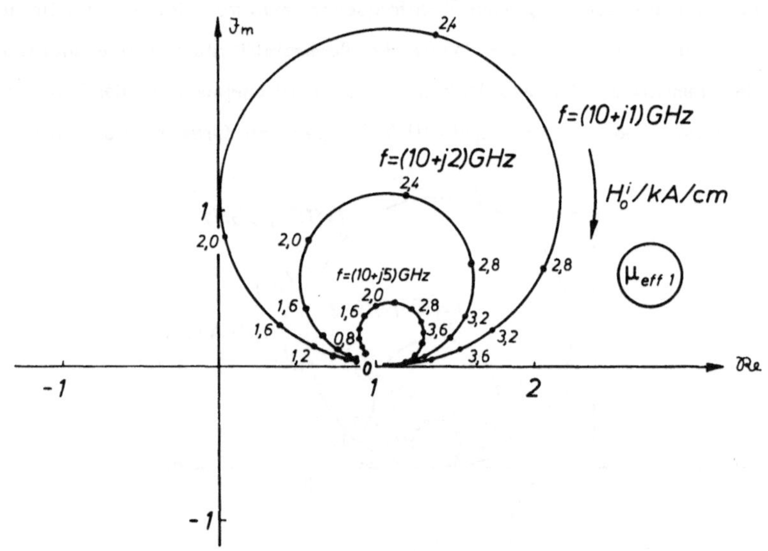

Bild VIII.2.3.4: Ortskurven des Elements μ_{eff1}, $M_s = 1000\ A/cm$, $g = 2{,}0$, verlustloses Material, $\alpha = 0$.

Um zu einer geeigneten Näherungslösung zu gelangen, werden aus den Gleichungssystemen Gl.(VIII.2.3.26) und Gl.(VIII.2.3.27) unter Berücksichtigung der ersten drei miteinander verkoppelten Schwingungstypen die auftretenden Wellenzahlen bestimmt. Diese lassen sich für die erste Gruppe der verkoppelten Schwingungstypen aus Gl.(VIII.2.3.26) zu

$$h_{1,2}^2 = k^2 \frac{2\mu_1^2 + 3\mu_1 - 2\mu_2^2}{4\mu_1 + 1} \pm$$

$$\pm k^2 \sqrt{\left(\frac{2\mu_1^2 + 3\mu_1 - 2\mu_2^2}{4\mu_1 + 1}\right)^2 - 5\frac{\mu_1^2 - \mu_2^2}{4\mu_1 + 1}}$$

$$(VIII.2.3.34)$$

und für die zweite Lösungsgruppe nach Gl. (VIII.2.3.27) zu

$$h_{1,2}^2 = k^2 \frac{2\mu_1^2 + 5\mu_1 - 2\mu_2}{4\mu_1 + 3} \pm$$

$$\pm k^2 \sqrt{\left(\frac{2\mu_1^2 + 5\mu_1 - 2\mu_2^2}{4\mu_1 + 3}\right) - 7\frac{\mu_1^2 - \mu_2^2}{4\mu_1 + 3}}$$

$$(VIII.2.3.35)$$

bestimmen. Die Ortskurven dieser beiden Lösungen für die Wellenzahlen stimmen für die beiden Lösungsgruppen weitgehend überein. Bild VIII.2.3.5 zeigt die Ortskurven dieser Wellenzahlen (Parameter H_o^i) für verschiedene Imaginärteile der Eigenfrequenz mit konstantem Realteil f' = 10 GHz (Materialparameter M_s = 1000 A/cm, g = 2,0, α = 0). Oberhalb der gyromagnetischen Resonanz (H_o^i > 2,8 kA/cm) ist die Ortskurve der Größe

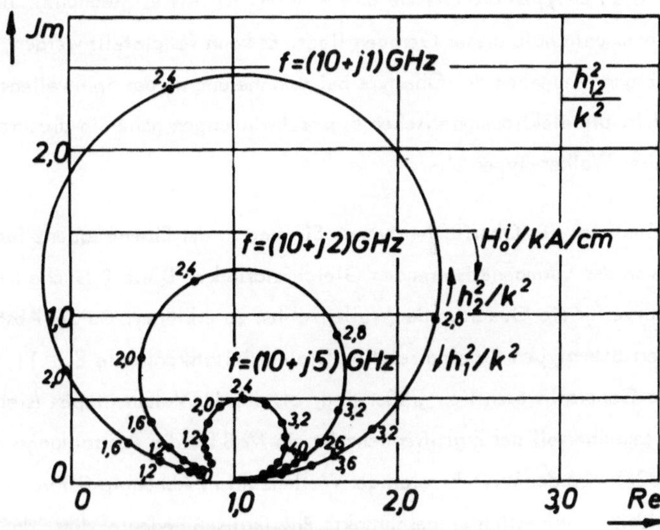

Bild VIII.2.3.5: Ortskurven des Quadrats der Wellenzahlen, M_s = 1000 A/cm, g = 2,0.

h_1^2/k^2 näherungsweise kreisförmig, die Größe h_2^2/k^2 nimmt nur Werte an, die näherungsweise auf der reellen Achse liegen und ungefähr den Wert 1,0 annehmen. Für kleinere
Werte der Vormagnetisierungsfeldstärke setzt der Wert h_2^2/k^2 die näherungsweise kreisför-
mige Ortskurve stetig fort, und die Größe h_1^2 nimmt den in erster Näherung konstanten
Wert 1,0 an.

Die beiden nach Gl. (VIII.2.3.34) und Gl. (VIII.2.3.35) ermittelten Wellenzahlen werden benutzt, um eine verbesserte Auswertung der Eigenwertgleichung der quasiisotropen
Approximation zu erhalten. Dabei wird auf Grund der Überlegungen des quasiisotropen
Näherungsverfahrens (Kapitel VIII.2.3.1) und des Verlaufs der Ortskurve des Elements
μ_{eff1} (Bild VIII.2.3.4) jeweils das positive Wurzelvorzeichen gewählt. Die Wellenzahlen werden benutzt, um an Stelle der Wellenzahl k_1 bei der Berechnung des EH-Typs und
an Stelle der Wellenzahl k bei der Berechnung des HE-Typs in die Gleichungen der quasi-
isotropen Approximation eingesetzt zu werden. In den Bildern VIII.2.3.6 und VIII.2.3.7
sind die so erhaltenen Abstimmkurven für die Grundtypen HE_{101}, EH_{101} und EH_{101}' nach
Real- und Imaginärteil aufgetragen. Die Abstimmkurven für den Realteil f' der Eigenfrequenz
des HE_{101}-Volumentyps und des EH_{101}-Volumentyps entsprechen qualitativ den gewohnten
Abstimmkurven dynamischer Schwingungstypen in Ferritresonatoren. Es kann zwischen einem
Obertyp und einem Untertyp unterschieden werden, Real- und Imaginärteil der Eigenfrequenzen sind stark von der Vormagnetisierungsfeldstärke abhängig. Der Realteil der Eigenfrequenzen konvergiert für kleiner werdende magnetische Gleichfeldstärke (Obertyp) gegen
eine Gerade, die für die HE-Typen die Gerade $\omega = -\gamma \cdot H_o^i$ ist (Kittel-Resonanz), für
die EH-Typen aber etwas unterhalb dieser Geraden liegt. Es kann festgestellt werden, daß
der Imaginärteil der Eigenfrequenzen des Obertyps bei Annäherung an das Spinwellenspek-
trum verschwindet, d.h. die elektromagnetischen Eigenschwingungen gehen in die strahlungs-
freien magnetostatischen Walker-Typen über.

Ganz anders verhalten sich die Oberflächentypen. Sie sind in der Eigenfrequenz fast vollkommen unabhängig von der vormagnetisierenden Gleichfeldstärke. Diese Tatsache ist sehr
gut anhand der Ortskurve für die Quadrate der Wellenzahlen zu erklären. Da die Abstrahlungsverluste der Oberflächentypen für eine relative Dielektrizitätskonstante $\varepsilon_r = 11,5$
(Material R5, Indiana General) wesentlich größer sind, als die der Volumentypen (siehe
Bild VIII.2.3.1, der Imaginärteil der Eigenfrequenz ist ein Maß für die Abstrahlungsverluste des Resonators /432/) wird der Wertebereich der Wellenzahl in Abhängigkeit von der
Vormagnetisierungsfeldstärke erheblich eingeschränkt. Physikalisch bedeutet dies, daß die

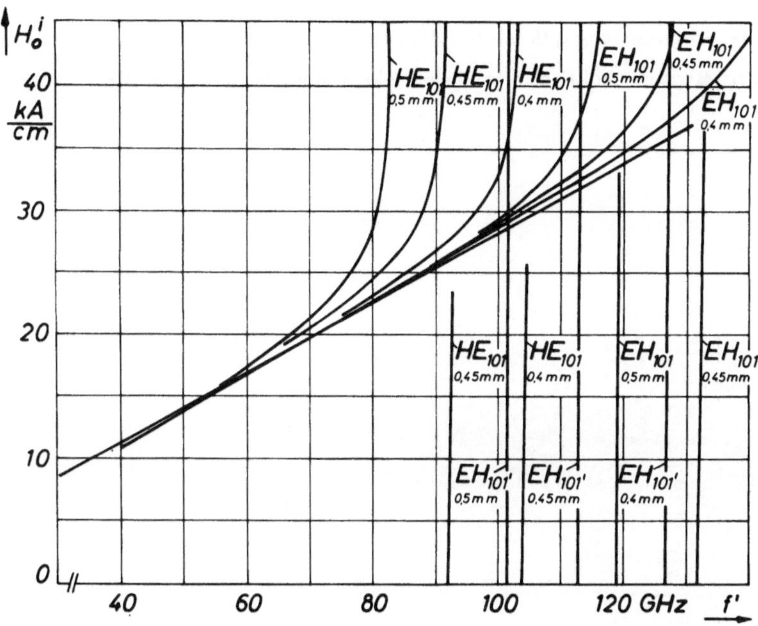

Bild VIII.2.3.6: Abstimmkurven der offenen Ferritkugel für verschiedene Kugeldurchmesser. $\varepsilon_r = 11,5$, $M_s = 1000$ A/cm, $g = 2,0$, $\alpha = 0$.

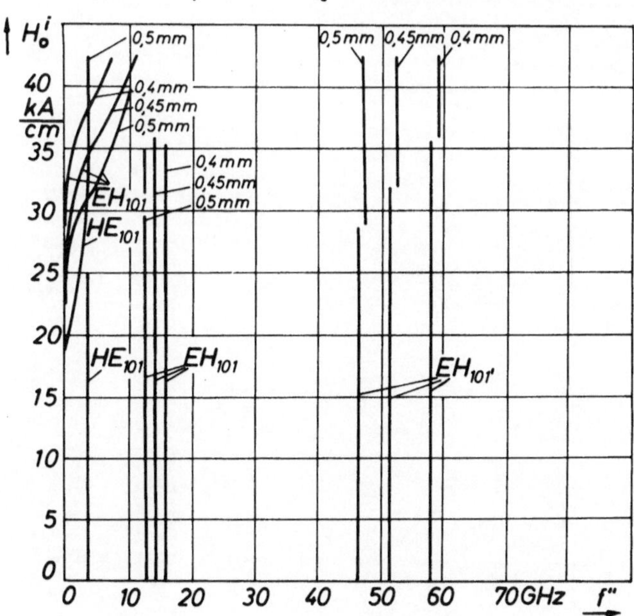

Bild VIII.2.3.7: Abstimmkurven der offenen Ferritkugel für verschiedene Kugeldurchmesser. $\varepsilon_r = 11,5$, $M_s = 1000$ A/cm, $g = 2,0$, $\alpha = 0$.

Präzession der Magnetisierung durch die Abstrahlungsverluste so weit gedämpft wird, daß sich der Ferritresonator praktisch wie ein dielektrischer Resonator verhält.

BIBLIOGRAPHIE

Die hier zusammengestellten Literaturstellen beschäftigen sich mehr oder weniger mit den in
dieser Arbeit beschriebenen Problemen. Die wichtigsten Originalarbeiten sind im Verlauf des
Textes zitiert. Die hier zusammengestellte Liste der Veröffentlichungen zum Gebiet der Feld-
theorie in gyrotropen Medien erhebt keinen Anspruch auf Vollständigkeit. Sind ausländische
Artikel aufgeführt, so ist deren Schreibweise in Titel und Literaturangabe in englischer Über-
setzung angegeben, wie sie in den Science Abstracts, Series B, Electrical and Electronics
Abstracts des IEEE zitiert werden. Bei der Literaturzusammenstellung wurden Arbeiten, so
weit bekannt, bis zum 1.April 1970 berücksichtigt. Arbeiten, die während der Vorbereitungs-
zeit zum Druck erschienen, sind bis zum Erscheinungsdatum 31.12.1971 in einem Nachtrag
berücksichtigt.

1. BENUTZTE BÜCHER

/1/ Allis, W.P., Buchsbaum, S.J., Bers, A.: Waves in anisotropic plasmas. MIT Press,
Cambridge, Mass.,1963.

/2/ Aulock, v.W.H.: Handbook of microwave ferrite materials. Academic Press, New
York, London, 1965.

/3/ Baltzer, P.K.: in Negaerd, L.S., Glicksmann, M.: Microwave solid-state engineering. D.v.Nostrand Comp.,Toronto, New York, London, 1964.

/4/ Becker, R., Sauter, F.: Theorie der Elektrizität, Bd.II. B.G. Teubner Verlagsgesellschaft, Stuttgart, 1959.

/5/ Clarricoats, P.J.B.: Microwave ferrites. Chapman & Hall Ltd., London, 1961.

/6/ Collin, R.E.: Field theory of guided waves. McGraw-Hill Book Comp.,New York,
1960.

/7/ Courant, R., Hilbert, D.: Methoden der mathematischen Physik, Bd.1, 2.Auflage.
Springer Verlag, Berlin, 1931.

/8/ Friedmann, B.: Principles and techniques of applied mathematics. John Wiley and
Sons, Inc., New York, 1956.

/9/ Goubeau, G.: Elektromagnetische Wellenleiter und Hohlräume. Wissenschaftliche
Verlagsgesellschaft, Stuttgart, 1955.

/10/ Gurevich, A.G.: Ferrites at microwave frequencies. Consultants Bureau, New York,
1963.

/11/ Harvey, A.F.: Microwave engineering. Academic Press, London, New York, 1963.

/12/ Jahnke, E., Emde, F., Lösch, F.: Tafeln höherer Funktionen. B.G.Teubner Verlagsgesellschaft, Stuttgart, 1960.

/13/ Jones, D.S.: The theory of electromagnetism. Pergamon Press, Oxford, London, New York, Paris, 1964.

/14/ Jordan, E.C.: Electromagnetic theory and antennas. Pergamon, New York, 1963.

/15/ Lax, B., Button, K.J.: Microwave ferrites and ferrimagnetics. McGraw-Hill Book Comp., New York, 1962.

/16/ Morse, P.M., Feshbach, H.: Methods of theoretical physics. McGraw-Hill Book Comp., New York, Toronto, London, 1953.

/17/ Pöschl, K.: Mathematische Methoden in der Hochfrequenztechnik. Springer Verlag, Berlin, Göttingen, Heidelberg, 1956.

/18/ Slater, J.: Microwave electronics. D.van Nostrand Company, Inc., Toronto, New York, London, Second Printing, 1950.

/19/ Smit, J., Wijn, H.P.J.: Ferrites. Phillips Technical Library, Eindhoven, 1959.

/20/ Smit, J., Wijn, H.P.J.: Ferrite. Phillips Technische Bibliothek, 1962.

/21/ Sommerfeld, A.: Vorlesungen über theoretische Physik, Bd.IV, §28. Dieterich'sche Verlagsbuchhandlung, Inh. W.Klemm, Wiesbaden, 1947.

/22/ Soohoo, R.F.: Theory and application of ferrites. Prentice Hall, Inc., Englewood Cliffs, N.J., 1960.

/23/ Sparks, M.: Ferromagnetic-relaxation theory. McGraw-Hill Book Comp., New York, 1964.

/24/ Stratton, J.A.: Electromagnetic theory. McGraw-Hill Book Comp., New York, 1941.

/25/ Thourel, L.: Dispositifs a ferrites pour micro-ondes. Massen & Cie.,Paris, 1969.

/26/ Thourel, L.: The use of ferrites at microwave frequencies. Pergamon Press, Oxford, London, New York, Paris, Frankfurt, 1964.

/27/ Unger, H.G.: Elektromagnetische Wellen, Bd.II. Friedr.Vieweg + Sohn, Braunschweig, 1967.

/28/ Waldron, R.A.: Ferrites. D.van Nostrand Comp., Ltd.,London, Toronto, New York, Princeton, 1961.

/29/ Zurmühl, R.: Matrizen. Springer Verlag, Berlin, 1958.

2. GRUNDLAGEN DER FERRITTECHNIK

/30/ Angel, Y.: Properties of ferrites submitted to two perpendicular fields, I., II.. Acta Electronica, 7,1964,1,7-110. Acta Electronica,7,1964,2,119-184.

/31/ Bloch, F.: Nuclear induction. Physical Review, 70,1946,460.

/32/ Bloembergen, N.: On the ferromagnetic resonance in nickel and supermalloy. Physical Review,78,1950,572.

/33/ Bloembergen, N., Wang, S.: Relaxation effects in para- and ferromagnetic resonance. Physical Review,93,1954,72-83.

/34/ Brand, H.: Über elektromagnetische Eigenschwingungen quaderförmiger Ferritresonatoren im Mikrowellenbereich. Dissertation Technische Hochschule
Aachen, 1962.

/35/ Brand, H., Fieweger, H.W.: Ferromagnetic resonance linewidth and g-factor in ferrites
from 2 to 18 Gc/s. Trans. IEEE, MTT-13,1965,712-713.

/36/ Fieweger, H.W.: Ein Beitrag zur Messung der Sättigungsmagnetisierung von Mikrowellenferriten. Dissertation Technische Hochschule Aachen, 1964.

/37/ Fletcher, P.C., Kittel, C.: Considerations on the propagation and generation of magnetostatic waves and spin waves. Physical Review,120,1960,2004-2006.

/38/ Geschwind, S., Clogston, A.M.: Inhomogeneous broadening of magnetic resonance
lines. J.appl.Phys.,29,1958,3,334-336.

/39/ Geschwind, S., Clogston, A.M.: Narrowing effect of dipole forces on inhomogene-
ously broadened lines. Physical Review,108,1957,49.

/40/ Gilbert, T.L.: A Lagrangian formulation of the gyromagnetic equation of the magnetization field. Physical Review,100,1955,1243.

/41/ Greinacher, C.: Über die Linienbreite der ferromagnetischen Resonanz in polykristallinen Ferriten. Dissertation Technische Hochschule Aachen, 1965.

/42/ Greinacher, C.: Über die Linienbreite der ferromagnetischen Resonanz in polykristallinen Ferriten. Z.angew.Phys.,20,1966,5,381-386.

/43/ Hanajikova, D.: Representation of the permeability tensor in various coordinate
systems. Elektrotech.Casopis (Czechoslowakia),20,1969,2,113-122.

/44/ Kittel, C.: On the theory of ferromagnetic resonance absorption. Physical Review,
73,1948,155-161.

/45/ Landau, L.D., Lifshits, E.M.: Über die Theorie der Dispersion der magnetischen Permeabilität in ferromagnetischen Körpern. Z.Sowjetunion,8,1935,153-
169.

/46/ LeCraw, R.C., Spencer, E.G.: Tensor permeabilities of ferrites below magnetic saturation. Convention Record, IRE,4,Pt.5,1956,66-74.

/47/ Polder, D.: On the theory of ferromagnetic resonance. Philosophical Magazine,40,
1949,99-115.

/48/ Rado, G.T.: Theory of the microwave perm-tensor and faraday effect in non-saturated
ferromagnetic materials. Physical Review,89,1953,529.

/49/ Rado, G.T.: On the electrom. characterization of ferrimagnetic media. Perm-tensor
and spin wave equation. Trans.IRE,AP-4,1956,512-530.

/50/ Schlömann, E.: The influence of nonmagnetic inclusions on the microwave susceptibility of ferrites. Raytheon Technical Report, No.R-15,Sept.1956.

/51/ Seiden, P.E., Grunberg, J.G.: Ferrimagnetic resonance linewidth in dense polycri-
stalline ferrites. J.appl.Phys.,34,1963,1696-1698.

/52/ Seiden, P.E., Sparks, M.: Frequency dependence of the two-magnon ferrimagnetic
resonance linewidth. Physical Review,137,1965,1278A-1281A.

/53/ Wolff, I.: Materialuntersuchungen an Ferriten im Millimeterwellengebiet. Frequenz,
21,1967,5,161-165.

/54/ Wolff, I.: Über die Anwendung dynamischer Schwingungstypen in Ferritresonatoren zur
Materialuntersuchung im Millimeterwellengebiet. Dissertation Technische Hochschule Aachen, 1967.

3. ELEKTROMAGNETISCHE FELDER IN GYROTROPEN MEDIEN

/55/ Angel, Y.: Properties of ferrites submitted to two perpendicular magnetic fields, I., II..
Acta Electronica, 7, 1964, 1, 7-110. Acta Electronica, 7, 1964, 2, 119-184.

/56/ Angelakos, D.J., Korman, M.M.: Radiation from ferrite-filled apertures. Proc. IRE,
44, 1956, 10, 1463-1468.

/57/ Bardati, F., Salsano, A.: Comment on "Potential equations for anisotropic inhomogeneous media". Proc. IEEE, 56, 1968, 6, 1126-1127.

/58/ Barsukov, K.A.: Radiation of electromagnetic waves from a point source in a gyrotropic
medium with separation boundary. Radio Engng. Electr., 4, 1959, 11, 1-9.

/59/ Bava, G.P.: General form of the reciprocity relationship for bianisotropic media.
Electronics Letters, 4, 1968, 299-300.

/60/ Benoit, J.: Introduction to the study of magneto-optical phenomena in ferrites in the
hyperfrequency region. Onde élect., 36, 1956, 499-507.

/61/ Bini, M., Millanta, L., Tognetti, V.: Magnetic waves in ferrites. The magnetostatic
wave. Alta Frequenza, 37, 1968, 6, 511-521.

/62/ Chawla, B.R., Rao, S.S., Unz, H.: Potential equations for anisotropic inhomogeneous media. Proc. IEEE, 55, 1967, 3, 421-422.

/63/ Chen, H.C.: Potential functions for a compressible and anisotropic plasma medium.
Proc. IEE, 116, 1969, 1, 169-172.

/64/ Chetayev, D.N.: Method of solving axial symmetric problems in the electrodynamics
of a gyrotropic medium. Radio Engng. Electr. Phys., 8, 1963, 1, 58-66.

/65/ Cohen, M.H.: Reciprocity theorem for anisotropic media. Proc. IRE, 43, 1955, 1, 103.

/66/ Cooper, R.W., Pearson, R.F.: Faraday rotation in YIG. Conference on magnetic
materials and their applications, London, 1967, 155-158.

/67/ Daume, E.Ya., Freidmann, G.I.: Doppler effect when a electromagnetic wave is
reflected by a magnetization wave in a ferrite. Zh. eksper. teor. Fiz.,
43, 1962, 3, 102-104.

/68/ Deryugin, I.A., Tron'ko, V.D.: Transmission of a laser beam through an inclined
ferrite disc. Radio Engng. Electr. Phys., 12, 1967, 12, 2090-2092.

/69/ Duncan, B.J., Swern, L.: Effects of zero ferrite permeability on circularly polarized
waves. Proc. IRE, 45, 1957, 5, 647-655.

/70/ Du Pré, F.K.: On the microwave Cotton-Mounton effect in ferroxcube. Philips Res.
Rep., 10, 1955, 1-10.

/71/ Eggimann, W.H.: Scattering of a plane wave on a ferrite cylinder at normal incidence.
Trans. IRE, MTT-8, 1960, 440-445.

/72/ Epstein, P.S.: Theory of wave propagation in a gyromagnetic medium. Revs. Mod. Phys.,
28, 1956, 1, 3-17.

/73/ Felsen, L.B.: Propagation and diffraction in uniaxially anisotropic regions, Pt.1.
Proc.IEE,111,1964,3,445-453.

/74/ Felsen, L.B.: Propagation and diffraction in uniaxially anisotropic regions, Pt.2.
Proc.IEE,111,1964,3,454-464.

/75/ Filippov, Yu.F.: Theory of propagation of finite-amplitude stationary waves in ferrites.
Soviet Radiophys.,1965,2,205-211.

/76/ Gabriel, G.J., Brodwin, M.E.: The solution of guided waves in inhomogeneous anisotropic media by perturbation and variational methods. Trans.IEEE,
MTT-13,1965,3,364-370.

/77/ Gaponov, A.V., Freidmann, G.I.: Shock electromagnetic waves in ferrites. Zh.eksper.
teor.Fiz.,36,1959,3,957-958.

/78/ Gurevich, A.G.: Quadratic relationships for a medium with tensor parameters. Radio
Engng.Electr.,2,1957,8,20-31.

/79/ Haken, W.: Über den Einfluß leitender Flächen auf die gyromagnetische Resonanz von
Ferritkörpern. AEÜ,12,1958,12,562-566.

/80/ Harrington, R.F., Villeneuve, A.T.: Reciprocity relationships for gyrotropic media.
Trans.IRE, MTT-6,1958,3,308-310.

/81/ Haus, H.A.: Power-flow relations in lossless nonlinear media. Trans.IRE, MTT-6,1958,
3,317-324.

/82/ Hatfield, W.B., Auld, B.A.: Electromagnetic shock waves in gyromagnetic media.
J.appl.Phys.,34,1963,10,2941-2946.

/83/ Hatfield, W.B., Auld, B.A.: Method of characteristic solution for the electromagnetic
wave propagation in a gyromagnetic medium. J.Math.Phys.,Cambridge,
USA,43,1964,1,34-37.

/84/ Hogan, C.L.: The ferromagnetic faraday effect at microwave frequencies and its applications. The microwave gyrator. Bell Syst.Tech.Journ.,31,1952,1,1-31.

/85/ Ivanov, K.P.: Scalar potential for wave propagation in gyromagnetic medium. Proc.IEE,
110,1963,9,1618-1619.

/86/ Ishimaru, A.: Unidirectional waves in anisotropic media. In Electromagnetic Theory
and Antennas, ed. E.C.Jordan, New York, Pergamon, 591-602.

/87/ Ishimaru, A., Ross, D.A.: Comments on "Potential equations for anisotropic inhomogeneous media". Proc. IEEE,56,1968,4,738.

/88/ Kaganov, M.I., Yankelevich, R.P.: Some features of electromagnetic waves in gyroanisotropic media. Fiz.Tverdogo Tela (USSR),10,1968,9,2771-2777.

/89/ Kazyulin, A.F.: Quadratic Lorentz-type relationships in mirror-symmetric gyrotropic
media. Radio Engng.Electr.Phys.,14,1969,3,459-461.

/90/ Khaskind, M.D.:The propagation of electromagnetic waves over a gyrotropic medium.
Radio Engng.Electr.,6,1961,6,27-42.

/91/ Lenoir, W.B.: Propagation of partly polarized waves in a sligthly anisotropic medium.
J.appl.Phys.,38,1967,13,5283-5289.

/92/ Lewin, L.: The part played by surface waves on the reflection at a ferrite boundary.
Proc.IEE,108 C,1961,359-361.

348

/93/ Mattila, P.: Wave propagation in anisotropic media. Electromagnetic Theory and Antennas Symposium, 1962, 357-359.

/94/ Merino, E.M.: Propagation of electromagnetic waves in ferrites: Theory and applications. Rev. Telecom. (Spain), 21, 1966, 2-23.

/95/ Mie, G.: Beiträge zur Optik trüber Medien. Annalen Phys., 25, 1908, 4, 377-445.

/96/ Mikaelyan, A.L., Stolyarov, A.K.: Development and applications of microwave ferrites. Radio Engng. Electr. Phys., 12, 1967, 11, 1860-1872.

/97/ Nikol'skii, V.V.: Calculation of the intrinsic values and functions of gyrotropic systems by the method of successive approximation. Radio Engng. Electr., 2, 1957, 8, 177-183.

/98/ Nikol'skii, V.V.: The simplest case of the diffraction of a plane wave by a gyrotropic cylinder. Radio Engng. Electr., 3, 1958, 6, 41-46.

/99/ Nikol'skii, V.V.: Determination of internal field by perturbation method using solution of a diffraction problem. Radio Engng. Electr., 3, 1958, 5, 141-151.

/100/ Nikol'skii, V.V.: On the question of inhomogeneous gyrotropic media. Radio Engng. Electr., 3, 1958, 12, 152-155.

/101/ Nisbet, A.: Electromagnetic potentials in a heterogeneous non-conducting medium. Proc. Royal Soc. (London), 240, 1957, 4, 375-381.

/102/ Palais, J.C.: Radiation from a ferrite cylinder. J. appl. Phys., 35, 1964, 3, 779-781.

/103/ Pedersen, J.K.: Ferrites. Ingenioren, B (Denmark), 74, 1965, 8, 289-293.

/104/ Pilkington, T.C., Roe, R.B.: Analysis of fields in anisotropic media with application to the anisotropic transformer. Proc. IEEE, 53, 1965, 6, 653-654.

/105/ Redfield, A.G.: An electrodynamic perturbation theorem with application to non-reciprocal systems. J. appl. Phys., 25, 1954, 1021.

/106/ Reid, M.S.: Microwave ferrites. Trans. S. African Inst. Elect. Engrs., 55, 1964, 8, 253-269.

/107/ Rosenbaum, F.J.: Electromagnetic wave propagation in lossy ferrites. Trans. IEEE, MTT-12, 1964, 5, 517-528.

/108/ Rumsey, V.H.: Propagation in generalized gyrotropic media. Trans. IEEE, AP-12, 1964, 1, 83-86.

/109/ Samadar, S.N.: Two dimensional diffraction in homogeneous anisotropic media. Trans. IRE, AP-10, 1962, 9, 621-624.

/110/ Santis, de P.: Magnetostatic waves at singular turning points. Electronics Letters, 3, 1967, 12, 555-556.

/111/ Schanda, E.: Ausbreitung elektromagnetischer Wellen in anisotropen Medien. Techn. Mitt. PTT, 46, 1968, 4, 173-186.

/112/ Someda, G.C.: Reflection operators generalised for the study of electromagnetic fields in gyromagnetic medium. Alta Frequenza (Italy), 35, 1966, 9, 676-687.

/113/ Swarup, P., Kuma, N.: Microwave faraday rotation in ferrite powders. Nature, 204, 1964, 947-948.

/114/ Taimuty, S.I., Mills, J.S.: The effect of radiation on ferrites. IEEE Trans. Commun. Electronics, 66, 1963, 305-308.

/115/ Tyras, G.: The permeability matrix for a ferrite medium magnetized at an arbitrary direction and its eigenvalues. Trans.IRE, MTT-7,1959,1,176-177.

/116/ Vasile, C.F.: Simplifying Maxwell's equations in gyrotropic media. Trans.IEEE, MTT-15,1967,5,324-325.

/117/ Vasile, C.F., la Rosa, R.: Guided wave propagation in gyromagnetic media as applied to the theory of exchange spin-wave excitation. J.appl.Phys., 39,1968,3,1863-1873.

/118/ Veselov, G.I., Moladkin, V.A.: Solution of Maxwell equation in cylindrical coordinates for a gyromagnetic medium magnetized in azimuth. Telec.Radio Engng.,20,1966,8,139-141.

/119/ Villeneuve, A.T.: Orthogonality relationships for waveguides and cavities with inhomogeneous anisotropic media. Trans.IRE, MTT-7,1959,441-446.

/120/ Villeneuve, A.T.: Green's function techniques for inhomogeneous anisotropic media. Trans.IRE, MTT-9,1961,2,197-198.

/121/ Weh, H.: Induktionsvorgänge in anisotropen Medien. Arch.Elektrotechnik,52,1968, 2,80-92.

/122/ Weiss, M.T., Fox, A.G.: Magnetic double refraction at microwave frequencies. Physical Review,88,1952,10,146-147.

4. GYROTROPE WELLENLEITER

/123/ Angelakos, D.J.: Transverse electric-field distribution in ferrite loaded waveguides. Trans.IRE, MTT-7,1959,390-391.

/124/ Auld, B.A.: Coupling of electromagnetic and magnetostatic waves in ferrite waveguides. Electromagnetic theory and antennas, ed.E.C.Jordan, Pergamon, New York,1963,549-564.

/125/ Auld, B.A., Mehta, K.B.: Magnetostatic waves in a transversely magnetized rectangular rod. J.appl.Phys.,38,1967,4081-4083.

/126/ Aulock, v.W.H.: Theory of linear ferrite devices for microwave application. J.appl. Phys.,37,1966,3,939-946.

/127/ Averbukh, M.E., Vasil'yeva, L.V.: Double helix coaxial line with longitudinally magnetized ferrite rod. Radio Engng.Electr.Phys.,13,1968,11,1741-1743.

/128/ Ba Hop, D.: General orthogonality relation for waveguide containing bianisotropic materials. Electronics Letters,5,1969,3,52-53.

/129/ Barrington, A.E.: Characteristics of a ferrite loaded rectangular waveguide twist. Trans.IRE, MTT-7,1959,2,299-300.

/130/ Barsukov, K.A.: On inhomogeneous gyrotropic wave-guide filling. Radio Engng. Electr.,4,1959,9,255-256.

/131/ Barsukov, K.A.: Excitation of gyrotropic waveguides. Radio Engng.Electr.Phys.,8, 1963,6,1063-1064.

/132/ Barzilai, G., Gerosa, G.: Modes in rectangular guides filled with magnetized ferrite. Nuovo Cimento,7,1958,5,685-697.

/133/ Barzilai, G., Gerosa, G.: Modes in rectangular guides partially filled with transversely magnetized ferrite. Trans.IRE,AP-7,1959,Dec.(Special Suppl.), S471-S474.

/134/ Barzilai, G., Gerosa, G.: Modes in rectangular guide loaded with a transversely magnetized slab of ferrite away from the side walls. Trans.IRE, MTT-9, 1961,5,403-407.

/135/ Barzilai, G., Gerosa, G.: A modal solution for rectangular guide loaded with longitudinally magnetized ferrite. Electromagnetic theory and antennas, ed.E.C.Jordan, Pergamon, New York,1963,573-590.

/136/ Barzilai, G., Gerosa, G.: Rectangular waveguides loaded with magnetized ferrite, and the so-called thermodynamic paradox. Proc.IEE,113,1966,2,285-288.

/137/ Berk, A.D.: Cavities and waveguides with inhomogeneous and anisotropic media. Doctoral thesis, Department of Electrical Engineering, Massachusetts Institute of Technology,1954.

/138/ Berk, A.D.: Variational principles for electromagnetic resonators and waveguides. Trans.IRE,AP-4,1956,2,104-111.

/139/ Bernardi, P., Aldoni, F.: The impedance wall concept applied to a waveguide with a thin ferrite slab. Note Recens.Not.(Italy),17,1968,3,481-508.

/140/ Bibik, G.A.: A ferrite device. Telecomn.and Radio Engng.,1967,3,94-96.

/141/ Bogdanov, G.B., Verdrigan, Y.Ye.: A system of waveguides, coupled by magnetized ferrite specimens. Radio Engng.Electr.Phys.,12,1967,3,489-491.

/142/ Bogdanov, G.B., Voronov, Yu.,K.: A design method for waveguides with ferrite specimens in the case of strong reaction. Radio Engng.Electr.Phys., 10,1965,5,802-804.

/143/ Bogdanov, G.B., Chernyakov, A.G.: Shortcircuited coaxial waveguides coupled by a spherical ferrite. Radio Engng.Electr.Phys.,13,1968,3,357-360.

/144/ Bogdanov, A.G., Iretshaya, I.V., Kartazhov, V.B.: Experimental research on the field structure in a waveguide X-circulator. Radio Engng.Electr.Phys., 12,1967,1,144-146.

/145/ Bogdanov, G.B., Vedrigan, V.Ye.: A sytem of waveguides coupled by magnetized ferrite specimens. Radio Engng.Electr.Phys.,12,1967,3,489-491.

/146/ Bresler, A.D.: Vector formulation for the field equations in anisotropic waveguides. Trans.IRE,MTT-7,1959,2,298.

/147/ Bresler, A.D.: On the TE_{n0}-modes of a ferrite-slab loaded rectangular waveguide and the associated thermodynamic paradox. Trans.IRE,MTT-8,1960,1, 81-95.

/148/ Bresler, A.D., Joshi, G.H., Marcuvitz, N.: Orthogonality properties for modes in passive and active uniform waveguides. J.appl.Phys.,29,1958,5,794-799.

/149/ Brodwin, M.E.: Propagation in ferrite-filled microstrip. Trans.IRE,MTT-6,1958,2, 150-155.

/150/ Brodwin, M.E., Miller, D.A.: Propagation of the quasi-TEM-mode in ferrite-filled coaxial line. Trans.IEEE,MTT-12,1964,496-503.

/151/ Brodwin, M.E., Miller, D.: Propagation of the quasi-TEM-mode in ferrite-filled coaxial line. Trans.IEEE,MTT-14,1966,1,50.

/152/ Brown, J.: Comment "On the thermodynamic paradox in ferrite-loaded waveguides". Proc.IEEE,56,1968,4,740.

/153/ Brown, J., Clarricoats, P.J.B.: Waveguide components with non-reciprocal properties. I. Ferromagnetic resonance and faraday rotation. Electr.Engng., 28,1956,328-332.

/154/ Brown, J., Clarricoats, P.J.B.: Waveguide components with nonreciprocal properties. II. The behaviour of ferrites in waveguides. Electr.Engng.,28,1956, 376-379.

/155/ Brown, J.,Gardiol, F.E.: Comment "On the thermodynamic paradox in ferrite loaded waveguides". Proc.IEEE,56,1968,4,740.

/156/ Brundle, L.K., Freedman, N.J.: Magnetostatic surface waves on a YIG slab. Electronic Letters,4,1968,7,132-134.

/157/ Buck, D.C.: Propagation in longitudinally magnetized ferrite-loaded waveguide. Trans.IEEE, MTT-16,1968,12,1028-1033.

/158/ Bujatti, M.: Field measurements in small cross section guide loaded with magnetized ferrite. Trans.IEEE, MTT-13,1965,3,385-387.

/159/ Bulgakov, B.M., Shestopalov, L.A., Shiskin, L.A., Yakimenko, I.P.: Symmetrical surface waves in a helix waveguide with ferrite medium. Radio Engng. Electr.,5,1960,11,102-119.

/160/ Bulgakov, B.M., Shestopalov, V.P., Shiskin, L.A., Yakimenko, I.P.: Unidirectional wave propagation in a helical waveguide placed in a ferrite medium. Radio Engng.Electr.,6,1961,1,81-91.

/161/ Butterweck, H.J.: Über die Anregung elektromagnetischer Wellenleiter. AEÜ,16, 1962,10,498-514 und 11,543-552.

/162/ Button, K.J.: Theoretical analysis of the operation of the field-displacement ferrite isolator. Trans.IRE, MTT-6,1958,3,303-308.

/163/ Button, K.J., Lax, B.: Theory of ferrites in rectangular waveguides. Trans.IRE, AP-4, 1956,3,531-537.

/164/ Cairo, L., Kahan, T.: Application of the general variational method for calculation of the propagation constant of a rectangular waveguide partially filled with a gyromagnetic and gyroelectric medium. C.R.Acad.Sci.(France), 255,1962,23,3138-3140.

/165/ Chambers, L.G.: Propagation in a ferrite-filled waveguide. Quart.J.Mech.Appl. Math.,8A,1955,12,435-447.

352

/166/ Chambers, L.G.: Isoform modes in a ferrite filled waveguide. Trans.IEEE,AP-12,
1964,6,797-798.

/167/ Chambers, L.G.: Modes in waveguides containing gyrational media. Bul.Inst.Politeh.
Iasi (Rumania),11,1965,1-2,193-200.

/168/ Chevalier, A., Kahan, T., Polacco, E.: Propagation of electromagnetic waves in an
anisotropic gyromagnetic medium in a rectangular waveguide.
C.R.Acad.Sci.,240,1955,1323.

/169/ Chevalier, A., Polacco, E.: Propagation of electromagnetic TE wave in a guide
containing ferrites. C.R.Acad.Sci.,239,1954,9,692-694.

/170/ Chien, T.M., Unz, H.: Radiation from rectangular waveguide with ferrite slabs.
Trans.IEEE, MTT-13,1965,1,137-138.

/171/ Clarricoats, P.J.B.: A perturbation method for circular waveguides containing ferrites. Proc.IEE,106 B,1959,335-340.

/172/ Clarricoats, P.J.B.: Some properties of circular waveguides containing ferrites.
Proc.IEE, 104 B,1957,6,286-295.

/173/ Clarricoats, P.J.B., Chambers, D.E.: Some properties of ferrite-filled circular waveguides. Proc. IEE, 109 B,1962,71-74 und 98-101.

/174/ Clarricoats, P.J.B., Chambers, D.E.: Properties of cylindrical waveguide containing
isotropic and anisotropic media. Proc. IEE,110,1963,12,2163-2173.

/175/ Clarricoats, P.J.B., Chambers, D.E.: Backward wave propagation in non-periodic
waveguide structures. Electromagnetic theory and antennas, ed.E.C.
Jordan, New York, Pergamon, 1963,953-966.

/176/ Clarricoats, P.J.B., Hayes, A.G., Harvey, A.F.: A survey of the theory and
applications of ferrites at microwave frequencies. Proc.IEE,104 B,1957,
6,267-282 und 283-285.

/177/ Clarricoats, P.J.B., Olver, A.D.: Propagation in anisotropic radially stratified
circular waveguides. Electronics Letters,2,1966,1,37-38.

/178/ Clarricoats, P.J.B., Sobhy, M.I.: Propagation behaviour of periodically loaded
waveguides. Proc.IEE,115,1968,5,652-661.

/179/ Clarricoats, P.J.B., Waldron, R.A.: Non-periodic slow-wave and backward-wave
structures. Journ.of Electr. and Contr.,8,1960,455-458.

/180/ Cohen, D.S.: An eigenvalue problem arising in guided wave propagation through gyromagnetic media. Appl.Sci.Res.B.,11,1964-65,6,401-411.

/181/ Collins, J.H., Heng, T.M.: A ferrite slow-wave structure for backward wave applications. Journ.of Electr. and Contr.,16,1964,3,241-255.

/182/ Cook, J.S., Kompfner, R., Suhl, H.: Non reciprocal loss in traveling-wave tubes
using ferrite attenuators. Proc. IRE,42,1954,7,1188-1189.

/183/ Crowe, W.J.: Behaviour of the TE-modes in ferrite loaded rectangular waveguide in
the region of ferrimagnetic resonance. J.appl.Phys.,29,1958,3,397-
398.

/184/ Donovan, B., Ruscoe, Y.: The faraday effect in cylindrical waveguides. Brit.J.Appl.
Phys.,18,1967,5,621-625.

/185/ Dormann, J.L.: Calculation of the propagation coefficients of modes propagating in a rectangular guide loaded with a thin ferrite plate magnetized transversely. Arch.Sci.Switzerland,13,1960,118-122.

/186/ Dormann, J.L.: Calculation and measurement of the attenuation due to a thin magnetized ferrite plate placed in a rectangular waveguide at 3,7 GHz. Arch.Sci.Switzerland,13,1960,123-126.

/187/ Dormann, J.L.: Propagation of electromagnetic waves in rectangular guide containing transversally magnetized ferrite slabs. J.Rech.Cent.Nat.Rech.Sci., France,59,1962,103-138.

/188/ Dunayev, N.M., Pil'shchikov, A.I.: Surface magnetostatic modes in a hollow ferrite cylinder. Radio Engng.Electr.Phys.,11,1966,6,886-895.

/189/ Fleri, D., Hanley, G.: Nonreciprocity in dielectric loaded TEM mode transmission lines. Trans.IRE, MTT-7,1959,1,23-27.

/190/ Fletcher, P.C., Seidel, H.: Limitations of elementary mode considerations in ferrite loaded wave guide. J.appl.Phys.,30,1959,4,147S-148S.

/191/ Freedman, N.J., Brundle, L.K.: Nonlinear behaviour of magnetostatic surface waves. Electronics Letters,4,1968,20,427-428.

/192/ Fuller, A.J.B.: Microwave propagation through round waveguide partially filled with ferrite. Proc.IEE, 108 C,1961,339-348.

/193/ Gabriel, G.J., Brodwin, M.E.: Distinction between gyroelectric and gyromagnetic media in rectangular waveguide. Trans.IEEE,MTT-14,1966,6,292-293.

/194/ Gagné, R.J.: The paradoxical surface wave (crack wave) in ferrite-filled waveguide. Trans.IEEE, MTT-16,1968,4,241-250.

/195/ Gamo, H.: The faraday rotation of waves in a circular waveguide. J.Phys.Soc.Jap., 8,1953,176.

/196/ Gardiol, F.E.: On the thermodynamic paradox in ferrite loaded waveguides. Proc. IEEE,55,1967,9,1616-1617.

/197/ Gardiol, F.E.: Comment "On the thermodynamic paradox in ferrite-loaded waveguides". Proc.IEEE,56,1968,4,740.

/198/ Germ, A.I.: Differential phase shift in a twisted rectangular waveguide with a longitudinally magnetized axial ferrite rod. Radio Engng.Electr.,4,1959, 7,193-197.

/199/ Gerosa, G.: Modes with complex propagation constants in waveguides containing loss-free magnetized ferrite. Alta Frequenza (Italy),31,1962,7,463-464.

/200/ Gerosa, G.: Modes in rectangular guides loaded with magnetized ferrite. Proc.IRE, 50,1962,8,1826-1827.

/201/ Gerosa, G.: Measurements of phase constants in a waveguide containing magnetized ferrite. Alta Frequenza (Italy),32,1964,9,646-648.

/202/ Gerosa, G.: Modes in waveguides filled with longitudinal magnetized ferrite. Trans.IEEE, AP-13,1965,6,983.

354

/203/ Gerosa, G.: Solution of the discontinuity problem between an empty rectangular
        waveguide and the same guide completely filled with transversely magne-
        tized ferrite. Alta Frequenza (Italy), 36, 1967, 8, 732-735.

/204/ Gerosa, G., Ottavi, C.M.: Experimental verification of the theoretical behaviour
        of some ferrite structures. Electronics Letters, 2, 1966, 4, 132-133.

/205/ Gintsburg, A.M.: Gyrotropic waveguide. Doklady Akademii Nauk SSSR, 95, 1954,
        489-492.

/206/ Goncharenko, A.M.: The theory of cylindrical waves in anisotropic media. Radio
        Engng. Electr. Phys., 10, 1965, 5, 808-810.

/207/ Gurevich, A.G.: A ferrite ellipsoid in a waveguide. Radio Engng. Electr. Phys., 8,
        1963, 5, 799-808.

/208/ Gurevich, A.G., Bogomaz, N.A.: The non-reciprocal phase-shifts and the attenua-
        tion coefficient in a waveguide containing a ferrite slab. Radio Engng.
        Electr., 3, 1958, 9, 42-59.

/209/ Gurevich, G.L., Otmakhov, Y.A., Rozenblyum, E.A.: Electromagnetic beam pro-
        pagation in gyrotropic media. Soviet Radiophys., 8, 1965, 4, 516-525.

/210/ Hauser, W.: Variational principles for ferrite-loaded waveguide. MIT Lincoln Lab.
        Quart. Progr. Rept. on Solid State Research, Nov. 1955, p.58, May
        1956, p.55.

/211/ Heller, G.S., Lax, B.: Use of perturbation theory for cavities and waveguides con-
        taining ferrites. Trans. IRE, AP-4, 1956, 3, 584.

/212/ Helszajn, J.: Note on tetrahedral junction. Trans. IEEE, MTT-13, 1965, 1, 132-133.

/213/ Hindin, H.J., Taub, J.J.: Faraday rotation in oversize waveguide at two and one
        millimeter wavelength. Proc. IEEE, 54, 1966, 7, 988-989.

/214/ Hogan, C.L.: The ferromagnetic faraday effect at microwave frequencies and its
        application. Bell Syst. Tech. J., 31, 1952, 1-31.

/215/ Holmes, D.A.: Propagation in rectangular waveguide containing inhomogeneous, an-
        isotropic dielectric. Trans. IEEE, MTT-12, 1964, 2, 152-155.

/216/ Honerjäger, R.: Theorie der elektromagnetischen Wellenleiter. In Goubeau, G.:
        Elektromagnetische Wellenleiter und Hohlräume, Wiss. Verlagsgesell-
        schaft, Stuttgart, 1955.

/217/ Hord, W.E., Rosenbaum, F.J.: Approximation technique for dielectric loaded wave-
        guides. Trans. IEEE, MTT-16, 1968, 4, 228-233.

/218/ Hord, W.E., Rosenbaum, F.J.: Propagation in a longitudinally magnetized ferrite-
        filled square waveguide. Trans. IEEE, MTT-16, 1968, 11, 961-963.

/219/ Hung-Chia, H.: Coupled mode theory of guided wave propagation through a ferrite
        rod with variable cross-section. Scientia Sinica China, 14, 1965, 3, 378-
        395.

/220/ Hung-Chia, H., Fan Dian Yuan: The coupled-mode theory of wave propagation
        through ferrite rod with variable cross-section. Acta Phys. Sinica, 21,
        1965, 9, 1653-1667.

/221/ Il'in, V.S., Soinov, I.V.: Wave propagation in a rectangular waveguide partially
        filled with anisotropic media. Radio Engng. Electr. Phys., 12, 1967, 9,
        1560-1563.

/222/ Ivanov, K.P.: Characteristic equation of a helix containing gyromagnetic medium. C.R.Acad.Bulg.Sci.,16,1963,7,689-692.

/223/ Ivanov, K.P.: Helical line with circumferentially magnetized ferrite cylinder. Proc.IEE,111,1964,10,1692-1693.

/224/ Ivanov, K.P.: Helix with thin-walled gyromagnetic tube. C.R.Acad.Bulg.Sci.,17, 1964,12,1083-1086.

/225/ Ivanov, K.P.: A perturbation formula for a ferrite-loaded helix. Radio Electr.Engr., 28,1964,2,87-88.

/226/ Ivanov, K.P.: A helical line with gyrotropic surrounding. Radio Engng.Electr.Phys., 10,1965,7,1153-1155.

/227/ John, W.: Die nichtreziproke Phasenverschiebung im teilweise mit Ferrit und Dielektrikum belasteten Rechteck-Hohlleiter. Dissertation Technische Universität Berlin, 1963.

/228/ John, W.: Die nichtreziproke Phasenverschiebung im teilweise mit Ferrit und Dielektrikum belasteten Rechteck-Hohlleiter. Frequenz,18,1964,10;313-324.

/229/ Karbowiak, A.E.: Advanced problems of microwave propagation in anisotropic and inhomogeneous waveguides. Proc.IEE,111,1964,11,1799-1802.

/230/ Kales, M.L.: Modes in waveguides containing ferrites. Trans.IRE, AP,1952,104-105.

/231/ Kales, M.L.: Modes in waveguides containing ferrites. J.appl.Phys.,24,1953,604-608.

/232/ Kales, M.L.: Propagation of fields through ferrite loaded waveguides. Proc.Symposium on Mod.Advances in Microwave Tech., Polytechnic Institute of Brookly, Nov.1954, p.215.

/233/ Kales, M.L.: Topics in guided-wave propagation in magnetized ferrites. Proc.IRE, 44,1956,10,1403-1409.

/234/ Kales, M.L., Chait, H.N., Sakiotis, N.G.: A nonreciprocal microwave component. J.appl.Phys., 24,1953,816-817.

/235/ Kalikstein, K., Spruch, L.: Scattering of electromagnetic waves by a ferrite in a waveguide. J.Math.Phys.,New York,5,1964,9,1261-1272.

/236/ Karayianis, N., Cacheris, J.C.: Birefringence of ferrites in circular waveguide. Proc.IRE,44,1956,10,1414-1421.

/237/ Kartazhov, V.B.: Design of a screened bandpass line with transversely magnetized ferrite samples by variational method. Radio Engng.Electr.Phys.,14, 1969,2,295-298.

/238/ Kislyakovskii, A.V., Vuntesmeri, V.S.: Phase relationship in the interaction between a ferrite spheroid and the electromagnetic field in a waveguide. Soviet Radio Engng.,8,1965,4,455-459.

/239/ Knerr, R.H.: Some modes of propagation in nouniformly biased microwave ferrites. Dissertation Lehigh Univ. Bethlehem, Pa., USA.

/240/ Koblova, M.M., Moskvina, L.V.: Investigation of non-reciprocal phase shifter in a coaxial line with ferrite. Radio Engng.Electr.,5,1960,1,233-240.

/241/ Kostychev, Yu.G.: The calculation of propagation constants of gyrotropic medium
waveguides. Radio Engng.Electr.Phys.,13,1968,11,1807-1809.

/242/ Kovalenko, E.S.: A non-isotropic elliptical waveguide. Dokl.Akad.Nauk USSR,
128,1959,2,276-279.

/243/ Kovtun, N.M.: Propagation of electromagnetic waves in waveguides of complex
cross section with a cross-magnetized ferrite plate. Radio Engng.Electr.,
5,1960,9,106-113.

/244/ Kovtun, N.M., Tereshchenko, A.I.: Calculation of propagation constants in a
H-mode waveguide with transversely magnetized ferrite plate. Zh.Tekh.
Fiz.USSR,30,1960,9,1077-1080.

/245/ Kovtun, N.M., Tereshchenko, A.I.: Investigation of the characteristics of H-wave-
guide resonant ferrite isolators. Radio Engng.Electr.,5,1960,10,55-62.

/246/ Kovtun, N.M., Tereshchenko, A.I.: Distribution of electromagnetic waves in waveguides having a cross-shaped section and containing a transverse magnetized ferrite plate. Soviet Phys.,Tech.Phys.,6,1061,6,506-511.

/247/ Kozyrev, N.D.: Resonant ferrite isolator in a circular waveguide. Radio Engng.,
18,1963,7,33-37.

/248/ Kumagai, S., Kumagai, N., Takenchi, K.: Ferrite-loaded non-reciprocal cylindrical waveguides for circular electric waves. J.Inst.Elect.Commun.Engrs.
Japan,41,1958,10,965-970.

/249/ Kumagai, S., Nakanishi, Y.: Electric-field displacement in the ferrite loaded rectangular waveguide. J.Inst.Electr.Commun.Engrs. Japan,39,1956,12,
1035-1040.

/250/ Lax, B., Button, K.J.: Theory of new ferrite modes in rectangular waveguide.
J.appl.Phys.,26,1955,1184-1185.

/251/ Lax, B., Button, K.J.: New ferrite mode configurations and their applications.
J.appl.Phys.,26,1955,1186-1187.

/252/ Lax, B., Button, K.J.: Theory of ferrites in rectangular waveguides. Trans.IRE,
AP-4,1956,531-537.

/253/ Lemke, M.: Wellentypen in ferritgefüllten Rechteckhohlleitern mit transversaler
Magnetisierung parallel zur Hohlleiterbreitseite. AEÜ,21,1967,8,
440-446.

/254/ Lewin, L.: A ferrite boundary-value problem in a rectangular wave-guide. Proc.IEE,
106 B,1959,559-563.

/255/ Lewin, L.: Generation and effect of surface waves at a waveguide-ferrite boundary.
Proc.IEE,115,1968,7,895-897.

/256/ Lewis, M.F., Lachlison, D.E.: A new mode in axially magnetized YIG rods.
Appl.Phys.Letters,9,1966,11,414-415.

/257/ Lewis, T.: Propagation constant in a ferrite-filled coaxial waveguide. Proc.IEEE,
55,1967,2,241-242.

/258/ Livshits, M.S.: The method of non-self-conjugate operators in the theory of waveguides. Radio Engng.Electr.Phys.,7,1962,2,260-276.

/259/ Lomize, L.G.: Gyrotropic cylindrical waveguide of finite length. Radio Engng.
       Electr.,3,1958,7,56-69.

/260/ Lord Rayleigh (Strutt, J.W.): On the passage of electric waves through tubes or the
       vibrations of dielectric cylinders. Phil.Mag.,43,1897,125, Scient.Pap.
       IV,276.

/261/ Luhrs, C.H.: Correlation of the faraday and kerr magneto-optical effects in transmis-
       sion-line terms. Proc. IRE,40,1952,76.

/262/ Lyubimov, L.A.: Gyrotropic dielectric waveguide of elliptical cross section. Radio
       Engng.Electr.Phys.,7,1962,8,1254-1260.

/263/ Maslennikova, V.V.: Design of cylindrical waveguides with transversely magnetized
       ferrite. Radio Engng.Electr.,5,1960,2,243-248.

/264/ Maslennikova, V.V.: Ferrite sphere in a coaxial waveguide. Radio Engng.Electr.Phys.
       9,1964,4,499-506.

/265/ Maslennikova, V.V.: Network theory design of waveguides containing ferrite
       spheres. Radio Engng.Electr.Phys.,9,1964,5,654-661.

/266/ Melchor, J.L., Ayres, W.P., Vartanian, P.H.: Energy concentration effects in fer-
       rite loaded waveguides. J.appl.Phys.,27,1956,1,72-77.

/267/ Mesyats, G.A., Baksht, R.B.: The deformation of waves in lines by passing through
       non-uniformities formed by ferrites. Soviet Phys.,Tech.Phys.,10,1965,5.

/268/ Mikaelian, A.L.: Electromagnetic waves in ferrite-filled rectangular waveguides.
       Doklady Akad.Nauk SSSR,98,1954,6,941-944.

/269/ Mikaelian, A.L., Koblova, M.M.: Energy transmission in crossed waveguides by
       means of a magnetized ferrite. Radio Engng.Electr.Phys.,7,1962,10,
       1699-1702.

/270/ Mikaelian, A.L., Stoliarov, A.K.: Surface waves in ferrite filled waveguides. Radio
       Engng.Electr.,4,1959,7,13-35.

/271/ Mirimanov, R.G., Anisomova, Yu.V.: Circular waveguide partially filled with fer-
       rites as a retarding system. Radio Engng.Electr.,2,1957,7,37-53.

/272/ Mittra, R., Lee, S.W.: Discontinuity problem in an anisotropic waveguide. J.appl.
       Phys.,38,1967,8,3178-3184.

/273/ Monosov, Y.A.: Some questions of a theory of the cylindrical waveguides with ferrite
       core. Radio Engng.Electr.,2,1957,4,54-67.

/274/ Monosov, Y.A.: The characteristics of the faraday effect in cylindrical waveguides
       containing ferrite rods. Radio Engng.Electr.,2,1957,5,43-60.

/275/ Morgenthaler, F.R.: Velocity modulation of electromagnetic waves. Trans.IRE,
       MTT-6,1958,2,167-172.

/276/ Mrstik, A.V.: The resolution of the thermodynamic paradox and the theory of guided
       wave propagation in anisotropic media. Report TR-46 (AD 671960)
       California Inst.of Techn.,Antenna Lab.,Pas.USA, June 1968,161 pp.
       Available from CFSTI,Springfield, Va 22151, USA.

/277/ Mueller, R.S., Rosenbaum, F.J.: Propagation in ferrite-filled coaxial transmission
       lines. Trans.IEEE, MTT-16,1968,10,835-842.

358

/278/ Mueller, R.S., Rosenbaum, F.J.: Electromagnetic wave propagation along a ferrite
loaded wire. Trans. IEEE, MTT-17,1969,2,92-100.

/279/ Neckenburger, E.: Zur Wellenausbreitung in einem längsmagnetisiertem Ferritstab
in elektrisch anisotroper Umgebung. Z.angew.Phys.,14,1962,5,282-
288.

/280/ Nguyen-van-Tran: Variational method of calculating the propagation constant for a
guide partly filled with ferrite. Ann.Radio elect.,17,1962,119-127.

/281/ Nikol'skii, V.V.: Gyrotropic perturbation of waveguide. Radio Engng.Electr.,2,
1957,2,39-60.

/282/ Nikol'skii, V.V.: The calculation of phase shifts of gyromagnetic discontinuities
in waveguides by a perturbation method. Radio Engng.Electr.,2,1957,
7,23-36.

/283/ Nikol'skii, V.V.: Variational principle for the non absorptive gyrotropic irregulari-
ty in a waveguide. Radio Engng.Electr.,3,1958,9,146-148.

/284/ Nikol'skii, V.V.: A transverse ferrite rod in a rectangular waveguide. Radio Engng.
Electr.,3,1958,6,142-145.

/285/ Nikol'skii, V.V.: Slow waves in a gyrotropic medium. Radio Engng.Electr.,5,1960,
1,55-65.

/286/ Nikol'skii, V.V.: Investigation of hollow systems with anisotropic regions by the
method of eigenfunctions. Pt.II. The waveguide transformer. Radio Engng.
Electr.,5,1960,12,122-134.

/287/ Nikol'skii, V.V.: An investigation of hollow systems with anisotropic regions by the
method of eigenfunctions. Pt.III. Waveguides. Radio Engng.Electr.,6,
1961,1,107-117.

/288/ Nikol'skii, V.V., Sukhov, V.G.: Ritz's method for hollow systems with an anisotropic medium. Radio Engng.Electr.,6,1961,10,1497-1504.

/289/ Nikol'skii, V.V.: "Variational equivalence" of gyrotropic waveguides and resonators.
Radio Engng.Electr.Phys.,7,1962,7,1170-1172.

/290/ Nikol'skii, V.V.: Fourier method for hollow systems of complex shape containing
anisotropic heterogeneous medium. Radio Engng.Electr.Phys.,9,1964,
4,507-514.

/291/ Nikol'skii, V.V., Kornichenko, D.I., Kotik, I.P.: Scattering matrix of a waveguide
transformer containing ferrite. Transverse magnetization. Radio Engng.
Electr.Phys.,13,1968,12,1905-1910.

/292/ Nikol'skiy, V.V., Korniyenko, D.I., Kotik, I.P.: Computation of the scattering
matrix of a waveguide transformer with ferrite. Longitudinal magnetization. Radio Engng.Electr.Phys.,14,1969,1,33-38.

/293/ Nikol'skii, V.V., Sukhov, V.G., Korniyenko, D.I.: Analysis of a rectangular waveguide containing a longitudinally magnetized ferrite using eigenfunctions.
Radio Engng.Electr.Phys.,9,1964,7,1110-1119.

/294/ Nikol'skii, V.V., Sukhov, V.G., Kornienko, D.I., Orlov, V.P.: Analysis of a
rectangular waveguide containing a longitudinally magnetized ferrite
using the method of eigenfunctions. Radio Engng.Electr.Phys.,10,1965,
4,528-533.

/295/ Nikol'skii, V.V., Sukhov, V.G., Kornienko, D.I., Orlov, V.P.: Design of a
        rectangular waveguide containing ferrite and ferrite-dielectric filling
        in the presence of longitudinal magnetization. Radio Engng.Electr.
        Phys.,10,1965,11,1699-1705.

/296/ Nikol'skii, V.V., Kornichenko, D.I., Kotik, I.P.: Scattering matrix of a waveguide
        transformer containing ferrite. Transverse magnetisation. Radio Engng.
        Electr.Phys.,13,1968,12,1905-1910.

/297/ Nikol'skii, V.V., Korniyenko, D.I., Kotik, I.P.: Computation of the scattering
        matrix of a waveguide transformer with ferrite. Longitudinal magneti-
        zation. Radio Engng.Electr.Phys.,14,1969,1,33-38.

/298/ Nowak, W.: Zur Näherungsberechnung volumengestörter Wellenleiter. Teil I und II.
        Hochfrequenztechnik und Elektroakustik,73,1964,189-201.

/299/ Nowak, W.: Zur Näherungsberechnung volumengestörter Wellenleiter. Nachrichten-
        technik,14,1964,1,11.

/300/ Nowak, W.: Schnellkonvergierendes Näherungsrechenverfahren für volumengestörte
        Wellenleiter. Hochfrequenztechnik und Elektroakustik,74,1965,94-102.

/301/ Nowak, W.: Reihenverfahren mit quasistatisch modifizierten Teilfeldern zur Berech-
        nung inhomogen ausgefüllter Hohlräume und Wellenleiter. Hochfre-
        quenztechnik und Elektroakustik, 78,1969,1,31-42.

/302/ Ohokubo, M.: Wave impedance in ferrite loaded circular waveguide. J.Inst.Elect.
        Commun.Engrs.Japan,47,1964,5,765.

/303/ Ohokubo, M.: Hybrid modes in ferrite filled waveguides. J.Inst.Elect.Commun.
        Engrs.Japan,47,1964,5,766-767.

/304/ Orlov, V.P.: Derivation of the propagation constant of a rectangular waveguide with
        transversely magnetized ferrite rod using the Galerkin-Ritz method.
        Radio Engng.Electr.Phys.,12,1967,1,35-43.

/305/ Pease, R.L.: On the propagation of surface waves over an infinite grounded ferrite
        slab. Trans. IRE, AP-6,1958,1,13-20.

/306/ Pokusin, D.N.: Electromagnetic waves in a rectangular waveguide with two ferrite
        slabs. Radio Engng.Electr.Phys.,8,1963,1,66-75.

/307/ Pokusin, D.N., Pavlov, V.P.: Dielectric rod with an annular azimuthally magneti-
        zed ferrite layer in a rectangular waveguide. Radio Engng.Electr.Phys.,
        14,1969,5,801-805.

/308/ Rennicke, H.: Koaxiale Ferrit-Resonanz-Richtungsleiter für Dezimeter- und Zenti-
        meterwellen. Nachrichtentechnik,15,1965,9,355-359.

/309/ Rosenbaum, F.J., Hord, W.E.: Propagation in a longitudinally magnetized ferrite-
        filled square waveguide. Trans.IEEE, MTT-16,1968,11,967-969.

/310/ Sakiotis, N.G., Chait, H.N.: Properties of ferrites in waveguides. Trans.IRE,
        MTT-1,1953,2,11-16.

/311/ Samaddar, S.N.: Slow wave propagation along the boundary of two coaxial anisotro-
        pic media. J.Electr. and Contr.,12,1962,5,353-368.

/312/ Samaddar, S.N.: Wave propagation in an anisotropic column with ring source
        excitation. Part I. J.Electr. and Contr.,16,1964,3,273-303.

/313/ Samaddar, S.N.: Modes in waveguides filled with longitudinally magnetized ferrite. Trans.IEEE, AP-14,1966,3,408.

/314/ Sandler, S.S.: An approximate solution to some ferrite filled waveguide problems with longitudinal magnetization. Trans.IRE, MTT-9,1961,2,162-168.

/315/ Schaedla, W.H., Beyer, J.B.: A gyro-medium filled beam waveguide. Trans.IEEE, AP-16,1968,1,108-111.

/316/ Schelkunoff, S.A.: Generalized telegraphist's equations for waveguides. Bell Syst. Techn. J.,31,1952,784-801.

/317/ Schmitt, H.J., Buchta, G.: Approximate theory of the transversely magnetized reciprocal phase shifter. Proc.IEEE,54,1966,308-310.

/318/ Schott, W.F., Tao, T.F.: On the classification of electromagnetic waves in ferrite rods. Trans.IEEE, MTT-16,1968,11,959-961.

/319/ Seledskaia, N.S.: The phase of the reflection coefficient of a short-circuited waveguide containing ferrite. Radio Engng.Electr.,3,1958,6,146-150.

/320/ Seidel, H.: Annomalous propagation in ferrite-loaded waveguide. Proc.IRE, 44, 1956,10,1410-1414.

/321/ Seidel, H.: Viewpoint on resonance in ideal ferrite slab loaded rectangular waveguides. IRE Wescon.Convention Record,1,1957,Pt.1,58-69.

/322/ Seidel, H.: The character of waveguide modes in gyromagnetic media. Bell Syst.Tech. Journ.,36,1957,2,409-426.

/323/ Seidel, H.: Ferrite slabs in transverse electric mode waveguide. J.appl.Phys.,28, 1957,2,218-226.

/324/ Seidel, H., Fletcher, R.C.: Gyromagnetic modes in waveguides partially loaded with ferrite. Bell Syst.Techn.J.,38,1959,6,1427-1456.

/325/ Seshadri, S.R.: TEM-mode in a parallel-plate waveguide filled with a gyrotropic dielectric. Trans.IEEE, MTT-11,1963,5,436-437.

/326/ Severin, H.K.F.: Propagation constants of circular cylindrical waveguides containing ferrites. Trans.IRE, MTT-7,1959,3,337-346.

/327/ Sharpe, C.B., Heim, D.S.: A ferrite boundary-value problem in a rectangular waveguide. Trans.IRE, MTT-6,1958,1,42-46.

/328/ Siu Yen-Sheng: The diffraction of electromagnetic waves on a gyrotropic sphere inside a rectangular waveguide. Radio Engng.Electr.,5,1960,1,18-34.

/329/ Soohoo, R.F.: Cutoff phenomena in transversely magnetized ferrites. Proc.IRE,46, 1958,4,788-789.

/330/ Spector, J., Trievelpiece, A.W.: Slow waves in ferrites and their interaction with electron stream. J.appl.Phys.,35,1964,7,2030-2038.

/331/ Steinhart, R.: Die physikalische Wirkungsweise und die Theorie der Ferrit-Resonanz-Richtungsleitung. NTZ,13,1960,3,119-128.

/332/ Stolyarov, A.K.: Nonreciprocal phenomena in a strip line filled with ferrite. Radio Engng.Electr.Phys.,12,1967,9,1589-1591.

/333/ Stolyarov, A.K., Naumov, I.A.: Calculation of phase shifters for rectangular waveguides using a toroidal shaped ferrite. Radio Engng.Electr.Phys.,12, 1967,5,872-874.

/334/ Suhl, H., Walker, L.R.: Faraday rotation of guided waves. Physical Review,86, 1952,122.

/335/ Suhl, H., Walker, L.R.: Topics in guided-wave propagation through gyromagnetic media. Part I. Bell Syst.Techn.J., 33,1954,579-659.

/336/ Suhl, H., Walker, L.R.: Topics in guided wave propagation through gyromagnetic media. Part II. Bell Syst.Techn.J.,33,1954,939-986.

/337/ Suhl, H., Walker, L.R.: Topics in guided wave propagation through gyromagnetic media. Part. III. Bell Syst.Techn.J.,33,1954,1133-1194.

/338/ Suzuki, M., Matsumoto, T.: Electromagnetic fields in waveguides containing aniso- tropic media with time-varying parameters. J.Inst.Elect.Commun. Engrs.Japan,45,1962,12,1680-1686.

/339/ Syui Yan'-Shen: A contribution to the theory of the reversible ferrite phase shifter. Radio Engng.Electr.Phys.,7,1962,4,581-586.

/340/ Tai, C.T.: Evanescent modes in a partially filled gyromagnetic rectangular waveguide. J.appl.Phys.,31,1960,1,220-221.

/341/ Tao, T.F.: Surface wave along a ferrite rod magnetized below saturation. Trans.IEEE, AP-14,1966,3,375-385.

/342/ Tao, T.F., Tully, J.W., Schott, F.W.: Dynamic mode surface waves on magnetized YIG and ferrite rods. Appl.Phys.Letters,14,1969,3,106-108.

/343/ Thomson, G.H.B.: Anomalous propagation in small size ferrite loaded waveguide. Standard Telecommun.Lab.Tech.Mem. 95, Nov. 1954.

/344/ Thomson, G.H.B.: Unusual waveguide characteristics associated with the apparent negativ permeability obtainable in ferrites. Nature,175,1955,1135.

/345/ Thomson, G.H.B.: Ferrites in waveguides. J.Brit.Instn.Radio Engrs.,16,1956,6, 311-328.

/346/ Thomson, G.H.B.: Backward waves in longitudinally magnetized ferrite rods. J.appl.Phys.,32,1961,11,2491-2492.

/347/ Thomson, G.H.B.: Backward waves in longitudinally magnetized ferrite filled guides. Electromagnetic theory and antennas, ed.E.C.Jordan, Pergamon, New York,1963,603-614.

/348/ Thomson, G.H.B.: Propagation in ferrite-filled circular waveguides. Proc.IEE, 109 B,1962,81-89,98-101.

/349/ Thomson, G.H.B.: Backward waves in longitudinally magnetized ferrite filled gui- des. Electromagnetic Theory and Antennas Symposium, Copenhagen,1962.

/350/ Thyras, G., Held, G.: Radiation from rectangular waveguide completely filled with transverse magnetized ferrite. Trans.IRE, MTT-6,1958,3,268-277.

/351/ Tompkins, J.E., Reggia, F., Joseph, L.: Multimode propagation in gyromagnetic rods and ist application to travelling-wave devices. J.appl.Phys., Suppl.to Vol.31,1960,176S-177S.

/352/ Tompkins, J.E.: Energy distribution in partially ferrite-filled waveguide. J.appl. Phys.,29,1958,3,399-400.

/353/ Trivelpiece, A.W.: Interaction of an electron beam with the backward-wave mode in a ferrite rod. Nachrichtentechn.Fachber.(NTF),22,1961,251-253.

/354/ Trivelpiece, A.W., Ignatius, A., Holscher, P.C.: Backward waves in longitudinally magnetized ferrite rods. J.appl.Phys.,32,1961,2,259-267.

/355/ Turner, E.H.: A new nonreciprocal waveguide medium using ferrites. Proc.IRE,41, 1953,7,937.

/356/ Unger, H.G.: Dielektrische Rohre als Wellenleiter. AEÜ,8,1954,6,241-252.

/357/ Unger, H.G.: Waveguides with anisotropic impedance walls. Electromagnetic theory and antennas, ed. E.C.Jordan, Pergamon, New York, 1963,919-940.

/358/ Unz, H.: Propagation in arbitrarily magnetized ferrites between two conducting parallel planes. Trans.IEEE, MTT-11,1963,204-210.

/359/ Unz, H., Tyras, G.: Some remarks on "radiation from a rectangular waveguide filled with ferrite". Trans.IRE, MTT-10,1962,1,88-89.

/360/ van Bladel, J.: Boundary excitation of waveguides containing anisotropic media. Trans.of the Royal Inst.of Techn. Stockholm, No.210,1963,Electr. Engng.10.

/361/ van Bladel, J.: Boundary excitation of waveguides containing anisotropic media. Trans. IEEE, MTT-11,1963,5,437-438.

/362/ van Gelder, A.P., de Graaf, A.M., Kronig, R.: New calculations on the faraday effect in waveguides. Appl.Sci.Res.B,7,1959,6,441-448.

/363/ van Tran, N.: Variational method of calculating the propagation constant for a guide partially filled with ferrite. Ann.Radioelect.France,17,1962,119-127.

/364/ van Trier, A.A.: Guided electromagnetic waves in anisotropic media. Appl.Sci.Res. B, 3,1953,1,305-371.

/365/ van Trier, A.A.: Some topics in the microwave application pf gyrotropic media. Trans. IRE, AP-4,1956,3,502-507.

/366/ Vartanian, P.H., Jaynes, E.T.: Propagation in ferrite filled transversely magnetized waveguide. Trans.IRE, MTT-4,1956,140-143.

/367/ Vasile, C.F., la Rosa, R.: The character of modes in small axially magnetized ferrite-filled waveguides. J.appl.Phys.,39,1968,5,2380-2391.

/368/ Veselov, G.I., Molodkin, V.A.: Solution of Maxwell's equations in cylindrical coordinates for an azimuthally magnetized gyromagnetic medium. Telecommn.Radioengng.,Pt.2,21,1966,8,139-141.

/369/ Villeneuve, A.T.: Orthogonality relationships for waveguides and cavities with inhomogeneous anisotropic media. Trans.IRE, MTT-7,1959,4,441-446.

/370/ Voltmer, F.W., Ippen, E.P., White, R.M., Lim, T.C., Farwell, G.W.: Measured and calculated surface-wave velocities. Proc. IEEE,56,1968,9,1634-1635.

/371/ Voronova, A.V., Gurevich, A.G.: Calculation of the propagation constant in a rectangular waveguide with ferrite plates. Radio Engng.Electr.,2,1957,4, 44-53.

/372/ Waldron, R.A.: Electromagnetic wave propagation in cylindrical waveguides containing gyromagnetic media. J.Brit.Instn.Radio Engrs.,18,1958,10,597-
612. J.Brit.Instn.Radio Engrs.,18,1958,11,677-690. J.Brit.Instn.
Radio Engrs.,18,1958,12,733-746.

/373/ Waldron, R.A.: Theory of the mode spectra of cylindrical waveguides containing gyromagnetic media. J. Brit.Instn.Radio Engrs.,19,1959,347-356.

/374/ Waldron, R.A.: Features of cylindrical waveguides containing gyromagnetic media.
J.Brit.Instn.Radio Engrs.,20,1960,9,695-706.

/375/ Waldron, R.A.: The propagation of electromagnetic waves in circular waveguides
containing gyromagnetic medium. Bull.Sci.Assoc.Ingen.Montefiore
(AIM) Belgium,74,1961,9,435-448.

/376/ Waldron, R.A.: Properties of inhomogeneous cylindrical waveguides in the neighbourhood of cut-off. Radio Electronic Engr.,25,1963,6,547-555.

/377/ Waldron, R.A., Bowe, D.J.: Loss properties of cylindrical waveguides containina
gyrotropic media. Radio Electronic Engr.,25,1963,4,321-334.

/378/ Walker, L.R.: Orthogonality relations for gyrotropic wave guides. J.appl.Phys.,28,
1957,3,377.

/379/ Walker, L.R., Suhl, H.: Propagation in circular waveguides filled with gyromagnetic
materials. Trans.IRE, AP-4,1956,3,492-494.

/380/ Weiner, M.M.: Propagation of the quasi-TEM-mode in ferrite filled coaxial line.
Trans.IEEE, MTT-14,1966,49-50.

/381/ Weiner, M.M.: Differences between the lowest-order mode and quasi-TEM-mode
in ferrite-filled coaxial line. Proc.IEEE,55,1967,10,1740-1741.

/382/ Wexler, A., Holmes, D.A.: Acceptable mode types for inhomogeneous media.
Trans.IEEE, MTT-13,1965,6,875-878.

/383/ Wolff, I.: Über Wellen und Felder in axial vormagnetisierten Ferritzylindern.
AEÜ,21,1967,11,597-602.

/384/ Yakimenko, I.P., Shestopalov, V.P.: Experimental investigation of a helical ferrite
waveguide. Radio Engng.Electr.Phys.,7,1962,7,1047-1054.

/385/ Young, P.: Efficient broadband excitation of the $n = 0$ surface magnetostatic waves
in a YIG slab. Electronics Letters,4,1968,25,566-568.

/386/ Young, P.: Effect of boundary conditions on the propagation of surface magnetostatic waves in a transversely magnetized thin YIG slab. Electronics Letters,5,1969,429-431.

5. RESONATOREN MIT GYROTROPEN MEDIEN

/387/ Artman, J.: Effects of size on the microwave properties of ferrite rods, disks and spheres. J.appl.Phys.,28,1957,1,92-98.

/388/ Auld, B.A.: Walker modes in large ferrite sample. J.appl.Phys.,31,1960,9, 1642-1647.

/389/ Auld, B.A.: Coupling of electromagnetic and magnetostatic modes in ferrite-loaded cavity resonators. J.appl.Phys.,34,1963,6,1629-1633.

/390/ Bady, I., McCall, G.: Ferromagnetic resonance due to magnetic fields generated by displacement currents in ferrites. J.appl.Phys.,Suppl.to Vol.32, 1961,146S-147S.

/391/ Berk, A.D.: Variational principles for electromagnetic resonators and waveguides. Trans.IRE, AP-4,1956,2,104-111.

/392/ Berk, A.D., Balengyel, B.A.: Magnetic fields in small ferrite bodies with applications to microwave cavities containing such bodies. Proc.IRE,43, 1955,11,1587-1591.

/393/ Bernardi, P., Valdoni, F.: Fundamentals of a new class of magnetically tunable waveguide filters. Trans.IEEE, MAG-2,1966,3,264-268.

/394/ Bjerke, C., van Bladel, J.: Excitation of a circular cylindrical cavity by a circular waveguide. J.Acoust.Soc.Amer.,36,1964,6,1095-1099.

/395/ Bogdanov, G.B.: Possibility of using ferrites for an absolute measurement of UHF power. Radio Engng.Electr.Phys.,6,1961,4,294-301.

/396/ Bogdanov, G.B.: Thermal effects in ferrites during ferromagnetic resonance absorption of UHF power. Radio Engng.Electr.Phys.,7,1962,5,764-768.

/397/ Bogdanov, G.B.: Generalization of the basic formulas of ferromagnetic resonance absorption in ferrites. Radio Engng.Electr.Phys.,7,1962,8,1261-1268.

/398/ Bogdanov, G.B.: Temperature of a ferrite sphere heated by microwave power absorbed in the presence of ferromagnetic resonance. Radio Engng.Electr. Phys.,8,1963,1,160-162.

/399/ Bogdanov, G.B., Vedrigan, V.Ye.: Resonance frequency thermostability of spherical ferrite microwave resonators. Radio Engng.Electr.Phys.,12,1967,1, 126-128.

/400/ Bolle, D.M.: Eigenvalues and mode structure of circular cylindrical cavity resonators containing ferrite media. IEE Conf.Publ.13,Sept.1965,p.42.1.

/401/ Bolle, D.M.: Ferrite-loaded rectangular cavities. Electronics Letters, 2,1966,1, 17-18.

/402/ Borgnis, F.: Die konzentrische Leitung als Resonator. Hochfrequenztechnik,56,1940, 47-54.

/403/ Brand, H.: Magnetisch durchstimmbare Mikrowellenresonatoren aus polykristallinen Ferritquadem. AEÜ,18,1964,6,371-379.

/404/ Brand, H.: Über elektromagnetische Eigenschwingungen quaderförmiger Ferritresonatoren im Mikrowellenbereich. Dissertation Technische Hochschule Aachen,1962.

/405/ Brand, H., Fieweger, H.W.: Magnetostatische Hohlraumresonanz in Mikrowellenferriten. AEÜ,17,1963,12,577.

/406/ Brand, H., Fieweger, H.W.: Magnetostatische Eigenschwingungen eines ferritgefüllten Hohlraumresonators im Mikrowellenbereich. AEÜ,18,1964,11,631-642.

/407/ Brand, H., Fieweger, H.W.: A new method to determine the saturation magnetization and the g-factor of microwave ferrites using a magnetostatic cavity resonance. Proc.IEEE,53,1965,2,186-187.

/408/ Brand, H., Fieweger, H.W.: Theory and application of the magnetostatic cavity resonance. Inst.Elect.Engrs. (IEE) Conf.Publ.13,Sept.1965,12.1-12.3.

/409/ Brand, H., Döring, H.: Theorie und Anwendung magnetostatischer und magnetodynamischer Eigenschwingungen in Mikrowellenferriten. Telefunken-Zeitung, 39,1966,3/4,398-403.

/410/ Buffler, C.R.: Optimum orientation for yttrium-iron-garnet spheres for eliminating anisotropy effects. Electronics Letters,2,1966,3,116-117.

/411/ Bussey, H.E., Steinert, L.A.: Exact solution for a cylindrical cavity containing a gyromagnetic material. Proc.IRE,45,1957,693-694.

/412/ Bussey, H.E., Steinert, L.A.: Exact solution for a gyromagnetic sample and measurements on a ferrite. Trans.IRE, MTT-6,1958,1,72-76.

/413/ Butler, C.M., van Bladel, J.: Electromagnetic fields in a spherical cavity embedded in a dissipative medium. Trans. IEEE, AP-12,1964,1,110-118.

/414/ Butler, J.K., Unz, H.: A ferrite-tuned coaxial cavity. Trans.IEEE, MTT-11,1963, 2,153-154.

/415/ Carter, P.S.Jr.: Magnetically tunable microwave filters employing single-crystal garnet resonators. IRE Intern.Conv.Record,8,1960,3,130-135.

/416/ Carter, P.S.Jr.: Magnetically-tunable microwave filters using single crystal yttrium-iron-garnet resonators. Trans. IRE, MTT-9,1961,3,252-260.

/417/ Case, W.E., Harrington, R.D., Schmidt, L.B.: Ferrimagnetic resonance in polycrystalline ferrite and garnet disks at L-band frequencies. J.Res.Nat.Bur. Stand.,68c,1964,2,85-89.

/418/ Chu, T.S., Kouyoumjian, R.G.: A ferrite filled cylindrical cavity. Trans.IRE, AP-7, 1959,273-278.

/419/ Courtois, L.: A new low level limiter for centimeter and millimeter waves. J.appl. Phys.,38,1967,1415-1416.

/420/ Davies, J.B.: An analysis of the m-port symmetrical H-plane waveguide junction with central ferrite post. Trans.IRE, MTT-10,1962,6,596-604.

/421/ Debye, P.: Der Lichtdruck auf Kugeln von beliebigem Material. Annalen d.Physik, 30,1909,57-136.

366

/422/ Deryugin, I.A., Yemlin, P.G., Sugakov, V.I.: The effect of waveguide walls
on the magnetostatic modes excited inside a sphere. Radio Engng.
Electr.Phys.,13,1968,11,1818-1820.

/423/ Dillon, J.F.Jr.: Magnetostatic modes in ferrimagnetic spheres. Physical Review,112,
1958,1,59-63.

/424/ Dnestrovskii, Y.N.: Perturbation of resonant frequencies in ferrite resonators. Radio
Engng.Electr.,3,1958,5,123-140.

/425/ Dunayev, N.M., Pil'shchikov, A.I.: Surface magnetostatic modes in hollow ferrite
cylinder. Radio Engng.Electr.Phys.,11,1966,6,886-895.

/426/ Fay, C.E.: Ferrite-tuned resonant cavities. Proc.IRE,44,1956,10,1446-1449.

/427/ Fieweger, H.W.: Über die Messung des g-Faktors und der Linienbreite von Ferriten
im Frequenzbereich von 3,6 GHz bis 12,4 GHz. Frequenz,17,1963,
359-363.

/428/ Fieweger, H.W.: Ein Beitrag zur Messung der Sättigungsmagnetisierung von Mikrowellenferriten. Dissertation Technische Hochschule Aachen,1964.

/429/ Fieweger, H.W.: Ein magnetisch durchstimmbares Zweikreis-Bandfilter im Mikrowellenbereich. Frequenz,18,1964,31-32.

/430/ Fletcher, P., Solt, I.H.: Coupling of magnetostatic modes. J.appl.Phys.,Suppl.to
Vol.30,1959,4,181S.

/431/ Fletcher, P., Solt, I.H.Jr., Bell, R.: Identification of the magnetostatic modes of
ferrimagnetic resonant spheres. Physical Review,114,1959,3,739-745.

/432/ Gastine, M., Courtois, L., Dormann, J.L.: Electromagnetic resonances of free
dielectric spheres. Trans.IEEE, MTT-15,1967,12,694-700.

/433/ Gertsensthein, M.E., Kinber, B.E.: On the electrodynamics of a resonator containing a gyrotropic medium with variable parameters. Radio Engng.Electr.,
5,1960,1,216-232.

/434/ Godtmann, H.D.: Über elektromagnetische Eigenschwingungen offener kreiszylindrischer Ferritresonatoren im Mikrowellenbereich. Dissertation Technische
Hochschule Aachen,1966.

/435/ Godtmann, H.D., Fünfzig, G.: Der ferritgefüllte kreiszylindrische Resonator. Priva-
te, unveröffentlichte Mitteilung.

/436/ Godtmann, H.D., Haas, W.: Elektromagnetische Eigenschwingungen eines Ferritzylinders zwischen zwei parallelen Metallplatten. AEÜ,21,1967,4,205-
212.

/437/ Godtmann, H.D., Haas, W.: Magnetodynamic modes in axially magnetized ferrite
rods between two parallel conducting sheets. Trans.IEEE,MTT-15,1967,
8,478-481.

/438/ Gurevich, A.G.: Internal field of an ellipsoid with tensor parameters. Radio Engng.
Electr.,2,1957,7,172-175.

/439/ Gurevich, A.G.: Resonators with tensor media. Radio Engng.Electr.,3,1958,12,
90-103.

/440/ Haas, W.: Mikrowellenfilter unter Verwendung mehrerer Eigenschwingungen eines
offenen Resonators. AEÜ,18,1964,6,392-393.

/441/ Haas, W.: Offene elektromagnetische Resonatoren. AEÜ,18,1964,7,395-402.

/442/ Haas, W.: Über die Anwendung offener elektromagnetischer Resonatoren in Mikrowellenbandfiltern. Dissertation Technische Hochschule Aachen,1965.

/443/ Haas, W., Godtmann, H.D.: Die Eigenschwingungen dielektrischer Pfosten zwischen zwei Metallplatten. AEÜ,20,1966,2,97-102.

/444/ Hantzsche, E.: Eigenschwingungen des Kugelresonators. Hochfrequenztechnik und Elektroakustik,74,1965,90-94.

/445/ Heller, G.S.: Solution for TM_{0n0} mode in a cylindrical cavity partially filled with ferrite. MIT Lincoln Lab.Quart.Progr.Rept. on Solid State research, Nov 1956.

/446/ Heller, G.S.: Ferrite loaded cavity resonators. Proc.of the intern.congr.on uhf circuits and antennas, Onde Elect., Special Suppl., Oct.1957, II,588.

/447/ Heller, G.S., Campbell, M.M.: The completely-filled rectangular resonator. MIT Lincoln Lab.Quart.Progr.Rept.on Solid State Research, Aug.1955.

/448/ Heller, G.S., Lax, B.: Use of perturbation theory for cavities and waveguides containing ferrites. Trans.IRE, AP-4,1956,3,584.

/449/ Hlawiczka, P., Mortis, A.R.: Gyromagnetic resonance graphical design data. Proc. IEE, 110,1963,4,665-670.

/450/ Honig, W.: Electronically tunable ZnY resonator from 8 to 40 Gc. Proc. IEEE,53, 1965,9,1258-1259.

/451/ Hsü Yen-Sheng: A theory of resonant ferrite systems. Radio Engng.Electr.,7,1962, 403-411.

/452/ Il'chenko, M.Ye.: Resonance bending of the plane of polarization in a circular waveguide with a ferrite cavity. Radio Engng.Electr.Phys.,13,1968,11, 1734-1740.

/453/ Itoh, K., Miyata, N.: The effect of skin depth on ferromagnetic resonance in spherical ferrites. Sci. Rep.Yokohama Nat.Univ.I.,1965,12,13-21.

/454/ Jones, G.R., Cacheris, J.C., Morrison, C.A.: Magnetic tuning of resonant cavities and wideband frequency modulation of klystrons. Proc.IRE,44,1956,1431-1438.

/455/ Kotzebue, K.L.: Broadband electronically-tuned microwave filters. IRE Wescon. Conv.Rec.,4,1960,1,21-27.

/456/ Kovbasa, A.P., Shelamov, G.N.: Time response of microwave four-poles with ferrite resonators. Izv.VUZ Radioelektronika (USSR),12,1969,6,634-638.

/457/ Kozyrev, N.D.: Resonant ferrite guide in a circular waveguide. Radiotekhnika,18, 1963,7,34-37.

/458/ Lax, B., Berk, A.D.: Resonance in cavities with complex media. IRE Conv.Rec., 1953, Pt.10,70-74.

/459/ Maslennikova, V.V.: Ferrite sphere in a coaxial waveguide. Radio Engng.Electr. Phys.,9,1964,4,499-506.

/460/ Mercereau, J.E.: Ferromagnetic resonance g-factor to order $(kr_0)^2$. J.appl.Phys., Suppl.to Vol.30,1959,184S-185S.

/461/ Mikaelyan, A.L., Anton'yants, V.Ya.: Phenomena of mutual coupling in a system of magnetized ferrite specimens. Radio Engng. Electr.,7,1962,4,586-593.

/462/ Mikaelyan, A.L., Anton'yants, V.Ya., Turkov, Yu. G.: Phenomenon of the mutual coupling of a resonator with a ferrite. Radio Engng. Electr.,6,1961,7, 235-249.

/463/ Mikaelyan, A.L., Stoliarov, A.K., Koblova, M.M.: Resonant ferrite systems with high isolation ratio. Radio Engng. Electr.,5,1960,2,131-142.

/464/ Mikaelyan, A.L., Stoliarov, A.K., Vasil'yev, A.A.: An investigation of the natural frequency spectrum of a resonator containing a magnetized ferrite. Radio Engng. Electr.,5,1960,1,35-54.

/465/ Monosov, Y.A., Vashkovskii, A.V.: Ferromagnetic resonance of nonuniform precession in ferrites. Radio Engng. Electr.,4,1959,10,99-121.

/466/ Monosov, Ya.A.: Fluctuation radiation of a small ferrite specimen at ferromagnetic resonance. Radio Engng. Electr. Phys.,7,1962,10,1602-1609.

/467/ Müller, H.M.: Dielektrische Resonatoren und ihre Anwendungen als Mikrowellenfilter. Z.angew.Phys.,24,1968,3,142-147.

/468/ Müller, J.: Untersuchung über elektromagnetische Hohlräume. Hochfrequenztechnik und Elektroakustik,54,1939,5,157-161.

/469/ Müller, R.: Theorie der Hohlraumresonatoren. In Goubeau, G.: Elektromagnetische Wellenleiter und Hohlräume. Wissenschaftliche Verlagsgesellschaft, Stuttgart 1955.

/470/ Nelson, C.E.: Ferrite-tunable microwave cavities and the introduction of a new reflectionless tunable microwave filter. Proc.IRE,44,1956,1449-1455.

/471/ Nikol'skii, V.V.: An investigation of the hollow-type systems with anisotropic regions by the method of characteristic functions. Part I, the resonator. Radio Engng. Electr.,5,1960,11,76-89.

/472/ Nikol'skii, V.V.: A two-sided approach to the determination of the natural frequencies of cavity resonators having heterogeneous anisotropic media. Radio Engng. Electr.,7,1962,4,567-581.

/473/ Nikol'skii, V.V.: "Variational equivalence" of gyrotropic waveguides and resonators. Radio Engng. Electr. Phys.,7,1962,7,1170-1172.

/474/ Nowak, W.: Reihenverfahren mit quasistatisch modifizierten Teilfeldern zur Berechnung inhomogen ausgefüllter Hohlräume und Wellenleiter. Hochfrequenztechnik und Elektroakustik,78,1969,1,31-42.

/475/ Patton, C.E., Schlömann, E.: Magnetostatic modes in axially magnetized polycrystalline YIG rods at 9.96 GHz. Trans.IEEE, MAG-4,1968,3,596-602.

/476/ Pil'shchikov, A.I., Danaev, N.M., Sedletskaya, N.S.: Magnetostatic oscillations of magnetization in hollow ferrite cylinders. Radio Engng. Electr. Phys., 7,1962,7,1054-1060.

/477/ Pistol'kors, A.A.: Axial-symmetric self-oscillations of a gyrotropic sphere of small radius. Radio Engng. Electr. Phys.,7,1962,1,53-62.

/478/ Pistol'kors, A.A., Siu Yen-Sheng: The oscillation of a small gyrotropic sphere in the field of a plane wave. Radio Engng.Electr.,5,1960,1,1-17.

/479/ Pistol'kors, A.A., Siui Ian'-Shen: Free electromagnetic oscillations of a spherical resonator with magnetized ferrite sphere in the centre. Radio Engng. Electr.,5,1960,7,77-87.

/480/ Plumier, R.: Magnetostatic modes in a sphere and polarization current corrections. Physica,28,1961,423-444.

/481/ Reggia, F.: Magnetically tunable microwave bandpass filter. Microwave Journal, 6,1963,1,72-74.

/482/ Ribbens, W.B.: Effect of electromagnetic propagation on the magnetostatic modes. J.appl.Phys.,34,1963,9,2639-2645.

/483/ Richtmayer, R.D.: Dielectric resonators. J.appl.Phys.,10,1939,391-398.

/484/ Rogozin, V.V.: Calculation of the transmission coefficient and the input conductivity of a resonator with a system of ferrite ellipsoids. Radio Engng.Electr. Phys.,9,1964,11,1700-1704.

/485/ Rüpke, H.D.: Magnetisch abstimmbare Mikrowellenfilter mit hoher Güte. Vortrag C6, Jahrestagung Arbeitsgemeinschaft Magnetismus, Münster, April 1968.

/486/ Rüpke, H.D.: Magnetodynamische Eigenschwingungen in anisotropen Ferriteinkristallen. Z.angew.Phys.,23,1967,3,194-199.

/487/ Rüpke, H.D.: Magnetisch abstimmbare Mikrowellenfilter mit hoher Güte. Z.angew. Phys.,26,1968,1,32-35.

/488/ Sager, O., Tisi, F.: On eigenmodes and forced resonance modes of dielectric spheres. Proc.IEEE,56,1968,9,1593-1594.

/489/ Sawado, E., Kobayashi, Y., Ogasawara, N.: A derivation of the revised perturbation formulas for cicularly polarized cavity containing ferrite rods and spheres. Proc. IEEE,53,1965,3,313-314.

/490/ Schlömann, E., Joseph, R.I.: Theory of magnetostatic modes in long, axially magnetized cylinders. J.appl.Phys.,32,1961,6,1001-1005.

/491/ Seidel, H.: Gyromagnetic resonances of thick ferrite slabs excited in a transverse electric mode. Electromagnetic theory and antennas, ed.E.C.Jordan, Pergamon, New York,1963,565-568.

/492/ Seidel, H., Boyet, H.: Frequency shift in cavities with longitudinally magnetized small ferrite discs. Bell Syst.Tech.J.,37,1958,3,637-655.

/493/ Shishkin, L.A.: Electron beam excitation of magnetostatic oscillations in a magnetized ferrite. Soviet Radiophys.,1965,2,212-217.

/494/ Siui Ian'-Shen: On the problem of exciting oscillations in a small gyrotropic sphere. Radio Engng.Electr.,5,1960,170-172.

/495/ Sui Ien-Shen: Some methods for solution of the problem of a small gyrotropic sphere. Part I. The method of successive approximations. Radio Engng.Electr., 5,1960,12,109-121.

/496/ Sui Ien-Shen: Some methods for solution of the problem of oscillations of a small gyrotropic sphere. Part II. Series method. Radio Engng.Electr.,6, 1961,1,149-159.

/497/ Steier, W.H., Coleman, P.D.: Dipolar magnetodynamic ferrite modes. J.appl. Phys.,30,1959,1454-1455.

/498/ Steier, W.H., Coleman, P.D.: Theory and application of dipolar ferrite modes. J.appl.Phys.,Suppl.to Vol.31,1960,99S-100S.

/499/ Stiglitz, M.R., Sethares, J.C.: A hybrid ferrimagnetic-dielectric microwave filter. Proc.IEEE,55,1967,10,1734-1735.

/500/ Syui Yan'-Shen: The diffraction of electromagnetic waves at a gyrotropic sphere inside a rectangular waveguide. Radio Engng.Electr.,5,1960,1,18-34.

/501/ Syui Yan'-Shen (Hsu Yen-Sheng): Effect of metallic wall on magnetostatic oscillations of a small gyrotropic sphere. Radio Engng.Electr.Phys.,6, 1961,10,1468-1474.

/502/ Syui Yan'-Shen (Hsu Yang-Shen): Spectrum of short spin waves in a ferrite rod and sphere. Radio Engng.Electr.Phys.,7,1962,2,298-304.

/503/ Syui Yan'-Shen: A theory of resonant ferrite systems. Radio Engng.Electr.Phys., 7,1962,3,403-411.

/504/ Tereshchenko, A.I., Kovtun, N.M., Dmitriev, S.D.: Tuning a cross shaped cavity resonator by means of a ferrite. Soviet Phys.,Techn.Phys.,4,1960,11, 1307-1308.

/505/ Tereshchenko, A.I., Korobkin, V.A.: Calculation of the frequency of a cylindrical resonator with a coaxial ferrite tube. Soviet Phys., Techn.Phys.,7, 1962,4,304-306.

/506/ Tereshchenko, A.I., Korobkin, V.A.: Small bulk resonators constructed of ferrite. Radio Engng.Electr.Phys.,7,1962,6,979-981.

/507/ Tompkins, J.E., Spencer, E.G.: Retardation effects caused by ferrite sample size on the frequency shift of a resonant cavity. J.appl.Phys.,28,1957,9, 969-974.

/508/ van Bladel, J.: Field expansions in cavities containing gyrotropic media. Trans.IRE, MTT-10,1962,1,9-13.

/509/ Villeneuve, A.T.: Orthogonality relationships for waveguides and cavities with inhomogeneous anisotropic media. Trans.IRE, MTT-7,1959,4,441-446.

/510/ Vol'man, V.I.: Waveguide Y-circulator with ferrite sphere. Telecomm.Radio Engng., 20,1966,2,85-88.

/511/ Waldron, R.A.: Electromagnetic fields in ferrite ellipsoids. Brit.J.appl.Phys.,10, 1959,20-22.

/512/ Waldron, R.A.: Perturbation theory of resonant cavities. Proc.IEE,107C,1960, 272-274.

/513/ Walker, L.R.: Magnetostatic modes in ferromagnetic resonance. Physical Review, 105,1957,390-399.

/514/ Walker, L.R.: Resonant modes of ferromagnetic spheroids. J.appl.Phys.,29,1958, 318-323.

/515/ Wolff, I.: Über die Anwendung dynamischer Schwingungstypen in Ferritresonatoren zur Materialuntersuchung im Millimeterwellengebiet. Dissertation Technische Hochschule Aachen, 1967.

/516/ Wolff, I.: Magnetodynamical modes in a spherical ferrite cavity. Electronics Letters, 3,1967,8,374-375.

/517/ Wolff, I.: Über die axialsymmetrischen Eigenschwingungen eines kugelförmigen, mit Ferritmaterial gefüllten Hohlraumresonators. AEÜ,22,1968,1,19-26.

/518/ Wolff, I.: Magnetodynamical modes in a ferrite-filled coaxial cavity. Electronics Letters,4,1968,10,197-199.

/519/ Wolff, I.: Der ferritgefüllte, koaxiale Resonator und seine Anwendung auf Materialuntersuchungen im Millimeterwellengebiet. Z.angew.Phys.,25,1968,5, 286-292.

/520/ Wolff, I.: The electromagnetic resonances of a free ferrite sphere. Electronics Letters, 5,1969,5,104-106.

/521/ Wolff, I.: Felder in gyrotropen Mikrowellenstrukturen (dargestellt am Beispiel eines koaxialen, ferritgefüllten Resonators.). Frequenz,23,1969,6,172-180.

/522/ Wolff, I.: Die elektromagnetischen Eigenschwingungen einer offenen Ferritkugel. AEÜ,23,1969,11,561-569.

/523/ Yen-Sheng, H.: A theory of resonant ferrite system. Radio Engng.Electr.Phys.,7, 1962,3,403-411.

6. NACHTRAG ZUR BIBLIOGRAPHIE

6.1 FELDER IN GYROTROPEN MEDIEN

/524/ Ermert, H.: Gaussian beams in anisotropic media. Electron.Letters,6,1970,720-721.

/525/ Ermert, H.: Die Ausbreitung Gaußscher Strahlen in gyrotropen Medien. AEÜ,25, 1971,17-24.

/526/ Fünfzig, G.: Untersuchungen an magnetisch ungesättigten polykristallinen Ferriten im Mikrowellenbereich. Dissertation TH Aachen, 1972.

/527/ Gardiol, F.E., Helszajn, J.,McStay, J.: External susceptibility tensor of magnetised ferrite ellipsoid in terms of uniform mode ellipticity. Proc.IEE,118,1971, 631-632.

/528/ Gerosa, G.: Ferrite-metal surface waves for lossy ferrites. Alta Frequenza 39,1970, 179-180.

/529/ Helszajn, J: Principles of microwave ferrite engineering. John Wiley, London, 1969.

/530/ Helszajn, J., McStay, J.: External susceptibility tensor of magnetised ferrite ellipsoid in terms of uniform-mode ellipticity. Proc.IEE,116,1969,12,2088-2092.

/531/ Hurd, R.A.: Surface waves at ferrite-metal boundaries. Electron.Letters,6,1970, 262-264.

/532/ Knerr, R.H.: Some modes of propagation in nonuniformly biased microwave ferrites. Lehigh Univ.,Bethlehem, Pa.,USA, thesis.

/533/ Loeb, J.: Electromagnetic potentials and the Lorentz relation in an anisotropic
medium. Ann.Telecommun.,25,1970,307-311.

/534/ Potekhin, A.I., Yurgenson, R.R.: Theory of propagation of e.m.waves in gyromagnetic medium. Radiotekhnika I Elektronika,15,1970,307-315.

/535/ Potekhin, A.I., Yurgenson, R.R.: Analysis of microwave networks containing
azimuthally magnetised ferrites. Radiotekhnika I Elektronika, 15,1970,
456-464.

/536/ Remis, I., Bady, I.:Ferrites for permeability tuning in the VHF region using the
above resonance mode. Trans.IEEE, MAG-6,1970,46-52.

/537/ Schlömann, E.: Microwave behaviour of partially magnetized ferrites. J.Appl.Phys.,
41,1970,204-214.

/538/ Thourel, L.: Dispositifs a ferrites pour micro-ondes. Paris, Masse + Cie,1969.

/539/ Wencker, G.: Ein Beitrag zur Theorie Gaußscher Strahlen. Dissertation Technische
Hochschule Aachen, 1968.

/540/ Wencker, G.: Rekursionsformeln und Entwicklungen der Strukturfunktionen Gaußscher Strahlen. AEÜ,23,1969,521-523.

/541/ Westcott, B.S : Electromagnetic wave propagation in an inhomogeneous gyrational
medium. Proc.Cambridge Phil.Soc ,69,1971,457-463.

6.2 GYROTROPE WELLENLEITER

/542/ Kostychev, Yu.G.: Analysis of gyrotropic waveguides by direct methods using the
nonhomogeneous region as a basis. Radiotekhnika I Elektronika,
14,1969 1093-1096.

/543/ Kapilevich, B.Yu.: Phase characteristics of a plane-parallel transmission line with
two oppositely magnetized ferrite plates. Radio Eng.Electron.Phys.,
15,1970,1597-1600.

/544/ Masuda, M., Chang, N.S., Matsuo, Y.: Azimuthally dependent magnetostatic
modes in the cylindrical ferrites. Trans.IEEE,MTT-19,1971,834-836.

/545/ O'Brien, K.C.: Microwave properties of a rectangular waveguide semi-infinitely
filled with magnetic material. Trans.IEEE,MTT-18,1970,400-402.

/546/ Salmond, W.E , Yeh, C.: Ferrite filled elliptical waveguides.
Pt.I: Propagation characteristics. J.Appl.Phys.,41,1970,3210-3220.
Pt.II:Faraday effects. J.Appl.Phys.,41,1970,3221-3226.

/547/ Vasallo, C.: Contribution to the problem of orthogonality relations for magnetoplasma
filled waveguides. Trans.IEEE, MTT-19,1971,93-94.

/548/ Wolff, I.: Ein Beitrag zur Theorie transversal magnetisierter Ferrite. Frequenz 25,
1971,235-241.

6.3 RESONATOREN MIT GYROTROPEN MEDIEN

/549/ Buts, V.A.: Theory of resonators with nonmutual filling. Izv.VUZ Radiofiz.(USSR), 13,1970,426-430.

/550/ Castillo, J.B., Davis, L.E.: Identification of spurious modes in circulators. Trans.IEEE, MTT-19, 1971,112-113.

/551/ Deryugin, I.A., Yemlin, P.G., Sugakov, V.I.: Excitation of magnetostatic modes in the ferrite sphere in a waveguide. Radiotekhnika I Elektronika, 14, 1969,2167-2171.

/552/ Desormiere, B., Panchard, R.: Magnetostatic resonances in a YIG rod containing a turning point. Electron.Letters, 7,1971,62-64.

/553/ Ermert, H.: Untersuchungen an Ferriten mit quasioptischen Resonatoren im Millimeterwellenbereich. Dissertation Technische Hochschule Aachen, 1970.

/554/ Ermert, H.: Über die Anwendung quasioptischer Resonatoren zur Messung der Materialparameter von Mikrowellenferriten im Millimeterwellenbereich. AEÜ, 23,1969,631-632.

/555/ Ermert, H.: Messungen an Ferriten im Millimeterwellenbereich mit quasioptischen Meßverfahren. Frequenz, 25,1971, 171-177.

/556/ Grossbach, R.: Equivalent circuit for spherical planar-ferrite resonators. Proc.IEEE, 57,1969,6,1236-1238.

/557/ Il'chenko, M.Ye.: A ferrite resonator in a coaxial line, partly filled with dielectric. Izv.VUZ Radioelektronika (USSR),12,1969,1218-1221.

/558/ Il'chenko, M.Ye.: Ferrite resonator in a square waveguide. Izv.VUZ Radioelektronika (USSR),12,1969,1443-1445.

/559/ Khlystov, A.S., Perveeva, A.I.: Effect of magnetic losses on the spectrum of natural oscillations of a cylindrical cavity with a magnetized ferrite rod. Radiotekhnika I Elektronika, 14,1969,1566-1571.

/560/ Kovbasa, A.P., Shelamov, G.N.: Time response of microwave four-poles with ferrite resonators. Izv.VUZ Radioelektronika (USSR),12,1969,634-638.

/561/ Kovbasa, A.P., Shelamov, G.N.: Resonant frequency of an obliquely-oriented ferrite disk and a cylinder. Izv.VUZ Radioelektronika (USSR),12,1969, 1452-1455.

/562/ Lin, T., Wolff, I.: Ein Verfahren zur Messung dielektrischer und magnetischer Verluste in gyrotropen Ferritmaterialien. AEÜ,25,1971,9-16.

/563/ Marriot, S.P.A.: Microwave devices using spheres of monocrystalline garnet materials. Marconi Rev.,33,1970,No.176,79-110.

/564/ Moore, I.J.H.S., Stewart, J.A.C.: Analysis of a magnetically tuned coaxial cavity using state-space techniques. Electronics Letters ,6,1970, 391-392.

/565/ Oguchi, T.: Scattering of a plane electromagnetic wave by a ferrite sphere.
J.Radio Res.Lab.,17,1970,103-135.

/566/ Okamoto, N.: Matrix formulation of scattering by a homogeneous gyrotropic
cylinder. Trans.IEEE,AP-18,1970,642-649.

/567/ Parekh, S.V : On the ferromagnetic resonance of spherical ferrite samples.
Int.J.Electron.,30,1971,585-587.

/568/ Rüpke, H.D.: Magnetodynamic modes in ferrite spheres for microwave filter
applications. Trans.IEEE, MAG-5,1969,3,481.

/569/ Rüpke, H.D.: Magnetodynamic modes in ferrite spheres for microwave filter
application. Trans.IEEE, MAG-6,1970,80-84.

/570/ Seshadri, S.R.: Surface magnetostatic modes of a ferrite slab. Proc.IEEE,58,1970,
506-507.

/571/ Seshadri, S.R.: Resonance of an axially magnetized hollow ferrite cylinder.
Proc.IEEE,57,1969,8,1454-1456.

/572/ Seshadri, S.R.: Walker mode of a ferrite column magnetized in arbitrary direction. Proc.IEEE,57,1969,1438 -1440.

/573/ van de Vaart, H.: Influence of metal plate on surface magnetostatic modes of
magnetic slabs. Electron.Letters,6,1970,601-602.

/574/ Wolff, I.: Offene Mikrowellenresonatoren. NTZ,24,1971,299-306.

/575/ Wolff, I.: Über die Meßgenauigkeit bei der Bestimmung dielektrischer und magnetischer Verluste in gyrotropen Ferritmaterialien. Z.angew.Phys.,
32,1971,153-157.

SACHWORTVERZEICHNIS